职业教育建筑类改革与创新规划教材

建筑工程预算与清单报价

第2版

主编　袁建新　袁　媛
参编　贺攀明　蒋　飞　汪晨武
主审　侯　兰

机械工业出版社

本书按照《建设工程工程量清单计价规范》（GB 50500—2013）和国家相关定额编写。全书分为3篇共10章，包括概述、建筑工程计价原理、工程单价、建筑工程定额、定额计价方法、清单计价方式、建筑工程施工图预算编制、水电安装工程施工图预算编制、工程量清单编制实例、工程量清单报价编制实例等内容。

本书可作为高职建筑工程技术、工程造价专业学生学习预算和清单计价基础知识的教学用书，也可作为两年制高职工程造价专业学生的预算与清单计价教材，还可作为中职建筑施工、工程造价、建筑经济管理等专业的教学用书。

本书内容讲解透彻浅显，计算部分附有大量的实例，因此也非常适合作为初学预算人员的技术参考用书。

图书在版编目（CIP）数据

建筑工程预算与清单报价/袁建新，袁媛主编. —2版. —北京：机械工业出版社，2016.8

职业教育建筑类改革与创新规划教材

ISBN 978-7-111-54501-9

Ⅰ.①建… Ⅱ.①袁… ②袁… Ⅲ.①建筑预算定额-职业教育-教材②建筑造价管理-职业教育-教材 Ⅳ.①TU723.3

中国版本图书馆CIP数据核字（2016）第183794号

机械工业出版社（北京市百万庄大街22号 邮政编码100037）

策划编辑：王莹莹 责任编辑：王莹莹 郭克学 责任校对：张晓蓉

封面设计：马精明 责任印制：李 洋

三河市宏达印刷有限公司印刷

2016年10月第2版第1次印刷

184mm×260mm · 24.5印张 · 602千字

0001—3000册

标准书号：ISBN 978-7-111-54501-9

定价：49.80元

编写说明

进入21世纪以来，由于工程招投标模式在建筑行业的普及，承包企业的利润需要依赖于三个方面：其一是工程报价的合理性；其二是工程项目施工过程的合理组织和造价成本控制；其三是承包企业本身的管理成本控制。基于以上原因，建筑行业需要大量熟悉工程造价基本方法的造价人员、懂得科学组织施工的技术人员、能对项目进行管理的项目管理人员、会进行企业内部成本控制的会计人员。

“教书育人、教材先行”，针对建筑行业出现的新形式和职业教育“以能力为本位”的培养目标，机械工业出版社启动了本套教材。本套教材主要有以下特点：

1. 依据最新的《建设工程工程量清单计价规范》（GB 50500—2013）、FIDIC合同文本（白皮书）编写。

2. 结合“双证书”制度，教材中留设大量与造价员、会计员考试相关的习题，方便教师留置。

3. 在教材编写模式上尽量浅化理论知识，许多枯燥乏味的理论知识均采用实例进行说明解释。

考虑到目前职业学校对实训、实习模块的重视，本套教材在课程框架结构设计和内容上也进行了一些创新。从课程框架结构上，本套教材可供工程造价、工程管理、建筑会计等专业的学生选用；从内容上，设置了导入案例、实训案例以及市场调研作业等，方便各校安排小型实训内容。关于本套教材的课程框架结构设计模式及每本教材的特点、主要内容、特色说明及样章，可以登录www. cmpedu. com进行下载。

第2版 前言

“建筑工程预算与清单报价”是工程造价及工程管理类专业的核心课程。

本书根据《建设工程工程量清单计价规范》(GB 50500—2013)、《房屋建筑与装饰工程工程量计算规范》(GB 50854—2013)、《通用安装工程工程量计算规范》(GB 50856—2013)、《建筑安装工程费用项目组成》建标［2013］44号文件、《建筑工程建筑面积计算规范》(GB/T 50353—2013)等规定进行了修订，满足了工程造价及其相关专业“工学结合”的需要，能让学生及时学到并掌握最新的知识和方法。

本书由四川建筑职业技术学院袁建新教授和上海城建职业学院袁媛副教授主编，四川建筑职业技术学院贺攀明、蒋飞，上海思博职业技术学院汪晨武参加了编写。全书由四川建筑职业技术学院侯兰主审。其中，袁建新编写了第1章、第2章和第3章；袁媛编写了第6章、第7章、第8章和第10章；贺攀明编写了第4章；蒋飞编写了第5章；汪晨武编写了第9章。全书由袁建新统稿。

在本书编写过程中得到了机械工业出版社的大力支持，在此一并致谢！

由于编者水平有限，书中难免存在不足之处，敬请广大读者批评指正。

编著者

第1版 前言

本书是理论与实践紧密结合，注重工程造价工程实践的“工学结合”教材。

本书通过详尽的实例，反映了工程造价员岗位，编制施工图预算和工程量清单报价的工作内容，是一本“行动导向”的职业教育特色教材。

本书采用《建设工程工程量清单计价规范》（GB 50500—2008）、有关计价定额、取费文件和真实的施工图及计算表格进行编写，通过本课程的学习和训练，能使学生较好地完成造价员岗位的主要工作任务。

本书工程造价计价理论篇的第3章、第4章，施工图预算编制篇的第7章中的7.5、7.8小节由四川建筑职业技术学院迟晓明编写。全书其余部分的内容由四川建筑职业技术学院袁建新编写。

在编写过程中参照了有关资料，得到了机械工业出版社的大力支持，在此一并致谢。

由于编者水平有限，书中错误之处在所难免，敬请广大读者批评指正。

编　者

目　录

工程量清单及报价编制实例篇

工程造价计价理论篇

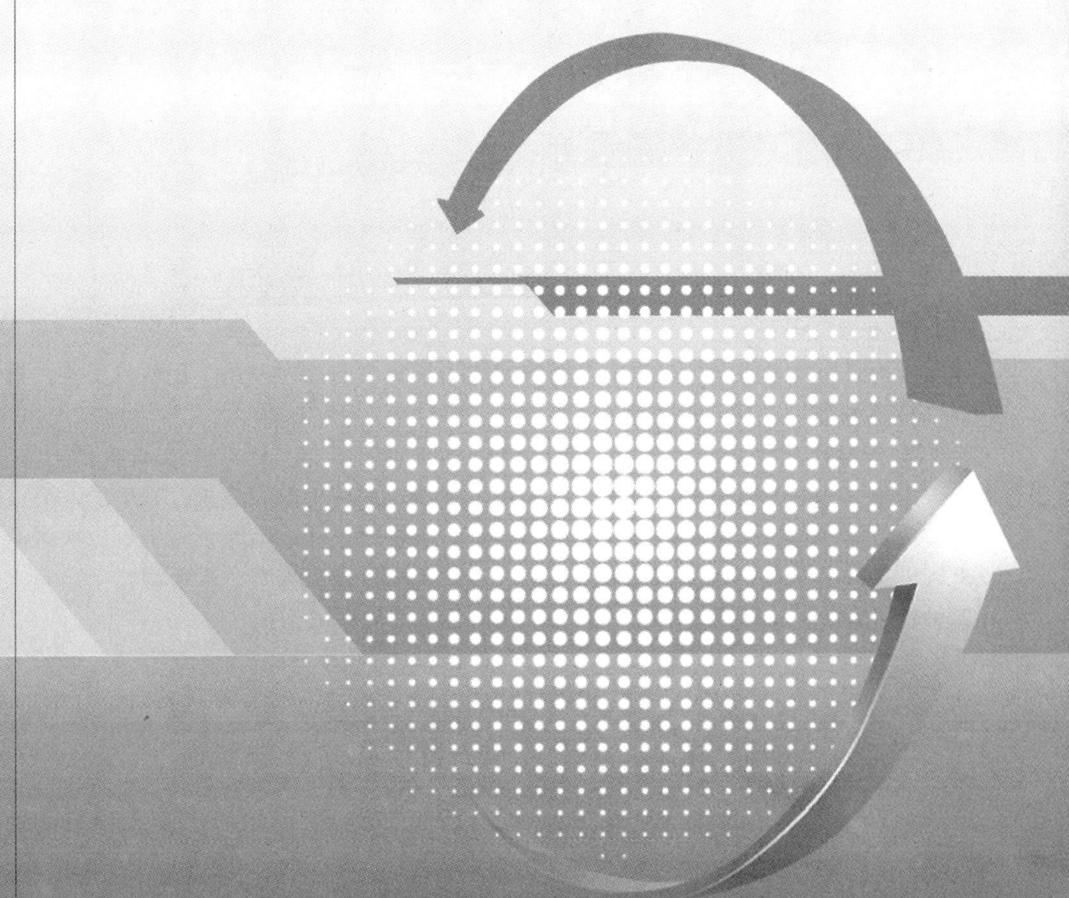

第1章 概　　述

1.1　建筑安装工程造价费用构成

为了加强建设项目投资管理和适应建筑市场的发展，有利于合理确定和控制工程造价，提高建设投资效益，国家统一了建筑安装工程费用划分的口径。这一做法，使得业主、承包商、监理公司、工程造价咨询公司、政府主管及监督部门各方，在编制设计概算、施工图预算、建设工程招标文件，进行成本核算，确定工程承包价、工程结算价等方面有了统一的标准。

2013 年以前，建筑安装工程费用（造价）由直接费、间接费、利润、税金等四部分构成。其中，直接费与间接费之和称为工程预算成本。2013 年以后，建筑安装工程费用（造价）由分部分项工程费、措施项目费、其他项目费、规费和税金构成。

1.2　2013 年以前费用构成

1.2.1　直接费

直接费由直接工程费和措施费构成。

1. 直接工程费

直接工程费是指施工过程中耗费的构成工程实体的各项费用，包括人工费、材料费和施工机械使用费。

2. 措施费

措施费是指为完成工程项目施工，发生于该工程施工前和施工过程中的不形成工程实体的各项费用，包括环境保护费、文明施工费、安全施工费、临时设施费、二次搬运费、大型机械设备进出场及安拆费、混凝土与钢筋混凝土模板及支架费、脚手架费、已完工程及设备保护费、施工排水降水费等。

1.2.2　间接费

1. 规费

规费是指根据省级政府和省级有关权力部门规定必须缴纳的费用（简称规费），包括工

程排污费、工程定额测定费、社会保险费（养老保险费、失业保险费、医疗保险费等）、住房公积金、危险作业意外伤害保险等。

2. 企业管理费

企业管理费是指建筑安装企业组织施工生产和经营管理所需的费用，包括管理人员工资、办公费、差旅交通费、固定资产使用费、工具用具使用费、劳动保险费、职工教育经费、财产保险费、财务费、其他等。

1.2.3 利润

利润是指施工企业完成所承包工程获得的盈利。

1.2.4 税金

税金是指按国家税法规定，应计入建筑安装工程造价内的营业税、城市维护建设税及教育费附加等。

1.3 2013年以后费用构成（按建标［2013］44号文件）

2013年以后，建筑安装工程费用（造价）是按建标［2013］44号文件规定的内容构成的。该文件规定了两种费用划分方式，即按费用构成要素划分和按工程造价形成划分。

1.3.1 按费用构成要素划分

建筑安装工程费按照费用构成要素划分为人工费、材料（包含工程设备，下同）费、施工机具使用费、企业管理费、利润、规费和税金。其中，人工费、材料费、施工机具使用费、企业管理费和利润包含在分部分项工程费、措施项目费和其他项目费中。

1. 人工费

人工费是指按工资总额构成规定，支付给从事建筑安装工程施工的生产工人和附属生产单位工人的各项费用，包括以下内容。

（1）计时工资或计件工资　计时工资或计件工资是指按计时工资标准和工作时间或对已做工作按计件单价支付给个人的劳动报酬。

（2）奖金　奖金是指对超额劳动和增收节支支付给个人的劳动报酬，如节约奖、劳动竞赛奖等。

（3）津贴补贴　津贴补贴是指为了补偿职工特殊或额外的劳动消耗和因其他特殊原因支付给个人的津贴，以及为了保证职工工资水平不受物价影响支付给个人的物价补贴，如流动施工津贴、特殊地区施工津贴、高温（寒）作业临时津贴、高空津贴等。

（4）加班加点工资　加班加点工资是指按规定支付的在法定节假日工作的加班工资和在法定日工作时间外延时工作的加点工资。

（5）特殊情况下支付的工资　特殊情况下支付的工资是指根据国家法律、法规和政策规定，因病、工伤、产假、计划生育假、婚丧假、事假、探亲假、定期休假、停工学习、执行国家或社会义务等原因按计时工资标准或计时工资标准的一定比例支付的工资。

2. 材料费

材料费是指施工过程中耗费的原材料、辅助材料、构配件、零件、半成品或成品、工程设备的费用，包括以下内容。

（1）材料原价 材料原价是指材料、工程设备的出厂价格或商家供应价格。

（2）运杂费 运杂费是指材料、工程设备自来源地运至工地仓库或指定堆放地点所发生的全部费用。

（3）运输损耗费 运输损耗费是指材料在运输装卸过程中不可避免的损耗。

（4）采购及保管费 采购及保管费是指为组织采购、供应和保管材料、工程设备的过程中所需要的各项费用，包括采购费、仓储费、工地保管费、仓储损耗。

工程设备是指构成或计划构成永久工程一部分的机电设备、金属结构设备、仪器装置及其他类似的设备和装置。

3. 施工机具使用费

施工机具使用费是指施工作业中所发生的施工机械、仪器仪表使用费或其租赁费，包括以下内容。

（1）施工机械使用费 施工机械使用费以施工机械台班耗用量乘以施工机械台班单价表示，施工机械台班单价应由下列七项费用组成。

1）折旧费。折旧费是指施工机械在规定的使用年限内，陆续收回其原值的费用。

2）大修理费。大修理费是指施工机械按规定的大修理间隔台班进行必要的大修理，以恢复其正常功能所需的费用。

3）经常修理费。经常修理费是指施工机械除大修理以外的各级保养和临时故障排除所需的费用，包括为保障机械正常运转所需替换设备与随机配备工具附具的摊销和维护费用、机械运转中日常保养所需润滑与擦拭的材料费用及机械停滞期间的维护和保养费用等。

4）安拆费及场外运费。安拆费是指施工机械（大型机械除外）在现场进行安装与拆卸所需的人工、材料、机械和试运转费用以及机械辅助设施的折旧、搭设、拆除等费用；场外运费是指施工机械整体或分体自停放地点运至施工现场或由一施工地点运至另一施工地点的运输、装卸、辅助材料及架线等费用。

5）人工费。人工费是指机上司机（司炉）和其他操作人员的人工费。

6）燃料动力费。燃料动力费是指施工机械在运转作业中所消耗的各种燃料及水、电费用等。

7）税费。税费是指施工机械按照国家规定应缴纳的车船使用税、保险费及年检费等。

（2）仪器仪表使用费 仪器仪表使用费是指工程施工所需使用的仪器仪表的摊销及维修费用。

4. 企业管理费

企业管理费是指建筑安装企业组织施工生产和经营管理所需的费用，包括以下内容。

（1）管理人员工资 管理人员工资是指按规定支付给管理人员的计时工资、奖金、津贴补贴、加班加点工资及特殊情况下支付的工资等。

（2）办公费 办公费是指企业管理办公用的文具、纸张、账表、印刷、邮电、书报、办公软件、现场监控、会议、水电、烧水和集体取暖降温（包括现场临时宿舍取暖降温）等费用。

（3）差旅交通费　差旅交通费是指职工因公出差、调动工作的差旅费，住勤补助费，市内交通费和误餐补助费，职工探亲路费，劳动力招募费，职工退休、退职一次性路费，工伤人员就医路费，工地转移费以及管理部门使用的交通工具的油料、燃料等费用。

（4）固定资产使用费　固定资产使用费是指管理和试验部门及附属生产单位使用的属于固定资产的房屋、设备、仪器等的折旧、大修、维修或租赁费。

（5）工具用具使用费　工具用具使用费是指企业施工生产和管理使用的不属于固定资产的工具、器具、家具、交通工具和检验、试验、测绘、消防用具等的购置、维修和摊销费。

（6）劳动保险和职工福利费　劳动保险和职工福利费是指由企业支付的职工退职金、按规定支付给离休干部的经费、集体福利费、夏季防暑降温费、冬季取暖补贴、上下班交通补贴等。

（7）劳动保护费　劳动保护费是指企业按规定发放的劳动保护用品的支出，如工作服、手套、防暑降温饮料以及在有碍身体健康的环境中施工的保健费用等。

（8）检验试验费　检验试验费是指施工企业按照有关标准规定，对建筑以及材料、构件和建筑安装物进行一般鉴定、检查所发生的费用，包括自设试验室进行试验所耗用的材料等费用。不包括新结构、新材料的试验费，对构件做破坏性试验及其他特殊要求检验试验的费用和建设单位委托检测机构进行检测的费用，对此类检测发生的费用，由建设单位在工程建设其他费用中列支。但对施工企业提供的具有合格证明的材料进行检测不合格的，该检测费用由施工企业支付。

（9）工会经费　工会经费是指企业按《中华人民共和国工会法》规定的全部职工工资总额比例计提的工会经费。

（10）职工教育经费　职工教育经费是指按职工工资总额的规定比例计提，企业为职工进行专业技术和职业技能培训，专业技术人员继续教育、职工职业技能鉴定、职业资格认定以及根据需要对职工进行各类文化教育所发生的费用。

（11）财产保险费　财产保险费是指施工管理用财产、车辆等的保险费用。

（12）财务费　财务费是指企业为施工生产筹集资金或提供预付款担保、履约担保、职工工资支付担保等所发生的各种费用。

（13）税金　税金是指企业按规定缴纳的房产税、车船使用税、土地使用税、印花税等。

（14）其他　其他包括技术转让费、技术开发费、投标费、业务招待费、绿化费、广告费、公证费、法律顾问费、审计费、咨询费、保险费等。

5. 利润

利润是指施工企业完成所承包工程所获得的盈利。

6. 规费

规费是指按国家法律、法规规定，由省级政府和省级有关权力部门规定必须缴纳或计取的费用，包括以下内容。

（1）社会保险费

① 养老保险费。养老保险费是指企业按照规定标准为职工缴纳的基本养老保险费。

② 失业保险费。失业保险费是指企业按照规定标准为职工缴纳的失业保险费。

③ 医疗保险费。医疗保险费是指企业按照规定标准为职工缴纳的基本医疗保险费。

④ 生育保险费。生育保险费是指企业按照规定标准为职工缴纳的生育保险费。

⑤ 工伤保险费。工伤保险费是指企业按照规定标准为职工缴纳的工伤保险费。

(2) 住房公积金　住房公积金是指企业按照规定标准为职工缴纳的住房公积金。

(3) 工程排污费　工程排污费是指按规定缴纳的施工现场工程排污费。

其他应列而未列入的规费，按实际发生计取。

7. 税金

税金是指国家税法规定的应计入建筑安装工程造价内的营业税、城市维护建设税、教育费附加以及地方教育附加。

1.3.2 按工程造价形成划分

建筑安装工程费按照工程造价形成划分为分部分项工程费、措施项目费、其他项目费、规费和税金。其中，分部分项工程费、措施项目费、其他项目费包含人工费、材料费、施工机具使用费、企业管理费和利润。

1. 分部分项工程费

分部分项工程费是指各专业工程的分部分项工程应予列支的各项费用。

(1) 专业工程　专业工程是指按现行国家计量规范划分的房屋建筑与装饰工程、仿古建筑工程、通用安装工程、市政工程、园林绿化工程、矿山工程、构筑物工程、城市轨道交通工程、爆破工程等各类工程。

(2) 分部分项工程　分部分项工程是指按现行国家计量规范对各专业工程划分的项目。如房屋建筑与装饰工程划分的土石方工程、地基处理与桩基工程、砌筑工程、钢筋及钢筋混凝土工程等。

各类专业工程的分部分项工程划分见现行国家或行业计量规范。

2. 措施项目费

措施项目费是指为完成建设工程施工，发生于该工程施工前和施工过程中的技术、生活、安全、环境保护等方面的费用，包括以下内容。

(1) 安全文明施工费

① 环境保护费。环境保护费是指施工现场为达到环保部门要求所需要的各项费用。

② 文明施工费。文明施工费是指施工现场文明施工所需要的各项费用。

③ 安全施工费。安全施工费是指施工现场安全施工所需要的各项费用。

④ 临时设施费。临时设施费是指施工企业为进行建设工程施工所必须搭设的生活和生产用的临时建筑物、构筑物和其他临时设施费用，包括临时设施的搭设、维修、拆除、清理费或摊销费等。

(2) 夜间施工增加费　夜间施工增加费是指因夜间施工所发生的夜班补助费、夜间施工降效、夜间施工照明设备摊销及照明用电等费用。

(3) 二次搬运费　二次搬运费是指因施工场地条件限制而发生的材料、构配件、半成品等一次运输不能到达堆放地点，必须进行二次或多次搬运所发生的费用。

(4) 冬雨期施工增加费　冬雨期施工增加费是指在冬期或雨期施工需增加的临时设施、防滑、排除雨雪、人工及施工机械效率降低等所发生的费用。

（5）已完工程及设备保护费　已完工程及设备保护费是指竣工验收前，对已完工程及设备采取的必要保护措施所发生的费用。

（6）工程定位复测费　工程定位复测费是指工程施工过程中进行全部施工测量放线和复测工作的费用。

（7）特殊地区施工增加费　特殊地区施工增加费是指工程在沙漠或其边缘地区、高海拔、高寒、原始森林等特殊地区施工增加的费用。

（8）大型机械设备进出场及安拆费　大型机械设备进出场及安拆费是指机械整体或分体自停放场地运至施工现场或由一个施工地点运至另一个施工地点，所发生的机械进出场运输及转移费用及机械在施工现场进行安装、拆卸所需的人工费、材料费、机械费、试运转费和安装所需的辅助设施的费用。

（9）脚手架工程费　脚手架工程费是指施工需要的各种脚手架搭、拆、运输费用以及脚手架购置费的摊销（或租赁）费用。

措施项目及其包含的内容详见各类专业工程的现行国家或行业计量规范。

3. 其他项目费

（1）暂列金额　暂列金额是指建设单位在工程量清单中暂定并包括在工程合同价款中的一笔款项。暂列金额用于施工合同签订时尚未确定或者不可预见的所需材料、工程设备、服务的采购，施工中可能发生的工程变更、合同约定调整因素出现时的工程价款调整以及发生的索赔、现场签证确认等的费用。

（2）计日工　计日工是指在施工过程中，施工企业完成建设单位提出的施工图以外的零星项目或工作所需的费用。

（3）总承包服务费　总承包服务费是指总承包人为配合、协调建设单位进行的专业工程发包，对建设单位自行采购的材料、工程设备等进行保管以及施工现场管理、竣工资料汇总整理等服务所需的费用。

4. 规费

同按费用构成要素划分中规费的定义。

5. 税金

同按费用构成要素划分中税金的定义。

1.4 建筑工程造价计价方式简介

1.4.1 计价方式的概念

工程造价计价方式是指采用不同的计价原则、计价依据、计价方法、计价目的来确定工程造价的计价模式。

（1）工程造价计价原则　工程造价计价原则分为按市场经济规则计价或者按计划经济规则计价两种。

（2）工程造价计价依据　主要依据包括：估价指标、概算指标、概算定额、预算定额、企业定额、建设工程工程量清单计价规范、工料机单价、利税率、设计方案、初步设计、施工图、竣工图等。

（3）工程造价计价方法　主要方法有：建设项目估算、设计概算、施工图预算、工程量清单报价、竣工结算等。

（4）工程造价计价目的　在建设项目的不同阶段，可采用不同的计价方法来实现不同的计价目的。在建设工程决策阶段主要确定建设项目估算造价或概算造价；在设计阶段主要确定工程项目的概算造价或预算造价；在招标投标阶段主要确定工程的发包价格；在竣工验收阶段主要确定工程结算价格。

1.4.2　我国确定工程造价的主要方式

新中国成立初期，我国引进和沿用了前苏联建设工程的定额计价方式，该方式属于计划经济的模式。由于种种原因，“文革”期间没有执行定额计价方式，而采用了包工不包料、“三、七切块”等方式与建设单位办理结算。

20世纪70年代末，我国开始加强了工程造价的定额管理工作。要求严格按主管部门颁发的定额和指导价确定工程造价。这一要求具有典型的计划经济的特征。

随着我国改革开放的不断深入以及提出建立社会主义市场经济体制要求，定额计价方式进行了一些变革。例如，定期调整人工费，变计划利润为竞争利润等。随着社会主义市场经济的进一步发展，又提出了“量、价分离”的方法确定和控制工程造价。上述做法，只是一些小改小革，没有从根本上改变计划价格的性质，基本上属于定额计价的范畴。

到了2003年7月1日，国家颁布了《建设工程工程量清单计价规范》（GB 50500—2003），并于2008年进行了修订，发布了《建设工程工程量清单计价规范》（GB 50500—2008），在建设工程招标投标中实施工程量清单计价。之后，工程造价的确定真正体现了市场经济规律的要求。

1.4.3　计价方式的分类

工程造价计价方式可按不同的角度进行分类。

1. 按经济体制分类

（1）计划经济体制下的计价方式　计划经济体制下的计价方式是指采用国家统一颁布的概算指标、概算定额、预算定额、费用定额等依据，按国家规定的计算程序、取费项目和计算费率确定工程造价。

（2）市场经济体制下的计价方式　市场经济的重要特征是竞争性。当标的物和有关条件明确后，通过公开竞价来确定承包商，符合市场经济的基本规律。在工程建设领域，根据清单计价规范，采用清单计价方式通过招标投标的方式来确定工程造价，体现了市场经济规律的基本要求。因此，工程量清单计价是典型的市场经济体制下的计价方式。

2. 按编制的依据分类

（1）定额计价方式　定额计价方式是指采用国家主管部门统一颁布的定额和计算程序以及工料机指导价确定工程造价的计价方式。

（2）清单计价方式　清单计价方式是指按照《建设工程工程量清单计价规范》（GB 50500—2013），根据招标文件发布的工程量清单和企业以及市场情况，自主选择消耗量定额、工料机单价和有关费率确定工程造价的计价方式。

1.4.4 定额计价方式下工程造价的确定

定额计价主要通过编制施工图预算的方式来确定工程造价。

1. 施工图预算的概念

施工图预算是确定建筑工程造价的经济文件。简而言之，施工图预算是在修建房子之前，预算出房子建成后需要花多少钱的特殊计价方法。因此，施工图预算的主要作用就是确定建筑工程预算造价。

施工图预算一般在施工图设计阶段及施工招标投标阶段编制。施工图预算是确定单位工程预算造价的经济文件，一般由施工单位或设计单位编制。

2. 施工图预算的构成要素

施工图预算主要由以下要素构成：工程量、工料机消耗量、直接费、工程费用。

（1）工程量　工程量是根据施工图算出的所建工程的实物数量。例如，该工程有多少立方米混凝土基础，多少立方米砖墙，多少平方米铝合金门，多少平方米水泥砂浆抹面等。

（2）工料机消耗量　人工、材料、机械台班消耗量是根据分项工程工程量与预算定额子目消耗量相乘后，汇总而成的数量。例如，一幢办公楼的修建需多少个工日，需多少吨水泥，需多少吨钢筋，需多少个塔式起重机台班等。

（3）直接费　直接费是工程量乘以定额基价后汇总而成的。它是工料机实物消耗量的货币表现。其中定额基价 = 人工费 + 材料费 + 机械费。

（4）工程费用　工程费用包括间接费、利润、税金。间接费和利润一般根据直接费（或人工费），分别乘以不同的费率计算。税金根据直接费、间接费、利润之和，乘以税率计算得出。直接费、间接费、利润、税金之和构成工程预算造价。

3. 编制施工图预算的步骤

1）根据施工图和预算定额计算工程量。

2）根据工程量和预算定额分析工料机消耗量。

3）根据工程量和预算定额基价（或用工料机消耗量乘以各自单价）计算直接费。

4）根据直接费（或人工费）和间接费费率计算间接费。

5）根据直接费（或人工费）和利润率计算利润。

6）根据直接费、间接费、利润之和以及税率计算税金。

7）将直接费、间接费、利润、税金汇总成工程预算造价。

4. 施工图预算的编制示例

【例 1-1】 根据下面给出的某工程基础平面图和剖面图（图 1-1），计算 2—2 剖面中 C10 混凝土基础垫层和 1:2 水泥砂浆基础防潮层两个项目的施工图预算造价。

【解】（1）计算工程量

1）C10 混凝土基础垫层。

$$V = \text{垫层宽} \times \text{垫层厚} \times \text{垫层长}$$

$$\begin{aligned}\text{外墙垫层长} &= \overset{\text{Ⓐ轴}}{(3.60+3.30)}\text{m} + \overset{\text{Ⓒ轴}}{(3.60+3.30+2.70)}\text{m} + \overset{\text{①轴}}{(2.0+3.0)}\text{m} + \overset{\text{③轴}}{2.0\text{m}} + \\ &\quad \overset{\text{④轴}}{3.0\text{m}} + \overset{\text{Ⓑ轴}}{2.70\text{m}} \\ &= 29.20\text{m}\end{aligned}$$

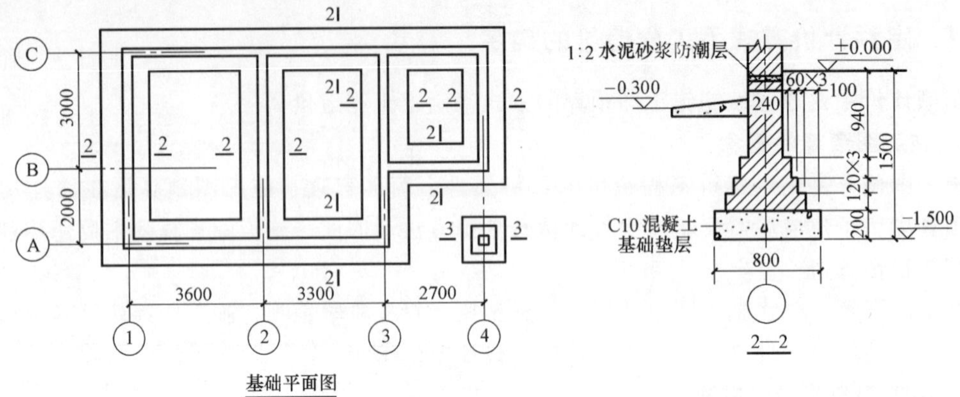

图 1-1　某工程基础平面图和剖面图

$$内墙垫层长=\left(\overset{②轴}{2.0+3.0}-\overset{Ⓐ轴半个垫层宽}{\frac{0.80}{2}}-\overset{Ⓒ轴半个垫层宽}{\frac{0.80}{2}}\right)m+\left(\overset{③轴}{3.0}-\overset{Ⓑ轴半个垫层宽}{\frac{0.80}{2}}-\overset{Ⓒ轴半个垫层宽}{\frac{0.80}{2}}\right)m$$

$$=4.20m+2.20m=6.40m$$

$$V=0.80m\times0.20m\times(29.20+6.40)m=5.696m^3$$

2)1:2 水泥砂浆基础防潮层。

$$S=内外墙长\times墙厚$$

$$外墙长=外墙垫层长=29.20m$$

$$内墙长=\left(\overset{③轴}{2.0+3.0}-\overset{Ⓐ轴半个墙厚}{\frac{0.24}{2}}-\overset{Ⓒ轴半个墙厚}{\frac{0.24}{2}}\right)m+\left(\overset{③轴}{3.0}-\overset{Ⓑ轴半个墙厚}{\frac{0.24}{2}}-\overset{Ⓒ轴半个墙厚}{\frac{0.24}{2}}\right)m=7.52m$$

$$S=(29.20+7.52)m\times0.24m=36.72m\times0.24m=8.81m^2$$

(2) 计算直接费　计算直接费的依据除了工程量外，还需要预算定额。计算直接费一般采用两种方法，即单位估价法和实物金额法。单位估价法采用含有基价的预算定额；实物金额法采用不含基价的预算定额。我们以单位估价法为例来计算直接费。含有基价的预算定额（摘录）见表 1-1。

表 1-1　含有基价的预算定额（摘录）

工程内容：略

定额编号				8—16	9—53
项目		单位	单价/元	C10 混凝土基础垫层	1:2 水泥砂浆基础防潮层
				每 $1m^3$	每 $1m^2$
基价		元		159.73	7.09
其中	人工费	元		35.80	1.66
	材料费	元		117.36	5.38
	机械费	元		6.57	0.05

（续）

定 额 编 号				8—16	9—53
项 目		单位	单价/元	C10 混凝土基础垫层	1:2 水泥砂浆基础防潮层
				每 $1m^3$	每 $1m^2$
人 工	综合用工	工日	20.00	1.79	0.083
材 料	1:2 水泥砂浆	m^3	221.60		0.207
	C10 混凝土	m^3	116.20	1.01	
	防水粉	kg	1.20		0.664
机 械	400L 混凝土搅拌机	台班	55.24	0.101	
	平板式振动器	台班	12.52	0.079	
	200L 砂浆搅拌机	台班	15.38		0.0035

直接费的计算公式为：

$$直接费 = \sum_{i=1}^{n}(工程量 \times 定额基价)_i$$

也就是说，各项工程量分别乘以定额基价，汇总后即为直接费。例如，上述两个项目的直接费见表 1-2。

表 1-2 直接费计算表

序 号	定额编号	项目名称	工程量单位	工程量	基价/元	合价/元	备 注
1	8—16	C10 混凝土基础垫层	m^3	5.696	159.73	909.82	
2	9—53	1:2 水泥砂浆基础防潮层	m^2	8.81	7.09	62.46	
		小计				972.28	

（3）计算工程费用 按某地区费用定额规定，本工程以直接费为基础计算各项费用。其中，间接费费率为 12%，利润率为 5%，税率为 3.0928%，计算过程见表 1-3。

表 1-3 工程费用（造价）计算表

序 号	费用名称	计 算 式	金额/元
1	直 接 费	详见计算表	972.28
2	间 接 费	972.28 × 12%	116.67
3	利 润	972.28 × 5%	48.61
4	税 金	(972.28 + 116.67 + 48.61) × 3.0928%	35.18
	工程造价		1172.74

1.4.5 清单计价方式下工程造价的确定

1. 工程量清单计价的概念

工程量清单计价是一种国际上通行的工程造价计价方式。即在建设工程招标投标中，招标人按照国家统一的《建设工程工程量清单计价规范》（GB 50500—2013）的要求以及施工图，提供工程量清单，由投标人依据工程量清单、施工图、企业定额、市场价格自主报价，并经评审后，以合理低价中标的工程造价计价方式。

2. 工程量清单报价编制内容

工程量清单报价编制内容包括：工料机消耗量的确定、综合单价的确定、措施项目费的确定和其他项目费的确定。

（1）工料机消耗量的确定 工料机消耗量是根据分部分项工程量和有关消耗量定额计

算出来的。其计算公式为

$$\text{分部分项工程人工工日} = \text{分部分项主项工程量} \times \text{定额用工量} + \sum\left(\text{分部分项附项工程量} \times \text{定额用工量}\right)$$

$$\text{分部分项工程某种材料用量} = \text{分部分项主项工程量} \times \text{某种材料定额用量} + \sum\left(\text{分部分项附项工程量} \times \text{某种材料定额用量}\right)$$

$$\text{分部分项工程某种机械台班用量} = \text{分部分项主项工程量} \times \text{某种机械定额台班量} + \sum\left(\text{分部分项附项工程量} \times \text{某种机械定额台班用量}\right)$$

在套用定额分析计算工料机消耗量时，分两种情况：一是直接套用；二是分别套用。

1）直接套用定额，分析工料机用量。

当分部分项工程量清单项目与定额项目的工程内容和项目特征完全一致时，就可以直接套用定额消耗量，计算出分部分项的工料机消耗量。例如，某工程250mm半圆球吸顶灯安装清单项目，可以直接套用工程内容相对应的消耗量定额时，就可以采用该定额分析工料机消耗量。

2）分别套用不同定额，分析工料机用量。

当定额项目的工程内容与清单项目的工程内容不完全相同时，需要按清单项目的工程内容，分别套用不同的定额项目。例如，某工程M5水泥砂浆砌砖基础清单项目，还包含了C20混凝土基础垫层附项工程量时，应分别套用C20混凝土基础垫层消耗量定额和M5水泥砂浆砌砖基础消耗量定额，分别计算其工料机消耗量。

（2）综合单价的确定　综合单价是有别于预算定额基价的另一种计价方式。

综合单价以分部分项工程项目为对象，从我国的实际情况出发，包括了除规费和税金以外的，完成分部分项工程量清单项目规定的单位合格产品所需的全部费用。

综合单价主要包括：人工费、材料费、机械费、管理费、利润等费用。

综合单价不仅适用于分部分项工程量清单，还适用于措施项目清单、其他项目清单等。

综合单价的计算公式表达为

$$\text{分部分项工程量清单项目综合单价} = \text{人工费} + \text{材料费} + \text{机械费} + \text{管理费} + \text{利润}$$

其中

$$\text{人工费} = \sum_{i=1}^{n}(\text{定额工日} \times \text{人工单价})_i$$

$$\text{材料费} = \sum_{i=1}^{n}\left(\text{某种材料定额消耗量} \times \text{材料单价}\right)_i$$

$$\text{机械费} = \sum_{i=1}^{m}\left(\text{某种机械台班使用量} \times \text{台班单价}\right)_i$$

$$\text{管理费} = \text{人工费(或直接费)} \times \text{管理费费率}$$

$$\text{利润} = \text{人工费(或直接费或直接费} + \text{管理费)} \times \text{利润率}$$

（3）措施项目费的确定　措施项目费应该由投标人根据拟建工程的施工方案或施工组织设计计算确定。一般，可以采用以下几种方法确定。

1）依据定额计算。脚手架、大型机械设备进出场及安拆费、垂直运输机械费等可以根据已有的定额计算确定。

2）按系数计算。临时设施费、安全文明施工增加费、夜间施工增加费等，可以以直接费为基础乘以适当的系数确定。

3）按收费规定计算。室内空气污染测试费、环境保护费等可以按有关规定计取费用。

（4）其他项目费的确定　招标人部分的其他项目费可按估算金额确定。投标人部分的总承包服务费应根据招标人提出的要求按所发生的费用确定。零星工作项目费应根据“零星工作项目计价表”确定。

其他项目清单中的暂列金额、暂估价，均为预测和估算数额，虽在投标时计入投标人的报价中，但不应视为投标人所有。竣工结算时，应按承包人实际完成的工作内容结算，剩余部分仍归招标人所有。

1.5　本课程研究对象、学习重点以及与其他课程的关系

1.5.1　本课程研究对象

本课程把建筑工程的施工生产成果与施工生产消耗之间的内在定量关系作为研究对象；把如何认识和利用建筑施工成果与施工消耗之间的经济规律，运用市场经济的基本理论合理确定建筑工程预算造价、工程量清单报价，作为本课程的研究任务。

1.5.2　本门课程学习重点

建筑工程预算与清单报价是一门理论与实践紧密结合的专业课程。

在知识和方法上要重点掌握建筑工程计价基本原理、建筑安装工程费用构成、工程单价编制方法等内容。

在实践上要熟练掌握建筑工程清单工程量计算方法、计价（定额）工程量计算方法、消耗量定额的使用、施工图预算编制方法、工程量清单编制方法、工程量清单报价编制方法等。

1.5.3　本课程与其他课程的关系

计算工程量离不开施工图，需要了解施工过程，还要熟悉建筑材料，因此，建筑识图与构造、建筑结构识图与构造、建筑施工工艺、建筑材料是本门课程的专业基础课。另外，建筑经济、建筑工程项目管理、建设工程招投标与合同管理等课程与本课程也有密切关系。

思　考　题

1. 建筑安装工程造价由哪些费用构成？
2. 措施费包括哪些费用？
3. 规费包括哪些费用？
4. 目前有哪几种工程造价计价方式？
5. 施工图预算应该如何编制？
6. 简述工程量清单报价的编制方法。

第2章　建筑工程计价原理

2.1　建筑产品的特性

建筑产品具有产品生产的单件性、建设地点的固定性、施工生产的流动性等特点。这些特点是形成建筑产品必须通过编制施工图预算或编制工程量清单报价确定工程造价的根本原因。

2.1.1　产品生产的单件性

建筑产品的单件性是指每个建筑产品都具有特定的功能和用途，在建筑物的造型、结构、尺寸、设备配置和内外装修等方面都有不同的具体要求。即使用途完全相同的工程项目，在建筑等级、基础工程等方面都可能会不一样。可以这么说，在实践中找不到两个完全相同的建筑产品。因而，建筑产品的单件性使建筑物在实物形态上千差万别，各不相同。

2.1.2　建设地点的固定性

建设地点的固定性是指建筑产品的生产和使用必须固定在某一个地点，不能随意移动。建筑产品固定性的客观事实，使得建筑物的结构和造型受到当地自然气候、地质、水文、地形等因素的影响和制约，使得功能相同的建筑物在实物形态上仍有较大的差别，从而使每个建筑产品的工程造价各不相同。

2.1.3　施工生产的流动性

建筑产品的固定性是产生施工生产流动性的根本原因。因为建筑物固定了，施工队伍就流动了。流动性是指施工企业必须在不同的建设地点组织施工、建造房屋。

由于每个建设地点离施工单位基地的距离不同、资源条件不同、运输条件不同、工资水平不同等，都会影响建筑产品的造价。

2.2　建筑工程计价基本原理

2.2.1　确定工程造价的重要基础

建筑产品的三大特性，决定了其在价格要素上千差万别的特点。这种差别形成了制定统

一建筑产品价格的障碍，给建筑产品定价带来了困难，通常工业产品的定价方法不适用于建筑产品的定价。

当前，建筑产品价格主要有两种表现形式：一是政府指导价，二是市场竞争价。施工图预算确定的工程造价属于政府指导价；编制工程量清单报价投标确定的承包价属于市场竞争价。但是，在实际操作中，市场竞争价也是以施工图预算为基础确定的。所以，编制施工图预算确定工程造价的方法必须掌握。

产品定价的基本规律除了价值规律外，还应该有两条：一是通过市场竞争形成价格，二是同类产品的价格水平应该基本一致。

对于建筑产品来说，价格水平一致性的要求和建筑产品单件性的差别特性是一对需要解决的矛盾，因为我们无法做到以一个建筑物为对象来整体定价而达到保持价格水平一致的要求。通过人们的长期实践和探讨，找到了用编制施工图预算或编制工程量清单报价确定产品价格的方法来解决价格水平一致性的问题。因此，施工图预算或编制工程量清单报价是确定建筑产品价格的特殊方法。

将复杂的建筑工程分解为具有共性的基本构造要素——分项工程；编制单位分项工程人工、材料、机械台班消耗量及货币量的消耗量定额（预算定额），是确定建筑工程造价的重要基础。

2.2.2 建设项目的划分

基本建设项目按照合理确定工程造价和基本建设管理工作的要求，划分为建设项目、单项工程、单位工程、分部工程、分项工程五个层次。

1. 建设项目

建设项目一般是指在一个总体设计范围内，由一个或几个工程项目组成，经济上实行独立核算，行政上实行独立管理，并且具有法人资格的建设单元。

2. 单项工程

单项工程又称工程项目，是建设项目的组成部分，是指具有独立设计文件，竣工后可以独立发挥生产能力或使用效益的工程。一个工厂的生产车间、仓库，学校的教学楼、图书馆等分别都是一个单项工程。

3. 单位工程

单位工程是单项工程的组成部分。单位工程是指具有独立的设计文件，能单独施工，但建成后不能独立发挥生产能力或使用效益的工程。一个生产车间的土建工程、电气照明工程、给水排水工程、机械设备安装工程、电气设备安装工程等分别是一个单位工程，是生产车间这个单项工程的组成部分。

4. 分部工程

分部工程是单位工程的组成部分。分部工程一般按工种工程来划分，例如，土建单位工程划分为土石方工程、砌筑工程、脚手架工程、钢筋混凝土工程、木结构工程、金属结构工程、装饰工程等。分部工程也可按单位工程的构成部分来划分，例如，土建单位工程也可分为基础工程、墙体工程、梁柱工程、楼地面工程、门窗工程、屋面工程等。建筑工程预算定额综合了上述两种方法来划分分部工程。

5. 分项工程

分项工程是分部工程的组成部分。按照分部工程划分的方法，可再将分部工程划分为若干个分项工程。例如，基础工程还可以划分为基槽开挖、基础垫层、基础砌筑、基础防潮层、基槽回填土、土方运输等分项工程。

分项工程是建筑工程的基本构造要素。通常，把这一基本构造要素称为“假定建筑产品”。假定建筑产品虽然没有独立存在的意义，但是这一概念在工程造价编制、计划统计、建筑施工及管理、工程成本核算等方面都是十分重要的概念。

建设项目划分示意图如图 2-1 所示。

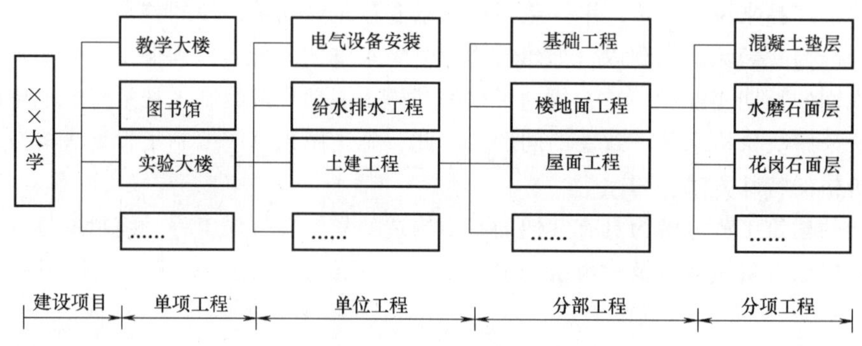

图 2-1　建设项目划分示意图

2.2.3　确定工程造价的基本前提

1. 建筑产品的共同要素——分项工程

建筑产品是结构复杂、体型庞大的工程，要对这样一类完整产品进行统一定价，不太容易办到，这就需要按照一定的规则，将建筑产品进行合理分解，层层分解到构成完整建筑产品的共同要素——分项工程为止，实现对建筑产品定价的目的。

从建设项目划分的内容来看，将单位工程按结构构造部位和工程工种来划分，可以分解为若干个分部工程。但是，从对建筑产品的定价要求来看，仍然不能满足要求。因为以分部工程为对象定价，其影响因素较多。例如，同样是砖墙，构造可能不同，如实砌墙或空花墙；材料也可能不同，如标准砖或灰砂砖。受这些因素影响，其人工、材料消耗的差别较大。所以，还必须按照不同的构造、材料等要求，将分部工程分解为更为简单的组成部分——分项工程。例如，M5 混合砂浆砌 240mm 厚灰砂砖墙，现浇 C20 钢筋混凝土圈梁等。

分项工程是经过逐步分解的能够用较为简单的施工过程生产出来的，可以用适当计量单位计算的工程基本构造要素。

2. 单位分项工程的消耗量标准——预算定额（消耗量定额）

将建筑工程层层分解后，就能采用一定的方法，编制出单位分项工程的人工、材料、机械台班消耗量标准——预算定额。

虽然不同的建筑工程由不同的分项工程项目和不同的工程量构成，但是有了预算定额（消耗量定额）后，就可以计算出价格水平基本一致的工程造价。这是因为预算定额（消耗量定额）确定的每一单位分项工程的人工、材料、机械台班消耗量起到了统一建筑产品劳动消耗水平的作用，从而使我们能够对千差万别的各建筑工程不同的工程数量，计算出符合

统一价格水平的工程造价。

例如，甲工程砖基础工程量为68.56m^3，乙工程砖基础工程量为205.66m^3，虽然工程量不同，但使用统一的预算定额（消耗量定额）后，他们的人工、材料、机械台班消耗量水平（单位消耗量）是一致的。

如果在预算定额（消耗量定额）消耗量的基础上再考虑价格因素，用货币反映定额基价，那么就可以计算出直接费、间接费、利润和税金，而后就能算出整个建筑产品的工程造价。

2.2.4　施工图预算确定工程造价

1. 施工图预算确定工程造价的数学模型

施工图预算确定工程造价，一般采用下列三种方法，因此也需构建三种数学模型。

（1）单位估价法　单位估价法是编制施工图预算常采用的方法。

该方法根据施工图和预算定额，通过计算分项工程量、分项直接工程费，将分项直接工程费汇总成单位工程直接工程费后，再根据措施费费率、间接费费率、利润率、税率分别计算出各项费用和税金，最后汇总成单位工程造价。其数学模型为：

$$\text{工程造价} = \text{直接费} + \text{间接费} + \text{利润} + \text{税金}$$

即

$$\begin{aligned}\begin{matrix}\text{以直接费为取费}\\\text{基础的工程造价}\end{matrix} = &\Big[\sum_{i=1}^{n}(\text{分项工程量} \times \text{定额基价})_i \times \\ &(1 + \text{措施费费率} + \text{间接费费率} + \text{利润率})\Big] \times \\ &(1 + \text{税率})\end{aligned}$$

$$\begin{aligned}\begin{matrix}\text{以人工费为取费}\\\text{基础的工程造价}\end{matrix} = &\Big[\sum_{i=1}^{n}(\text{分项工程量} \times \text{定额基价})_i + \\ &\sum_{i=1}^{n}(\text{分项工程量} \times \text{定额基价中人工费})_i \times \\ &(\text{措施费费率} + \text{间接费费率} + \text{利润率})\Big] \times \\ &(1 + \text{税率})\end{aligned}$$

提示：通过1.4中的简例来理解上述工程造价数学模型。

（2）实物金额法　当预算定额中只有人工、材料、机械台班消耗量，而没有定额基价的货币量时，我们可以采用实物金额法来计算工程造价。

实物金额法的基本做法是，先算出分项工程的人工、材料、机械台班消耗量，然后汇总成单位工程的人工、材料、机械台班消耗量，再将这些消耗量分别乘以各自的单价，最后汇总成单位工程直接费。后面各项费用的计算同单位估价法。其数学模型为：

$$\text{工程造价} = \text{直接费} + \text{间接费} + \text{利润} + \text{税金}$$

即

$$\begin{aligned}\begin{matrix}\text{以直接费为取费}\\\text{基础的工程造价}\end{matrix} = &\Big\{\Big[\sum_{i=1}^{n}(\text{分项工程量} \times \text{定额用工量})_i \times \\ &\text{工日单价} + \sum_{j=1}^{m}(\text{分项工程量} \times \text{定额材料用量})_j \times\end{aligned}$$

$$\text{材料单价} + \sum_{k=1}^{p}(\text{分项工程量}\times\text{定额机械台班量})_k\times\text{台班单价}\Big]\times(1+\text{措施费费率}+\text{间接费费率}+\text{利润率})\Big\}\times(1+\text{税率})$$

$$\text{以人工费为取费基础的工程造价}=\Big[\sum_{i=1}^{n}(\text{分项工程量}\times\text{定额用工量})_i\times\text{工日单价}\times(1+\text{措施费费率}+\text{间接费费率}+\text{利润率})+\sum_{j=1}^{m}(\text{分项工程量}\times\text{定额材料用量})_j\times\text{材料单价}+\sum_{k=1}^{p}(\text{分项工程量}\times\text{定额机械台班量})_k\times\text{台班单价}\Big]\times(1+\text{税率})$$

（3）分项工程完全单价计算法　分项工程完全单价计算法的特点是，以分项工程为对象计算工程造价，再将分项工程造价汇总成单位工程造价。该方法从形式上类似于工程量清单计价法，但又有本质上的区别。

分项工程完全单价计算法的数学模型为

$$\text{以直接费为取费基础计算工程造价}=\sum_{i=1}^{n}\Big[(\text{分项工程量}\times\text{定额基价})\times(1+\text{措施费费率}+\text{间接费费率}+\text{利润率})\times(1+\text{税率})\Big]_i$$

$$\text{以人工费为取费基础计算工程造价}=\sum_{i=1}^{n}\Big\{\Big[(\text{分项工程量}\times\text{定额基价})+(\text{分项工程量}\times\text{定额用工量}\times\text{工日单价})\times(\text{措施费费率}+\text{间接费费率}+\text{利润率})\Big]\times(1+\text{税率})\Big\}_i$$

提示：上述数学模型分两种情况表述的原因是，建筑工程造价一般以直接费为基础计算；装饰工程造价或安装工程造价一般以人工费为基础计算。

2. 施工图预算的编制依据

（1）施工图　施工图是计算工程量和套用预算定额的依据。广义地讲，施工图除了施工蓝图外，还包括标准施工图、图纸会审纪要和设计变更等资料。

（2）施工组织设计或施工方案　施工组织设计或施工方案是编制施工图预算过程中，计算工程量和套用预算定额时，确定土方类别、基础工作面大小、构件运输距离及运输方式等的依据。

（3）预算定额　预算定额是确定分项工程项目、计量单位，计算分项工程量、分项工程直接费和人工、材料、机械台班消耗量的依据。

（4）地区材料预算价格　地区材料预算价格或材料单价是计算材料费和调整材料价差的依据。

(5) 费用定额和税率　费用定额包括措施费、间接费、利润和税金的计算基础和费率、税率的规定。

(6) 施工合同　施工合同是确定收取哪些费用，按多少收取的依据。

3. 施工图预算的编制内容

施工图预算编制的主要内容包括：

1) 列出分项工程项目，简称列项。

2) 计算出分项工程工程量。

3) 套用预算定额及定额基价换算。

4) 工料分析及汇总。

5) 计算直接费。

6) 材料价差调整。

7) 计算间接费。

8) 计算利润。

9) 计算税金。

10) 汇总为工程造价。

4. 施工图预算的编制程序

按单位估价法编制施工图预算的程序如图 2-2 所示。

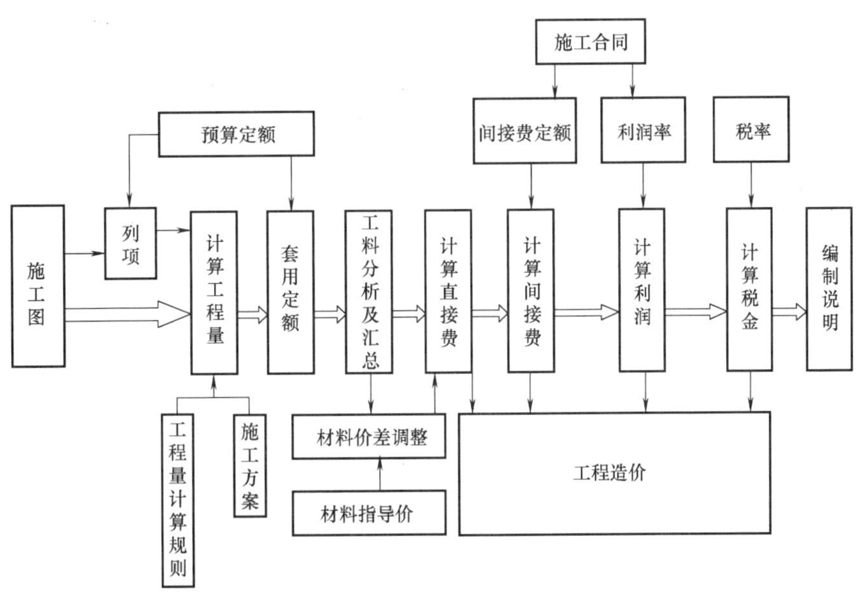

图 2-2　施工图预算编制程序示意图（单位估价法）

2.2.5　清单报价确定工程造价

按照《建设工程工程量清单计价规范》(GB 50500—2013) 的要求，清单报价确定工程造价的数学模型为：

$$\text{单价工程工程造价} = \left[\sum_{i=1}^{n} (\text{清单工程量} \times \text{综合单价})_i + \right.$$

$$\text{措施项目清单费}+\text{其他项目清单费}+\text{规费}\Big]\times(1+\text{税率})$$

其中

$$\text{综合单价}=\Big\{\Big[\sum_{i=1}^{n}(\text{计价工程量}\times\text{人工消耗量}\times\text{人工单价})_i+\sum_{j=1}^{m}(\text{计价工程量}\times\text{材料消耗量}\times\text{材料单价})_j+\sum_{k=1}^{p}(\text{计价工程量}\times\text{机械台班消耗量}\times\text{台班单价})_k\Big]\times(1+\text{管理费费率})\times(1+\text{利润率})\Big\}/\text{清单工程量}$$

上述清单报价确定工程造价的数学模型反映了编制报价的本质特征，同时也反映了编制清单报价的步骤与方法，这些内容可以通过工程量清单报价编制程序来表述，如图 2-3 所示。

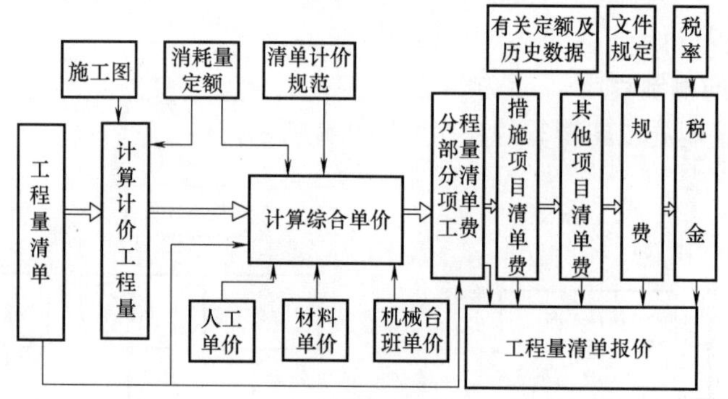

图 2-3　工程量清单报价编制程序

思　考　题

1. 建筑产品有哪些特性?
2. 建设项目是如何划分的?
3. 叙述施工图预算确定工程造价的数学模型。
4. 叙述清单报价确定工程造价的数学模型。

第3章 工程单价

工程单价包括人工单价、材料单价、机械台班单价。

3.1 人工单价

3.1.1 人工单价的概念

人工单价是指工人一个工作日应该得到的劳动报酬。一个工作日一般指工作8h。

3.1.2 人工单价的内容

人工单价一般包括基本工资、工资性津贴、养老保险费、失业保险费、医疗保险费、住房公积金等。

基本工资是指完成基本工作内容所得的劳动报酬。

工资性津贴是指流动施工津贴、交通补贴、物价补贴、煤（燃）气补贴等。

养老保险费、失业保险费、医疗保险费、住房公积金分别指工人在工作期间交养老保险、失业保险、医疗保险、住房公积金所发生的费用。

3.1.3 人工单价的编制方法

人工单价的编制方法主要有三种。

1. 根据劳务市场行情确定人工单价

目前，根据劳务市场行情确定人工单价已经成为计算工程劳务费的主流，采用这种方法确定人工单价应注意以下几个方面的问题：

一是要尽可能掌握劳动力市场价格中长期历史资料，这使以后采用数学模型预测人工单价将成为可能。

二是在确定人工单价时要考虑用工的季节性变化。当大量聘用农民工时，要考虑农忙季节时人工单价的变化。

三是在确定人工单价时要采用加权平均的方法综合各劳务市场的劳动力单价。

四是要分析拟建工程的工期对人工单价的影响。如果工期紧，那么人工单价按正常情况确定后要乘以大于1的系数。如果工期有拖长的可能，那么也要考虑工期延长带来的风险。

根据劳务市场行情确定人工单价的数学模型为：

$$人工单价 = \sum_{i=1}^{n}(某劳务市场人工单价 \times 权重)_i \times 季节变化系数 \times 工期风险系数$$

【例 3-1】 据市场调查取得的资料分析，抹灰工在劳务市场的价格分别是：甲劳务市场 35 元/工日，乙劳务市场 38 元/工日，丙劳务市场 34 元/工日。调查表明，各劳务市场可提供抹灰工的比例分别为：甲劳务市场 40%，乙劳务市场 26%，丙劳务市场 34%。当季节变化系数、工期风险系数均为 1 时，试计算抹灰工的人工单价。

【解】

抹灰工的人工单价 $= [(35.00 \times 40\% + 38.00 \times 26\% + 34.00 \times 34\%) \times 1 \times 1]$ 元/工日

$= [(14 + 9.88 + 11.56) \times 1 \times 1]$ 元/工日

$= 35.44$ 元/工日（取定为 35.50 元/工日）

2. 根据以往承包工程的情况确定

如果在本地以往承包过同类工程，可以根据以往承包工程的情况确定人工单价。

例如，以往在某地区承包过三个与拟建工程基本相同的工程，砖瓦工每个工日支付了 30.00 ~ 35.00 元，这时就可以进行具体对比分析，在上述范围内（或超过一点范围）确定投标报价的砖瓦工人工单价。

3. 根据预算定额规定的工日单价确定

凡是分部分项工程项目含有基价的预算定额，都明确规定了人工单价，可以以此为依据确定拟投标工程的人工单价。

例如，某省 2000 年预算定额，土建工程的技术工人每个工日 20.00 元，可以根据市场行情在此基础上乘以 1.2 ~ 1.6 的系数，确定拟投标工程的人工单价。

3.2 材料单价

3.2.1 材料单价的概念

材料单价是指材料从采购起运到工地仓库或堆放场地后的出库价格。

3.2.2 材料单价的费用构成

由于其采购和供货方式不同，构成材料单价的费用也不相同。一般有以下几种：

（1）材料供货到工地现场　当材料供应商将材料供货到施工现场或施工现场的仓库时，材料单价由材料原价、采购保管费构成。

（2）在供货地点采购材料　当需要派人到供货地点采购材料时，材料单价由材料原价、运杂费、采购保管费构成。

（3）需二次加工的材料　当某些材料采购回来后，还需要进一步加工的，材料单价除了上述费用外，还包括二次加工费。

3.2.3 材料原价的确定

材料原价是指付给材料供应商的材料单价。当某种材料有两个或两个以上的材料供应商

供货且材料原价不同时，要计算加权平均材料原价。

加权平均材料原价的计算公式为

$$加权平均材料原价 = \frac{\sum_{i=1}^{n}(材料原价 \times 材料数量)_i}{\sum_{i=1}^{n}(材料数量)_i}$$

提示：1. 式中 i 是指不同的材料供应商。

2. 包装费及手续费均已包含在材料原价中。

【例 3-2】 某工地所需的三星牌墙面砖由三个材料供应商供货，其墙面砖数量和材料原价见表 3-1，试计算墙面砖的加权平均原价。

表 3-1 墙面砖数量及材料原价

供应商	墙面砖数量/m²	材料原价/(元/m²)
甲	1500	68.00
乙	800	64.00
丙	730	71.00

【解】

$$墙面砖加权平均原价 = \frac{68 \times 1500 + 64 \times 800 + 71 \times 730}{1500 + 800 + 730}元/m^2$$

$$= \frac{205030}{3030}元/m^2 = 67.67 元/m^2$$

3.2.4 材料运杂费计算

材料运杂费是指在材料采购后运至工地现场或仓库所发生的各项费用，包括装卸费、运输费和合理的运输损耗费等。

材料装卸费按行业市场价支付。

材料运输费按行业运输价格计算，当供货来源地点不同且供货数量不同时，需要计算加权平均运输费，其计算公式为

$$加权平均运输费 = \frac{\sum_{i=1}^{n}(运输单价 \times 材料数量)_i}{\sum_{i=1}^{n}(材料数量)_i}$$

材料运输损耗费是指在运输和装卸材料过程中，不可避免产生的损耗所发生的费用，一般按下列公式计算：

$$材料运输损耗费 = (材料原价 + 装卸费 + 运输费) \times 运输损耗率$$

【例 3-3】【例 3-2】中墙面砖由三个地点供货，根据表 3-2 中的资料计算墙面砖运杂费。

表 3-2 供货资料

供货地点	墙面砖数量/m²	运输单价/(元/m²)	装卸费/(元/m²)	运输损耗率（%）
甲	1500	1.10	0.50	1
乙	800	1.60	0.55	1
丙	730	1.40	0.65	1

【解】 (1) 计算加权平均装卸费

$$\text{墙面砖加权平均装卸费} = \frac{0.50 \times 1500 + 0.55 \times 800 + 0.65 \times 730}{1500 + 800 + 730} \text{元/m}^2$$

$$= \frac{1664.5}{3030} \text{元/m}^2 = 0.55 \text{ 元/m}^2$$

(2) 计算加权平均运输费

$$\text{墙面砖加权平均运输费} = \frac{1.10 \times 1500 + 1.60 \times 800 + 1.40 \times 730}{1500 + 800 + 730} \text{元/m}^2$$

$$= \frac{3952}{3030} \text{元/m}^2 = 1.30 \text{ 元/m}^2$$

(3) 计算运输损耗费

$$\text{墙面砖运输损耗费} = (\text{材料原价} + \text{装卸费} + \text{运输费}) \times \text{运输损耗率}$$

$$= [(67.67 + 0.55 + 1.30) \times 1\%] \text{元/m}^2$$

$$= 0.70 \text{ 元/m}^2$$

(4) 运杂费小计

$$\text{墙面砖运杂费} = \text{装卸费} + \text{运输费} + \text{运输损耗费}$$

$$= (0.55 + 1.30 + 0.70) \text{元/m}^2 = 2.55 \text{ 元/m}^2$$

3.2.5 材料采购保管费计算

材料采购保管费是指施工企业在组织采购材料和保管材料过程中发生的各项费用。包括采购人员的工资、差旅交通费、通信费、业务费、仓库保管费等各项费用。

采购保管费一般按前面计算的与材料有关的各项费用之和乘以一定的费率计算。费率通常取1% ~3%。计算公式为

$$\text{材料采购保管费} = (\text{材料原价} + \text{运杂费}) \times \text{采购保管费率}$$

【例3-4】 上述墙面砖的采购保管费率为2%，根据前面墙面砖的两项计算结果，计算其采购保管费。

【解】

$$\text{墙面砖采购保管费} = [(67.67 + 2.55) \times 2\%] \text{元/m}^2 = (70.22 \times 2\%) \text{元/m}^2 = 1.40 \text{ 元/m}^2$$

3.2.6 材料单价确定

通过上述分析，我们知道，材料单价的计算公式为

$$\text{材料单价} = \text{加权平均材料原价} + \text{加权平均材料运杂费} + \text{采购保管费}$$

或

$$\text{材料单价} = (\text{加权平均材料原价} + \text{加权平均材料运杂费}) \times (1 + \text{采购保管费率})$$

【例3-5】 根据以上计算出的结果，汇总成材料单价。

【解】

$$\text{墙面砖材料单价} = (67.67 + 2.55 + 1.40)\text{元/m}^2 = 71.62\text{元/m}^2$$

3.3 机械台班单价

3.3.1 机械台班单价的概念

机械台班单价是指在单位工作班中为使机械正常运转所分摊和支出的各项费用。

3.3.2 机械台班单价的费用构成

按有关规定，机械台班单价由七项费用构成。这些费用按其性质划分为第一类费用和第二类费用。

（1）第一类费用　第一类费用亦称不变费用，是指属于分摊性质的费用。包括折旧费、大修理费、经常修理费、安拆费及场外运输费等。

（2）第二类费用　第二类费用亦称可变费用，是指属于支出性质的费用。包括燃料动力费、人工费、养路费及车船使用税等。

3.3.3 第一类费用计算

从简化计算的角度出发，我们提出以下计算方法。

（1）折旧费

$$\text{台班折旧费} = \frac{\text{购置机械全部费用} \times (1 - \text{残值率})}{\text{耐用总台班}}$$

其中，购置机械全部费用是指机械从购买地运到施工单位所在地发生的全部费用。包括：原价、购置税、保险费及牌照费、运费等。

耐用总台班计算公式为

$$\text{耐用总台班} = \text{预计使用年限} \times \text{年工作台班}$$

机械设备的预计使用年限和年工作台班可参照有关部门指导性意见，也可根据实际情况自主确定。

【例 3-6】 5t 载货汽车的成交价为 75000 元，购置附加税税率为 10%，运杂费为 2000 元，残值率为 3%，耐用总台班为 2000 个，试计算台班折旧费。

【解】

$$\text{5t 载货汽车台班折旧费} = \frac{[75000 \times (1 + 10\%) + 2000] \times (1 - 3\%)}{2000}\text{元/台班}$$

$$= \frac{81965}{2000}\text{元/台班} = 40.98\text{元/台班}$$

（2）大修理费　大修理费是指机械设备按规定到了大修理间隔台班需进行大修理，以恢复正常使用功能所需支出的费用。计算公式为

$$\text{台班大修理费} = \frac{\text{一次大修理费} \times (\text{大修理周期} - 1)}{\text{耐用总台班}}$$

【例 3-7】 5t 载货汽车一次大修理费为 8700 元，大修理周期为 4 个，耐用总台班为

2000 个，试计算台班大修理费。

【解】 $\text{5t 载货汽车台班大修理费} = \frac{8700 \times (4-1)}{2000}\text{元/台班} = \frac{26100}{2000}\text{元/台班} = 13.05\text{ 元/台班}$

（3）经常修理费　经常修理费是指机械设备除大修理外的各级保养及临时故障所需支出的费用。包括为保障机械正常运转所需替换设备费用，随机配置的工具、附具的摊销及维护费用，机械正常运转及日常保养所需润滑、擦拭材料费用和机械停置期间的维护保养费用等。

台班经常修理费的计算公式为

$$\text{台班经常修理费} = \text{台班大修理费} \times \text{经常修理费系数}$$

【例 3-8】 经测算，5t 载货汽车的台班经常修理费系数为 5.41，按计算出的 5t 载货汽车大修理费和计算公式，计算该车台班经常修理费。

【解】 $\text{5t 载货汽车台班经常修理费} = (13.05 \times 5.41)\text{元/台班} = 70.60\text{ 元/台班}$

（4）安拆费及场外运输费　安拆费是指机械在施工现场进行安装、拆卸所需的人工费，材料费，机械费和试运转费，以及机械辅助设施（如行走轨道、枕木等）的折旧、搭设、拆除费用。

场外运输费是指机械整体或分体自停置地点运至施工现场或由一工地运至另一工地的运输、装卸、辅助材料以及架线费用。

该项费用，在实际工作中可以采用两种方法计算。一种是当发生时在工程报价中已经计算了这些费用，那么编制机械台班单价就不再计算；另一种是根据往年发生费用的年平均数除以年工作台班计算。计算公式为

$$\text{台班安拆费及场外运输费} = \frac{\text{历年统计安拆费及场外运输费的年平均数}}{\text{年工作台班}}$$

【例 3-9】 6t 内塔式起重机（行走式）的历年统计安拆费及场外运输费的年平均数为 9870 元，年工作台班 280 个。试求台班安拆费及场外运输费。

【解】 $\text{台班安拆费及场外运输费} = \frac{9870}{280}\text{元/台班} = 35.25\text{ 元/台班}$

3.3.4 第二类费用计算

（1）燃料动力费　燃料动力费是指机械设备在运转中所耗用的各种燃料、电力、风力、水等的费用。计算公式为

$$\text{台班燃料动力费} = \text{每台班耗用的燃料或动力数量} \times \text{燃料或动力单价}$$

【例 3-10】 5t 载货汽车每台班耗用汽油 31.66L，每升汽油单价为 3.15 元，求台班燃料费。

【解】 台班燃料费 $= (31.66 \times 3.15)$元/台班 $= 99.73$ 元/台班

（2）人工费　人工费是指机上司机、司炉和其他操作人员的工日工资。计算公式为

$$\text{台班人工费} = \text{机上操作人员人工工日数} \times \text{人工单价}$$

【例 3-11】 5t 载货汽车每个台班的机上操作人员工日数为 1 个工日，人工单价 35 元，

求台班人工费。

【解】 台班人工费 =(35.00×1)元/台班 =35.00 元/台班

(3) 养路费及车船使用税　养路费及车船使用税是指按国家规定应缴纳的机动车养路费、车船使用税、保险费及年检费。计算公式为

$$\text{台班养路费及车船使用税}=\frac{\text{核定吨位}\times\{\text{养路费}[\text{元}/(\text{t}\cdot\text{月})]\times 12+\text{车船使用税}[\text{元}/(\text{t}\cdot\text{年})]\}}{\text{年工作台班}}+\text{保险费及年检费}$$

其中

$$\text{保险费及年检费}=\frac{\text{年保险费及年检费}}{\text{年工作台班}}$$

【例 3-12】 5t 载货汽车每月每吨应缴纳养路费 80 元，每年应缴纳车船使用税 40 元/t，年工作台班为 250 个，5t 载货汽车年缴保险费、年检费共计 2000 元，试计算台班养路费及车船使用税。

【解】

$$\text{台班养路费及车船使用税}=\left[\frac{5\times(80\times12+40)}{250}+\frac{2000}{250}\right]\text{元/台班}$$

$$=\left(\frac{5000}{250}+\frac{2000}{250}\right)\text{元/台班}=(20.00+8.00)\text{元/台班}$$

$$=28.00\text{ 元/台班}$$

3.3.5 机械台班单价计算实例

将上述计算 5t 载货汽车台班单价的计算过程汇总成台班单价计算表，见表 3-3。

表 3-3 机械台班单价计算表

项目		5t 载货汽车		
		单位	金额	计算式
台班单价		元	287.35	124.63 + 162.72 = 287.35
第一类费用	折旧费	元	40.98	$\frac{[7500\times(1+10\%)+2000]\times(1-3\%)}{2000}=40.98$
	大修理费	元	13.05	$\frac{8700\times(4-1)}{2000}=13.05$
	经常修理费	元	70.60	13.05 × 5.41 = 70.60
	安拆费及场外运输费	元	—	—
小计		元	124.63	
第二类费用	燃料动力费	元	99.73	31.66 × 3.15 = 99.73
	人工费	元	35.00	35.00 × 1 = 35.00
	养路费及车船使用税	元	28.00	$\frac{5\times(80\times12+40)}{250}+\frac{2000}{250}=28.00$
小计		元	162.73	

思考题

1. 人工单价包括哪些内容？
2. 确定人工单价的方法有哪几种？
3. 什么是材料单价？

4. 如何确定材料原价?
5. 如何计算材料运杂费?
6. 什么是机械台班单价?
7. 如何计算台班单价的第一类费用?
8. 如何计算台班单价的第二类费用?

第4章　建筑工程定额

4.1　概述

4.1.1　定额的概念

定额是国家主管部门颁发的用于规定完成建筑安装产品所需消耗的人力、物力和财力的数量标准。

定额反映了在一定生产力水平条件下，施工企业的生产技术水平和管理水平。

4.1.2　建筑安装工程定额的分类

建筑安装工程定额可以从不同角度，按以下方法分类。

1. 按定额包含的不同生产要素分类

（1）劳动定额　劳动定额是施工企业内部使用的定额。它规定了在正常施工条件下，某工种某等级的工人或工人小组，生产单位合格产品所需消耗的劳动时间；或是在单位工作时间内生产合格产品的数量标准。前者称为时间定额，后者称为产量定额。

（2）材料消耗定额　材料消耗定额是施工企业内部使用的定额。它规定了在正常施工条件下，节约和合理使用条件下，生产单位合格产品所需消耗的一定品种规格的原材料、半成品、成品和结构构件的数量标准。

（3）机械台班使用定额　机械台班使用定额用于施工企业。它规定了在正常施工条件下，利用某种施工机械，生产单位合格产品所需消耗的机械工作时间；或者在单位时间内施工机械完成合格产品的数量标准。

2. 按定额的不同用途分类

（1）施工定额　施工定额主要用于编制施工预算，是施工企业管理的基础。施工定额一般由劳动定额、材料消耗定额、机械台班定额组成。

（2）预算定额　预算定额主要用于编制施工图预算，是确定一定计量单位的分项工程或结构构件的人工、材料、机械台班耗量（及货币量）的数量标准。

（3）概算定额　概算定额主要用于编制设计概算，是确定一定计量单位的扩大分项工程的人工、材料、机械台班消耗量（及货币量）的数量标准。

（4）概算指标 概算指标主要用于估算或编制设计概算，是以每个建筑物或构筑物为对象，以“m^2”“m^3”或“座”等计量单位规定人工、材料、机械台班耗量的数量标准。

3. 按定额的编制单位和执行范围分类

（1）全国统一定额 全国统一定额由主管部门根据全国各专业的技术水平与组织管理状况而编制，是在全国范围内执行的定额，如《全国统一安装工程预算定额》等。

（2）地区定额 地区定额参照全国统一定额或根据国家有关规定编制，是在本地区使用的定额，如各省、市、自治区的建筑工程预算定额等。

（3）企业定额 企业定额是指根据施工企业生产力水平和管理水平编制供内部使用的定额。

（4）临时定额 临时定额是指当现行的概预算定额不能满足需求时，根据具体情况补充的一次性使用定额。编制补充定额必须按有关规定执行。

4.1.3 建筑安装工程定额的作用

定额是企业和基本建设实行科学管理的必备条件，没有定额根本谈不上科学管理。

1. 定额是企业计划管理的基础

施工企业为了组织和管理施工生产活动，必须编制各种计划，而计划中的人力、物力和资金需用量都要根据定额来计算。因此，定额是企业计划管理的重要基础。

2. 定额是提高劳动生产率的重要手段

施工企业要提高劳动生产率，除了合理的组织外，还要贯彻执行各种定额，把企业提高劳动生产率的任务具体落实到每位职工身上，促使他们采用新技术、新工艺，改进操作方法，改进劳动组织，以降低劳动强度，使用较少的劳动量，生产较多的产品，进而提高劳动生产率。

3. 定额是衡量设计方案优劣的标准

使用定额或概算指标对一个拟建工程的若干设计方案进行技术经济分析，就能选择经济合理的最优设计方案。因此，定额是衡量设计方案经济合理性的标准。

4. 定额是实行责任承包制的重要依据

以招标投标承包制为核心的经济责任制是建筑市场发展的基本内容。

在签订投资包干协议、计算标底和标价、签订承包合同，以及企业内部实行各种形式的承包责任制时，都必须以各种定额为主要依据。

5. 定额是科学组织施工和管理施工生产的有效工具

建筑安装工程施工是由多个工种、部门组成的一个有机整体而进行施工生产活动的。在安排各部门各工种的生产计划中，无论是计算资源需用量或者平衡资源需用量，组织供应材料，合理配备劳动组织，调配劳动力，签发工程任务单和限额领料单，还是组织劳动竞赛，考核工料消耗，计算和分配劳动报酬等，都要以各种定额为依据。因此，定额是组织和管理施工生产的有效工具。

6. 定额是企业实行经济核算的重要基础

企业为了分析和比较施工生产中的各种消耗，必须以各种定额为依据。企业进行工程成本核算时，要以定额为标准，分析比较各项成本，肯定成绩，找出差距，提出改进措施，不断降低各种消耗，提高企业的经济效益。

4.1.4　建筑安装工程定额的特性

1. 科学性

建筑安装工程定额是采用技术测定法等科学方法，在认真研究施工生产过程中的客观规律的基础上，通过长期的观察、测定、总结生产实践经验以及广泛搜集资料来编制的。

在编制过程中，必须对工作时间分析、动作研究、现场布置、工具设备改革，以及生产技术与组织管理等各方面，进行科学的综合研究。因而，制定的定额客观地反映了施工生产企业的生产力水平，所以定额具有科学性。

2. 权威性

在计划经济体制下，定额具有法令性，即建筑安装工程定额经国家主管机关批准颁发后，具有经济法规的性质，执行定额的所有各方必须严格遵守，未经许可，不得随意改变定额的内容和水平。

但是，在市场经济条件下，定额的执行过程中允许企业根据招标投标等具体情况进行调整，使其体现市场经济的特点，故定额的法令性淡化了。建筑安装工程定额既能起到国家宏观调控市场，又能起到让建筑市场充分发展的作用，就必须要有一个社会公认的，在使用过程中可以有根据地改变其水平的定额。这种具有权威性控制量的定额，各业主和工程承包商可以根据生产力水平状况进行适当调整。

定额的权威性是建立在其先进性基础之上的。即定额需要能正确反映本行业的生产力水平，符合社会主义市场经济的发展规律。

3. 群众性

定额的群众性是指定额的制定和执行都必须有广泛的群众基础。因为定额水平的高低主要取决于建筑安装工人所创造的劳动生产力水平的高低；其次，工人直接参加定额的测定工作，有利于制定出容易掌握和推广的定额；最后，定额的执行要依靠广大职工的生产实践活动方能完成。

4.1.5　定额的编制方法

1. 技术测定法

技术测定法是一种科学的调查研究方法。它是通过对施工过程的具体活动进行实地观察，详细记录工人和施工机械的工作时间消耗，测定完成产品的数量和有关影响因素，将记录结果进行分析研究，整理出可靠的数据资料，为编制定额提供可靠数据的一种方法。

常用的技术测定方法包括：测时法、写实记录法、工作日写实法。

2. 经验估计法

经验估计法是根据定额员、技术员、生产管理人员和老工人的实际工作经验，对生产某一产品或某项工作所需的人工、材料、机械台班数量进行分析、讨论和估算后，确定定额消耗量的一种方法。

3. 统计计算法

统计计算法是一种用过去统计资料编制定额的一种方法。

4. 比较类推法

比较类推法也称典型定额法。

比较类推法是在相同类型的项目中，选择有代表性的典型项目，用技术测定法编制出定额，然后根据这些定额用比较类推的方法编制其他相关定额的一种方法。

4.2 预算定额的构成与内容

4.2.1 预算定额的构成

预算定额一般由总说明、分部说明、分节说明、建筑面积计算规则、分项工程消耗指标、分项工程基价、机械台班预算价格、材料预算价格、砂浆和混凝土配合比表、材料损耗率表等内容构成，如图 4-1 所示。

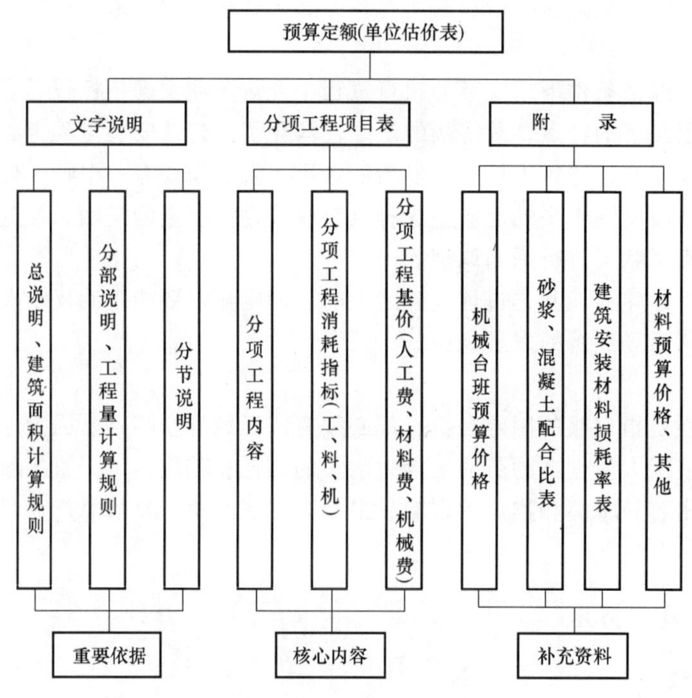

图 4-1　预算定额构成示意图

4.2.2 预算定额的内容

1. 文字说明

（1）总说明　总说明综合叙述了定额的编制依据、作用、适用范围及编制此定额时有关共性问题的处理意见和使用方法等。

（2）建筑面积计算规范　建筑面积计算规范严格、全面地规定了计算建筑面积的范围和方法。建筑面积是基本建设中重要的技术经济指标，也是计算其他技术经济指标的基础。

（3）分部说明　分部说明是预算定额的重要内容，介绍了分部工程定额中使用各定额项目的具体规定。例如，当砖墙身为弧形时，其相应定额的人工费要乘以大于 1 的系数等。

（4）工程量计算规则　工程量计算规则是按分部工程归类的。工程量计算规则统一规定了各分项工程量计算的处理原则，不管是否完全理解，在没有新的规定出台之前，必须按该规则执行。

工程量计算规则是准确和简化工程量计算的基本保证。因为，在编制定额的过程中就运用了计算规则，在综合定额内容时就确定了计算规则，所以工程量计算规则具有法规性。

(5) 分节说明　分节说明主要包括了该章节项目的主要工作内容。通过对工作内容的了解，帮助我们判断在编制施工图预算时套用定额的准确性。

2. 分项工程项目表

分项工程项目表是按分部工程归类的，它主要包括三个方面的内容。

(1) 分项工程内容　分项工程内容是以分项工程名称来表达的。一般来说，每一个定额号对应的内容就是一个分项工程的内容。例如，“M5 混合砂浆砌砖墙”就是一个分项工程的内容。

(2) 分项工程消耗指标　分项工程消耗指标是指人工、材料、机械台班的消耗量。例如，某地区预算定额摘录见表 4-1。其中 1—1 号定额的项目名称是花岗岩楼地面，每 $100m^2$ 的人工消耗指标是 20.57 个工日；材料消耗指标分别是花岗岩板 $102.00m^2$、1∶2 水泥砂浆 $2.20m^3$、白水泥 10.00kg、素水泥浆 $0.10m^3$、棉纱头 1.00kg、锯木屑 $0.60m^3$、石料切割锯片 0.42 片、水 $2.60m^3$；机械台班消耗指标为 200L 砂浆搅拌机 0.37 台班、2t 内塔式起重机 0.74 台班、石料切割机 1.60 台班。

表 4-1　预算定额摘录

工程内容：清理基层、调制砂浆、锯板磨边

贴花岗岩板、擦缝、清理净面　　（单位：$100m^2$）

定额编号				1—1	1—2	1—3
项目		单位	单价	花岗岩楼地面	花岗岩踢脚板	花岗岩台阶
基价		元		26774.12	27285.84	41886.55
其中	人工费	元		514.25	1306.25	1541.75
	材料费	元		26098.27	25850.25	40211.69
	机械费	元		161.60	129.34	133.11
综合用工		工日	25.00	20.57	52.25	61.67
材料	花岗岩板	m^2	250.00	102.00	102.00	157.00
	1∶2 水泥砂浆	m^3	230.02	2.20	1.10	3.26
	白水泥	kg	0.50	10.00	20.00	15.00
	素水泥浆	m^3	461.70	0.10	0.10	0.15
	棉纱头	kg	5.00	1.00	1.00	1.50
	锯木屑	m^3	8.50	0.60	0.60	0.89
	石料切割锯片	片	70.00	0.42	0.42	1.68
	水	m^3	0.60	2.60	2.60	4.00
机械	200L 砂浆搅拌机	台班	15.92	0.37	0.18	0.59
	2t 内塔式起重机	台班	170.61	0.74	0.56	—
	石料切割机	台班	18.41	1.60	1.68	6.72

(3) 分项工程基价　分项工程基价亦称分项工程单价，是确定单位分项工程人工费、材料费和机械使用费的标准。例如，表 4-1 中 1—1 定额的基价为 26774.12 元，该基价由人工费 514.25 元、材料费 26098.27 元、机械费 161.60 元合计而成。这三项费用的计算过程是：

$$人工费 = 20.57\ 工日 \times 25.00\ 元/工日 = 514.25\ 元$$

$$\begin{aligned}材料费 &= (102.00 \times 250.00 + 2.20 \times 230.02 + 10.00 \times 0.50 + 0.10 \times 461.70 + \\ &\quad 1.00 \times 5.00 + 0.60 \times 8.50 + 0.42 \times 70.00 + 2.60 \times 0.60)\ 元 \\ &= 26098.27\ 元\end{aligned}$$

$$机械费 = (0.37 \times 15.92 + 0.74 \times 170.61 + 1.60 \times 18.41)\ 元 = 161.60\ 元$$

3. 附录

附录主要包括以下几部分内容。

（1）机械台班预算价格　机械台班预算价格确定了各种施工机械的台班使用费。例如，表4-1中1—1定额的200L砂浆搅拌机的台班预算价格为15.92元/台班。

（2）砂浆、混凝土配合比表　砂浆、混凝土配合比表确定了各种配合比砂浆、混凝土每立方米的原材料消耗量，是计算工程材料消耗量的依据。例如，表4-2中F—2号定额规定了1∶2水泥砂浆每立方米需用32.5级普通水泥635kg，中砂1.04m^3。

表4-2　抹灰砂浆配合比表（摘录）　　（单位：m^3）

定额编号				F—1	F—2
项目		单位	单价	水泥砂浆	
				1∶1.5	1∶2
基价		元		254.40	230.02
材料	32.5水泥	kg	0.30	734	635
	中砂	m^3	38.00	0.90	1.04

（3）建筑安装材料损耗率表　该表表示了编制预算定额时，各种材料损耗率的取定值，为使用定额者换算定额和补充定额提供依据。

（4）材料预算价格表　材料预算价格表汇总了预算定额中所使用的各种材料的单价，它是在编制施工图预算时调整材料价差的依据。

4.3　预算定额的应用

4.3.1　预算定额基价的确定

人工、材料、机械台班消耗量是定额中的主要指标，它以实物量来表示。为了方便使用，目前，各地区编制的预算定额普遍反映货币量指标，也就是由人工费、材料费、机械台班使用费构成定额基价。

所谓基价，即指分项工程单价。它可以是完全分项工程单价，也可以是不完全分项工程单价。

作为建筑工程预算定额，它以完全工程单价的形式来表现，这时也可称为建筑工程单位估价表；作为不完全工程单价表现形式的定额，常用于安装工程预算定额和装饰工程预算定额，因为上述定额中一般不包括主要材料费。

预算定额中的基价是根据某一地区的人工单价、材料预算价格、机械台班预算价格计算的，其计算公式为：

$$定额基价 = 人工费 + 材料费 + 机械使用费$$

式中

$$人工费=\sum(定额工日数\times工日单价)$$

$$材料费=\sum(材料数量\times材料预算价格)$$

$$机械使用费=\sum(机械台班量\times台班预算价格)$$

公式中的实物量指标（工日数、材料数量、机械台班量）是预算定额规定的，但工日单价、材料预算价格、台班预算价格则按某地区的价格确定。通常，全国统一预算定额的基价采用北京地区的价格；省、市、自治区预算定额的基价采用省会所在地或自治区首府所在地的价格。

定额基价的计算过程可以通过表4-3来表达。

表4-3 预算定额项目基价计算表

定额编号				1—1	计算式
项目		单位	单价	花岗岩楼地面/100m²	
基价		元	—	26774.12	基价 =514.25 +26098.27 +161.60 =26774.12
其中	人工费	元	—	514.25	见计算式
	材料费	元	—	26098.27	见计算式
	机械费	元	—	161.60	见计算式
综合用工		工日	25.00 元/工日	20.57	人工费 =20.57 工日 ×25.00 元/工日 =514.25 元
材料	花岗岩板	m²	250.00	102.00	材料费： 102.00 ×250.00 =25500
	1:2 水泥砂浆	m³	230.02	2.20	2.20 ×230.02 =506.04
	白水泥	kg	0.50	10.00	10.00 ×0.50 =5.00
	素水泥浆	m³	461.70	0.10	0.10 ×461.70 =46.17
	棉纱头	kg	5.00	1.00	1.00 ×5.00 =5.00
	锯木屑	m³	8.50	0.60	0.60 ×8.50 =5.10
	石料切割锯片	片	70.00	0.42	0.42 ×70.00 =29.40
	水	m³	0.60	2.60	2.60 ×0.60 =1.56 （合计）26098.27
机械	200L 砂浆搅拌机	台班	15.92	0.37	机械费： 0.37 ×15.92 =5.89
	2t 内塔式起重机	台班	170.61	0.74	0.74 ×170.61 =126.25
	石料切割机	台班	18.41	1.60	1.60 ×18.41 =29.46 （合计）161.60

4.3.2 预算定额项目中材料费与配合比表的关系

预算定额项目中的材料费是根据材料栏目中的半成品（砂浆、混凝土）、原材料用量乘以各自的单价汇总而成的，其中，半成品的单价是根据半成品配合比表中各项目的基价来确定的。例如，“定—1”（表4-4）定额项目中M5水泥砂浆的单价是根据“附—1”（表4-6）砌筑砂浆配合比的基价124.32元/m³确定的。还需指出，M5水泥砂浆的基价是该附录号中32.5水泥、中砂的材料费，即：270.00kg×0.30元/kg+1.14m³×38.00元/m³=124.32元/m³。

4.3.3 预算定额项目中工料消耗指标与砂浆、混凝土配合比表的关系

定额项目中材料栏内含有砂浆或混凝土半成品用量时，其半成品的原材料用量要根据定

额附录中砂浆、混凝土配合比表的材料消耗量来计算。因此，当定额项目中的配合比与施工图设计的配合比不同时，附录中的半成品配合比表是定额换算的重要依据。预算定额示例见表4-4、表4-5。砂浆和混凝土配合比表见表4-6～表4-8。

表4-4 建筑工程预算定额（摘录）（一）

工程内容：略

定额编号				定—1	定—2	定—3	定—4
定额单位				$10m^3$	$10m^3$	$10m^3$	$100m^2$
项目		单位	单价	M5水泥砂浆砌砖基础	现浇C20钢筋混凝土矩形梁	C15混凝土地面垫层	1:2水泥砂浆墙基防潮层
基价		元		1277.30	7673.82	1954.24	798.79
其中	人工费	元		310.75	1831.50	539.00	237.50
	材料费	元		958.99	5684.33	1384.26	557.31
	机械费	元		7.56	157.99	30.98	3.98
人工	基本工	d	25.00	10.32	52.20	13.46	7.20
	其他工	d	25.00	2.11	21.06	8.10	2.30
	合计	d	25.00	12.43	73.26	21.56	9.5
材料	标准砖	千块	127.00	5.23			
	M5水泥砂浆	m^3	124.32	2.36			
	木材	m^3	700.00		0.138		
	钢模板	kg	4.60		51.53		
	零星卡具	kg	5.40		23.20		
	钢支撑	kg	4.70		11.60		
	ϕ10mm内钢筋	kg	3.10		471		
	ϕ10mm外钢筋	kg	3.00		728		
	C20混凝土(0.5～4)	m^3	146.98		10.15		
	C15混凝土(0.5～4)	m^3	136.02			10.10	
	1:2水泥砂浆	m^3	230.02				2.07
	防水粉	kg	1.20				66.38
	其他材料费	元			26.83	1.23	1.51
	水	m^3	0.60	2.31	13.52	15.38	
机械	200L砂浆搅拌机	台班	15.92	0.475			0.25
	400L混凝土搅拌机	台班	81.52		0.63	0.38	
	2t内塔式起重机	台班	170.61		0.625		

表4-5 建筑工程预算定额（摘录）（二）

工程内容：略

定额编号				定—5	定—6
定额单位				$100m^2$	$100m^2$
项目		单位	单价	C15混凝土地面面层(60mm厚)	1:2.5水泥砂浆抹砖墙面(底13mm厚、面7mm厚)
基价		元		1191.28	888.44
其中	人工费	元		332.50	385.00
	材料费	元		833.51	451.21
	机械费	元		25.27	52.23

（续）

定额编号				定—5	定—6
定额单位				100m²	100m²
项目		单位	单价	C15 混凝土地面面层（60mm 厚）	1:2.5 水泥砂浆抹砖墙面（底 13mm 厚、面 7mm 厚）
人工	基本工	d	25.00	9.20	13.40
	其他工	d	25.00	4.10	2.00
	合计	d	25.00	13.30	15.40
材料	C15 混凝土（0.5～4）	m³	136.02	6.06	
	1:2.5 水泥砂浆	m³	210.72		2.10（底:1.39 面:0.71）
	其他材料费	元			4.50
	水	m³	0.60	15.38	6.99
机械	200L 砂浆搅拌机	台班	15.92		0.28
	400L 混凝土搅拌机	台班	81.52	0.31	
	塔式起重机	台班	170.61		0.28

表 4-6　砌筑砂浆配合比表（摘录）　　（单位：m³）

定额编号				附—1	附—2	附—3	附—4
项目		单位	单价	水泥砂浆			
				M5	M7.5	M10	M15
基价		元		124.32	144.10	160.14	189.98
材料	32.5 水泥	kg	0.30	270.00	341.00	397.00	499.00
	中砂	m³	38.00	1.14	1.10	1.08	1.06

表 4-7　抹灰砂浆配合比表（摘录）　　（单位：m³）

定额编号				附—5	附—6	附—7	附—8
项目		单位	单价	水泥砂浆			
				1:1.5	1:2	1:2.5	1:3
基价		元		254.40	230.02	210.72	182.82
材料	32.5 水泥	kg	0.30	734	635	558	465
	中砂	m³	38.00	0.90	1.04	1.14	1.14

表 4-8　普通塑性混凝土配合比表（摘录）　　（单位：m³）

定额编号				附—9	附—10	附—11	附—12	附—13	附—14
项目		单位	单价	粗集料最大粒径:40mm					
				C15	C20	C25	C30	C35	C40
基价		元		136.02	146.98	162.63	172.41	181.48	199.18
材料	42.5 水泥	kg	0.30	274	313				
	52.5 水泥	kg	0.35			313	343	370	
	62.5 水泥	kg	0.40						368
	中砂	m³	38.00	0.49	0.46	0.46	0.42	0.41	0.41
	0.5～4 砾石	m³	40.00	0.88	0.89	0.89	0.91	0.91	0.91

【例 4-1】 根据表 4-4 中“定—1”号定额和表 4-6 中“附—1”号定额计算砌 $10m^3$ 砖基础需用 $2.36m^3$ 的 M5 水泥砂浆的原材料用量。

【解】 32.5 水泥：$2.36m^3 \times 270.00kg/m^3 = 637.20kg$

中砂：$2.36m^3 \times 1.14m^3/m^3 = 2.690m^3$

4.3.4 预算定额的套用

预算定额的套用分为直接套用和换算使用两种情况。

直接套用定额是指直接使用定额项目中的基价、人工费、机械费、材料费、各种材料用量及各种机械台班耗用量。

当施工图设计要求与预算定额的项目内容一致时，可直接套用预算定额。

在编制单位工程施工图预算的过程中，大多数分项工程项目可以直接套用预算定额。套用预算定额时应注意以下几点：

1）根据施工图、设计说明、标准图作法说明，选择预算定额项目。

2）应从工程内容、技术特征和施工方法上仔细核对，才能较准确地确定与施工图相对应的预算定额项目。

3）施工图中分项工程的名称、内容和计量单位要与预算定额项目相一致。

4.3.5 预算定额的换算

编制预算时，当施工图中的分项工程项目不能直接套用预算定额时，就产生了定额的换算。

1. 换算原则

为了保持原定额的水平，在预算定额的说明中规定了有关换算原则，一般包括：

1）当施工图设计的分项工程项目中砂浆、混凝土强度等级与定额对应项目不同时，允许按定额附录的砂浆、混凝土配合比表进行换算，但配合比表中规定的各种材料用量不得调整。

2）定额中的抹灰项目已考虑了常用厚度，各层砂浆的厚度一般不作调整。当设计有特殊要求时，定额中人工、材料可以按比例换算。

3）是否可以换算、怎样换算，必须按预算定额中的各项规定执行。

2. 预算定额的换算类型

预算定额的换算类型常有以下几种：

1）砂浆换算：即砌筑砂浆换强度等级、抹灰砂浆换配合比及砂浆用量。

2）混凝土换算：即构件混凝土的强度等级、混凝土类型换算；楼地面混凝土的强度等级、厚度换算等。

3）系数换算：按规定对定额基价、定额中的人工费、材料费、机械费乘以各种系数的换算。

4）其他换算：除上述三种情况以外的预算定额换算。

3. 预算定额换算的基本思路

预算定额换算的基本思路是：根据选定的预算定额基价，按规定换入增加的费用，换出应扣除的费用。这一思路可用下列表达式表述：

换算后的定额基价 = 原定额基价 + 换入的费用 - 换出的费用

例如，某工程施工图设计用 C20 混凝土做地面垫层，查预算定额，只有 C15 混凝土地面垫层的项目，这就需要根据该项目，再根据定额附录中 C20 混凝土的基价进行换算，其换算式为：

$$\begin{matrix}\text{C20 混凝土}\\\text{地面垫层基价}\end{matrix}=\begin{matrix}\text{C15 混凝土地面}\\\text{垫层定额基价}\end{matrix}+\begin{matrix}\text{定额混凝}\\\text{土用量}\end{matrix}\times\begin{matrix}\text{C20 混凝}\\\text{土基价}\end{matrix}-\begin{matrix}\text{定额混凝}\\\text{土用量}\end{matrix}\times\begin{matrix}\text{C15 混凝}\\\text{土基价}\end{matrix}$$

4.3.6 砌筑砂浆换算

1. 换算原因

当设计图样要求的砌筑砂浆强度等级在预算定额中缺项时，就需要根据同类相似定额调整砂浆强度等级，求出新的定额基价。

2. 换算特点

由于该类换算的砂浆用量不变，所以人工费、机械费不变，因而只需换算砂浆强度等级和计算换算后的材料用量。

砌筑砂浆换算公式为

$$\begin{matrix}\text{换算后定}\\\text{额基价}\end{matrix}=\begin{matrix}\text{原定额}\\\text{基价}\end{matrix}+\begin{matrix}\text{定额砂}\\\text{浆用量}\end{matrix}\times\left(\begin{matrix}\text{换入砂}\\\text{浆基价}\end{matrix}-\begin{matrix}\text{换出砂}\\\text{浆基价}\end{matrix}\right)$$

【例 4-2】 M10 水泥砂浆砌砖基础。

【解】 换算定额号："定—1"（表 4-4）

换算附录定额号："附—1、附—3"（表 4-6）

（1）$\begin{matrix}\text{换算后定}\\\text{额基价}\end{matrix}=\overset{\text{定—1}}{1277.30}\text{元}/10\text{m}^3+[2.36\times(\overset{\text{附—3}}{160.14}-\overset{\text{附—1}}{124.32})]\text{元}/10\text{m}^3$

$=1277.30\text{ 元}/10\text{m}^3+(2.36\times35.82)\text{ 元}/10\text{m}^3$

$=1277.30\text{ 元}/10\text{m}^3+84.54\text{ 元}/10\text{m}^3=1361.84\text{ 元}/10\text{m}^3$

（2）换算后材料用量（10m^3 砖砌体）

32.5 水泥：$2.36\text{m}^3\times397.00\text{kg}/\text{m}^3=936.92\text{kg}$

中砂：$2.36\text{m}^3\times1.08\text{m}^3/\text{m}^3=2.549\text{m}^3$

4.3.7 抹灰砂浆换算

1. 换算原因

当设计图样要求的抹灰砂浆配合比或抹灰厚度与预算定额的抹灰砂浆配合比或厚度不同时，就需要根据同类相似定额进行换算，求出新的定额基价。

2. 换算特点

第一种情况：当抹灰厚度不变只换配合比时，只调整材料费和材料用量。

第二种情况：当抹灰厚度发生变化时，砂浆用量要改变，因而定额人工费、材料费、机械费和材料用量均要换算。

3. 换算公式

第一种情况

$$\begin{matrix}\text{换算后定}\\\text{额基价}\end{matrix}=\begin{matrix}\text{原定额}\\\text{基价}\end{matrix}+\Sigma\left[\begin{matrix}\text{各层砂浆}\\\text{定额用量}\end{matrix}\times\left(\begin{matrix}\text{换入砂}\\\text{浆基价}\end{matrix}-\begin{matrix}\text{换出砂}\\\text{浆基价}\end{matrix}\right)\right]$$

第二种情况

$$\text{换算后定额基价} = \text{原定额基价} + \left(\text{定额人工费} + \text{定额机械费}\right) \times (K-1) + \Sigma\left(\text{各层换入砂浆用量} \times \text{换入砂浆基价} - \text{各层砂浆定额用量} \times \text{换出砂浆基价}\right)$$

$$K = \frac{\text{设计抹灰砂浆总厚}}{\text{定额抹灰砂浆总厚}}$$

$$\text{各层换入砂浆用量} = \frac{\text{定额砂浆用量}}{\text{定额砂浆厚度}} \times \text{设计厚度}$$

式中 K——人工费、机械费换算系数。

【例 4-3】 1:3 水泥砂浆底 13mm 厚，1:2 水泥砂浆面 7mm 厚砖墙面抹灰。

【解】 该例题属于第一种情况换算。

换算定额号："定—6"（表 4-5）

换算附录定额号："附—6"、"附—7"、"附—8"（表 4-7）

（1）换算后定额基价 $= 888.44$ 元$/100\text{m}^2 + (0.71 \times 230.02 + 1.39 \times 182.82 - 2.10 \times 210.72)$ 元$/100\text{m}^2$

$= 888.44$ 元$/100\text{m}^2 + (417.43 - 442.51)$ 元$/100\text{m}^2$

$= 888.44$ 元/100 元 $\text{m}^2 - 25.08$ 元$/100\text{m}^2 = 863.36$ 元$/100\text{m}^2$

（2）换算后材料用量（100m^2）

32.5 水泥：$0.71\text{m}^3 \times 635\text{kg/m}^3 + 1.39\text{m}^3 \times 465\text{kg/m}^3 = 1097.20\text{kg}$

中砂：$0.71\text{m}^3 \times 1.04\text{m}^3/\text{m}^3 + 1.39\text{m}^3 \times 1.14\text{m}^3/\text{m}^3 = 2.323\text{m}^3$

【例 4-4】 1:3 水泥砂浆底 15mm 厚，1:2.5 水泥砂浆面 8mm 厚砖墙面抹灰。

【解】 该例题属于第二种情况换算。

换算定额号："定—6"（表 4-5）

换算附录定额号："附—7""附—8"（表 4-7）

$$\text{人工费、机械费换算系数 } K = \frac{15+8}{13+7} = \frac{23}{20} = 1.15$$

$$1:3 \text{ 水泥砂浆用量} = \frac{1.39}{13} \times 15\text{m}^3 = 1.604\text{m}^3$$

$$1:2.5 \text{ 水泥砂浆用量} = \frac{0.71}{7} \times 8\text{m}^3 = 0.811\text{m}^3$$

（1）换算后定额基价 $= 888.44$ 元$/100\text{m}^2 + [(385.00 + 52.23) \times (1.15 - 1)]$ 元$/100\text{m}^2 + \{[(1.604 \times 182.82 + 0.811 \times 210.72) - (2.10 \times 210.72)]\}$ 元$/100\text{m}^2$

$= 888.44$ 元$/100\text{m}^2 + (437.23 \times 0.15)$ 元$/100\text{m}^2 + (464.14 - 442.51)$ 元$/100\text{m}^2$

$= 888.44$ 元$/100\text{m}^2 + 65.58$ 元$/100\text{m}^2 + 21.63$ 元$/100\text{m}^2 = 975.65$ 元$/100\text{m}^2$

（2）换算后材料用量（100m^2）

32.5 水泥：$1.604\text{m}^3 \times 465\text{kg/m}^3 + 0.811\text{m}^3 \times 558\text{kg/m}^3 = 1198.40\text{kg}$

中砂：$1.604\text{m}^3 \times 1.14\text{m}^3/\text{m}^3 + 0.811\text{m}^3 \times 1.14\text{m}^3/\text{m}^3 = 2.753\text{m}^3$

4.3.8 构件混凝土换算

1. 换算原因

当施工图设计要求构件采用的混凝土强度等级在预算定额中没有相符合的项目时，就产生了混凝土品种、强度等级和原材料的换算。

2. 换算特点

由于混凝土用量不变，所以人工费、机械费不变，只换算混凝土品种、强度等级和原材料。

3. 换算公式

$$\begin{matrix}\text{换算后定}\\\text{额基价}\end{matrix}=\begin{matrix}\text{原定额}\\\text{基价}\end{matrix}+\begin{matrix}\text{定额混凝}\\\text{土用量}\end{matrix}\times\left(\begin{matrix}\text{换入混凝}\\\text{土基价}\end{matrix}-\begin{matrix}\text{换出混}\\\text{凝土基价}\end{matrix}\right)$$

【例 4-5】 现浇 C30 钢筋混凝土矩形梁。

【解】 换算定额号：“定—2”（表 4-4）

换算附录定额号：“附—10”“附—12”（表 4-8）

（1）$\begin{matrix}\text{换算后定}\\\text{额基价}\end{matrix}=\overset{\text{定—2}}{7673.82}\text{元}/10\text{m}^3+[10.15\times(\overset{\text{附—12}}{172.41}-\overset{\text{附—10}}{146.98})]\text{元}/10\text{m}^3$

$=7673.82\text{ 元}/10\text{m}^3+(10.15\times25.43)\text{元}/10\text{m}^3$

$=7673.82\text{ 元}/10\text{m}^3+258.11\text{ 元}/10\text{m}^3=7931.93\text{ 元}/10\text{m}^3$

（2）换算后材料用量（10m^3）

52.5 水泥：$10.15\text{m}^3\times343\text{kg}/\text{m}^3=3481.45\text{kg}$

中砂：$10.15\text{m}^3\times0.42\text{m}^3/\text{m}^3=4.263\text{m}^3$

0.5 ~4 砾石：$10.15\text{m}^3\times0.91\text{m}^3/\text{m}^3=9.237\text{m}^3$

4.3.9 楼地面混凝土换算

1. 换算原因

预算定额楼地面混凝土面层项目的定额单位一般以平方米为单位。因此，当图样设计的面层厚度与定额规定的厚度不同时，就产生了楼地面项目的定额基价和材料用量的换算。

2. 换算特点

1）同抹灰砂浆的换算特点。

2）当预算定额中有楼地面面层厚度增加或减少定额时，可以用两个定额相加或相减的方式来换算，由于该方法较简单，此处不再介绍。

3. 换算公式

$$\begin{matrix}\text{换算后定}\\\text{额基价}\end{matrix}=\begin{matrix}\text{原定额}\\\text{基价}\end{matrix}+\left(\begin{matrix}\text{定额}\\\text{人工费}\end{matrix}+\begin{matrix}\text{定额}\\\text{机械费}\end{matrix}\right)\times(K-1)+\begin{matrix}\text{换入混凝}\\\text{土用量}\end{matrix}\times\begin{matrix}\text{换入混凝}\\\text{土基价}\end{matrix}-\begin{matrix}\text{定额混凝}\\\text{土用量}\end{matrix}\times\begin{matrix}\text{换出混凝}\\\text{土基价}\end{matrix}$$

$$K=\frac{\text{混凝土设计厚度}}{\text{混凝土定额厚度}}$$

$$\text{换入混凝土用量}=\frac{\text{定额混凝土用量}}{\text{定额混凝土厚度}}\times\text{设计混凝土厚度}$$

式中 K——人工费、机械费换算系数。

【例 4-6】 C25 混凝土地面面层 80mm 厚。

【解】 换算定额号:“定—5”(表 4-5)

换算附录定额号:“附—9”“附—11”(表 4-8)

人工费、机械费换算系数 $K=\frac{80}{60}=1.333$

换入 C25 混凝土用量 $=\left(\frac{6.06}{60}\times 80\right)\text{m}^3=8.08\text{m}^3$

(1) $\text{换算后定额基价}=1191.28\ 元/100\text{m}^2+[(332.50+25.27)\times(1.333-1)]元/100\text{m}^2+[8.08\times162.63-6.06\times136.02]元/100\text{m}^2=(1191.28+119.14+1314.05-824.28)元/100\text{m}^2=1800.19\ 元/100\text{m}^2$

(2) 换算后材料用量 (100m^2)

52.5 水泥: $8.08\text{m}^3\times313\text{kg/m}^3=2529.04\text{kg}$

中砂: $8.08\text{m}^3\times0.46\text{m}^3/\text{m}^3=3.717\text{m}^3$

0.5~4 砾石: $8.08\text{m}^3\times0.89\text{m}^3/\text{m}^3=7.191\text{m}^3$

4.3.10 乘系数换算

乘系数换算是指在使用某些预算定额项目时，定额的一部分或全部乘以规定的系数。例如，某地区预算定额规定，砌弧形砖墙时，定额人工费乘以系数 1.10；圆弧形、锯齿形、不规则形墙的抹面、饰面，按相应定额项目套用，但人工费乘以系数 1.15。

【例 4-7】 1:2.5 水泥砂浆锯齿形砖墙面抹灰。

【解】 根据题意，按某地区预算定额规定，套用“定—6”定额（表 4-5）后，人工费增加 15%。换算后定额基价 $=888.44\ 元/100\text{m}^2+[385.00\times(1.15-1)]元/100\text{m}^2=888.44\ 元/100\text{m}^2+57.75\ 元/100\text{m}^2=946.19\ 元/100\text{m}^2$

4.3.11 其他换算

其他换算是指不属于上述几种换算情况的定额基价换算。

【例 4-8】 1:2 防水砂浆墙基防潮层（加水泥用量的 9% 防水粉）。

【解】 根据题意和定额“定—4”（表 4-4）内容应调整防水粉的用量。

换算定额号:“定—4”（表 4-4）

换算附录定额号:“附—6”（表 4-7）

$$\text{防水粉用量}=\text{定额砂浆用量}\times\text{砂浆配合比中的水泥用量}\times9\%=2.07\text{m}^3\times635\text{kg/m}^3\times9\%=118.30\text{kg}$$

(1) $\text{换算后定额基价}=\underset{\text{定—4}}{798.79}元/100\text{m}^2+[1.20(\text{防水粉单价})\times(\underset{\text{换入量}}{118.30}-\underset{\text{定额原用量}}{66.38})]元/100\text{m}^2=798.79\ 元/100\text{m}^2+(1.20\times51.92)元/100\text{m}^2=798.79\ 元/100\text{m}^2+62.30\ 元/100\text{m}^2=861.09\ 元/100\text{m}^2$

(2) 换算后材料用量 ($100m^2$)

32.5 水泥：$2.07m^3 \times 635kg/m^3 = 1314.45kg$

中砂：$2.07m^3 \times 1.04m^3/m^3 = 2.153m^3$

防水粉：$2.07m^3 \times 635kg/m^3 \times 9\% = 118.30kg$

思　考　题

1. 什么是定额？
2. 建筑安装工程定额是如何分类的？
3. 叙述建筑安装工程定额的特性。
4. 叙述定额的编制方法。
5. 什么是预算定额基价？
6. 预算定额有哪几种换算类型？
7. 定额的砌筑砂浆是如何换算的？
8. 其他换算包括哪些内容？

第5章　定额计价方法

定额计价方法是指编制施工图预算确定工程造价的方法。

5.1　2013年以前编制施工图预算方法

编制施工图预算的主要内容是计算工程量、直接费计算及工料分析、间接费计算、利润和税金计算等。工程量计算方法将在后面介绍，其余内容本章将详细介绍。

5.1.1　直接费内容

直接费由直接工程费和措施费构成。

1. 直接工程费

直接工程费是指施工过程中耗费的构成工程实体的各项费用，包括人工费、材料费、施工机械使用费。

（1）人工费　人工费是指直接从事建筑安装工程施工的生产工人所开支的各项费用，包括：

1）基本工资。基本工资是指发放给生产工人的基本工资。

2）工资性补贴。工资性补贴是指按规定发放给生产工人的物价补贴，煤、燃气补贴，交通补贴，住房补贴，流动施工津贴等。

3）生产工人辅助工资。生产工人辅助工资是指生产工人年有效施工天数以外非作业天数的工资，包括职工学习、培训期间的工资，调动工作、探亲、休假期间的工资，因气候影响的停工工资，女工哺乳时间的工资，病假在六个月以内的工资及婚、产、丧假期的工资。

4）职工福利费。职工福利费是指按规定标准计提的职工福利费。

5）生产工人劳动保护费。生产工人劳动保护费是指按规定标准发放的劳动保护用品的购置费及修理费，徒工服装补贴，防暑降温费，在有碍身体健康环境中施工的保健费等。

6）社会保险费。社会保险费是指包含在工资内，由工人交纳的养老保险费、失业保险费等。

（2）材料费　材料费是指施工过程中耗用的构成工程实体，形成工程装饰效果的原材料、辅助材料、构配件、零件、半成品、成品的费用和周转材料的摊销（或租赁）费用。

（3）施工机械使用费　施工机械使用费是指使用施工机械作业所发生的机械费用以及

机械安、拆和进出场费等。

2. 措施费

措施费是指为完成工程项目施工，发生于该工程施工前和施工过程中的不形成工程实体的各项费用。措施费包括 11 项内容。

(1) 环境保护费　环境保护费是指施工现场为达到环保部门要求所需要的各项费用。

(2) 文明施工费　文明施工费是指施工现场文明施工所需要的各项费用。

(3) 安全施工费　安全施工费是指施工现场安全施工所需要的各项费用。

(4) 临时设施费　临时设施费是指施工企业为进行建筑工程施工所必须搭设的生活和生产用的临时建筑物、构筑物和其他临时设施费用等。

临时设施包括：临时宿舍，文化福利及公用事业房屋与构筑物，仓库，办公室，加工厂以及规定范围内道路、水、电、管线等临时设施和小型临时设施。

临时设施费用包括：临时设施的搭设、维修、拆除费或摊销费。

(5) 夜间施工费　夜间施工费是指因夜间施工所发生的夜班补助费、夜间施工降效、夜间施工照明设备摊销及照明用电等费用。

(6) 二次搬运费　二次搬运费是指因施工场地狭小等特殊情况而发生的二次搬运费用。

(7) 大型机械设备进出场及安拆费　大型机械设备进出场及安拆费是指机械整体或分体自停放场地运至施工现场或由一个施工地点运至另一个施工地点，所发生的机械进出场运输及转移费用以及机械在施工现场进行安装、拆卸所需的人工费、材料费、机械费、试运转费和安装所需的辅助设施的费用。

(8) 混凝土、钢筋混凝土模板及支架费　混凝土、钢筋混凝土模板及支架费是指混凝土施工过程中需要的各种钢模板、木模板、支架等的支、拆、运输费用及模板、支架的摊销（或租赁）费用。

(9) 脚手架费　脚手架费是指施工需要的各种脚手架搭、拆、运输费用及脚手架的摊销（或租赁）费用。

(10) 已完工程及设备保护费　已完工程及设备保护费是指竣工验收前，对已完工程及设备进行保护所需的费用。

(11) 施工排水、降水费　施工排水、降水费是指为确保工程在正常条件下施工，采取各种排水、降水措施所发生的各种费用。

直接费划分示意见表 5-1。

3. 措施费计算及有关费率确定方法

(1) 环境保护费

$$\text{环境保护费} = \text{直接工程费} \times \text{环境保护费费率}(\%)$$

$$\text{环境保护费费率}(\%) = \frac{\text{本项费用年度平均支出}}{\text{全年建安产值} \times \text{直接工程费占总造价比例}(\%)}$$

(2) 文明施工费

$$\text{文明施工费} = \text{直接工程费} \times \text{文明施工费费率}(\%)$$

$$\text{文明施工费费率}(\%) = \frac{\text{本项费用年度平均支出}}{\text{全年建安产值} \times \text{直接工程费占总造价比例}(\%)}$$

表 5-1 直接费划分示意表

<table>
<tr><td rowspan="29">直 接 费</td><td rowspan="18">直接工程费</td><td rowspan="6">人工费</td><td>基本工资</td></tr>
<tr><td>工资性补贴</td></tr>
<tr><td>生产工人辅助工资</td></tr>
<tr><td>职工福利费</td></tr>
<tr><td>生产工人劳动保护费</td></tr>
<tr><td>社会保险费</td></tr>
<tr><td rowspan="5">材料费</td><td>材料原价</td></tr>
<tr><td>材料运杂费</td></tr>
<tr><td>运输损耗费</td></tr>
<tr><td>采购及保管费</td></tr>
<tr><td>检验试验费</td></tr>
<tr><td rowspan="7">施工机械使用费</td><td>折旧费</td></tr>
<tr><td>大修理费</td></tr>
<tr><td>经常修理费</td></tr>
<tr><td>安拆费及场外运输费</td></tr>
<tr><td>人工费</td></tr>
<tr><td>燃料动力费</td></tr>
<tr><td>养路费及车船使用税</td></tr>
<tr><td rowspan="11">措施费</td><td colspan="2">环境保护费</td></tr>
<tr><td colspan="2">文明施工费</td></tr>
<tr><td colspan="2">安全施工费</td></tr>
<tr><td colspan="2">临时设施费</td></tr>
<tr><td colspan="2">夜间施工费</td></tr>
<tr><td colspan="2">二次搬运费</td></tr>
<tr><td colspan="2">大型机械设备进出场及安拆费</td></tr>
<tr><td colspan="2">混凝土、钢筋混凝土模板及支架费</td></tr>
<tr><td colspan="2">脚手架费</td></tr>
<tr><td colspan="2">已完工程及设备保护费</td></tr>
<tr><td colspan="2">施工排水、降水费</td></tr>
</table>

（3）安全施工费

$$安全施工费 = 直接工程费 \times 安全施工费费率(\%)$$

$$安全施工费费率(\%) = \frac{本项费用年度平均支出}{全年建安产值 \times 直接工程费占总造价比例(\%)}$$

（4）临时设施费　临时设施费由以下三部分组成。

1）周转使用临建费（如活动房屋费）。

2）一次性使用临建费（如简易建筑费）。

3）其他临时设施费（如临时管线费）。

临时设施费 =（周转使用临建费 + 一次性使用临建费）×[1 + 其他临时设施所占比例(%)]

其中

$$周转使用临建费 = \Sigma\left[\frac{临建面积 \times 每平方米造价}{使用年限 \times 365 \times 利用率(\%)} \times 工期(天)\right] + 一次性拆除费$$

$$一次性使用临建费 = \Sigma 临建面积 \times 每平方米造价 \times [1 - 残值率(\%)] + 一次性拆除费$$

其他临时设施在临时设施费中所占比例，可由各地区造价管理部门依据典型施工企业的

成本资料经分析后综合测定。

（5）夜间施工费

$$\text{夜间施工费}=\left(1-\frac{\text{合同工期}}{\text{定额工期}}\right)\times\frac{\text{直接工程费中的人工费合计}}{\text{平均日工资单价}}\times\text{每工日夜间施工费开支}$$

（6）二次搬运费

$$\text{二次搬运费}=\text{直接工程费}\times\text{二次搬运费费率}(\%)$$

$$\text{二次搬运费费率}(\%)=\frac{\text{年平均二次搬运费开支额}}{\text{全年建安产值}\times\text{直接工程费占总造价的比例}(\%)}$$

（7）混凝土、钢筋混凝土模板及支架费

1）模板及支架费 = 模板摊销量 × 模板价格 + 支、拆、运输费

$$\begin{aligned}\text{模板摊销量}=&\text{一次使用量}\times(1+\text{施工损耗})\times[1+(\text{周转次数}-1)\times\\&\text{补损率}/\text{周转次数}-(1-\text{补损率})\times 50\%/\text{周转次数}]\end{aligned}$$

2）租赁费 = 模板使用量 × 使用期 × 租赁价格 + 支、拆、运输费

（8）脚手架搭拆费及租赁费

1）脚手架搭拆费 = 脚手架摊销量 × 脚手架价格 + 搭、拆、运输费

$$\text{脚手架摊销量}=\frac{\text{单位一次使用量}\times(1-\text{残值率})}{\text{耐用期}/\text{一次使用期}}$$

2）租赁费 = 脚手架每日租金 × 搭设周期 + 搭、拆、运输费

（9）已完工程及设备保护费

$$\text{已完工程及设备保护费}=\text{成品保护所需机械费}+\text{材料费}+\text{人工费}$$

（10）施工排水、降水费

$$\text{施工排水、降水费}=\Sigma\,\text{排水降水机械台班费}\times\text{排水降水周期}+\text{排水降水使用材料费、人工费}$$

5.1.2 直接费计算及工料分析

当一个单位工程的工程量计算完毕后，就要套用预算定额基价进行直接费的计算。

本节只介绍直接工程费的计算方法，措施费的计算方法详见建筑工程费用章节。

计算直接工程费常采用两种方法，即单位估价法和实物金额法。

1. 用单位估价法计算直接工程费

预算定额项目的基价构成一般有两种形式：一是基价中包含了全部人工费、材料费和机械使用费，这种方式称为完全定额基价，建筑工程预算定额常采用此种形式；二是基价中包含了全部人工费、辅助材料费和机械使用费，不包括主要材料费，这种方式称为不完全定额基价，安装工程预算定额和装饰工程预算定额常采用此种形式。凡是采用完全定额基价的预算定额计算直接工程费的方法称为单位估价法，计算出的直接工程费也称为定额直接费。

（1）单位估价法计算直接工程费的数学模型

$$\text{单位工程定额直接工程费}=\text{定额人工费}+\text{定额材料费}+\text{定额机械费}$$

其中：定额人工费 = Σ(分项工程量 × 定额人工费单价)

定额机械费 = Σ(分项工程量 × 定额机械费单价)

定额材料费 = Σ(分项工程量 × 定额基价 − 定额人工费 − 定额机械费)

（2）单位估价法计算定额直接工程费的方法与步骤

1）先根据施工图和预算定额计算分项工程量。

2）根据分项工程量的内容套用相对应的定额基价（包括人工费单价、机械费单价）。

3）根据分项工程量和定额基价计算出分项工程直接工程费、定额人工费和定额机械费。

4）将各分项工程的各项费用汇总成单位工程直接工程费、单位工程定额人工费、单位工程定额机械费。

（3）单位估价法简例

【例 5-1】 某工程有关工程量如下：C15 混凝土地面垫层 48.56m³，M5 水泥砂浆砌砖基础 76.21m³。根据这些工程量数据和表 4-4 中的预算定额，用单位估价法计算其直接工程费、定额人工费、定额机械费，并进行工料分析。

【解】 （1）计算直接工程费、定额人工费、定额机械费 直接工程费、定额人工费、定额机械费的计算过程和计算结果见表 5-2。

表 5-2 直接工程费计算表（单位估价法）

定额编号	项目名称	单位	工程数量	单价/元				总价/元			
				基价	其中			合价	其中		
					人工费	材料费	机械费		人工费	材料费	机械费
1	2	3	4	5	6	7	8	9=4×5	10=4×6	11	12=4×8
	一、砌筑工程										
定—1	M5 水泥砂浆砌砖基础	m³	76.21	127.73	31.08		0.76	9734.30	2368.61		57.92
	⋮										
	分部小计							9734.30	2368.61		57.92
	二、脚手架工程										
	⋮										
	分部小计										
	三、楼地面工程										
定—3	C15 混凝土地面垫层	m³	48.56	195.42	53.90		3.10	9489.60	2617.38		150.54
	⋮										
	分部小计							9489.60	2617.38		150.54
	合计							19223.90	4985.99		208.46

（2）工料分析 人工工日及各种材料分析见表 5-3。

表 5-3 人工、材料分析表

定额编号	项目名称	单位	工程量	人工/工日	主要材料			
					标准砖/块	M5 水泥砂浆/m³	水/m³	C15 混凝土/m³
	一、砌筑工程							
定—1	M5 水泥砂浆砌砖基础	m³	76.21	1.243/94.73	523/39858	0.236/17.986	0.231/17.60	
	分部小计			94.73	39858	17.986	17.60	
	二、楼地面工程							
定—3	C15 混凝土地面垫层	m³	48.56	2.156/104.70			1.538/74.69	1.01/49.046
	分部小计			104.70			74.69	49.046
	合计			199.43	39.858	17.986	92.29	49.046

注：主要材料栏的分数中，分子表示定额用量，分母表示工程量乘以定额用量的结果。

2. 用实物金额法计算直接工程费

（1）实物金额法计算直接工程费的方法与步骤　凡是用分项工程量分别乘以预算定额子目中的实物消耗量（即人工工日、材料数量、机械台班数量）求出分项工程的人工、材料、机械台班消耗量，然后汇总成单位工程实物消耗量，再分别乘以工日单价、材料预算价格、机械台班预算价格求出单位工程人工费、材料费、机械使用费，最后汇总成单位工程直接工程费的方法，称为实物金额法。

（2）实物金额法的数学模型

单位工程直接工程费 = 人工费 + 材料费 + 机械费

其中：人工费 = Σ(分项工程量 × 定额用工量 × 工日单价)

材料费 = Σ(分项工程量 × 定额材料用量 × 材料预算价格)

机械费 = Σ(分项工程量 × 定额台班用量 × 机械台班预算价格)

(3)实物金额法计算直接工程费简例

【例 5-2】 某工程有关工程量为:M5 水泥砂浆砌砖基础 76.21m^3,C15 混凝土地面垫层 48.56m^3。根据上述数据和表 4-4 中的预算定额分析工料机消耗量,再根据表 5-4 中的单价计算直接工程费。

表 5-4　人工单价、材料单价、机械台班单价表

序号	名称	单位	单价/元
一、	人工单价	工日	25.00
二、	材料预算价格		
1	标准砖	千块	127.00
2	M5 水泥砂浆	m^3	124.32
3	C15 混凝土(0.5～4mm 砾石)	m^3	136.02
4	水	m^3	0.60
三、	机械台班预算价格		
1	200L 砂浆搅拌机	台班	15.92
2	400L 混凝土搅拌机	台班	81.52

【解】（1）分析人工、材料、机械台班消耗量　计算过程见表 5-5。

表 5-5　人工、材料、机械台班分析表

定额编号	项目名称	单位	工程量	人工/工日	标准砖/千块	M5 水泥砂浆/m^3	C15 混凝土/m^3	水/m^3	其他材料费/元	200L 砂浆搅拌机/台班	400L 混凝土搅拌机/台班
	一、砌筑工程										
定—1	M5 水泥砂浆砌砖基础	m^3	76.21	1.243 94.73	0.523 39.858	0.236 17.986		0.231 17.605		0.0475 3.620	
	二、楼地面工程										
定—3	C15 混凝土地面垫层	m^3	48.56	2.156 104.70			1.01 49.046	1.538 74.685	0.123 5.97		0.038 1.845
	合计			199.43	39.858	17.986	49.046	92.29	5.97	3.620	1.845

注：分子为定额用量，分母为工程量乘以定额用量的计算结果。

(2) 计算直接工程费 直接工程费计算过程见表5-6。

表5-6 直接工程费计算表（实物金额法）

序号	名 称	单位	数量	单价/元	合价/元	备注
1	人工	工日	199.43	25.00	4985.75	人工费：4985.75
2	标准砖	千块	39.858	127.00	5061.97	材料费：14030.57
3	M5水泥砂浆	m^3	17.986	124.32	2236.02	
4	C15混凝土(0.5～4mm砾石)	m^3	49.046	136.02	6671.24	
5	水	m^3	92.29	0.60	55.37	
6	其他材料费	元	5.97		5.97	
7	200L砂浆搅拌机	台班	3.620	15.92	57.63	机械费:208.03
8	400L混凝土搅拌机	台班	1.845	81.52	150.40	
	合计				19224.35	直接工程费：19224.35

5.1.3 材料价差调整

1. 材料价差产生的原因

凡是使用单位估价法编制的施工图预算，一般需调整材料价差。

目前，预算定额基价中的材料费根据编制定额所在地区的省会所在地的材料预算价格计算。由于地区材料预算价格随着时间的变化而变化，其他地区使用该预算定额时材料预算价格也会发生变化，所以用单位估价法计算直接工程费后，一般还要根据工程所在地区的材料预算价格调整材料价差。

2. 材料价差调整方法

材料价差的调整有两种基本方法，即单项材料价差调整法和材料价差综合系数调整法。

(1) 单项材料价差调整法 当采用单位估价法计算直接工程费时，对影响工程造价较大的主要材料（如钢材、木材、水泥等）一般进行单项材料价差调整。

单项材料价差调整的计算公式为

$$\begin{matrix}\text{单项材料}\\\text{价差调整}\end{matrix}=\Sigma\left[\begin{matrix}\text{单位工程某}\\\text{种材料用量}\end{matrix}\times\left(\begin{matrix}\text{现行材料}\\\text{预算价格}\end{matrix}-\begin{matrix}\text{预算定额中}\\\text{材料单价}\end{matrix}\right)\right]$$

【例5-3】 根据某工程有关材料消耗量和现行材料预算价格，调整材料价差，有关数据见表5-7。

表5-7 有关数据

材料名称	单位	数量	现行材料预算价格/元	预算定额中材料单价/元
52.5水泥	kg	7345.10	0.35	0.30
ϕ10mm圆钢筋	kg	5618.25	2.65	2.80
花岗岩板	m^2	816.40	350.00	290.00

【解】 (1) 直接计算

$$\begin{matrix}\text{某工程单项}\\\text{材料价差}\end{matrix}=[7345.10\times(0.35-0.30)+5618.25\times(2.65-2.80)+816.40\times(350-290)]\text{元}$$

$$=[7345.10\times0.05-5618.25\times0.15+816.40\times60]\text{元}$$

$$=48508.52\text{元}$$

（2）用“单项材料价差调整表”（表5-8）计算

表5-8 单项材料价差调整表

工程名称：××工程

序号	材料名称	数量	现行材料预算价格	预算定额中材料预算价格	价差/元	调整金额/元
1	52.5水泥	7345.10kg	0.35元/kg	0.30元/kg	0.05	367.26
2	ϕ10mm圆钢筋	5618.25kg	2.65元/kg	2.80元/kg	-0.15	-842.74
3	花岗岩板	816.40m^2	350.00元/m^2	290.00元/m^2	60.00	48984.00
	合计					48508.52

（2）综合系数调整材料价差法　采用单项材料价差的调整方法，其优点是准确性高，但计算过程较繁杂。因此，一些用量大、单价相对较低的材料（如地方材料、辅助材料等）常采用综合系数的方法来调整单位工程材料价差。

采用综合系数调整材料价差的具体做法就是用单位工程定额材料费或定额直接工程费乘以综合调整系数，求出单位工程材料价差，其计算公式为

$$\begin{matrix}\text{单位工程采用综合}\\\text{系数调整材料价差}\end{matrix}=\begin{matrix}\text{单位工程定}\\\text{额材料费}\end{matrix}\left(\begin{matrix}\text{定额直}\\\text{接工程费}\end{matrix}\right)\times\begin{matrix}\text{材料价差综}\\\text{合调整系数}\end{matrix}$$

【例5-4】 某工程的定额材料费为786457.35元，按规定以定额材料费为基础乘以综合调整系数1.38%，计算该工程地方材料价差。

【解】

$$\begin{matrix}\text{该工程地方材}\\\text{料价差}\end{matrix}=786457.35\text{元}\times1.38\%=10853.11\text{元}$$

5.1.4 间接费、利润与税金计算

1. 建筑安装工程费用构成

建筑安装工程费用亦称建筑安装工程造价。

建筑安装工程费用（造价）由直接费、间接费、利润、税金四部分构成，如图5-1所示，其中，直接费与间接费之和称为工程预算成本。

2. 建筑安装工程费用的内容

（1）直接费　直接费的各项内容详见本书前面各部分的叙述。

（2）间接费　间接费由规费、企业管理费组成。

1）规费。规费是指政府和有关权力部门规定必须缴纳的费用（简称规费），主要包括以下五项内容。

① 工程排污费。工程排污费是指施工现场按规定缴纳的工程排污费。

② 工程定额测定费。工程定额测定费是指按规定支付工程造价（定额）管理部门的定额测定费。

③ 社会保险费。社会保险费包括养老保险费、失业保险费、医疗保险费。

养老保险费是指企业按照规定标准为职工缴纳的基本养老保险费。

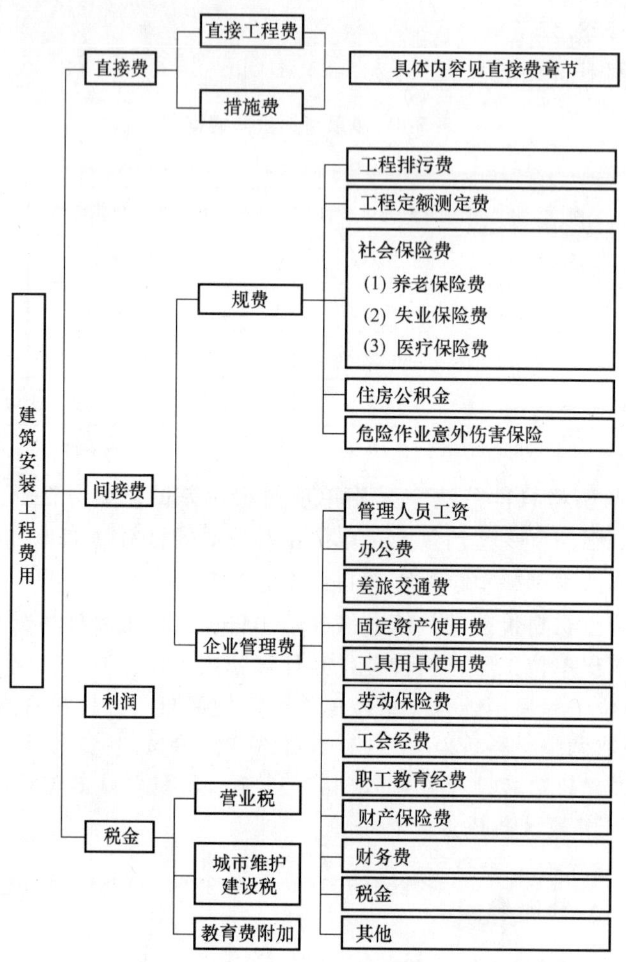

图 5-1　建筑安装工程费用构成示意图

失业保险费是指企业按照国家规定标准为职工缴纳的失业保险费。

医疗保险费是指企业按照规定标准为职工缴纳的基本医疗保险费。

④ 住房公积金。住房公积金是指企业按规定标准为职工缴纳的住房公积金。

⑤ 危险作业意外伤害保险。危险作业意外伤害保险是指按照建筑法规定，企业为从事危险作业的建筑安装施工人员支付的意外伤害保险费。

2）企业管理费。企业管理费是指建筑安装企业组织施工生产和经营管理所需的费用，由管理人员工资、办公费等费用组成。

① 管理人员工资。管理人员工资是指管理人员的基本工资、工资性补贴、职工福利费、劳动保护费等。

② 办公费。办公费是指企业办公用的文具、纸张、账表、印刷、邮电、书报、会议、水电、烧水和集体取暖（包括现场临时宿舍取暖）用煤等费用。

③ 差旅交通费。差旅交通费是指职工因公出差、调动工作的差旅费、住勤补助费、市内交通费和误餐补助费，职工探亲路费，劳动力招募费，职工离退休、退职一次性路费，工

伤人员就医路费，工地转移费以及管理部门使用的交通工具的油料、燃料、养路费及牌照费。

④ 固定资产使用费。固定资产使用费是指管理和试验部门及附属生产单位使用的属于固定资产的房屋、设备仪器等的折旧、大修、维修或租赁费。

⑤ 工具用具使用费。工具用具使用费是指管理使用的不属于固定资产的生产工具、器具、家具、交通工具和检验、试验、测绘、消防用具等的购置、维修和摊销费。

⑥ 劳动保险费。劳动保险费是指由企业支付离退休职工的异地安家补助费、职工退职金、六个月以上的病假人员工资、职工死亡丧葬补助费、抚恤费、按规定支付给离休干部的各项经费。

⑦ 工会经费。工会经费是指企业按职工工资总额计提的工会经费。

⑧ 职工教育经费。职工教育经费是指企业为职工学习先进技术和提高文化水平，按职工工资总额计提的费用。

⑨ 财产保险费。财产保险费是指施工管理用财产、车辆保险。

⑩ 财务费。财务费是指企业为筹集资金而发生的各种费用。

⑪ 税金。税金是指企业按规定缴纳的房产税、车船使用税、土地使用税、印花税等。

⑫ 其他。其他包括技术转让费、技术开发费、业务招待费、绿化费、广告费、公证费、法律顾问费、审计费、咨询费等。

（3）利润　利润是指施工企业完成所承包工程获得的盈利。

（4）税金　税金是指国家税法规定的应计入建筑安装工程造价内的营业税、城市维护建设税及教育费附加等。

（5）间接费、利润、税金计算方法与费率确定方法

1）间接费的计算。间接费的计算按取费基数的不同分为三种方法。

① 以直接费为计算基础。

$$间接费=直接费合计\times间接费费率(\%)$$

② 以人工费和机械费合计为计算基础。

$$间接费=人工费和机械费合计\times间接费费率(\%)$$

③ 以人工费为计算基础。

$$间接费=人工费合计\times间接费费率(\%)$$

$$间接费费率(\%)=规费费率(\%)+企业管理费费率(\%)$$

其中，关于规费费率和企业管理费计算的规定如下：

A. 规费费率根据本地区典型工程发承包价的分析资料综合取定。分析本地区典型工程发承包价主要获取以下参数：

Ⅰ. 每万元发承包价中人工费含量和机械费含量。

Ⅱ. 人工费占直接费的比例。

Ⅲ. 每万元发承包价中所含规费缴纳标准的各项基数。

规费费率可以分别以直接费、人工费和机械费合计、人工费为计算基础进行计算。

Ⅰ. 以直接费为计算基础

$$规费费率(\%)=\frac{\sum 规费缴纳标准\times每万元发承包价计算基数}{每万元发承包价中的人工费含量}\times人工费占直接费的比例(\%)$$

Ⅱ. 以人工费和机械费合计为计算基础

$$规费费率(\%)=\frac{\Sigma 规费缴纳标准\times 每万元发承包价计算基数}{每万元发承包价中的人工费含量和机械费含量}\times 100\%$$

Ⅲ. 以人工费为计算基础

$$规费费率(\%)=\frac{\Sigma 规费缴纳标准\times 每万元发承包价计算基数}{每万元发承包价中的人工费含量}\times 100\%$$

B. 企业管理费可分别以直接费、人工费和机械费合计、人工费为计算基础进行计算。

Ⅰ. 以直接费为计算基础

$$企业管理费费率(\%)=\frac{生产工人年平均管理费}{年有效施工天数\times 人工单价}\times 人工费占直接费比例(\%)$$

$$企业管理费=直接费\times 企业管理费费率$$

Ⅱ. 以人工费和机械费合计为计算基础

$$企业管理费费率(\%)=\frac{生产工人年平均管理费}{年有效施工天数\times(人工单价+每一工日机械使用费)}\times 100\%$$

$$企业管理费=(人工费+机械费)\times 企业管理费费率$$

Ⅲ. 以人工费为计算基础

$$企业管理费费率(\%)=\frac{生产工人年平均管理费}{年有效施工天数\times 人工单价}\times 100\%$$

$$企业管理费=人工费\times 企业管理费费率$$

2)利润的计算

① 以直接费为计算基础

$$利润=直接费\times 利润率$$

② 以人工费和机械费合计为计算基础

$$利润=(人工费+机械费)\times 利润率$$

③ 以人工费为计算基础

$$利润=人工费\times 利润率$$

3) 税金的计算。税金的计算公式如下：

$$税金=(税前造价+利润)\times 税率(\%)$$

关于税率取值的规定如下：

① 纳税地点在市区的企业

$$税率(\%)=\frac{1}{1-3\%-(3\%\times 7\%)-(3\%\times 3\%)}-1$$

② 纳税地点在县城、镇的企业

$$税率(\%)=\frac{1}{1-3\%-(3\%\times 5\%)-(3\%\times 3\%)}-1$$

③ 纳税地点不在市区、县城、镇的企业

$$税率(\%)=\frac{1}{1-3\%-(3\%\times1\%)-(3\%\times3\%)}-1$$

3. 建筑安装工程费用计算方法

（1）建筑安装工程费用（造价）理论计算方法　建筑安装工程费用（造价）理论计算方法见表5-9。

表5-9　建筑安装工程费用（造价）理论计算方法

序号	费用名称	计算式	
(1)	直接费	直接工程费	Σ(分项工程量×定额基价)
		措施费	直接工程费×有关措施费费率 或：定额人工费×有关措施费费率 或：按规定标准计算
(2)	间接费	(1)×间接费费率 或：定额人工费×间接费费率	
(3)	利润	(1)×利润率 或：定额人工费×利润率	
(4)	税金	营业税 $=[(1)+(2)+(3)]\times\frac{营业税率}{1-营业税率}$ 城市维护建设税＝营业税×税率 教育费附加＝营业税×附加税率	
	工程造价	(1)+(2)+(3)+(4)	

（2）计算建筑安装工程费用的原则　直接工程费根据预算定额基价算出，这具有很强的规范性。按照这一思路，对于措施费、规费、企业管理费等有关费用的计算也必须遵守其规范性，以保证建筑安装工程造价符合社会必要劳动量的水平。为此，工程造价主管部门对各项费用计算做了明确的规定：

1）建筑工程一般以直接工程费为基础计算各项费用。

2）安装工程一般以定额人工费为基础计算各项费用。

3）装饰工程一般以定额人工费为基础计算各项费用。

4）材料价差不能作为计算间接费等费用的基础。

由于措施费、间接费等费用是按一定的取费基础乘上规定的费率确定的，因此当费率确定后，要求计算基础必须相对稳定。以直接工程费或定额人工费作为取费基础，具有相对稳定性，不管工程在定额执行范围内的什么地方施工，也不管由哪个施工单位施工，都能保证计算出水平较一致的各项费用。

以直接工程费作为取费基础，既考虑了人工消耗与管理费用的内在关系，又考虑了机械台班消耗量对施工企业提高机械化水平的推动作用。

由于安装工程、建筑装饰工程的材料、设备由于设计的要求不同，使材料费产生较大幅度的变化，而定额人工费具有相对稳定性，再加上措施费、间接费等费用与人员的管理幅度有直接联系，所以安装工程、装饰工程采用定额人工费为取费基础计算各项费用较合理。

（3）建筑安装工程费用计算程序　建筑安装工程费用计算程序没有全国统一的格式，一般由省、市、自治区工程造价主管部门结合本地区的具体情况确定。

1）建筑安装工程费用计算程序的拟定。拟定建筑安装工程费用计算程序主要有两个方面的内容：一是拟定费用项目和计算顺序；二是拟定取费基础和各项费率。

① 建筑安装工程费用项目及计算顺序的拟定：各地区参照国家主管部门规定的建筑安装工程费用项目和取费基础，结合本地区实际情况拟定费用项目和计算顺序，并颁布在本地区使用的建筑安装工程费用计算程序。

② 费用计算基础和费率的拟定。

在拟定建筑安装工程费用计算基础时，应遵照国家的有关规定和工程造价的客观经济规律，使工程造价的计算结果较准确地反映本行业的生产力水平。

当取费基础和费用项目确定之后，就可以根据有关资料测算出各项费用的费率，以满足工程造价计算的需要。

2）建筑安装工程费用计算程序实例。建筑安装工程费用计算程序实例见表5-10。

表5-10 建筑安装工程费用（造价）计算程序实例

<table>
<tr><th rowspan="2">费用名称</th><th rowspan="2">序号</th><th rowspan="2" colspan="2">费 用 项 目</th><th colspan="2">计 算 式</th></tr>
<tr><th>以直接工程费为计算基础</th><th>以定额人工费为计算基础</th></tr>
<tr><td rowspan="14">直接费</td><td>（一）</td><td colspan="2">直接工程费</td><td>Σ（分项工程量×定额基价）</td><td>Σ（分项工程量×定额基价）</td></tr>
<tr><td>（二）</td><td colspan="2">单项材料价差调整</td><td colspan="2">Σ[单位工程某材料用量×（现行材料单价－定额材料单价）]</td></tr>
<tr><td>（三）</td><td colspan="2">综合系数调整材料价差</td><td colspan="2">定额材料费×综调系数</td></tr>
<tr><td rowspan="11">（四）</td><td rowspan="11">措施费</td><td>环境保护费</td><td>按规定计取</td><td>按规定计取</td></tr>
<tr><td>文明施工费</td><td>（一）×费率</td><td>定额人工费×费率</td></tr>
<tr><td>安全施工费</td><td>（一）×费率</td><td>定额人工费×费率</td></tr>
<tr><td>临时设施费</td><td>（一）×费率</td><td>定额人工费×费率</td></tr>
<tr><td>夜间施工费</td><td>（一）×费率</td><td>定额人工费×费率</td></tr>
<tr><td>二次搬运费</td><td>（一）×费率</td><td>定额人工费×费率</td></tr>
<tr><td>大型机械进出场及安拆费</td><td colspan="2">按措施项目定额计算</td></tr>
<tr><td>混凝土、钢筋混凝土模板及支架费</td><td colspan="2">按措施项目定额计算</td></tr>
<tr><td>脚手架费</td><td colspan="2">按措施项目定额计算</td></tr>
<tr><td>已完工程及设备保护费</td><td colspan="2">按措施项目定额计算</td></tr>
<tr><td>施工排水、降水费</td><td colspan="2">按措施项目定额计算</td></tr>
<tr><td rowspan="6">间接费</td><td rowspan="5">（五）</td><td rowspan="5">规费</td><td>工程排污费</td><td colspan="2">按规定计算</td></tr>
<tr><td>工程定额测定费</td><td colspan="2">（一）×费率</td></tr>
<tr><td>社会保险费</td><td colspan="2">定额人工费×费率</td></tr>
<tr><td>住房公积金</td><td colspan="2">定额人工费×费率</td></tr>
<tr><td>危险作业意外伤害保险</td><td colspan="2">定额人工费×费率</td></tr>
<tr><td>（六）</td><td colspan="2">企业管理费</td><td>（一）×企业管理费费率</td><td>定额人工费×企业管理费费率</td></tr>
<tr><td>利润</td><td>（七）</td><td colspan="2">利润</td><td>（一）×利润率</td><td>定额人工费×利润率</td></tr>
<tr><td rowspan="3">税金</td><td>（八）</td><td colspan="2">营业税</td><td colspan="2">[（一）~（七）之和]× $\frac{营业税率}{1-营业税率}$</td></tr>
<tr><td>（九）</td><td colspan="2">城市维护建设税</td><td colspan="2">（八）×城市维护建设税率</td></tr>
<tr><td>（十）</td><td colspan="2">教育费附加</td><td colspan="2">（八）×教育费附加税率</td></tr>
<tr><td colspan="2">工程造价</td><td colspan="2">工程造价</td><td colspan="2">（一）~（十）之和</td></tr>
</table>

4. 计算建筑安装工程费用的条件

计算建筑安装工程费用，要根据工程类别和施工企业取费证等级确定各项费率。

（1）建设工程类别划分

1）建筑工程类别划分。建筑工程类别划分见表5-11。

2）装饰工程类别划分。建筑工程类别划分见表5-12。

表5-11 建筑工程类别划分表

一类工程	（1）跨度30m以上的单层工业厂房；建筑面积9000m^{2}以上的多层工业厂房 （2）单炉蒸发量10t/h以上或蒸发量30t/h以上的锅炉房 （3）层数30层以上的多层建筑 （4）跨度30m以上的钢网架、悬索、薄壳屋盖建筑 （5）建筑面积12000m^{2}以上的公共建筑，20000个座位以上的体育场 （6）高度100m以上的烟囱；高度60m以上或容积100m^{3}以上的水塔；容积4000m^{3}以上的池类
二类工程	（1）跨度30m以内的单层工业厂房；建筑面积6000m^{2}以上的多层工业厂房 （2）单炉蒸发量6.5t/h以上或蒸发量20t/h以上的锅炉房 （3）层数16层以上的多层建筑 （4）跨度30m以内的钢网架、悬索、薄壳屋盖建筑 （5）建筑面积8000m^{2}以上的公共建筑，20000个座位以内的体育场 （6）高度100m以内的烟囱；高度60m以内或容积100m^{3}以内的水塔；容积3000m^{3}以上的池类
三类工程	（1）跨度24m以内的单层工业厂房；建筑面积3000m^{2}以上的多层工业厂房 （2）单炉蒸发量4t/h以上或蒸发量10t/h以上的锅炉房 （3）层数8层以上的多层建筑 （4）建筑面积5000m^{2}以上的公共建筑 （5）高度50m以内的烟囱；高度40m以内或容积50m^{3}以内的水塔；容积1500m^{3}以上的池类 （6）栈桥、混凝土贮仓、料斗
四类工程	（1）跨度18m以内的单层工业厂房；建筑面积3000m^{2}以内的多层工业厂房 （2）单炉蒸发量4t/h以内或蒸发量10t/h以内的锅炉房 （3）层数8层以内的多层建筑 （4）建筑面积5000m^{2}以内的公共建筑 （5）高度30m以内的烟囱；高度25m以内的水塔；容积1500m^{3}以内的池类 （6）运动场、混凝土挡土墙、围墙，砖、石挡土墙

注：1. 跨度：指按设计图标注的相邻两纵向定位轴线的距离，多跨厂房或仓库按主跨划分。

2. 层数：指建筑分层数。地下室、面积小于标准层30%的顶层、2.2m以内的技术层，不计层数。

3. 面积：指单位工程的建筑面积。

4. 公共建筑：指①礼堂、会堂、影剧院、俱乐部、音乐厅、报告厅、排演厅、文化宫、青少年宫；②图书馆、博物馆、美术馆、档案馆、体育馆；③火车站、汽车站的客运楼，机场候机楼，航运站客运楼；④科学实验研究楼、医疗技术楼、门诊楼、住院楼、邮电通信楼、邮政大楼、大专院校教学楼、电教楼、试验楼；⑤综合商业服务大楼、多层商场、贸易科技中心大楼、食堂、浴室、展销大厅。

5. 冷库工程和建筑物有声、光、超净、恒温、无菌等特殊要求者按相应类别的上一类取费。

6. 工程分类均按单位工程划分，内部设施、相连裙房及附属于单位工程的零星工程（如化粪池、排水、排污沟等），如为同一企业施工，应并入该单位工程一并分类。

表 5-12 装饰工程类别划分表

一类工程	每平方米（装饰建筑面积）定额直接费（含未计价材料费）1000元以上的装饰工程；外墙面各种幕墙、石材干挂工程
二类工程	每平方米（装饰建筑面积）定额直接费（含未计价材料费）1000元以上的装饰工程；外墙面二次块料面层单项装饰工程
三类工程	每平方米（装饰建筑面积）定额直接费（含未计价材料费）500元以上的装饰工程
四类工程	独立承包的各类单项装饰工程；每平方米（装饰建筑面积）定额直接费（含未计价材料费）500元以内的装饰工程；家庭装饰工程

注：除一类装饰工程外，有特殊声光要求的装饰工程，其类别按上表规定相应提高一类。

（2）施工企业工程取费级别评审条件　施工企业工程取费级别评审条件见表5-13。

表 5-13 施工企业工程取费级别评审条件

取费级别	评审条件
一级取费	1. 企业具有一级资质证书 2. 企业近五年来承担过两个以上一类工程 3. 企业参加了社会劳保统筹，退（离）休职工人数占在册职工人数30%以上
二级取费	1. 企业具有二级资质证书 2. 企业近五年来承担过两个以上二类及其以上工程 3. 企业参加了社会劳保统筹，退（离）休职工人数占在册职工人数20%以上
三级取费	1. 企业具有三级资质证书 2. 企业近五年来承担过两个三类及其以上工程 3. 企业参加了社会劳保统筹，退（离）休职工人数占在册职工人数10%以上
四级取费	1. 企业具有四级资质证书 2. 企业五年来承担过两个四类及其以上工程 3. 企业参加了社会劳保统筹，退（离）休职工人数占在册职工人数10%以下

5. 建筑安装工程费用费率实例

（1）措施费标准

1）建筑工程。某地区建筑工程主要措施费标准见表5-14。

表 5-14 建筑工程主要措施费标准

工程类别	计算基础	文明施工(%)	安全施工(%)	临时设施(%)	夜间施工(%)	二次搬运(%)
一类	定额直接工程费	1.5	2.0	2.8	0.8	0.6
二类	定额直接工程费	1.2	1.6	2.6	0.7	0.5
三类	定额直接工程费	1.0	1.3	2.3	0.6	0.4
四类	定额直接工程费	0.9	1.0	2.0	0.5	0.3

2）装饰工程。某地区装饰工程主要措施费标准见表5-15。

表5-15 装饰工程主要措施费标准

工程类别	计算基础	文明施工(%)	安全施工(%)	临时设施(%)	夜间施工(%)	二次搬运(%)
一类	定额人工费	7.5	10.0	11.2	3.8	3.1
二类	定额人工费	6.0	8.0	10.4	3.4	2.6
三类	定额人工费	5.0	6.5	9.2	2.9	2.2
四类	定额人工费	4.5	5.0	8.1	2.3	1.6

（2）规费标准　某地区建筑工程、装饰工程主要规费标准见表5-16。

表5-16 建筑工程、装饰工程主要规费标准

工程类别	计算基础	社会保险费(%)	住房公积金(%)	危险作业意外伤害保险(%)
一类	定额人工费	16	6.0	0.6
二类	定额人工费	16	6.0	0.6
三类	定额人工费	16	6.0	0.6
四类	定额人工费	16	6.0	0.6
工程定额测定费：(一类～四类工程)直接工程费×0.12%				

（3）企业管理费标准　某地区企业管理费标准见表5-17。

表5-17 企业管理费标准

工程类别	建筑工程		装饰工程	
	计算基础	费率(%)	计算基础	费率(%)
一类	定额直接工程费	7.5	定额人工费	38.6
二类	定额直接工程费	6.9	定额人工费	35.2
三类	定额直接工程费	5.9	定额人工费	32.5
四类	定额直接工程费	5.1	定额人工费	27.6

（4）利润标准　某地区利润标准见表5-18。

表5-18 利润标准

取费级别		计算基础	利润(%)	计算基础	利润(%)
一级取费	Ⅰ	定额直接工程费	10	定额人工费	55
	Ⅱ	定额直接工程费	9	定额人工费	50
二级取费	Ⅰ	定额直接工程费	8	定额人工费	44
	Ⅱ	定额直接工程费	7	定额人工费	39
三级取费	Ⅰ	定额直接工程费	6	定额人工费	33
	Ⅱ	定额直接工程费	5	定额人工费	28
四级取费	Ⅰ	定额直接工程费	4	定额人工费	22
	Ⅱ	定额直接工程费	3	定额人工费	17

(5) 计取税金标准　某地区计取税金标准见表5-19。

表5-19　计取税金标准

工程所在地	营业税		城市维护建设税		教育费附加	
	计算基础	税率(%)	计算基础	税率(%)	计算基础	税率(%)
在市区	直接费+间接费+利润	3.093	营业税	7	营业税	3
在县城、镇	直接费+间接费+利润	3.093	营业税	5	营业税	3
不在市区、县城、镇	直接费+间接费+利润	3.093	营业税	1	营业税	3

6. 建筑工程费用计算实例

【例5-5】 某工程由某二级资质施工企业施工，根据下列有关条件，计算该工程的工程造价。

1) 建筑层数及工程类别：三层；四类工程；工程在市区。

2) 取费等级：二级Ⅱ档。

3) 直接工程费：284590.07元。

其中：人工费84311.00元；

机械费22732.23元；

材料费210402.63元；

扣减脚手架费10343.55元

扣减模板费22512.24元

直接工程费小计：(84311.00 + 22732.23 + 210402.63 - 10343.55 - 22512.24)元 = 284590.07元

4) 有关规定。按合同规定收取的费用如下：

① 环境保护费（按直接工程费的0.4%收取）。

② 文明施工费。

③ 安全施工费。

④ 临时设施费。

⑤ 二次搬运费。

⑥ 脚手架费：10343.55元。

⑦ 混凝土、钢筋混凝土模板及支架费：22512.24元。

⑧ 工程定额测定费。

⑨ 社会保险费。

⑩ 住房公积金。

⑪ 利润和税金。

根据上述条件和表5-14、表5-16、表5-17、表5-18、表5-19确定有关费率并计算各项费用。

【解】 根据费用计算程序以直接工程费为基础计算工程造价，计算过程见表5-20。

表 5-20 某工程建筑工程造价计算表

<table>
<tr><th>序号</th><th colspan="2">费用名称</th><th>计 算 式</th><th>金额/元</th></tr>
<tr><td>（一）</td><td colspan="2">直接工程费</td><td>317445.86 - 10343.55 - 22512.24</td><td>284590.07</td></tr>
<tr><td>（二）</td><td colspan="2">单项材料价差调整</td><td>采用实物金额法不计算此费用</td><td>—</td></tr>
<tr><td>（三）</td><td colspan="2">综合系数调整材料价差</td><td>采用实物金额法不计算此费用</td><td>—</td></tr>
<tr><td rowspan="12">（四）</td><td rowspan="12">措施费</td><td>环境保护费</td><td>284590.07 ×0.4% =1138.36</td><td rowspan="12">47480.57</td></tr>
<tr><td>文明施工费</td><td>284590.07 ×0.9% =2561.31</td></tr>
<tr><td>安全施工费</td><td>284590.07 ×1.0% =2845.90</td></tr>
<tr><td>临时设施费</td><td>284590.07 ×2.0% =5691.80</td></tr>
<tr><td>夜间施工增加费</td><td>284590.07 ×0.5% =1422.95</td></tr>
<tr><td>二次搬运费</td><td>284590.07 ×0.3% =853.77</td></tr>
<tr><td>大型机械进出场及安拆费</td><td>—</td></tr>
<tr><td>脚手架费</td><td>10343.55</td></tr>
<tr><td>已完工程及设备保护费</td><td>—</td></tr>
<tr><td>混凝土、钢筋混凝土模板及支架费</td><td>22512.24</td></tr>
<tr><td>施工排水、降水费</td><td>—</td></tr>
<tr><td></td><td></td></tr>
<tr><td rowspan="5">（五）</td><td rowspan="5">规费</td><td>工程排污费</td><td>—</td><td rowspan="5">18889.93</td></tr>
<tr><td>工程定额测定费</td><td>284590.07 ×0.12% =341.51</td></tr>
<tr><td>社会保险费</td><td>84311.00 ×16% =13489.76</td></tr>
<tr><td>住房公积金</td><td>84311.00 ×6.0% =5058.66</td></tr>
<tr><td>危险作业意外伤害保险</td><td>—</td></tr>
<tr><td>（六）</td><td colspan="2">企业管理费</td><td>284590.07 ×5.1% =14514.09</td><td>14514.09</td></tr>
<tr><td>（七）</td><td colspan="2">利润</td><td>284590.07 ×7% =19921.30</td><td>19921.30</td></tr>
<tr><td>（八）</td><td colspan="2">营业税</td><td>385396.00 ×3.093% =11920.30</td><td>11920.30</td></tr>
<tr><td>（九）</td><td colspan="2">城市维护建设税</td><td>11920.30 ×7% =834.42</td><td>834.42</td></tr>
<tr><td>（十）</td><td colspan="2">教育费附加</td><td>11920.30 ×3% =357.61</td><td>357.61</td></tr>
<tr><td></td><td colspan="2">工程造价</td><td>（一）~（十）之和</td><td>398508.29</td></tr>
</table>

注：表中（一）~（七）之和即为直接费 + 间接费 + 利润。

5.2 按建标［2013］44 号文件规定费用编制施工图预算方法

5.2.1 分部分项工程费与单价措施项目费计算及工料分析

由于建标［2013］44 号文件对工程造价的费用进行了重新划分，要从分部分项工程费包含的内容开始计算，然后再计算单价措施项目费与总价项目费、其他项目费、规费和税金。所以要重新设计工程造价费用的计算顺序。

通过表 5-21 来说明分部分项工程费与单价措施项目费计算及工料分析的方法。

表 5-21　分部分项工程费、单价措施项目费及材料分析表

工程名称：甲工程　　　　　　　　第 1 页　共 1 页

序号	定额编号	项目名称	单位	工程量	基价/元	合价/元	人工费/元		材料费/元		机械费/元		管理费、利润/元		主要材料用量					
															32.5 水泥/kg		中砂/m^3		脚手架钢材/kg	
							单价	合计	单价	合计	单价	合计	费率（%）	合计	定额	合计	定额	合计	定额	合计
		一、砌筑工程																		
1	AC0003	M5 水泥砂浆砌砖基础	m^3	76.21	198.76	15147.65	45.25	3448.50	138.91	10586.33	0.79	60.21	30	1052.61	254.42	19389.35	0.869	66.226		
		⋮																		
		分部小计				15147.65		3448.50		10586.33		60.21		1052.61		19389.35		66.226		
		二、楼地面工程																		
2	AD0426	C15 混凝土地面垫层	m^3	48.56	205.17	9962.83	33.17	1610.74	155.62	7556.91	3.53	171.42	35	623.76	53.79	2612.04	0.276	13.403		
		⋮																		
		分部小计				9962.83		1610.74		7556.91		171.42		623.76		2612.04		13.403		
		分部分项工程小计				25110.48		5059.24		18143.24		231.63		1676.37						
		措施项目																		
		一、脚手架工程																		
3	TB0142	综合脚手架	m^2	512.00	13.77	7051.26	3.54	1812.48	8.54	4372.48	0.82	419.84	20	446.46					0.869	444.93
		⋮																		
		单价措施项目小计				7051.26		1812.48		4372.48		419.84		446.46						444.93
		合 计				32161.74		6871.72		22515.72		651.47		2122.83		22001.39		79.629		444.93

【例 5-6】 甲工程有关工程量如下：M5 水泥砂浆砌砖基础工程量 76.21m^3，C15 混凝土地面垫层工程量 48.56m^3，综合脚手架工程量 512m^2。根据上述三项工程量数据和表 5-24 所示的“建筑安装工程施工图预算造价费用计算（程序）表”中的顺序和内容，计算分部分项工程费与单价措施项目费及进行主要材料分析。

【解】 已知：管理费、利润 =（定额人工费 + 定额机械费）× 规定费率

主要计算步骤为：将预算（计价）定额的人工费、材料费、机械费单价以及主要材料用量分别填入表中的单价（定额）栏内；用工程量分别乘以人工费、材料费、机械费单价以及定额材料消耗量后分别填入对应的合计栏内；将人工费与机械费合计之和乘以管理费、利润率得出的管理费、利润填入表中的合计栏；将同一项目的人工费、材料费、机械费及管理费、利润之和填入项目的合价栏内，然后用此合价除以工程量得出基价并填入该项目的计价栏内。

5.2.2 人工、材料价差调整方法

1. 人工价差调整

人工价差是指定额人工单价与现行规定的人工单价之间的差额，一般以单位工程的定额人工费为基础进行调整。通过下面的例题来说明人工价差的调整方法。

【例 5-7】 某地区工程造价行政主管部门规定，采用某地区预算（计价）定额时，人工费调增 85%。根据表 5-21 中的人工费数据和上述规定调整某工程的人工费。

【解】（1）定额人工费合计

$$定额人工费合计 = 6871.72元（表5\text{-}21）$$

（2）人工费调整

$$\begin{aligned}人工费调整 &= 定额人工费合计 \times 调整系数\\ &= 6871.72\,元 \times 85\% = 5840.96\,元\end{aligned}$$

2. 材料价差调整

材料价差是根据施工合同约定、工程造价行政主管部门颁发的材料指导价和工程材料分析结果的数量进行调整的。通过下面的例题说明单项材料价差的调整方法。

【例 5-8】 根据表 5-22 的内容调整某工程的材料价差。

【解】 甲工程单项材料价差调整计算见表 5-22。

表 5-22 甲工程单项材料价差调整表

序号	材料名称	数量	现行材料单价	定额材料单价	价差/元	调整金额/元
1	32.5 水泥	22001.39kg	0.45 元/kg	0.40 元/kg	0.05	1100.07
2	中砂	79.629m^3	54.00 元/m^3	48.00 元/m^3	6.00	477.77
3	脚手架钢材	444.93kg	5.60 元/kg	5.00 元/kg	0.60	266.96
	合计					1844.80

5.2.3 总价措施项目费、其他项目费、规费与税金计算

【例 5-9】 甲工程为建筑工程，由某三级施工企业施工，根据表 5-21、表 5-23、

表 5-24 中的有关数据和某地区的有关规定，计算甲工程总价措施项目费、其他项目费、规费与税金，以及施工图预算造价费用。

表 5-23 工程所在地规定计取的各项费用的费率

序号	费用名称	计算基数	费率
1	夜间施工增加费	分部分项工程与单价措施项目定额人工费	2.5%
2	二次搬运费		1.5%
3	冬雨期施工增加费		2.0%
4	安全文明施工费		26.0%
5	社会保险费		10.6%
6	住房公积金		2.0%
7	总承包服务费	工程估价	1.5%
8	综合税率	分部分项工程费 + 措施项目费 + 其他项目费 + 规费 + 税金	3.48%

【解】 第一步：将表 5-21 中的分部分项工程费中的人工费、材料费、机械费、管理费和利润数据分别填入表 5-24 的对应栏内。

第二步：将表 5-21 中的单价措施项目定额直接费及管理费和利润填入表 5-24 的对应栏内。

第三步：根据该工程的分部分项工程定额人工费与单价措施项目定额人工费之和以及表 5-23 中的费率，计算安全文明施工费（必算）、夜间施工增加费（选算）、二次搬运费（选算）、冬雨期施工增加费（选算）后，填入表 5-24 的对应栏内。

说明：所谓“必算”，是指规定必须计算的费用；所谓“选算”，是指施工企业根据实际情况自主确定计算的项目。

第四步：根据表 5-23 的费率和该工程的分部分项工程定额人工费与单价措施项目定额人工费之和，计算社会保险费和住房公积金（两项必算）。

第五步：将例 5-8 的人工费调增数据填入表 5-24 的第 5 序号栏内。

第六步：将表 5-22 的材料价差调整数据填入表 5-24 的第 6 序号栏内。

第七步：将表 5-24 中序号 1、2、3、4、5、6 的数据汇总乘以综合税率 3.48% 后所得的税金，填入第 7 序号栏内。

第八步：将序号 1、2、3、4、5、6、7 的数据汇总即为施工图预算工程造价。

表 5-24 建筑安装工程施工图预算造价费用计算（程序）表

工程名称：甲工程　　　　第 1 页　共 1 页

序号	费用名称		计算式(基数)	费率(%)	金额/元	合计/元
1	分部分项工程费	人工费	∑(工程量×定额基价)(表 5-21) 5059.24 + 18143.24 + 231.63 = 23434.11		23434.11	25110.48
		材料费				
		机械费				
		管理费 利润	∑(分部分项工程定额人工费 + 定额机械费)(表 5-21)		1676.37	

（续）

<table>
<tr><th>序号</th><th colspan="3">费用名称</th><th>计算式（基数）</th><th>费率（%）</th><th>金额/元</th><th>合计/元</th></tr>
<tr><td rowspan="6">2</td><td rowspan="6">措施项目费</td><td colspan="2" rowspan="2">单价措施费</td><td>∑（工程量×定额基价）
1812.48+4372.48+419.84
=6604.80</td><td></td><td>6604.80</td><td rowspan="6">9250.21</td></tr>
<tr><td>管理费、利润</td><td></td><td>446.46</td></tr>
<tr><td rowspan="4">总价措施费</td><td>安全文明施工费</td><td rowspan="4">分部分项工程定额人工费+
+单价措施项目定额人工费
5059.24+1812.48=6871.72</td><td>26</td><td>1786.65</td></tr>
<tr><td>夜间施工增加费</td><td>2.5</td><td>171.79</td></tr>
<tr><td>二次搬运费</td><td>1.5</td><td>103.08</td></tr>
<tr><td>冬雨期施工增加费</td><td>2.0</td><td>137.43</td></tr>
<tr><td rowspan="4">3</td><td rowspan="4">其他项目费</td><td colspan="2">总承包服务费</td><td>招标人分包工程造价
（本工程无此项）</td><td></td><td></td><td rowspan="4">（本工程无此项）</td></tr>
<tr><td colspan="2"></td><td></td><td></td><td></td></tr>
<tr><td colspan="2"></td><td></td><td></td><td></td></tr>
<tr><td colspan="2"></td><td></td><td></td><td></td></tr>
<tr><td rowspan="3">4</td><td rowspan="3">规费</td><td colspan="2">社会保险费</td><td rowspan="2">分部分项工程定额人工费+
+单价措施项目定额人工费
6871.72</td><td>10.6</td><td>728.40</td><td rowspan="3">865.83</td></tr>
<tr><td colspan="2">住房公积金</td><td>2.0</td><td>137.43</td></tr>
<tr><td colspan="2">工程排污费</td><td>按工程所在地规定计算
（本工程无此项）</td><td></td><td></td></tr>
<tr><td>5</td><td colspan="3">人工价差调整</td><td>定额人工费×调整系数</td><td>见例5-8</td><td></td><td>5840.96</td></tr>
<tr><td>6</td><td colspan="3">材料价差调整</td><td>见材料价差计算表</td><td>见表5-22</td><td></td><td>1844.80</td></tr>
<tr><td>7</td><td colspan="3">税金</td><td>（序1+序2+序3+序4+序5+序6）
25110.48+9250.21+
865.83+5840.96+1844.80
=42912.28</td><td>3.48</td><td></td><td>1493.35</td></tr>
<tr><td></td><td colspan="3">施工图预算造价</td><td colspan="3">（序1+序2+序3+序4+序5+序6+序7）</td><td>44405.63</td></tr>
</table>

思考题

1. 直接工程费包括哪些费用？
2. 如何用单位估价法计算直接工程费？
3. 如何用实物金额法计算直接工程费？
4. 间接费包括哪些内容？
5. 规费的计算基础是什么？

第6章　清单计价方式

6.1　工程量清单计价包含的主要内容

《建设工程工程量清单计价规范》（GB 50500—2013）的主要内容包括：工程量清单编制、招标控制价、投标价、合同价款约定、工程计量、合同价款调整、合同价款期中支付、竣工结算与支付、合同价款争议的解决、工程造价鉴定等内容。

本课程主要介绍工程量清单、招标控制价、投标价和应用实例编制方法。其余内容在工程造价控制、工程结算等课程中介绍。

6.2　工程量清单计价规范的编制依据和作用

《建设工程工程量清单计价规范》（GB 50500—2013）是为规范建设工程施工发承包计价行为，统一建设工程工程量清单的编制原则和计价方法，根据《中华人民共和国建筑法》《中华人民共和国合同法》《中华人民共和国招标投标法》等法律法规制定的法规性文件。

规范规定，使用国有资金投资的建设工程施工发承包，必须采用工程量清单计价。规范要求非国有资金投资的建设工程，宜采用工程量清单计价。

不采用工程量清单计价的建设工程，应执行本规范除工程量清单等专门性规定外的其他规定。例如，在工程发承包过程中要执行合同价款约定、工程计量、合同价款调整、合同价款期中支付、竣工结算与支付、合同价款争议的解决等规定。

6.3　有关工程量清单计价的几个概念

1. 工程量清单

工程量清单是指载明建设工程的分部分项工程项目、措施项目、其他项目的名称和相应数量以及规费、税金项目等内容的明细清单。

工程量清单是招标工程量清单和已标价工程量清单的统称。

2. 招标工程量清单

招标工程量清单是指招标人依据国家标准、招标文件、设计文件以及施工现场实际情况

编制的，随招标文件发布供投标报价的工程量清单，包括其说明和表格。

3. 已标价工程量清单

已标价工程量清单是指构成合同文件组成部分的投标文件中已标明价格，经算术性错误修正（如果有）且承包人已经确认的工程量清单，包括其说明和表格。

已标价工程量清单特指承包商中标后的工程量清单，不是指所有投标人的标价工程量清单。因为“构成合同文件组成部分”的“已标价工程量清单”只能是中标人的“已标价工程量清单”；另外，有可能存在在评标时评标专家已经修正了投标人“已标价工程量清单”的计算错误，并且投标人同意修正结果，最终又成为中标价的情况；或者投标人“已标价工程量清单”与“招标工程量清单”的工程数量有差别且评标专家没有发现错误，最终又成为中标价的情况。

上述两种情况说明“已标价工程量清单”有可能与“投标报价工程量”“招标工程量清单”出现不同情况的事实，所以专门定义了“已标价工程量清单”的概念。

4. 招标控制价

招标控制价是指招标人根据国家或省级、行业建设主管部门颁发的有关计价依据和办法，以及拟定的招标文件和招标工程量清单，结合工程具体情况编制的招标工程的最高投标限价。

5. 投标价

投标价是指投标人投标时，响应招标文件要求所报出的对以标价工程量清单汇总后标明的总价。

投标价是投标人根据国家或省级、行业建设主管部门颁发的计价办法，企业定额，国家或省级、行业建设主管部门颁发的计价定额，招标文件，工程量清单及其补充通知、答疑纪要，建设工程设计文件及相关资料，施工现场情况，工程特点及拟定的投标施工组织设计或施工方案，与建设项目相关的标准、规范等技术资料，市场价格信息或工程造价管理机构发布的工程造价信息编制的投标时报出的工程总价。

6. 签约合同价

签约合同价是指发承包双方在工程合同中约定的工程造价，即包括了分部分项工程费、措施项目费、其他项目费、规费和税金的合同总价。

7. 竣工结算价

竣工结算价是指发承包双方依据国家有关法律、法规和标准规定，按照合同约定确定的，包括在履行合同过程中按合同约定进行的合同价款调整，承包人按合同约定完成了全部承包工作后，发包人应付给承包人的合同总金额。

在履行合同过程中按合同约定进行的合同价款调整是指工程变更、索赔、政策变化等引起的价款调整。

6.4 工程量清单计价活动各种价格之间的关系

工程量清单计价活动各种价格主要是指招标控制价、已标价工程量清单、投标价、签约合同价、竣工结算价。

1. 招标控制价与各种价格之间的关系

《建设工程工程量清单计划规范》（GB 50500—2013）的第5.1.3条规定："投标人的投标报价高于招标控制价的，其投标应予以拒绝"。所以，招标控制价是投标价的最高限价。

《建设工程工程量清单计划规范》（GB 50500—2013）的第5.1.4条规定："招标控制价应由具有编制能力的招标人或受其委托具有相应资质的工程造价咨询人编制和复核"。

招标控制价是工程实施时调整工程价款的计算依据。例如，分部分项工程量偏差引起的综合单价调整就需要根据招标控制价中对应的分部分项综合单价进行。

招标控制价应根据工程类型确定合适的企业等级，根据本地区的计价定额、费用定额、人工费调整文件和市场信息价进行编制。

招标控制价应反映建造该工程的社会平均水平工程造价。

招标控制价的质量和复核由招标人负责。

2. 投标价与各种价格之间的关系

投标价一般由投标人根据招标工程量和有关依据进行编制。投标价不能高于招标控制价。包含工程量的投标价称为"已标价工程量清单"，它是调整工程价款和计算工程结算价的主要依据之一。

3. 签约合同价与各种价格之间的关系

签约合同价根据中标价（中标人的投标价）确定。发承包双方在中标价的基础上协商确定签约合同价。一般情况下，若承包商能够让利，则签约合同价要低于中标价。签约合同价也是调整工程价款和计算工程结算价的主要依据之一。

4. 竣工结算价与各种价格之间的关系

竣工结算价由承包商编制。竣工结算价根据招标控制价、已标价工程量清单、签约合同价、工程变更价编制。

6.5 工程量清单编制

1. 编制工程量清单的步骤

第一步：根据施工图、招标文件和《建设工程工程量清单计价规范》（GB 50500—2013），列出分部分项工程项目名称并计算分部分项清单工程量。

第二步：将计算出的分部分项清单工程量汇总到分部分项工程量清单表中。

第三步：根据招标文件、国家行政主管部门的文件和《建设工程工程量清单计价规范》（GB 50500—2013）列出单价措施项目清单和总价措施项目清单。

第四步：根据招标文件、国家行政主管部门的文件和《建设工程工程量清单计价规范》（GB 50500—2013）及拟建工程的实际情况，列出其他项目清单、规费项目清单、税金项目清单。

第五步：将上述五种清单内容汇总成单位工程工程量清单。

2. 工程量清单编制示例

根据给出的某工程基础施工图（图6-1）、某地区工程量清单计价定额（摘录）（表6-1）和砖砌体清单计价规范项目（表6-2），计算砖基础清单工程量，列出分部分项工程量清单、措施项目清单、其他项目清单、规费和税金项目清单。

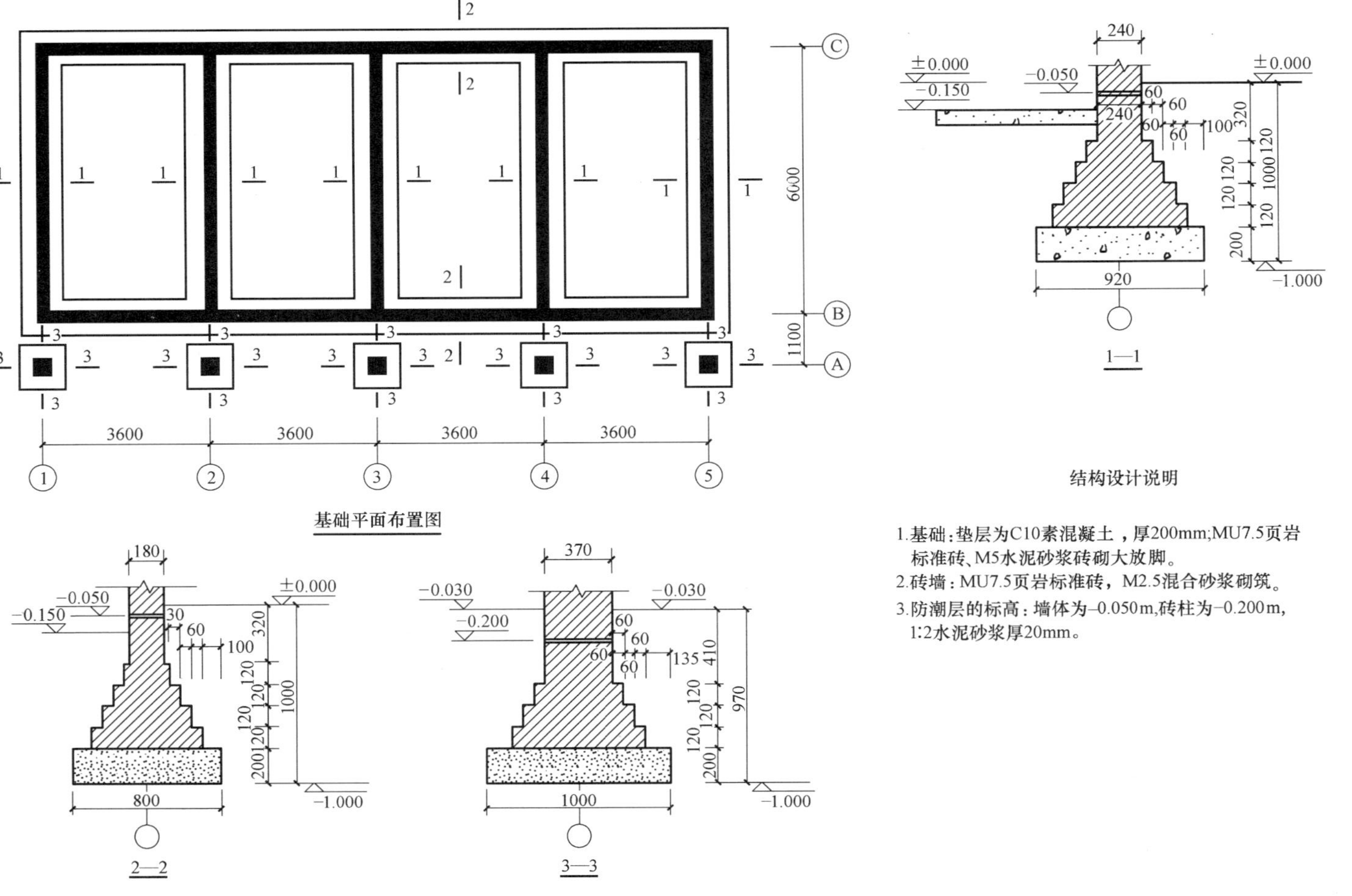

图 6-1 某工程基础施工图（尺寸单位：mm；标高单位：m）

表 6-1　某地区工程量清单计价定额（摘录）

工程内容：略

定额编号				AC0003	AG0523
项目		单位	单价	M5 水泥砂浆砌砖基础	1:2 水泥砂浆墙基础防潮层
				$10m^3$	$100m^2$
基价		元		1806.71	1116.44
其中	人工费	元		726.72	546.82
	材料费	元		1073.89	565.65
	机械费	元		6.10	3.97
材料	M5 水泥砂浆	m^3	120.00	2.38	
	红(青)砖	块	0.15	5240	
	32.5 水泥	kg	0.30	(537.88)	(1242.00)
	细砂	m^3	45.00	(2.761)	
	水	m^3	1.30	1.76	4.42
	防水粉	kg	1.20		66.38
	1:2 水泥砂浆	m^3	232.00		2.07
	中砂	m^3	50.00		(2.153)

注：人工单价为 60 元/工日。

表 6-2　砖砌体清单计价规范项目

项目编码	项目名称	项目特征	计量单位	工程量计算规则	工作内容
010401001	砖基础	1. 砖品种、规格、强度等级 2. 基础类型 3. 砂浆强度等级 4. 防潮层材料种类	m^3	按设计图示尺寸以体积计算 包括附墙垛基础宽出部分体积，扣除地梁（圈梁）、构造柱所占体积，不扣除基础大放脚T形接头处的重叠部分及嵌入基础内的钢筋、铁件、管道、基础砂浆防潮层和单个面积≤$0.3m^2$ 的孔洞所占体积，靠墙暖气沟的挑檐不增加 基础长度：外墙按外墙中心线，内墙按内墙净长线计算	1. 砂浆制作、运输 2. 砌砖 3. 防潮层铺设 4. 材料运输
010401002	砖砌挖孔桩护壁	1. 砖品种、规格、强度等级 2. 砂浆强度等级		按设计图示尺寸以立方米计算	1. 砂浆制作、运输 2. 砌砖 3. 材料运输

1）计算清单工程量。砖基础清单工程量计算如下（不计算柱基）：

2—2 剖面砖基础长 = 3.60 × 4 × 2（道）m = 28.80m

1—1 剖面砖基础长 = 6.0 × 2m + (6.0 − 0.18) × 3（道）m = 12.0m + 17.46m = 29.46m

砖基础工程量 = 砖基础长 × 砖基础断面积

= 28.80 × (0.18 × 0.80 + 0.007875 × 20)m^3 + 29.46 × (0.24 × 0.80

$+0.007875\times 20)\mathrm{m}^3$

$=28.80\times 0.3015\mathrm{m}^3+29.46\times 0.3495\mathrm{m}^3$

$=8.68\mathrm{m}^3+10.30\mathrm{m}^3$

$=18.98\mathrm{m}^3$

根据表6-2的要求和上述计算结果，将内容填入表6-3中。

表6-3 分部分项工程和单价措施项目清单与计价表

工程名称：某工程　　标段：　　第1页　共1页

序号	项目编码	项目名称	项目特征描述	计量单位	工程量	金额/元		
						综合单价	合价	其中：暂估价
		D. 砌筑工程						
1	010401001001	砖基础	1. 砖品种、规格、强度等级：MU7.5 页岩砖 240mm×115mm×53mm 2. 基础类型：条形 3. 砂浆强度等级：M5 水泥砂浆 4. 防潮层材料种类：1:2 水泥防水砂浆	m^3	18.98			
		⋮						
		S. 措施项目						
		综合脚手架	（略）		（略）			
本页小计								
合计								

2）根据清单计价规范、招标文件、行政主管部门的有关规定，列出总价措施项目清单（表6-4）、其他项目清单（表6-5）、规费和税金项目清单（表6-6）。

表6-4 总价措施项目清单与计价表

工程名称：某工程　　标段：　　第1页　共1页

序号	项目名称	计算基础	费率(%)	金额/元
1	安全文明施工费			
2	夜间施工费			
3	二次搬运费			
4				
5				
6				
7				
8				
9				
10				
合计				

编制人（造价人员）：　　复核人（造价工程师）：

表 6-5 其他项目清单与计价汇总表

工程名称：某工程　　　　　　　　　　　标段：　　　　　　　　　　　　　第 1 页　共 1 页

序号	项目名称	计算单位	金额/元	备注
1	暂列金额	项	500	
2	暂估价			
2.1	材料暂估价			
2.2	专业工程暂估价			
3	计日工			
4	总承包服务费			
5				
合计				

注：材料（工程设备）暂估单价计入清单项目综合单价，此处不汇总。

表 6-6 规费、税金项目清单与计价表

工程名称：某工程　　　　　　　　　　　标段：　　　　　　　　　　　　　第 1 页　共 1 页

序号	项目名称	计算基础	费率(%)	金额/元
1	规费	定额人工费		
1.1	社会保险费	定额人工费		
(1)	养老保险费	定额人工费		
(2)	失业保险费	定额人工费		
(3)	医疗保险费	定额人工费		
(4)	生育保险费	定额人工费		
(5)	工伤保险费	定额人工费		
1.2	住房公积金	定额人工费		
1.3	工程排污费	按工程所在地环境保护部门收取标准按实计入		
2	税金	分部分项工程费+措施项目费+其他项目费+规费-按规定不计税的工程设备金额		
合计				

编制人（造价人员）：　　　　　　　　　　　　　　　　　　　　复核人（造价工程师）：

6.6 工程量清单报价编制

1. 工程量清单报价的概念

工程量清单报价是指根据工程量清单、消耗量定额、施工方案、市场价格、施工图、计价定额编制的，满足招标文件各项要求的，投标单位自主确定拟建工程投标价的工程造价文件。

2. 工程量清单报价的构成要素

（1）分部分项工程量清单费　分部分项工程量清单费是指根据发布的分部分项工程量清单乘以承包商自己确定的综合单价计算出来的费用。

（2）单价措施项目和总价措施项目清单费　单价措施项目和总价措施项目清单费是指根据发布的措施项目清单，由承包商根据招标文件的有关规定自主确定的（非竞争性费用除外）各项措施费用。

（3）其他项目清单费　其他项目清单费是指根据招标方发布的其他项目清单中招标人的暂列金额及招标文件要求的有关内容由承包商自主确定的有关费用。

（4）规费　规费是指承包商根据国家行政主管部门规定的项目和费率计算的各项费用。如工程排污费、社会保险费等。

（5）税金　税金是指按国家税法等有关规定，计入工程造价的营业税、城市维护建设税、教育费附加、地方教育附加。

3. 编制工程量清单报价的主要步骤

第一步：根据分部分项工程量清单、清单计价规范、施工图、消耗量定额等计算计价工程量。

第二步：根据定额工程量、消耗量定额、工料机市场价、管理费率、利润率和分部分项工程量清单计算综合单价。

第三步：根据综合单价及分部分项工程量清单计算分部分项工程量清单费。

第四步：根据单价措施项目清单、总价措施项目清单、施工图等确定措施项目清单费。

第五步：根据其他项目清单，确定其他项目清单费。

第六步：根据规费项目清单和有关费率计算规费项目清单费。

第七步：根据分部分项工程清单费、措施项目清单费、其他项目清单费、规费项目清单费和税率计算税金。

第八步：将上述五项费用汇总，即为拟建工程的工程量清单报价。

4. 工程量清单报价编制示例

（1）计价工程量计算　根据表 6-2 中工程内容的分析，砖基础清单项目按预算定额项目划分为砖基础和防潮层两个项目。所以，要根据预算定额的工程量计算规则分别计算上述两项定额工程量。

1）计算砖基础计价工程量。由于砖基础计价工程量计算规则与清单工程量计算规则相同，故其工程量也相同，为 18.98m^3。

2）计算基础防潮层计价工程量。

$$\begin{array}{l}\text{1:2 水泥砂浆基础防潮层工程量} = \overbrace{(3.60\times4\times2)}^{\text{2—2剖面}}\times0.18\text{m}^2 + \overbrace{[6.0\times2+(6.0-0.18)\times3]}^{\text{1—1剖面}}\times0.24\text{m}^2 \\ = 28.80\times0.18\text{m}^2 + 29.46\times0.24\text{m}^2 \\ = 5.18\text{m}^2 + 7.07\text{m}^2 \\ = 12.25\text{m}^2\end{array}$$

（2）确定综合单价　根据上述砖基础计价工程量和表 6-1 计价定额分析砖基础综合单价（表 6-7）。

注意，某地区的管理费和利润计算为：定额人工费 ×30%，按此规定计算综合单价分析表。

表 6-7　综合单价分析表

工程名称：某工程　　　　标段：　　　　第 1 页　共 1 页

项目编码		010401001001		项目名称		砖基础		计量单位		m³	
清单项目综合单价组成明细											
定额编号	定额名称	定额单位	数量	单价/元				合价/元			
				人工费	材料费	机械费	管理费和利润	人工费	材料费	机械费	管理费和利润
AC0003	M5 水泥砂浆砌砖基础	$10m^3$	0.100	726.72	1073.89	6.10	218.02	72.67	107.39	0.61	21.80
AG0523	1:2 水泥砂浆墙基础防潮层	$100m^2$	0.00645	546.82	565.65	3.97	165.05	3.53	3.65	0.03	1.06
人工单价		小计						76.20	111.04	0.64	22.86
60 元/工日		未计价材料费									
清单项目综合单价								210.74			

材料费明细	主要材料名称、规格、型号	单位	数量	单价/元	合价/元	暂估单价/元	暂估合价/元
	M5 水泥砂浆	m³	0.238	120.00	28.56		
	1:2 水泥砂浆	m³	0.01335	232.00	3.10		
	红（青）砖	块	524	0.15	78.60		
	水	m³	0.2045	1.30	0.27		
	细砂	m³	（0.276）	45.00	（12.42）		
	中砂	m³	（0.0139）	50.00	（0.69）		
	防水粉	kg	0.428	1.20	0.51		
	32.5 水泥	kg	（61.80）	0.30	（18.54）		
	其他材料费						
	材料费小计				111.04		

注：防潮层工程量 = 附项工程量/主项工程量 = 12.25/18.98 = 0.645。除以 100 后为 0.00645。

根据砖基础工程量清单和综合单价，计算分部分项工程和单价措施项目清单费（表 6-8）。

表 6-8　分部分项工程和单价措施项目清单与计价表

工程名称：某工程　　　　标段：　　　　第 1 页　共 1 页

序号	项目编码	项目名称	项目特征描述	计量单位	工程量	金额/元		
						综合单价	合价	其中：人工费
		D. 砌筑工程						
1	010401001001	砖基础	1. 砖品种、规格、强度等级：MU7.5 页岩砖 240mm × 115mm × 53mm 2. 基础类型：条形 3. 砂浆强度等级：M5 水泥砂浆 4. 防潮层材料种类：1:2 水泥防水砂浆	m³	18.98	210.74	3999.85	1146.28

（续）

序号	项目编码	项目名称	项目特征描述	计量单位	工程量	金额/元		
						综合单价	合价	其中：人工费
		⋮						
		S. 措施项目						
		综合脚手架	（略）		（略）			
本页小计							3999.85	1146.28
合计							3999.85	

（3）计算基础工程清单报价　根据招标文件、工程量清单、清单计价规范自主计算（非竞争性项目除外）总价措施项目清单费（表6-9），其他项目清单费（表6-10、表6-11）、规费和税金项目清单费（表6-12），并编制投标报价汇总表（表6-13）。

表6-9　总价措施项目清单与计价表

工程名称：某工程　　标段：　　第1页　共1页

序号	项目名称	计算基础	费率(%)	金额/元
1	安全文明施工费	人工费(1146.28元)	30	343.88
2	夜间施工费	人工费	3	34.39
3	二次搬运费	人工费	2	22.93
4				
5				
6				
7				
8				
9				
10				
合计				401.20

编制人（造价人员）：　　复核人（造价工程师）：

表6-10　暂列金额明细表

工程名称：某工程　　标段：　　第1页　共1页

序号	项目名称	计量单位	暂定金额/元	备注
1	工程量清单中工程量偏差和设计变更	项	500	
2				
3				
4				
5				

（续）

序号	项目名称	计量单位	暂定金额/元	备注
6				
7				
8				
9				
10				
11				
合计			500	

注：此表由招标人填写，如不详列，也可只列暂定金额总额，投标人应将上述暂列金额计入投标总价中 。

表 6-11　其他项目清单与计价汇总表

工程名称：某工程　　　　标段：　　　　第 1 页　共 1 页

序号	项目名称	金额/元	结算金额/元	备注
1	暂列金额	500		明细表详见表 6-10
2	暂估价			
2.1	材料暂估价			
2.2	专业工程暂估价			
3	计日工			
4	总承包服务费			
5				
合计		500		

注：材料（工程设备）暂估单价计入清单项目综合单价，此处不汇总。

表 6-12　规费、税金项目清单与计价表

工程名称：某工程　　　　标段：　　　　第 1 页　共 1 页

序号	项目名称	计算基础	费率(%)	金额/元
1	规费			355.36
1.1	社会保险费	(1)+(2)+(3)+(4)+(5)		286.58
(1)	养老保险费	定额人工费(1146.28 元)	14	160.48
(2)	失业保险费	定额人工费	2	22.93
(3)	医疗保险费	定额人工费	6	68.78
(4)	生育保险费	定额人工费	2	22.93
(5)	工伤保险费	定额人工费	1	11.46
1.2	住房公积金	定额人工费	6	68.78
1.3	工程排污费	根据工程所在地环境保护部门收取标准按实计入		
2	税金	分部分项工程费+措施项目费+其他项目费+规费-按规定不计税的工程设备金额(5256.41 元)	3.48	182.92
合计				538.28

编制人（造价人员）：　　　　复核人（造价工程师）：

表 6-13 单位工程投标报价汇总表

工程名称：某工程　　　　标段：　　　　第 1 页　共 1 页

序号	汇总内容	金额/元	其中:暂估价/元
1	分部分项工程	3999.85	
1.1	A.3 砌筑工程	3999.85	
1.2			
1.3			
1.4			
2	措施项目	401.20	
2.1	安全文明施工费	343.88	
3	其他项目	500	
3.1	暂列金额	500	
3.2	专业工程暂估价		
3.3	计日工		
3.4	总承包服务费		
4	规费	355.36	
5	税金	182.92	
投标报价合计 = 序 1 + 序 2 + 序 3 + 序 4 + 序 5		5439.33	

注:本表适用于单位工程招标控制价或投标报价的汇总,如无单位工程划分,单项工程也使用本表汇总。

6.7 "营改增"后投标价编制方法

6.7.1 "增值税"投标价与"营业税"投标价的异同

1. 建设工程增值税与营业税的计算基础不同

营业税是价内税，它是计算工程造价的基础，建筑安装材料（设备）等所含营业税也是计算工程造价的基础。

增值税是价外税，增值税的计算基础不含增值税，也不含建筑安装材料（设备）等的增值税。

2. 计算方法基本相同

含营业税或者增值税的投标报价，计算分部分项工程费、措施项目费、其他项目费、规费的方法完全相同。

3. "营改增"后投标价计算的主要区别

增值税的计算基础的人工费、材料费、施工机具使用费、企业管理费、措施项目费、其他项目费等不能含有增值税。

将城市维护建设税、教育费附加、地方教育附加归并到了企业管理费，因此企业管理费的计算费率要提高。

6.7.2 增值税的概念

增值税是对纳税人生产经营活动的增值额征收的一种税，是流转税的一种。增值额是纳税人生产经营活动实现的销售额与其从其他纳税人购入货物、劳务、服务之间的差额。

6.7.3 “营改增”的概念

“营改增”是营业税改征增值税的简称，是指将建筑业、交通运输业和部分现代服务业等纳税人，从原来的按营业额缴纳营业税，转变为按增值额征税缴纳增值税，实行环环征收、道道抵扣。

增值税是对在我国境内销售货物、提供加工、修理修配劳务以及进口货物的单位和个人，就其取得的增值额为计算依据征收的一种税。

6.7.4 实施“营改增”的原因

1）避免了营业税重复征税、不能抵扣、不能退税的弊端，能有效降低企业税负。

2）把营业税的“价内税”变成了增值税的“价外税”，形成了增值税进项和销项的抵扣关系，从深层次影响产业结构。

6.7.5 “营改增”的范围

扩大了试点行业范围后，将建筑业、金融业、房地产业、生活服务业纳入“营改增”范围。将不动产纳入抵扣。

6.7.6 增值税税率

“营改增”政策实施后，增值税税率实行5级制（17%、13%、11%、6%、0），小规模纳税人可选择简易计税方法征收3%的增值税，见表6-14。

表6-14 “营改增”各行业所适用的增值税税率

行业	增值税率(%)	营业税率(%)
建筑业	11	3
房地产业	11	5
金融业	6	5
生活服务业	6	一般为5%，特定娱乐业适用3%～20%税率

注：销售企业增值税税率为17%。

6.7.7 住建部的规定

根据《住房城乡建设部办公厅关于做好建筑业营改增建设工程计价依据调整准备工作的通知》（建办标［2016］4号文）的要求，工程造价的计算方法如下：

$$工程造价 = 税前工程造价 \times (1 + 11\%)$$

其中，11%为建筑业拟征增值税税率，税前工程造价为人工费、材料费、施工机具使用费、企业管理费、利润和规费之和，各费用项目均以不包含增值税可抵扣进项税额的价格计算，相应计价依据按上述方法调整。

6.7.8 增值税计算的有关规定与举例

1. 增值税计算的有关规定

计算增值税时应确定以下两项内容。

(1) 应纳税额 纳税人销售货物或者提供应税劳务（以下简称销售货物或者应税劳务）时，应纳税额为当期销项税额抵扣当期进项税额后的余额。应纳税额的计算公式为

$$应纳税额 = 当期销项税额 - 当期进项税额$$

(2) 销项税额 销项税额是指纳税人发生应税行为按照销售额和增值税税率计算并收取的增值税额。销项税额的计算公式为

$$销项税额 = 销售额 \times 增值税率$$

2. 增值税计算举例

B企业从A企业购进一批货物，货物价值为100元（销售额），则B企业应该支付给A企业117元（含税销售额：销售额100元，增值税100元×17%＝17元），此时A实得100元，另外17元交给了税务局。

然后B企业经过加工后以200元（销售额）卖给C企业，此时C企业应付给B企业234元（含税销售额：销售额200元，增值税200元×17%＝34元）。

$$销项税额 = 销售额 \times 增值税率 = 200元 \times 17\% = 34元$$

$$应纳税额 = 当期销项税额 - 当期进项税额$$

$$B企业应纳税额 = 34元 - 17元(A企业已交) = 17元$$

（B企业在将货物卖给C后应交给税务局的增值税税额）

6.7.9 建设工程销售额与含税销售额

1. 建设工程销售额

销售额为纳税人销售货物或者提供应税劳务时向购买方收取的全部价款和价外费用，但是不包括收取的销项税额。其计算公式为

$$建设工程销售额 = 分部分项工程费 + 措施项目费 + 其他项目费 + 规费$$

$$或销售额 = 含税销售额/(1 + 增值税税率)$$

2. 建设工程含税销售额

建设工程含税销售额的计算公式为

$$建筑工程含税销售额 = 销售额 \times (1 + 11\%)(建筑业)$$

$$或建筑工程除税价 = 含税工程造价/(1 + 11\%)$$

3. 工程材料（除税价）销售额

当工程材料（除税价）销售额包括材料含税价和运输含税价时，工程材料除税价的计算公式为

$$工程材料除税价 = 材料含税价/[1 + 增值税率(17\%)] + 运输含税价/[1 + 增值税率(11\%)]$$

$$增值税率折算率 = (工程材料含税价/工程材料除税价) - 1$$

6.7.10 “营改增”后工程造价计算规定

1. 建办标［2016］4号文规定的工程造价计算方法

$$工程造价 = 税前工程造价 \times (1 + 11\%)$$

即 $工程造价 = (分部分项工程费 + 措施项目费 + 其他项目费 + 规费) \times (1 + 11\%)$

其中，11%为建筑业拟征增值税税率。税前工程造价为人工费、材料费、施工机具使用费、

企业管理费、利润和规费之和；各费用项目均不包含进项税。

例如，某工程项目不含进项税的分部分项工程费为59087元、措施项目费为399元、其他项目费为218元、规费为192元，税前工程造价为59896元，含税工程造价为59896元×(1+0.11)=66484.56元。

2. 现阶段变通的工程造价计算规定

目前，计价定额这个主要计价依据中人工费、材料费、施工机具使用费、企业管理费等费用均含进项税，因此要将这些费用中的进项税分离出来，才能符合建办标［2016］4号文规定的要求。因此，各地工程造价主管部门纷纷颁发了分离进项税的各项费用调整表。

例如，某地区计价定额综合费（管理费、利润、城市建设维护费、教育费附加和地方教育附加）=定额人工费×35%。

某地区发布的“营改增”后执行计价定额的费用、费率调整见表6-15~表6-19。

表6-15 执行某地区清单计价定额以“元”为单位的费用调整表

调整项目	机械费	计价材料费	摊销材料费	调整方法
调整系数	92.8%	88%	87%	定额基价相应费用乘以对应系数

表6-16 以“费率%”表现的费用标准表（工程在市区）

序号	项目名称	工程类型	取费基础	费率(%)
1	环境保护费	建筑工程	分部分项清单项目定额人工费+单价措施项目定额人工费	0.2
2	文明施工费			1.24
3	安全施工费			2.05
4	临时设施费			3.41
小计		—	—	6.9

表6-17 调整后的总价措施项目费标准

序号	项目名称	取费基础	费率(%)
1	夜间施工	分部分项工程量清单项目定额人工费+单价措施项目定额人工费	0.78
2	二次搬运		0.38
3	冬雨期施工		0.58
4	工程定位复测		0.14

表6-18 材料分类及适用税率表

材料名称	依据文件	税率(%)
建筑用和生产建筑材料用的砂、土、石料、自来水、商品混凝土与砂浆(仅限于以水泥为原料)等	财税[2014]57号文	3%
煤炭、草皮、稻草、暖气、煤气天然气等	财税[2009]9号文、财税字[1995]52号文	13%
其余材料	财税[2009]9号文	17%

表 6-19 定额材料基价扣除进项税调整系数

购进材料税率或征收率	调整系数	调整方法
17%	0.8577	定额材料单价乘以调整系数
13%	0.8873	
3%	0.9715	

6.7.11 “营改增”后工程造价计算实例

1. 编制依据

某地区工程量清单计价定额和清单计价规范项目分别见表 6-1、表 6-2，砖基础工程量清单见表 6-3，执行某地区清单计价定额以“元”为单位的费用调整表见表 6-15，以“费率%”表现的费用标准表见表 6-16，调整后的总价措施项目费标准见表 6-17，材料分类及适用税率表见表 6-18，定额材料基价扣除进项税调整系数见表 6-19。

2. 调整定额基价

根据表 6-1、表 6-18、表 6-19 调整两个项目的定额计价，见表 6-20。

表 6-20 “营改增”后某地区计价定额基价调整表

定额编号				AC0003	AG0523
项 目		单位	单价	M5 水泥砂浆砌砖基础	1:2 水泥砂浆墙基防潮层
				$10m^3$	$100m^2$
基价		元		1686.45	1090.95
其中	人工费	元		726.72(不变)	546.82(不变)
	材料费	元		954.07	540.45
	机械费	元		6.10×0.928=5.66	3.97×0.928=3.68
材料	M5 水泥砂浆	m^3	120.00	2.38×120×0.9715 =2.38×116.58 =277.46	
	红(青)砖	块	0.15	5240×0.15×0.8577 =5240×0.1287 =674.39	
	水泥 32.5	kg	0.30	(537.88)	(1242.00)
	细砂	m^3	45.00	(2.761)	
	水	m^3	1.30	1.76×1.30×0.9715 =1.76×1.263 =2.22	4.42×1.30×0.9715 =4.42×1.263 =5.58
	防水粉	kg	1.20		66.38×1.20×0.8577 =66.38×1.029 =68.31
	1:2 水泥砂浆	m^3	232.00		2.07×232×0.9715 =2.07×225.39 =466.56
	中砂	m^3	50.00		(2.153)

注：人工单价为 60 元/工日。

3. 综合单价分析

某地区计价定额综合费（管理费、利润、城市建设维护费、教育费附加和地方教育附加）=定额人工费×35%。砖基础综合费为726.72元×35%=254.35元；防潮层综合费为546.82元×35%=191.39元。

根据表6-3、表6-20编制“营改增”后砖基础项目综合单价，见表6-21。

表6-21 综合单价分析表

工程名称：某工程　　标段：　　第1页　共1页

项目编码		010401001001		项目名称	砖基础		计量单位		m^3		
清单项目综合单价组成明细											
定额编号	定额名称	定额单位	数量	单价				合价			
				人工费	材料费	机械费	管理费和利润	人工费	材料费	机械费	管理费和利润
AC0003	M5水泥砂浆砌砖基础	$10m^3$	0.100	726.72	954.07	5.66	254.35	72.67	95.41	0.57	25.44
AG0523	1:2水泥砂浆墙基防潮层	$100m^2$	0.00645	546.82	540.45	3.68	191.39	3.53	3.49	0.02	1.23
人工单价		小计						76.20	98.90	0.59	26.67
60元/工日		未计价材料费									
清单项目综合单价								202.36			
材料费明细	主要材料名称、规格、型号					单位	数量	单价/元	合价/元	暂估单价/元	暂估合价/元
	M5水泥砂浆					m^3	0.23 8	116.58	27.75		
	1:2水泥砂浆					m^3	0.01335	225.39	3.01		
	红（青）砖					块	524	0.1287	67.44		
	水					m^3	0.2045	1.263	0.26		
	细砂					m^3	（0.276）				
	中砂					m^3	（0.0139）				
	防水粉					kg	0.428	1.029	0.44		
	水泥32.5					kg	（61.80）				
	其他材料费								98.90		
	材料费小计								98.90		

注：防潮层工程量=附项工程量/主项工程量=12.25/18.98=0.645，乘以0.01后为0.00645。

4. 分部分项工程费工程费计算

砖基础分部分项工程费计算见6-22。

表6-22 分部分项工程和单价措施项目清单与计价表

工程名称：某工程　　标段：　　第1页　共1页

序号	项目编码	项目名称	项目特征描述	计量单位	工程量	金额/元		
						综合单价	合价	其中：人工费
		D. 砌筑工程						

（续）

序号	项目编码	项目名称	项目特征描述	计量单位	工程量	金额/元		
						综合单价	合价	其中：人工费
1	010401001001	砖基础	1. 砖品种、规格、强度等级：MU7.5 页岩砖 240mm × 115mm × 53mm 2. 基础类型：条形 3. 砂浆强度等级：M5 水泥砂浆 4. 防潮层材料种类：1∶2 水泥防水砂浆	m^3	18.98	202.36	3840.79	1446.28
		⋮						
		S. 措施项目						
		综合脚手架	（略）		（略）			
本页小计							3840.79	1446.28
合计							3840.79	

5. 总价项目费计算

根据某基础工程定额人工费（1146.28 元）、表 6-16、表 6-17 计算总价措施项目费，见表 6-23。

表 6-23 总价措施项目清单与计价表

工程名称：某工程　　　　标段：　　　　　　　　第 1 页　共 1 页

序　号	项目名称	计算基础	费率(%)	金额/元
1	安全文明施工费	人工费(1146.28)	6.9	79.09
2	夜间施工费	人工费	0.78	8.94
3	二次搬运费	人工费	0.38	4.36
4				
5				
6				
7				
8				
9				
10				
合计				92.39

编制人（造价人员）：　　　　　　　　复核人（造价工程师）：

6. 计算规费

根据表6-12中的费率和定额人工费（1146.28元）计算规费，见表6-24。

表6-24 规费计价表

工程名称：某工程　　　　标段：　　　　第1页　共1页

序号	项目名称	计算基础	费率(%)	金额/元
1	规费			355.36
1.1	社会保险费	(1)+(2)+(3)+(4)+(5)		286.58
(1)	养老保险费	定额人工费(1146.28)	14	160.48
(2)	失业保险费	定额人工费	2	22.93
(3)	医疗保险费	定额人工费	6	68.78
(4)	生育保险费	定额人工费	2	22.93
(5)	工伤保险费	定额人工费	1	11.46
1.2	住房公积金	定额人工费	6	68.78
1.3	工程排污费	根据工程所在地环境保护部门收取标准按实计人		
合计				424.14

编制人（造价人员）：　　　　复核人（造价工程师）：

7. 投标价汇总

根据表6-22、表6-23、表6-24汇总的投标价见表6-25。

表6-25 单位工程投标价汇总表

工程名称：某工程　　　　标段：　　　　第1页　共1页

序号	汇总内容	金额/元	其中:暂估价/元
1	分部分项工程	3840.79	
1.1	A.3 砌筑工程	3840.79	
1.2			
1.3			
1.4			
2	措施项目	92.39	
2.1	安全文明施工费	79.09	
3	其他项目	500	
3.1	暂列金额	500	
3.2	专业工程暂估价		
3.3	计日工		
3.4	总承包服务费		
4	规费	424.14	
5	税前工程造价	4857.32	
6	销项增值税	4857.32×11%=534.31	
投标报合计		5391.63	

思 考 题

1. 叙述工程量清单计价的概念。
2. 简述工程量清单计价的编制原则。
3. 工程量清单包括哪些内容?
4. 工程量清单报价包括哪些内容?
5. 如何编制综合单价?
6. 如何计算计价工程量?

施工图预算编制篇

第7章 建筑工程施工图预算编制

7.1 建筑面积计算

7.1.1 建筑面积的概念

建筑面积亦称建筑展开面积，是建筑物各层面积的总和。建筑面积包括附属于建筑物的室外阳台、雨篷、檐廊、室外走廊、室外楼梯等。

建筑面积包括使用面积、辅助面积和结构面积三部分。

1. 使用面积

使用面积是指建筑物各层平面中直接为生产或生活所使用的净面积之和。例如，住宅建筑中的居室、客厅、书房、卫生间、厨房等。

2. 辅助面积

辅助面积是指建筑物各层平面中为辅助生产或辅助生活所占的净面积之和。例如，住宅建筑中的楼梯、走道等。使用面积与辅助面积之和称为有效面积。

3. 结构面积

结构面积是指建筑物各层平面中的墙、柱等结构所占的面积之和。

7.1.2 建筑面积的作用

1. 重要管理指标

建筑面积是建设投资、建设项目可行性研究、建设项目勘察设计、建设项目评估、建设项目招标投标、建筑工程施工和竣工验收、建设工程造价管理、建筑工程造价控制等一系列管理工作的重要指标。

2. 重要技术指标

建筑面积是计算开工面积、竣工面积、优良工程率、建筑装饰规模等重要的技术指标。

3. 重要经济指标

建筑面积是计算建筑、装饰等单位工程或单项工程的单位面积工程造价、人工消耗指标、机械台班消耗指标、工程量消耗指标的重要经济指标。

各经济指标的计算公式为

$$每平方米工程造价=\frac{工程造价}{建筑面积}(元/m^2)$$

$$每平方米人工消耗=\frac{单位工程用工量}{建筑面积}(工日/m^2)$$

$$每平方米材料消耗=\frac{单位工程某材料用量}{建筑面积}(kg/m^2、m^3/m^2等)$$

$$每平方米机械台班消耗=\frac{单位工程某机械台班用量}{建筑面积}(台班/m^2等)$$

$$每平方米工程量=\frac{单位工程某项工程量}{建筑面积}(m^2/m^2、m/m^2等)$$

4. 重要计算依据

建筑面积是计算有关工程量的重要依据。例如，装饰用满堂脚手架工程量等。

综上所述，建筑面积是重要的技术经济指标，在全面控制建筑、装饰工程造价和建设过程中起着重要作用。

7.1.3 建筑面积的计算规则

由于建筑面积是计算各种技术经济指标的重要依据，而这些指标又起着衡量和评价建设规模、投资效益、工程成本等方面重要尺度的作用，因此，中华人民共和国住房和城乡建设部颁发了《建筑工程建筑面积计算规范》（GB/T 50353—2013），规定了建筑面积的计算方法。

《建筑工程建筑面积计算规范》（GB/T 50353—2013）主要规定了以下三个方面的内容：

1）计算全部建筑面积的范围和规定。

2）计算部分建筑面积的范围和规定。

3）不计算建筑面积的范围和规定。

这些规定主要基于以下两个方面的考虑。

① 尽可能准确地反映建筑物各组成部分的价值量。例如，有柱雨篷应按其结构板水平投影面积的1/2计算建筑面积；建筑物间有围护结构的走廊（增加了围护结构的工料消耗）应按其围护结构外围水平面积计算全面积。又如，多层建筑坡屋顶内和场馆看台下的建筑空间，结构净高在2.10m及以上的部位应计算全面积；结构净高在1.20m及以上至2.10m以下的部位应计算1/2面积；结构净高在1.20m以下的部位不应计算建筑面积。

② 通过建筑面积计算规范的规定，简化建筑面积的计算过程。例如，附墙柱、垛等不计算建筑面积。

7.1.4 应计算建筑面积的范围

1. 建筑物建筑面积计算

（1）计算规定　建筑物的建筑面积应按自然层外墙结构外围水平面积之和计算。结构层高在2.20m及以上的，应计算全面积；结构层高在2.20m以下的，应计算1/2面积。

（2）计算规定解读

1）建筑物可以是民用建筑、公共建筑，也可以是工业厂房。

2）建筑面积只包括外墙的结构面积，不包括外墙抹灰厚度、装饰材料厚度所占的面

积。如图 7-1 所示，其建筑面积为

$$S = ab$$

其中，a、b 为外墙外边尺寸，不含勒脚厚度。

3）当外墙结构本身在一个层高范围内不等厚时，以楼地面结构标高处的外围水平面积计算。

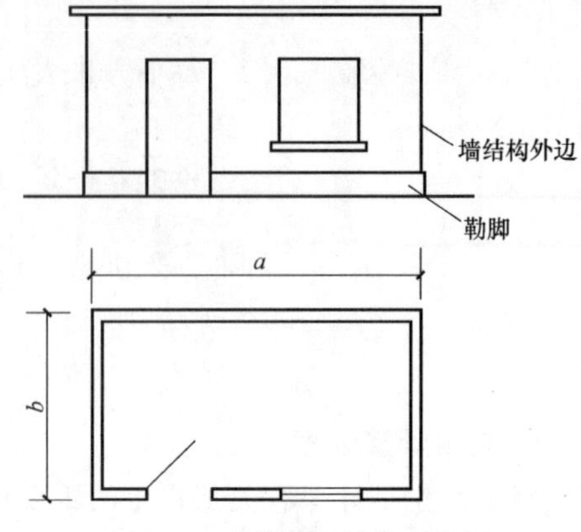

图 7-1 建筑面积计算示意图

2. 局部楼层建筑面积计算

（1）计算规定 建筑物内设有局部楼层时，对于局部楼层的二层及以上楼层，有围护结构的应按其围护结构外围水平面积计算，无围护结构的应按其底板水平面积计算，且结构层高在 2.20m 及以上的，应计算全面积；结构层高在 2.20m 以下的，应计算 1/2 面积。

（2）计算规定解读

1）单层建筑物内设有部分楼层的例子如图 7-2 所示。这时，局部楼层的围护结构墙厚应包括在楼层面积内。

2）本规定没有说不算建筑面积的部位，我们可以理解为局部楼层层高一般不会低于 1.20m。

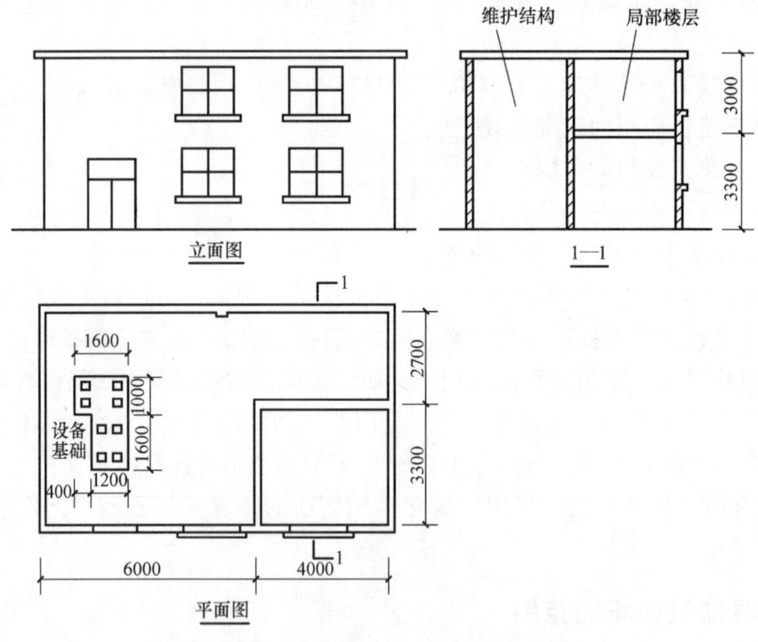

图 7-2 建筑物局部楼层示意图

【例 7-1】 根据图 7-2 计算该建筑物的建筑面积（墙厚均为 240mm）。

【解】 底层建筑面积 $=(6.0+4.0+0.24)\times(3.30+2.70+0.24)\text{m}^2$

$=10.24\times6.24\text{m}^2=63.90\text{m}^2$

楼隔层建筑面积 $=(4.0+0.24)\times(3.30+0.24)\text{m}^2$

$=4.24\times3.54\text{m}^2=15.01\text{m}^2$

全部建筑面积 $=69.30\text{m}^2+15.01\text{m}^2=78.91\text{m}^2$

3. 坡屋顶建筑面积计算

（1）计算规定　对于形成建筑空间的坡屋顶，结构净高在2.10m及以上的部位应计算全面积；结构净高在1.20m及以上至2.10m以下的部位应计算1/2面积；结构净高在1.20m以下的部位不应计算建筑面积。

（2）计算规定解读　多层建筑坡屋顶内和场馆看台下的空间应视为坡屋顶内的空间，设计加以利用时，应按其结构净高确定其建筑面积的计算；设计不利用的空间，不应计算建筑面积，其示意图如图7-3所示。

【例7-2】 根据图7-3中所示尺寸，计算坡屋顶内的建筑面积。

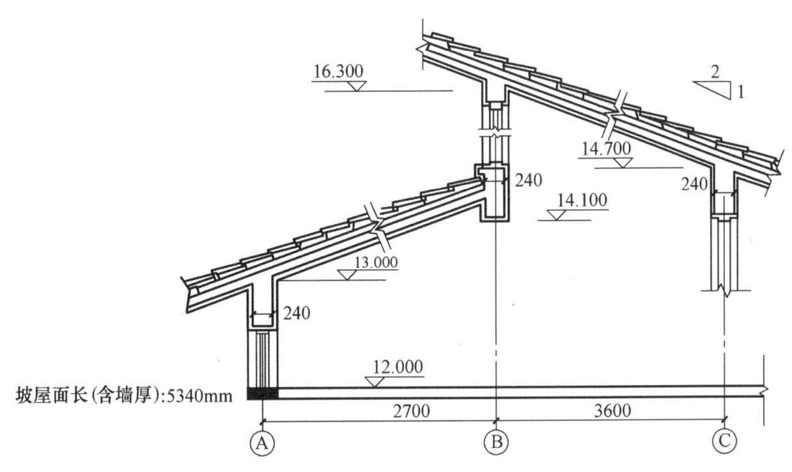

图7-3　利用坡屋顶空间应计算建筑面积示意图

【解】 应计算1/2面积：（*A*轴～*B*轴）

$$S_1=\underbrace{(2.70-0.40)}_{\text{符合1.2m高的宽}}\times\underbrace{5.34}_{\text{坡屋面长}}\times 0.50\text{m}^2=6.15\text{m}^2$$

应计算全部面积：（*B*轴～*C*轴）

$$S_2=3.60\times 5.34\text{m}^2=19.22\text{m}^2$$

小计：$S_1+S_2=6.15\text{m}^2+19.22\text{m}^2=25.37\text{m}^2$

4. 看台下的建筑空间悬挑看台建筑面积计算

（1）计算规定　对于场馆看台下的建筑空间，结构净高在2.10m及以上的部位应计算全面积；结构净高在1.20m及以上至2.10m以下的部位应计算1/2面积；结构净高在1.20m以下的部位不应计算建筑面积。室内单独设置的有围护设施的悬挑看台，应按看台结构底板水平投影面积计算建筑面积。有顶盖无围护结构的场馆看台，应按其顶盖水平投影面积的1/2计算建筑面积。

（2）计算规定解读　场馆看台下的建筑空间因其上部结构多为斜（或曲线）板，所以采用净高的尺寸划定建筑面积的计算范围和对应规则，如图7-4所示。

室内单独设置的有围护设施的悬挑看台，因其看台上部设有顶盖且可供人使用，所以按

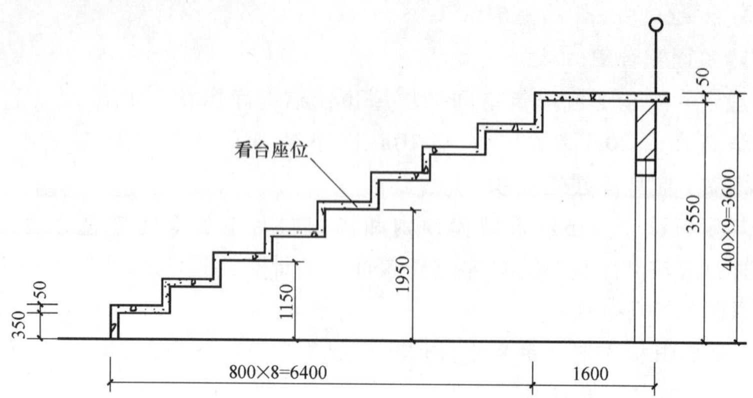

图 7-4 看台下空间（场馆看台剖面图）建筑面积计算示意图

看台板的结构底板水平投影面积计算建筑面积。这一规定与建筑物内阳台的建筑面积计算规定是一致的。

室内单独设置的有围护设施的悬挑看台，应按看台结构底板水平投影面积计算建筑面积。

5. 地下室、半地下室及出入口建筑面积计算

（1）计算规定 地下室、半地下室应按其结构外围水平面积计算。结构层高在 2.20m 及以上的，应计算全面积；结构层高在 2.20m 以下的，应计算 1/2 面积。

出入口外墙外侧坡道有顶盖的部位，应按其外墙结构外围水平面积的 1/2 计算面积。

（2）计算规定解读

1）地下室采光井是为了满足地下室的采光和通风要求设置的。一般在地下室围护墙上口开设一个矩形或其他形状的竖井，井的上口一般设有铁栅，井的一个侧面安装采光和通风用的窗子，如图 7-5 所示。

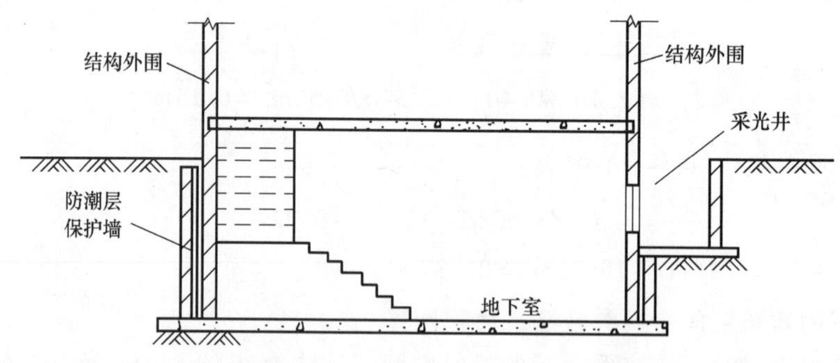

图 7-5 地下室建筑面积计算示意图

2）以前的计算规则规定：按地下室、半地下室上口外墙外围水平面积计算，文字上不甚严密，“上口外墙”容易被理解成为地下室、半地下室的上一层建筑的外墙。因为通常情况下，上一层建筑外墙与地下室墙的中心线不一定完全重叠，多数情况是凹进或凸出地下室外墙中心线的。所以要明确规定地下室、半地下室应以其结构外围水平面积计算建筑面积。

3）出入口坡道分为有顶盖出入口坡道和无顶盖出入口坡道。出入口坡道顶盖的挑出长度为顶盖结构外边线至外墙结构外边线的长度；顶盖以设计图样为准，对后增加及建设单位

自行增加的顶盖等，不计算建筑面积。顶盖不分材料种类（如钢筋混凝土顶盖、彩钢板顶盖、阳光板顶盖等）。地下室出入口示意图如图 7-6 所示。

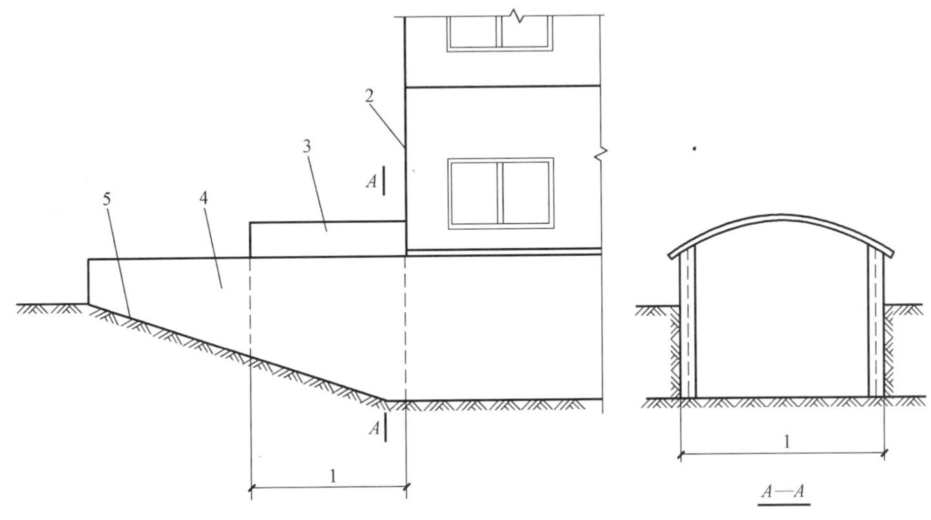

图 7-6　地下室出入口示意图

1—计算 1/2 投影面积部位　2—主体建筑　3—出入口顶盖　4—封闭出入口侧墙　5—出入口坡道

6. 建筑物架空层及坡地建筑物吊脚架空层建筑面积计算

（1）计算规定　建筑物架空层及坡地建筑物吊脚架空层，应按其顶板水平投影面积计算建筑面积。结构层高在 2.20m 及以上的，应计算全面积；结构层高在 2.20m 以下的，应计算 1/2 面积。

（2）计算规定解读

1）坡地建筑物吊脚架空层示意图如图 7-7 所示。

2）本规定既适用于建筑物吊脚架空层、深基础架空层建筑面积的计算，也适用于目前部分住宅、学校教学楼等工程在底层架空或在二楼或以上某个甚至多个楼层架空，作为公共活动、停车、绿化等空间的建筑面积的计算。架空层中有围护结构的建筑空间按相关规定计算。

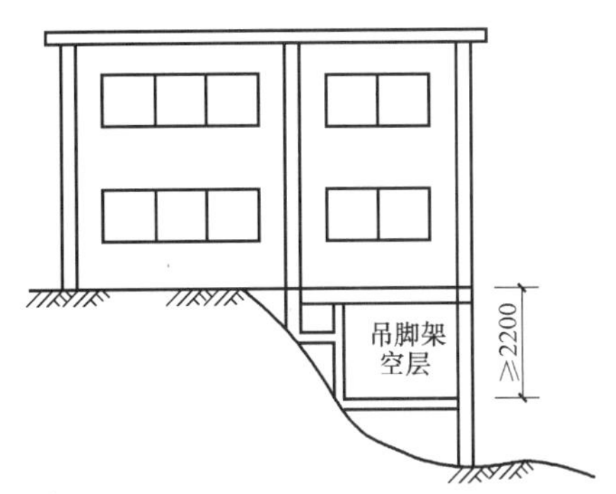

图 7-7　坡地建筑物吊脚架空层示意图

7. 门厅、大厅及设置的走廊建筑面积计算

（1）计算规定　建筑物的门厅、大厅应按一层计算建筑面积，门厅、大厅内设置的走廊应按走廊结构底板水平投影面积计算建筑面积。结构层高在 2.20m 及以上的，应计算全面积；结构层高在 2.20m 以下的，应计算 1/2 面积。

（2）计算规定解读

1）“门厅、大厅内设置的走廊”是指建筑物大厅、门厅的上部（一般该大厅、门厅占两个或两个以上建筑物层高）四周向大厅、门厅、中间挑出的走廊，如图 7-8 所示。

2）宾馆、大会堂、教学楼等大楼内的门厅或大厅，往往要占建筑物的两层或两层以上的层高，这时也只能计算一层面积。

3）“结构层高在 2.20m 以下的，应计算 1/2面积”应该指门厅、大厅内设置的走廊结构层高可能出现的情况。

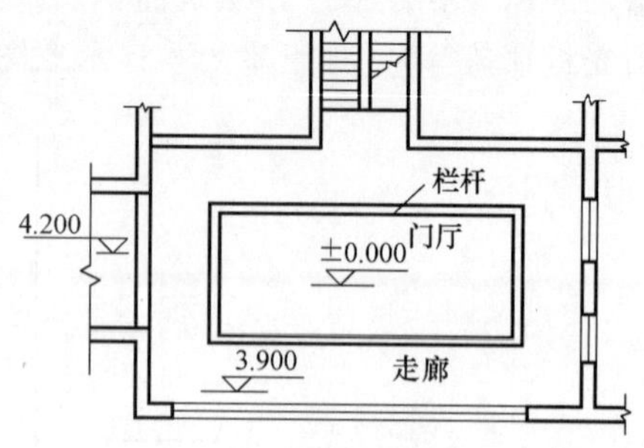

图 7-8 大厅、门厅内设置的走廊示意图

8. 建筑物间的架空走廊建筑面积计算

（1）计算规定 对于建筑物间的架空走廊，有顶盖和围护设施的，应按其围护结构外围水平面积计算全面积；无围护结构、有围护设施的，应按其结构底板水平投影面积计算 1/2 面积。

（2）计算规定解读 架空走廊是指建筑物与建筑物之间，在二层或二层以上专门为水平交通设置的走廊。无维护结构的架空走廊如图 7-9 所示。有围护结构的架空走廊如图 7-10 所示。

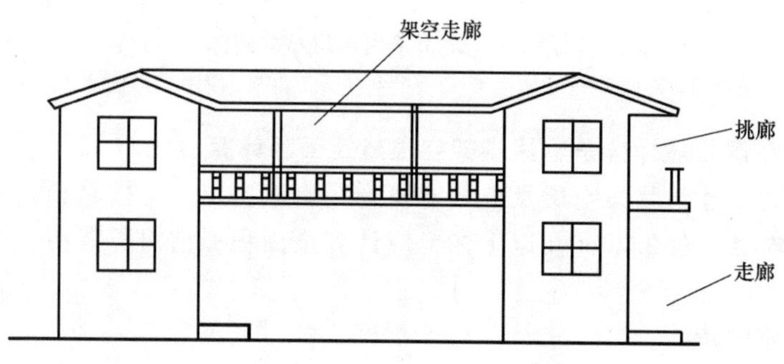

图 7-9 无维护结构的架空走廊

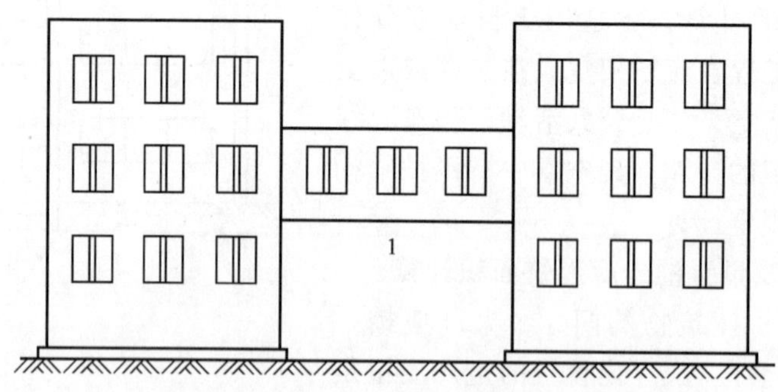

图 7-10 有围护结构的架空走廊

1—架空走廊

9. 建筑物内门厅、大厅建筑面积计算

计算规定：建筑物的门厅、大厅按一层计算建筑面积。门厅、大厅内设有回廊时，应按其结构底板水平面积计算。结构层高在 2.20m 及以上的，应计算全面积；结构层高在 2.20m 以下的，应计算 1/2 面积。

10. 立体书库、立体仓库、立体车库建筑面积计算

（1）计算规定　对于立体书库、立体仓库、立体车库，有围护结构的，应按其围护结构外围水平面积计算建筑面积；无围护结构、有围护设施的，应按其结构底板水平投影面积计算建筑面积。无结构层的应按一层计算，有结构层的应按其结构层面积分别计算，结构层高在 2.20m 及以上的，应计算全面积；结构层高在 2.20m 以下的，应计算 1/2 面积。

（2）计算规定解读

1）本条主要规定了图书馆中的立体书库、仓储中心的立体仓库、大型停车场的立体车库等建筑的建筑面积计算规定。起局部分隔、存储等作用的书架层、货架层或可升降的立体钢结构停车层均不属于结构层，故该部分隔层不计算建筑面积。

2）立体书库建筑面积计算（图 7-11）如下。

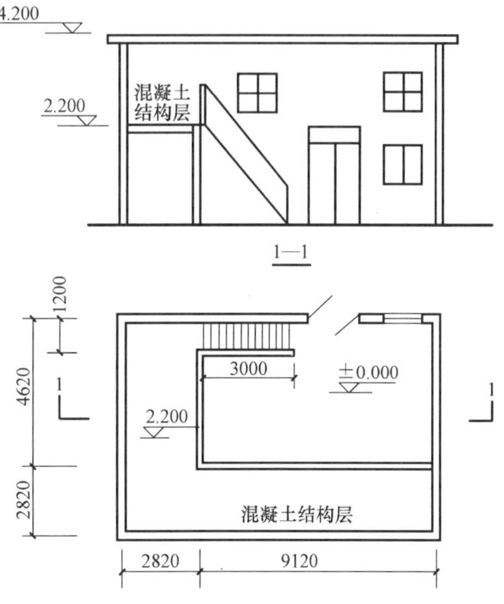

图 7-11　立体书库建筑面积计算示意图

$$
\begin{aligned}
\text{底层建筑面积} &= (2.82+4.62)\times(2.82+9.12)\text{m}^2+3.0\times1.20\text{m}^2\\
&=7.44\times11.94\text{m}^2+3.60\text{m}^2\\
&=92.43\text{m}^2
\end{aligned}
$$

$$
\begin{aligned}
\text{结构层建筑面积} &= (4.62+2.82+9.12)\times2.82\times0.50\text{m}^2\\
&=16.56\times2.82\times0.50\text{m}^2\\
&=23.35\text{m}^2
\end{aligned}
$$

11. 舞台灯光控制室建筑面积计算

（1）计算规定　有围护结构的舞台灯光控制室，应按其围护结构外围水平面积计算。结构层高在 2.20m 及以上的，应计算全面积；结构层高在 2.20m 以下的，应计算 1/2 面积。

（2）计算规定解读　如果舞台灯光控制室有围护结构且只有一层，那么就不能另外计算面积。因为整个舞台的面积计算已经包含了该灯光控制室的面积。

12. 落地橱窗建筑面积计算

（1）计算规定　附属在建筑物外墙的落地橱窗，应按其围护结构外围水平面积计算。结构层高在 2.20m 及以上的，应计算全面积：结构层高在 2.20m 以下的，应计算 1/2 面积。

（2）计算规定解读　落地橱窗是指凸出外墙面，根基落地的橱窗。

13. 凸（飘）窗建筑面积计算

（1）计算规定　窗台与室内楼地面高差在 0.45m 以下且结构净高在 2.10m 及以上的凸（飘）窗，应按其围护结构外围水平面积计算 1/2 面积。

（2）计算规定解读　凸（飘）窗是指凸出建筑物外墙四周有维护结构的采光窗（图 7-12）。2005 年的建筑面积计算规范是不计算建筑面积的。由于实际凸（飘）窗的结构净高可能要超过2.10m，体现了建筑物的价值量，所以新规范规定了“窗台与室内楼地面高差在0.45m以下且结构净高在2.10m及以上的凸（飘）窗应按其围护结构外围水平面积计算1/2面积。”

14. 走廊（挑廊）建筑面积计算

（1）计算规定　有围护设施的室外走廊（挑廊），应按其结构底板水平投影面积计算1/2面积；有围护设施（或柱）的檐廊，应按其围护设施（或柱）外围水平面积计算1/2面积。

（2）计算规定解读

1）走廊是指建筑物底层的水平交通空间，如图7-13、图7-14所示。

2）挑廊是指挑出建筑物外墙的水平交通空间，如图7-13所示。

3）檐廊是指设置在建筑物底层檐下的水平交通空间，如图7-14所示。

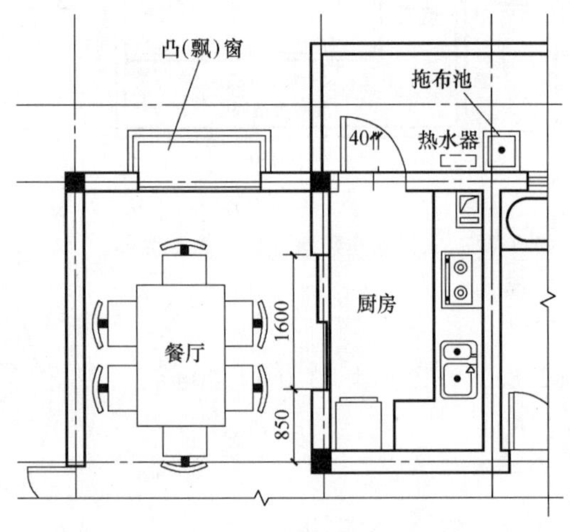

图7-12　凸（飘）窗示意图

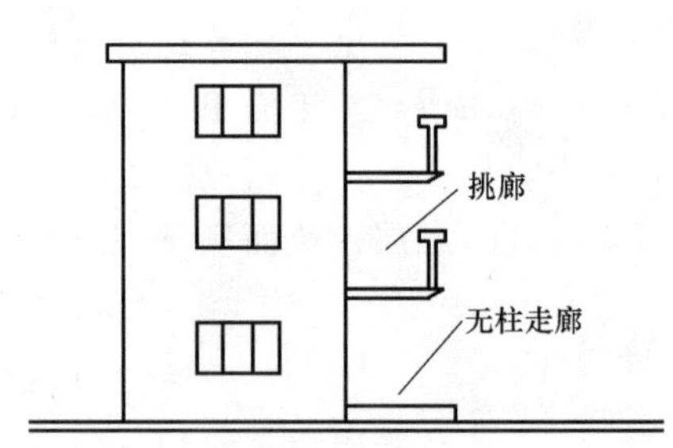

图7-13　挑廊、无柱走廊示意图

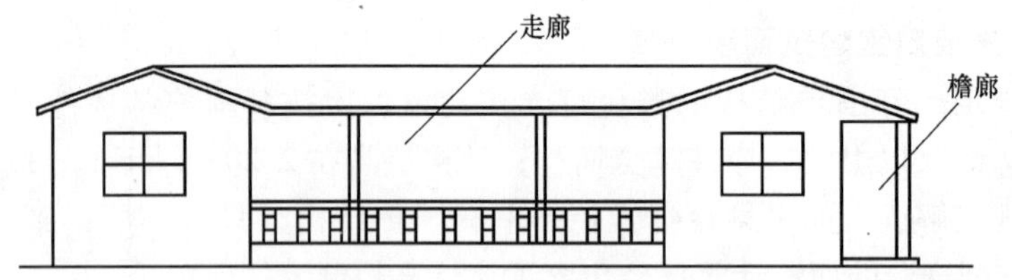

图7-14　走廊、檐廊示意图

15. 门斗建筑面积计算

（1）计算规定　门斗应按其围护结构外围水平面积计算建筑面积，且结构层高在2.20m及以上的，应计算全面积；结构层高在2.20m以下的，应计算1/2面积。

（2）计算规定解读　门斗是指建筑物入口处两道门之间的空间，在建筑物出入口设置的起分隔、挡风、御寒等作用的建筑过渡空间。保温门

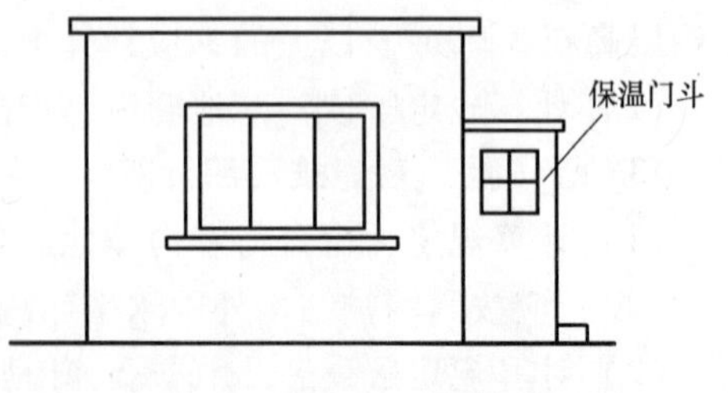

图7-15　保温门斗示意图

斗一般有围护结构，如图 7-15 所示。

16. 门廊、雨篷建筑面积计算

（1）计算规定 门廊应按其顶板的水平投影面积的 1/2 计算建筑面积；有柱雨篷应按其结构板水平投影面积的 1/2 计算建筑面积；无柱雨篷的结构外边线至外墙结构外边线的宽度在 2.10m 及以上的，应按雨篷结构板水平投影面积的 1/2 计算建筑面积。

（2）计算规定解读

1）门廊是指在建筑物出入口，三面或两面有墙，上部有板（或借用上部楼板）围护的部位，如图 7-16 所示。

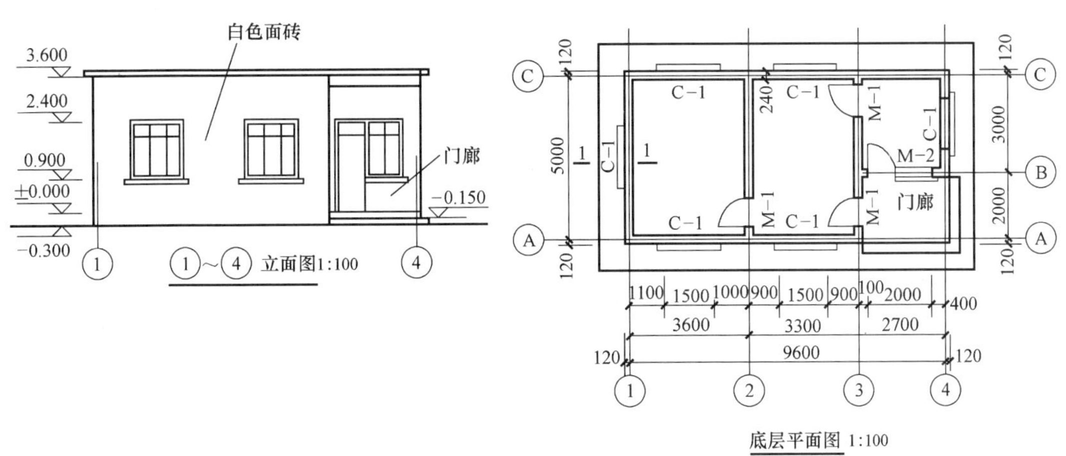

图 7-16 门廊示意图

2）雨篷分为有柱雨篷和无柱雨篷。有柱雨篷没有出挑宽度的限制，也不受跨越层数的限制，均计算建筑面积。无柱雨篷的结构板不能跨层，并受出挑宽度的限制，设计出挑宽度大于或等于 2.10m 时才计算建筑面积。出挑宽度是指雨篷结构外边线至外墙结构外边线的宽度，当为弧形或异形时，取最大宽度。

有柱雨篷、无柱雨篷分别如图 7-17、图 7-18 所示。

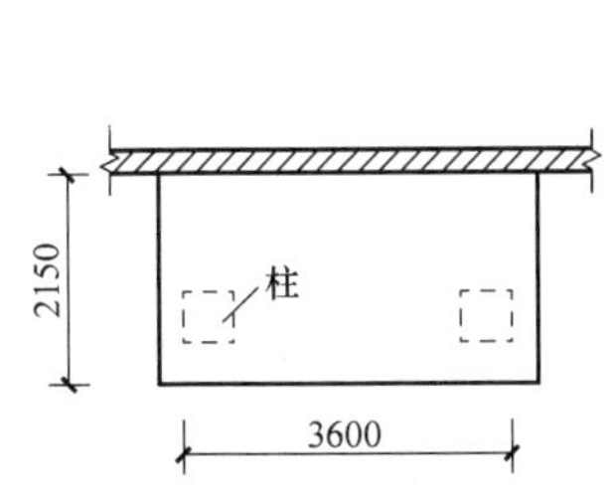

图 7-17 有柱雨篷（计算 1/2 面积）

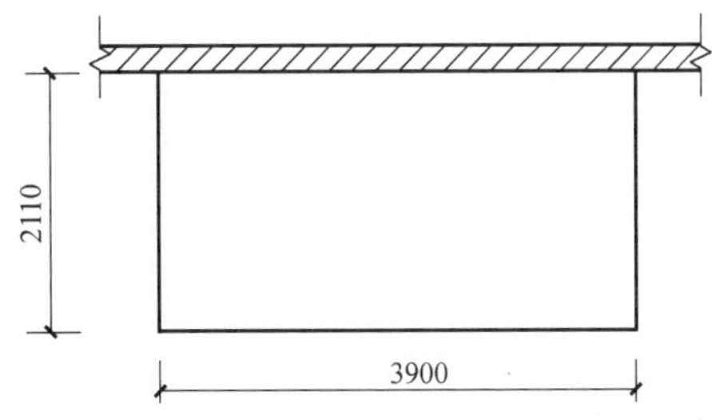

图 7-18 无柱雨篷（计算 1/2 面积）

17. 楼梯间、水箱间、电梯机房建筑面积计算

（1）计算规定 设在建筑物顶部的、有围护结构的楼梯间、水箱间、电梯机房等，结构层高在 2.20m 及以上的，应计算全面积；结构层高在 2.20m 以下的，应计算 1/2 面积。

（2）计算规定解读

1）当建筑物屋顶的楼梯间为坡屋顶时，应按坡屋顶的相关规定计算面积。

2）单独放在建筑物屋顶上的混凝土水箱或钢板水箱，不计算面积。

3）建筑物屋顶水箱间、电梯机房示意图如图 7-19 所示。

18. 围护结构不垂直于水平面楼层建筑物建筑面积计算

（1）计算规定　围护结构不垂直于水平面的楼层，应按其底板面的外墙外围水平面积计算。结构净高在 2.10m 及以上的部位，应计算全面积；结构净高在 1.20m 及以上至 2.10m 以下的部位，应计算 1/2 面积；结构净高在 1.20m 以下的部位，不应计算建筑面积。

（2）计算规定解读　围护结构不垂直于水平面而超出底板外沿的建筑物，是指向外倾斜的墙体超出地板外沿的建筑物（图 7-20）。若遇有向建筑物内倾斜的墙体，应视为坡屋面，应按坡屋顶的有关规定计算面积。

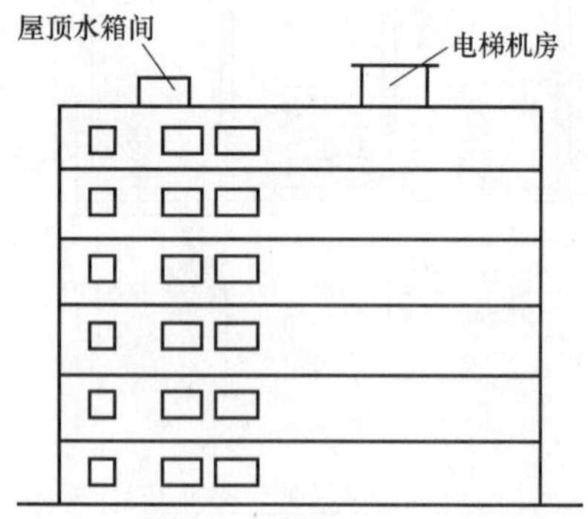

图 7-19　建筑物屋顶水箱间、电梯机房示意图

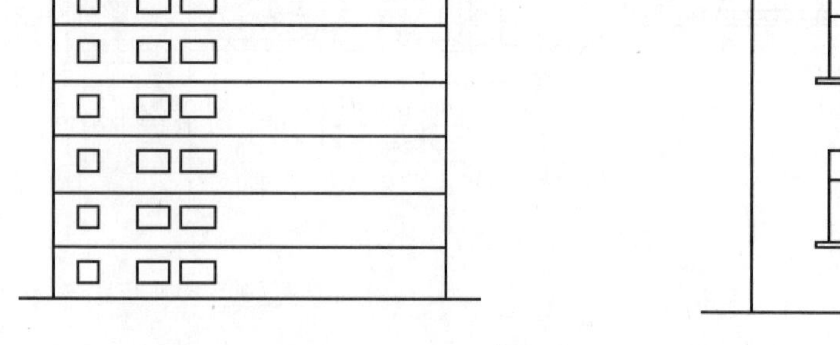

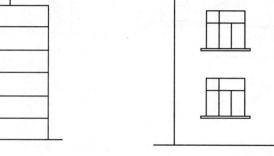

图 7-20　围护结构不垂直于水平面

19. 室内楼梯、电梯井、提物井、管道井等建筑面积计算

（1）计算规定　建筑物的室内楼梯、电梯井、提物井、管道井、通风排气竖井、烟道，应并入建筑物的自然层计算建筑面积。有顶盖的采光井应按一层计算面积，且结构净高在 2.10m 及以上的，应计算全面积；结构净高在 2.10m 以下的，应计算 1/2 面积。

（2）计算规定解读

1）室内楼梯间的面积计算，应按楼梯依附建筑物的自然层数计算，合并在建筑物面积内。若遇跃层建筑，其共用的室内楼梯应按自然层计算面积；上下两错层户室共用的室内楼梯，应选上一层的自然层计算面积，如图 7-21 所示。

2）电梯井是指安装电梯用的垂直通道，如图 7-22 所示。

3）有顶盖的采光井包括建筑物中的采光井和地下室采光井（图 7-23）。

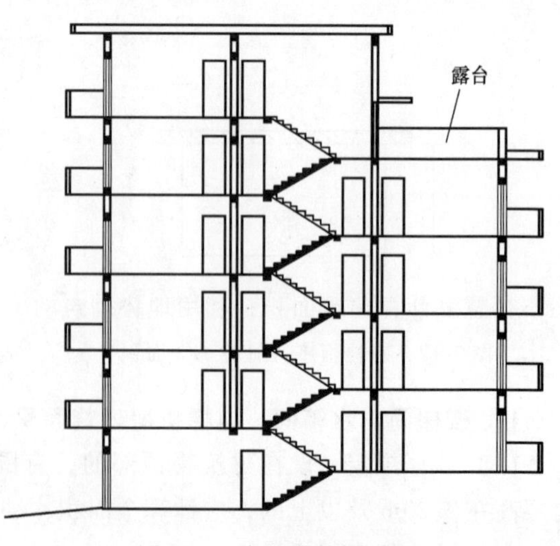

图 7-21　户室错层剖面图

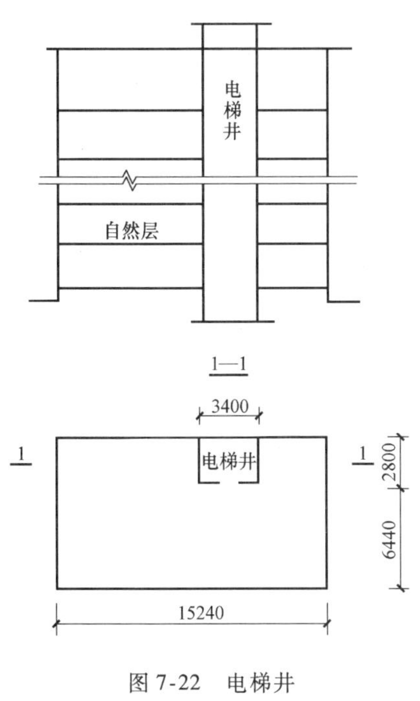

图 7-22 电梯井

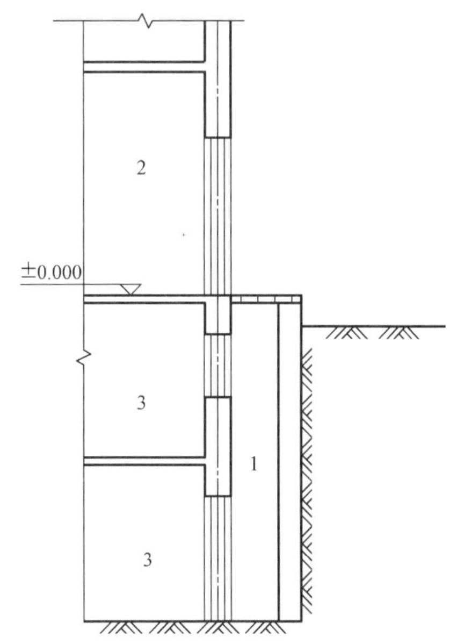

图 7-23 地下室采光井
1—采光井 2—室内 3—地下室

【例 7-3】 某建筑物共 12 层，电梯井尺寸（含壁厚）如图 7-22 所示，求电梯井面积。

【解】 $S = 2.80 \times 3.40 \times 12\text{m}^2 = 114.24\text{m}^2$

4）提物井是指图书馆提升书籍、酒店提升食物的垂直通道。

5）垃圾道是指写字楼等大楼内，每层设垃圾倾倒口的垂直通道。

6）管道井是指宾馆或写字楼内集中安装给水排水、采暖、消防、电线管道用的垂直通道。

20. 室外楼梯建筑面积计算

（1）计算规定 室外楼梯应并入所依附建筑物自然层，并应按其水平投影面积的 1/2 计算建筑面积。

（2）计算规定解读

1）室外楼梯作为连接该建筑物层与层之间交通不可缺少的基本部件，无论从其功能还是工程计价的要求来说，均需计算建筑面积。层数为室外楼梯所依附的楼层数，即梯段部分投影到建筑物范围的层数。利用室外楼梯下部的建筑空间不得重复计算建筑面积；利用地势砌筑的为室外踏步，不计算建筑面积。

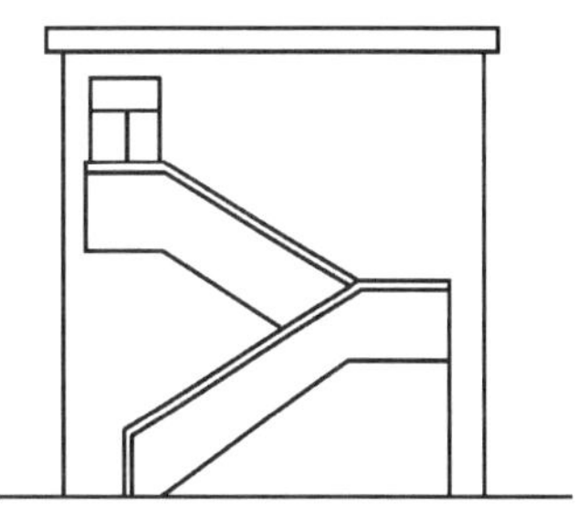
图 7-24 室外楼梯示意图

2）室外楼梯示意图如图 7-24 所示。

21. 阳台建筑面积计算

（1）计算规定 在主体结构内的阳台，应按其结构外围水平面积计算全面积；在主体结构外的阳台，应按其结构底板水平投影面积计算 1/2 面积。

（2）计算规定解读

1）建筑物的阳台，不论是凹阳台、挑阳台还是封闭阳台，均按其是否在主体结构内外来划分，在主体结构外的阳台才能按其结构底板水平投影面积计算 1/2 建筑面积。

2）主体结构外阳台、主体结构内阳台示意图分别如图 7-25、图 7-26 所示。

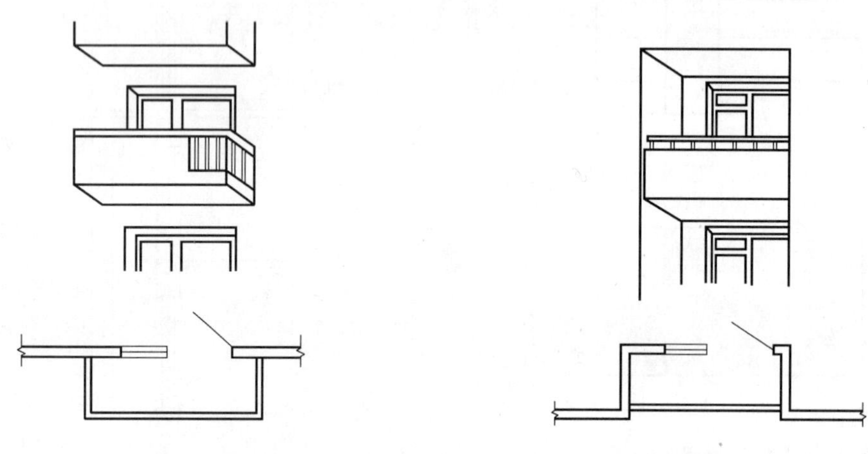

图 7-25　主体结构外阳台示意图

图 7-26　主体结构内阳台示意图

22. 车棚、货棚、站台、加油站等建筑面积计算

（1）计算规定　有顶盖无围护结构的车棚、货棚、站台、加油站、收费站等，应按其顶盖水平投影面积的 1/2 计算建筑面积。

（2）计算规定解读

1）车棚、货棚、站台、加油站、收费站等的面积计算，由于建筑技术的发展，出现了许多新型结构，如柱不再是单纯的直立柱，而出现正 V 形、倒 V 形等不同类型的柱，给面积计算带来许多争议。为此，我们不以柱来确定面积，而依据顶盖的水平投影面积计算面积。

2）在车棚、货棚、站台、加油站、收费站内设有带围护结构的管理房间、休息室等，应另按有关规定计算面积。

3）单排柱站台示意图如图 7-27 所示，其面积为

$$S = 2.0 \times 5.50 \times 0.5\text{m}^2 = 5.50\text{m}^2$$

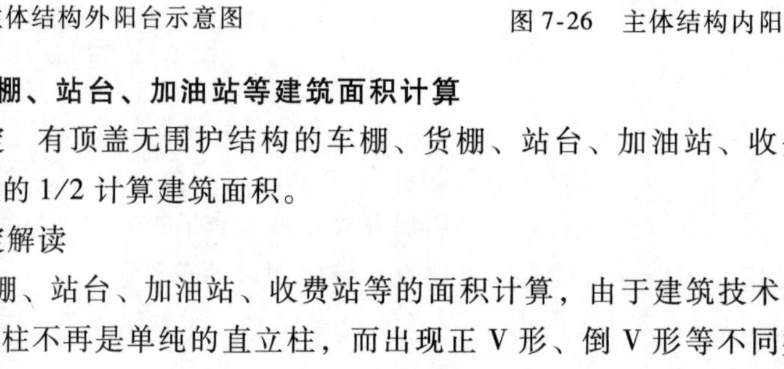

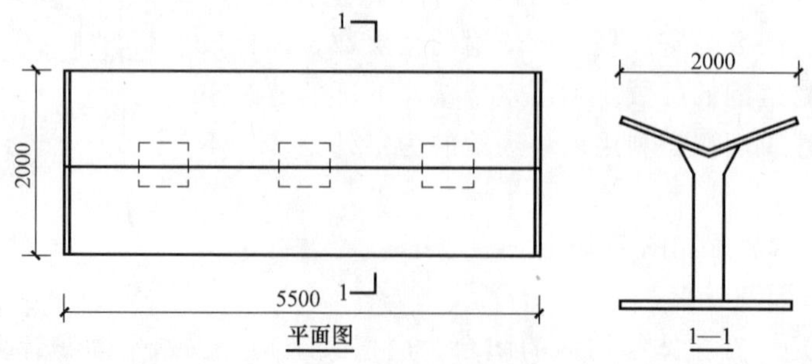

图 7-27　单排柱站台示意图

23. 幕墙作为围护结构的建筑面积计算

（1）计算规定 以幕墙作为围护结构的建筑物，应按幕墙外边线计算建筑面积。

（2）计算规定解读

1）幕墙以其在建筑物中所起的作用和功能来区分，直接作为外墙起围护作用的幕墙，按其外边线计算建筑面积。

2）设置在建筑物墙体外起装饰作用的幕墙，不计算建筑面积。

24. 建筑物的外墙外保温层建筑面积计算

（1）计算规定 建筑物的外墙外保温层应按其保温材料的水平截面积计算，并计入自然层建筑面积。

（2）计算规定解读 建筑物外墙外侧有保温隔热层的，保温隔热层以保温材料的净厚度乘以外墙结构外边线长度按建筑物的自然层计算建筑面积，其外墙外边线长度不扣除门窗和建筑物外已计算建筑面积构件（如阳台、室外走廊、门斗、落地橱窗等部件）所占长度。

当建筑物外已计算建筑面积的构件（如阳台、室外走廊、门斗、落地橱窗等部件）有保温隔热层时，其保温隔热层也不再计算建筑面积。外墙是斜面的按楼面楼板处的外墙外边线长度乘以保温材料的净厚度计算。外墙外保温以沿高度方向满铺为准，某层外墙外保温铺设高度未达到全部高度时（不包括阳台、室外走廊、门斗、落地橱窗、雨篷、飘窗等），不计算建筑面积。保温隔热层的建筑面积是以保温隔热材料的厚度来计算的，不包含抹灰层、防潮层、保护层（墙）的厚度。建筑外墙外保温如图 7-28 所示。

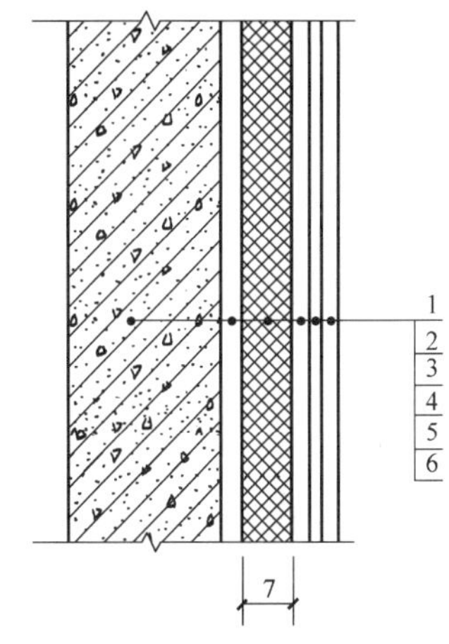

图 7-28 建筑外墙外保温

1—墙体 2—黏结胶浆 3—保温材料 4—标准网 5—加强网 6—抹面胶浆 7—计算建筑面积部位

25. 变形缝建筑面积计算

（1）计算规定 与室内相通的变形缝，应按其自然层合并在建筑物的建筑面积内计算。对于高低联跨的建筑物，当高低跨内部连通时，其变形缝应计算在低跨面积内。

（2）计算规定解读

1）变形缝是指在建筑物因温差、不均匀沉降以及地震而可能引起结构破坏变形的敏感部位或其他必要的部位，预先设缝将建筑物断开，令断开后建筑物的各部分成为独立的单元，或者是划分为简单、有规则的段，并令各段之间的缝达到一定的宽度，以能够适应变形的需要。根据外界破坏因素的不同，变形缝一般分为伸缩缝、沉降缝、抗震缝三种。

2）本条规定所指建筑物内的变形缝是与建筑物相连通的变形缝，即暴露在建筑物内，可以看得见的变形缝。

3）室内看得见的变形缝示意图如图 7-29 所示。

4）高低联跨单层建筑物建筑面积计算示意图如图 7-30 所示。

5）建筑面积计算示例。

【例 7-4】 如图 7-30 所示，当建筑物长为 L 时，试分别计算其建筑面积。

【解】 $S_{高1}=b_1L$ $S_{高2}=b_4L$ $S_{低1}=b_2L$ $S_{低2}=(b_3+b_5)L$

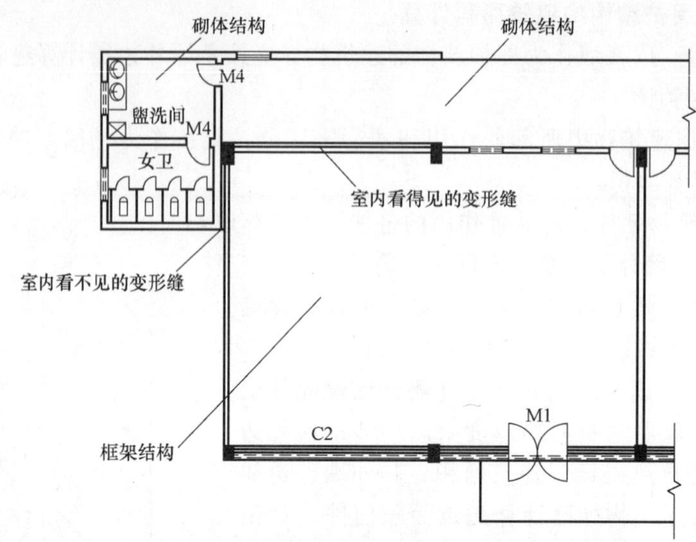

图 7-29　室内看得见的变形缝示意图

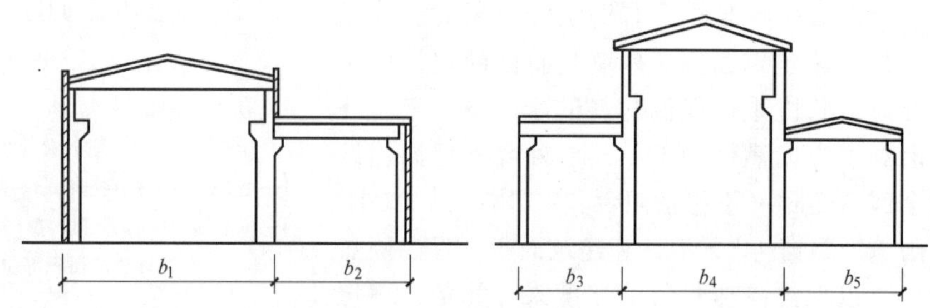

图 7-30　高低联跨单层建筑物建筑面积计算示意图

26. 建筑物内的设备层、管道层、避难层等建筑面积计算

（1）计算规定　对于建筑物内的设备层、管道层、避难层等有结构层的楼层，结构层高在 2.20m 及以上的，应计算全面积；结构层高在 2.20m 以下的，应计算 1/2 面积。

（2）计算规定解读

1）高层建筑的宾馆、写字楼等，通常在建筑物高度的中间部位设置管道层、设备层等，主要用于集中放置水、暖、电、通风管道及设备。这一设备管道层应计算建筑面积，如图 7-31 所示。

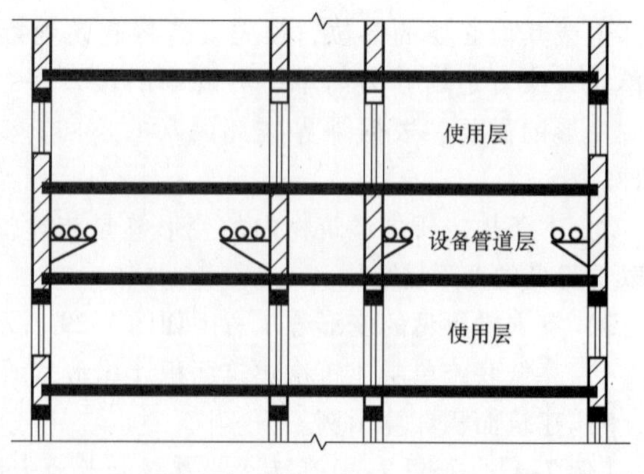

图 7-31　设备管道层示意图

2）设备层、管道层虽然其具体功能与普通楼层不同，但在结构上及施工消耗上并无本质区别，且本规范定义自然层为“按楼地面结构分层的楼层”，因此设备管道楼层归为自然层，其计算规则与普通楼层相同。在吊顶空间内设

置管道的，则吊顶空间部分不能被视为设备管道层。

7.1.5 不计算建筑面积的范围

1）与建筑物不相连的建筑部件不计算建筑面积。

与建筑物不相连的建筑部件指的是依附于建筑物外墙外不与户室开门连通，起装饰作用的敞开式挑台（廊）、平台，以及不与阳台相通的空调室外机搁板（箱）等设备平台部件。

2）建筑物的通道不计算建筑面积。

① 计算规定。骑楼、过街楼底层的开放公共空间和建筑物通道，不应计算建筑面积。

② 计算规定解读。

a. 骑楼是指楼层部分跨在人行道上的临街楼房，如图7-32所示。

b. 过街楼是指有道路穿过建筑空间的楼房。如图7-33所示。

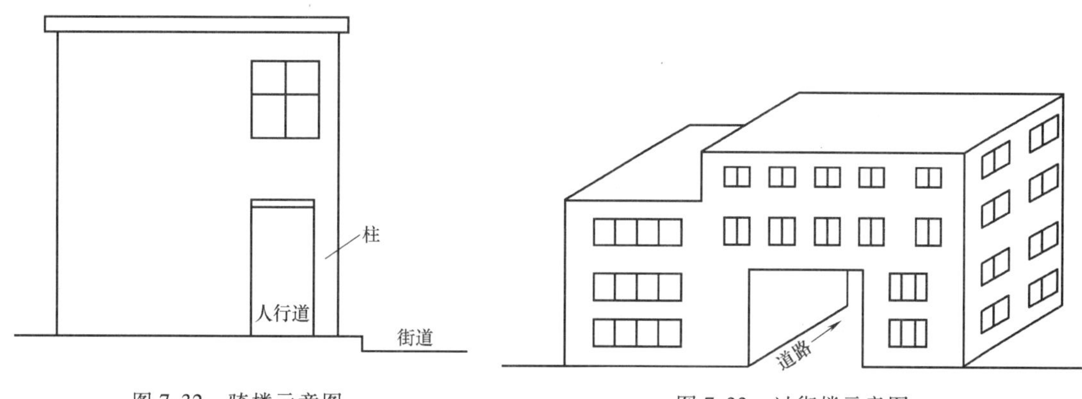

图7-32 骑楼示意图

图7-33 过街楼示意图

3）舞台及后台悬挂幕布和布景的天桥、挑台等不计算建筑面积。

舞台及后台悬挂幕布和布景的天桥、挑台等指的是影剧院的舞台及为舞台服务的可供上人维修、悬挂幕布、布置灯光及布景等搭设的天桥和挑台等构件设施。

4）露台、露天游泳池、花架、屋顶的水箱及装饰性结构构件不计算建筑面积。

5）建筑物内的操作平台、上料平台、安装箱和罐体的平台不计算建筑面积。

建筑物内不构成结构层的操作平台、上料平台（包括工业厂房、搅拌站和料仓等建筑中的设备操作控制平台、上料平台等），其主要作用为室内构筑物或设备服务的独立上人设施，因此不计算建筑面积。建筑物内操作平台示意图如图7-34所示。

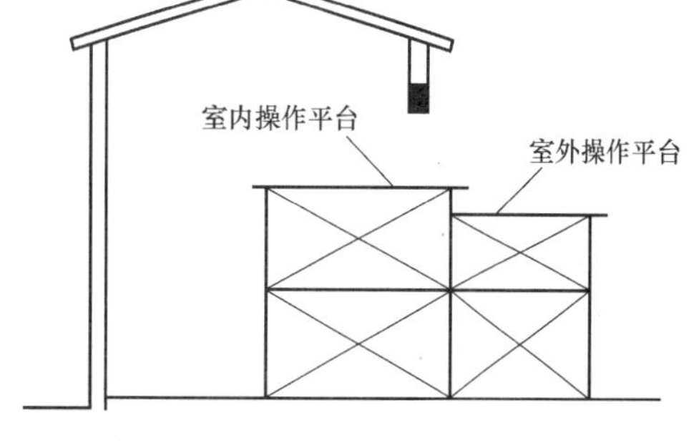

图7-34 建筑物内操作平台示意图

6）勒脚、附墙柱、垛等不计算建筑面积。

勒脚、附墙柱、垛、台阶、墙面抹灰、装饰面、镶贴块料面层、装饰性幕墙，主体结构外的空调室外机搁板（箱）、构件、配件，挑出宽度在2.10m以下的无柱雨篷和顶盖高度达到或超过两个楼层的无柱雨篷不计算建筑面积。附墙柱、垛示意图如图7-35所示。

7）窗台与室内地面高差在 0.45m 以下且结构净高在 2.10m 以下的凸（飘）窗、窗台与室内地面高差在 0.45m 及以上的凸（飘）窗不计算建筑面积。

8）室外爬梯、室外专用消防钢楼梯不计算建筑面积。

室外钢楼梯需要区分具体用途，如专用于消防的楼梯，则不计算建筑面积；如果是建筑物的唯一通道，兼用于消防，则需要按建筑面积计算规范的规定计算建筑面积。室外消防钢楼梯示意图如图 7-36 所示。

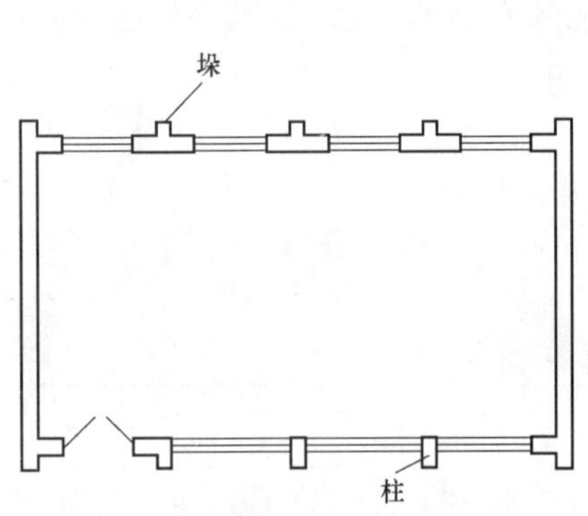

图 7-35 附墙柱、垛示意图

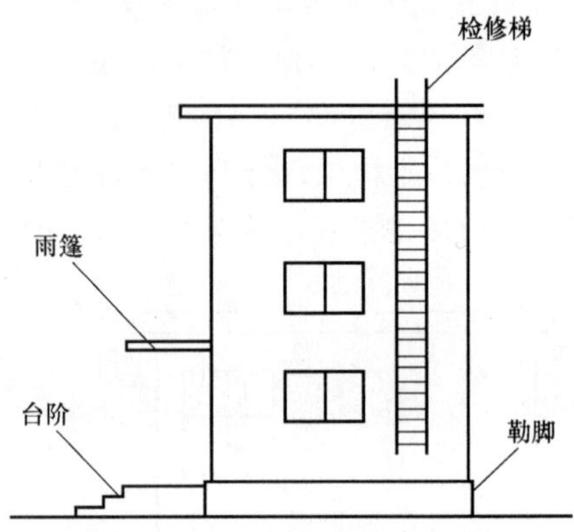

图 7-36 室外消防钢楼梯示意图

9）无围护结构的观光电梯不计算建筑面积。

10）建筑物以外的地下人防通道，独立的烟囱、烟道、地沟、油（水）罐、气柜、水塔、储油（水）池、储仓、栈桥等构筑物不计算建筑面积。

7.2 工程量的概念及有关规定

7.2.1 工程量的概念

工程量是指用物理计量单位或自然计量单位表示的建筑分项工程的实物数量。

物理计量单位是指须经量度的具有物理属性的单位，如 m、m^2、t、kg 等单位；自然计量单位是指无须量度的具有自然属性的单位，如个、组、件、套等单位。

7.2.2 计算工程量的依据

1）经审定的设计施工图样及其说明。

2）经审定的施工组织设计或施工技术措施方案。

3）经审定的其他有关技术经济文件。

4）工程施工合同。

7.2.3 计算工程量的有关规定

1）工程量的计算尺寸，以设计图样表示的尺寸或设计图样能读出的尺寸为准。

2）除另有规定外，工程量的计量单位应按下列规定计算：

① 以体积计算的为立方米（m^3）。

② 以面积计算的为平方米（m^2）。

③ 以长度计算的为米（m）。

④ 以质量计算的为吨或千克（t 或 kg）。

⑤ 以件（个或组）计算的为件（个或组）。

3）汇总工程量时，其准确度取值：m^3、m^2、m 取两位；t 取三位；kg、件取整数。

4）计算工程量时，一般应按照施工图样顺序、分部分项、依次计算，并尽可能采用计算表格及计算机计算，简化计算过程。

7.3　土石方工程量计算

土石方工程量包括平整场地，挖掘沟槽、基坑，挖土，回填土，运土和井点降水等内容。

7.3.1　土石方工程量计算的有关规定

1. 计算土石方工程量前应确定的各项资料

（1）土壤及岩石类别　土石方工程土壤及岩石类别的划分，依工程勘测资料与《土壤及岩石分类表》（该表在建筑工程预算定额中）对照后确定。

（2）地下水位标高及排（降）水方法

（3）土方、沟槽、基坑挖（填）土起止标高、施工方法及运距

（4）岩石开凿、爆破方法、石碴清运方法及运距

（5）其他有关资料

2. 土石方体积计算标准

土石方体积均以挖掘前的天然密实体积为准计算。遇有必须以天然密实体积折算时，可按表 7-1 所列数值换算。

表 7-1　土石方体积折算表

虚方体积	天然密实度体积	夯实后体积	松填体积
1.00	0.77	0.67	0.83
1.30	1.00	0.87	1.08
1.50	1.15	1.00	1.25
1.20	0.92	0.80	1.00

注：查表方法实例：已知挖天然密实 $4m^3$ 土方，求虚方体积 V。

解：$V = 4.0m^3 \times 1.30 = 5.20m^3$

3. 挖土方计算标准

挖土方一律以设计室外地坪标高为准计算。

7.3.2　平整场地

1. 平整场地的概念

平整场地是指建筑物就地挖、填土方厚度在 ±300mm 以内及找平的工作（图 7-37）。

挖、填土方厚度超过 ±300mm 时，按挖、填土方计算工程量，利用场地土方平衡竖向布置图另行计算。

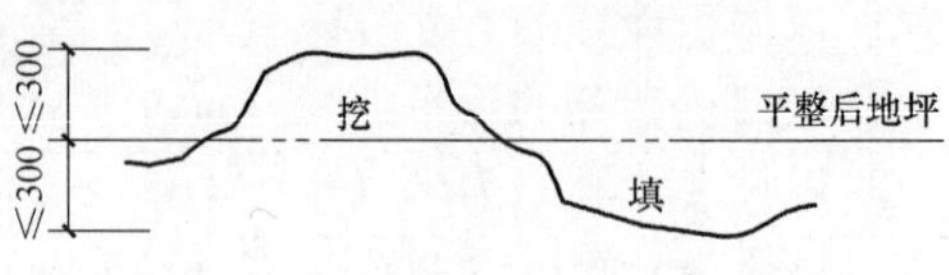

图 7-37　平整场地示意图

场地土方平衡竖向布置，是将原有地形划分成 20m × 20m 或 10m × 10m 若干个方格网，将设计标高和自然地形标高分别标注在方格点的右上角和左下角，再根据这些标高数据计算出零线位置，然后确定挖方区和填方区的土方工程量。

2. 平整场地工程量计算

平整场地工程量按建筑物外墙外边线（用 $L_{外}$ 表示）每边各加 2m，以 m^2 计算。

【例 7-5】 根据图 7-38 计算人工平整场地工程量。

【解】 $S_{平} = (9.0 + 2.0 \times 2)\text{m} \times (18.0 + 2.0 \times 2)\text{m} = 286\text{m}^2$

根据例 7-5 可以整理出平整场地工程量计算公式：

$$\begin{aligned} S_{平} &= (9.0 + 2.0 \times 2)\text{m} \times (18.0 + 2.0 \times 2)\text{m} \\ &= 9.0\text{m} \times 18.0\text{m} + 9.0\text{m} \times 2.0\text{m} \times 2 + 2.0\text{m} \times 2 \times 18.0\text{m} + 2.0\text{m} \times 2 \times 2.0\text{m} \times 2 \\ &= 9.0\text{m} \times 18.0\text{m} + (9.0\text{m} \times 2 + 18.0\text{m} \times 2) \times 2.0\text{m} + 2.0\text{m} \times 2.0\text{m} \times 4(4\text{个角}) \\ &= 162\text{m}^2 + 54\text{m} \times 2.0\text{m} + 16\text{m}^2 \\ &= 286\text{m}^2 \end{aligned}$$

上式中，9.0m × 18.0m 为底面积，用 $S_{底}$ 表示；54m 为外墙外边周长，用 $L_{外}$ 表示；故平整场地计算公式可以归纳为：

$$S_{平} = S_{底} + L_{外} \times 2.0\text{m} + 16\text{m}^2$$

上述公式示意图如图 7-39 所示。

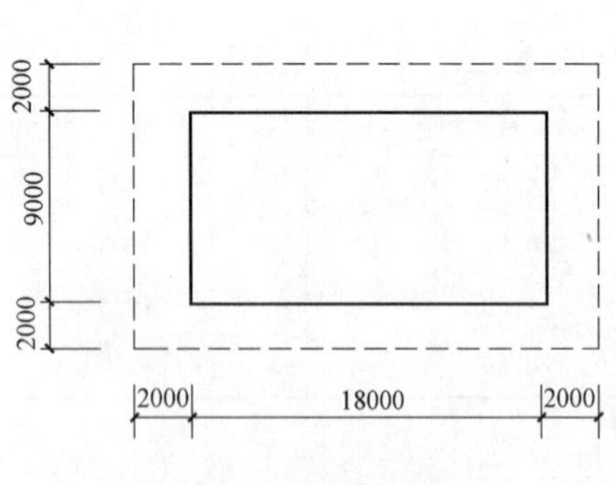

图 7-38　人工平整场地

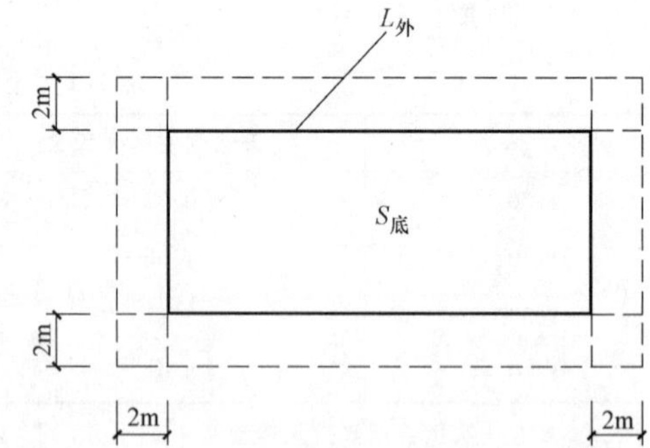

图 7-39　平整场地计算公式示意图

【例 7-6】 根据图 7-40 计算人工平整场地工程量。

【解】 $S_{底} = (10.0 + 4.0)\text{m} \times 9.0\text{m} + 10.0\text{m} \times 7.0\text{m} + 18.0\text{m} \times 8.0\text{m} = 340\text{m}^2$

$L_{外} = (18 + 24 + 4)\text{m} \times 2 = 92\text{m}$

$S_{平} = 340\text{m}^2 + 92\text{m} \times 2\text{m} + 16\text{m}^2 = 540\text{m}^2$

注：上述平整场地工程量计算公式只适用于由矩形组成的建筑物平面布置的场地平整工程量计算，如

遇其他形状，还需按有关方法计算。

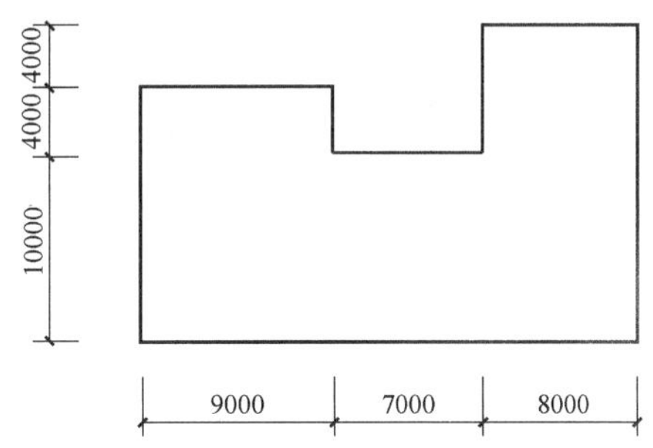

图 7-40　人工平整场地实例图示

7.3.3　挖掘沟槽、基坑土方的有关规定

1. 沟槽、基坑划分

1）沟槽底宽在 3m 以内，且沟槽长大于槽宽 3 倍以上的为沟槽，如图 7-41 所示。

2）槽长在槽宽 3 倍以下，且基坑底面积在 $20m^2$ 以内的为基坑，如图 7-42 所示。

3）槽底宽大于 3m，坑底面积大于 $20m^2$，平整场地挖土方厚度大于 300mm，均按挖土方计算。

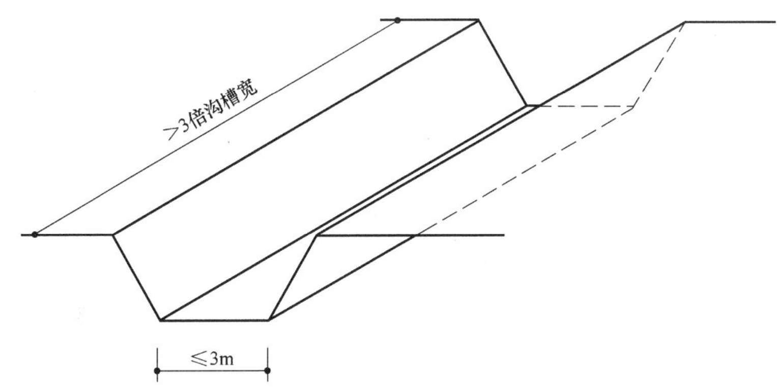

图 7-41　沟槽示意图

以上沟槽底宽和基坑底面积的长、宽均不含两边工作面的宽度。

根据施工图判断沟槽、基坑、挖土方的顺序是：先根据尺寸判断沟槽是否成立，若不成立，再判断是否属于基坑，若还不成立，就一定是挖土方项目。

【练一练】 根据表 7-2 中各段挖方的长宽尺寸，分别确定挖土项目。

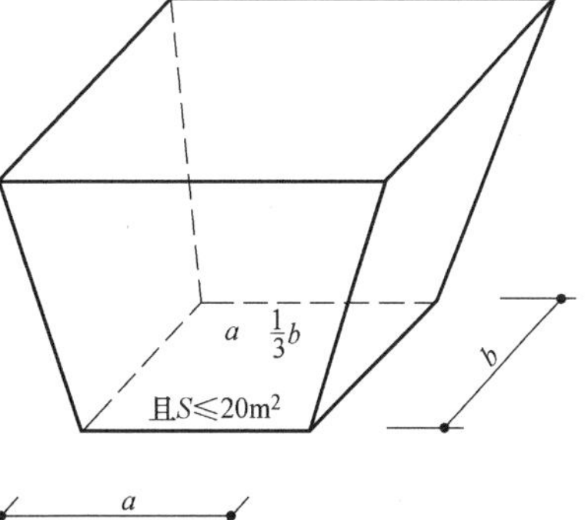

图 7-42　基坑示意图

2. 放坡系数

计算挖沟槽、基坑和挖土石方工程量时需考虑放坡，放坡系数按表 7-3 规定计算。

表 7-2　某土方工程各段挖方的长宽尺寸

位　　置	长/m	宽/m	挖 土 项 目
A 段	3.0	0.8	沟槽
B 段	3.0	1.0	基坑
C 段	20.0	3.0	沟槽
D 段	20.0	3.05	挖土方
E 段	6.1	2.0	沟槽
F 段	6.0	2.0	基坑

表 7-3　放坡系数表

土壤类别	放坡起点/m	人工挖土	机械挖土	
			在坑内作业	在坑上作业
一、二类土	1.20	1:0.5	1:0.33	1:0.75
三类土	1.50	1:0.33	1:0.25	1:0.67
四类土	2.00	1:0.25	1:0.10	1:0.33

注：1. 沟槽、基坑中土壤类别不同时，分别按其放坡起点、放坡系数，依不同土壤厚度加权平均计算。

2. 计算放坡时，在交接处的重复工程量不予扣除，原槽、坑做基础垫层时，放坡从垫层上表面开始计算。

1）挖土方时，各类土超过表 7-3 中的放坡起点深时，才能按表中的系数计算放坡工程量。例如，图 7-43 中为三类土时，$H>1.50\text{m}$ 才能计算放坡。

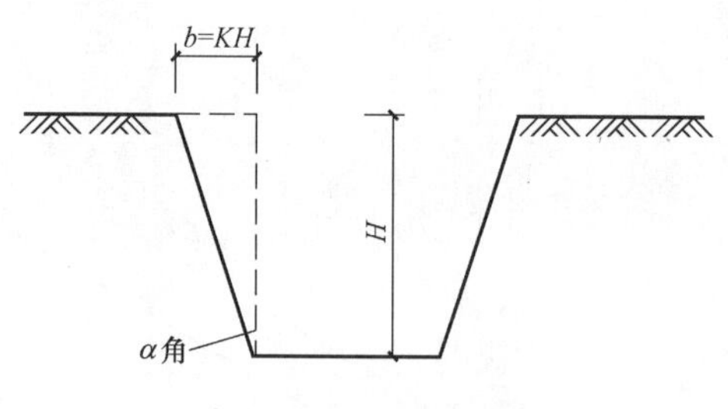

图 7-43　放坡示意图

2）表 7-43 中，人工挖四类土超过 2m 深时，放坡系数为 1:0.25，含义是每挖深 1m，放坡宽度 b 就增加 0.25m。

3）从图 7-43 中可以看出，放坡宽度 b 与深度 H 和放坡角度 α 之间的关系是正切函数关系，即 $\tan\alpha=\dfrac{b}{H}$，不同的土壤类别取不同的 α 角度值，所以不难看出，放坡系数就是根据 $\tan\alpha$ 来确定的。例如，三类土的 $\tan\alpha=\dfrac{b}{H}=0.33$。我们将 $\tan\alpha=K$ 来表示放坡系数，故放坡宽度 $b=KH$。

4）沟槽放坡时，交接处重复工程量不予扣除，示意图如图 7-44 所示。

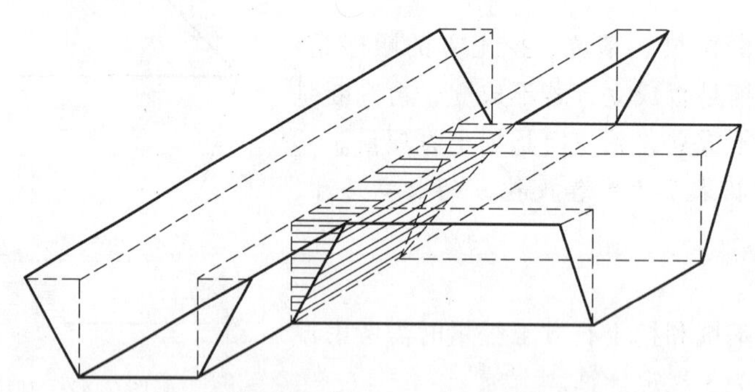

图 7-44　沟槽放坡时，交接处重复工程量示意图

5）原槽、坑做基础垫层时，放坡自垫层上表面开始，示意图如图 7-45 所示。

3. 支挡土板

挖沟槽、基坑需支挡土板时，其宽度按沟槽、基坑底宽，单面加 100mm，双面加 200mm 计算，如图 7-46 所示。挡土板面积，按槽、坑垂直支撑面积计算。支挡土板后，不再计算放坡。

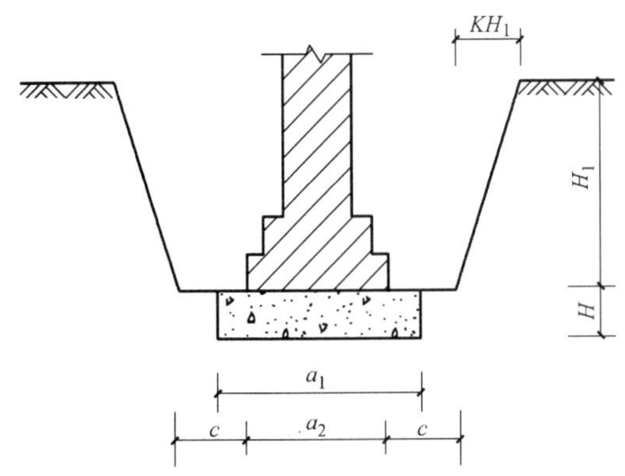

图 7-45　从垫层上表面放坡示意图

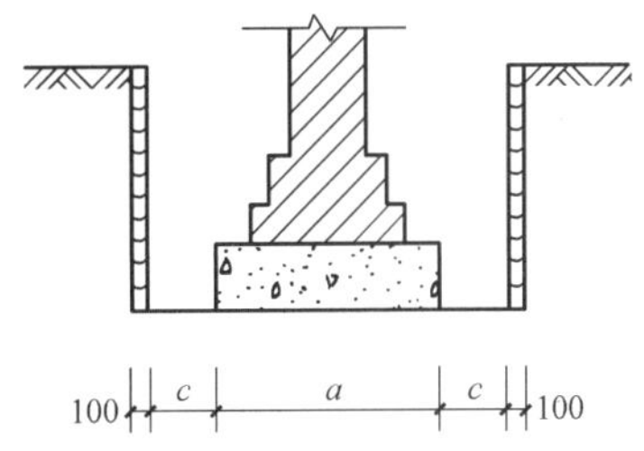

图 7-46　支撑挡土板地槽示意图

4. 工作面宽度规定

基础施工所需工作面按表 7-4 规定计算。

表 7-4　基础施工所需工作面宽度计算表

基 础 材 料	每边各增加工作面宽度/mm
砖基础	200
浆砌毛石、条石基础	150
混凝土基础垫层支模板	300
混凝土基础支模板	300
基础垂直面做防水层	800

5. 沟槽长度

挖沟槽长度，外墙按图示中心线长度计算；内墙按图示基础底宽之间净长线长度计算；内外凸出部分（垛、附墙烟囱等）体积并入沟槽土方工程量内计算。

【例 7-7】 根据图 7-47 计算地槽长度。

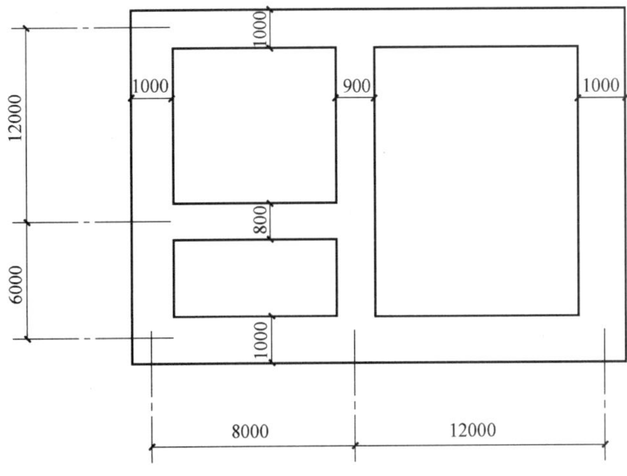

图 7-47　地槽及槽底宽平面图

【解】 外墙地槽长(1.0m 宽) $=(12+6+8+12)\text{m}\times 2=76\text{m}$

内墙地槽长(0.9m 宽) $=6\text{m}+12\text{m}-\frac{1.0}{2}\text{m}\times 2=17\text{m}$

内墙地槽长(0.8m 宽) $=8\text{m}-\frac{1.0}{2}\text{m}-\frac{0.9}{2}\text{m}=7.05\text{m}$

6. 人工挖土方超深增加工日

人工挖土方深度超过 1.5m 时，按表 7-5 的规定增加工日。

表 7-5 人工挖土方超深增加工日表 （单位：100m^3）

深 2m 以内	深 4m 以内	深 6m 以内
5.55 工日	17.60 工日	26.16 工日

7. 挖管道沟槽土方

挖管道沟槽按图示中心线长度计算。沟底宽度，设计有规定的，按设计规定尺寸计算；设计无规定时，可按表 7-6 规定的宽度计算。

表 7-6 管道沟槽沟底宽度计算表

管径/mm	铸铁管、钢管石棉水泥管/m	混凝土、钢筋混凝土、预应力混凝土管/m	陶土管/m
50～70	0.60	0.80	0.70
100～200	0.70	0.90	0.80
250～350	0.80	1.00	0.90
400～450	1.00	1.30	1.10
500～600	1.30	1.50	1.40
700～800	1.60	1.80	
900～1000	1.80	2.00	
1100～1200	2.00	2.30	
1300～1400	2.20	2.60	

注：1. 按上表计算管道沟槽土方工程量时，各种井类及管道（不含铸铁给排水管）接口等处需加宽增加的土方量不另行计算，底面积大于 20m^2 的井类，其增加工程量并入管沟土方内计算。

2. 敷设铸铁给排水管道时，其接口等处土方增加量可按铸铁给排水管道地沟土方总量的 2.5% 计算。

8. 沟槽、基坑、管道地沟深度确定

沟槽、基坑按图示槽、坑底面至室外地坪深度计算；管道地沟按图示沟底至室外地坪深度计算。

7.3.4 土方工程量计算

1. 地槽（沟）土方

1）有放坡地槽（图 7-48）。

计算公式为 $V=(a+2c+KH)HL$

式中 a——基础垫层宽度；

c——工作面宽度；

H——地槽深度；

K——放坡系数；

L——地槽长度。

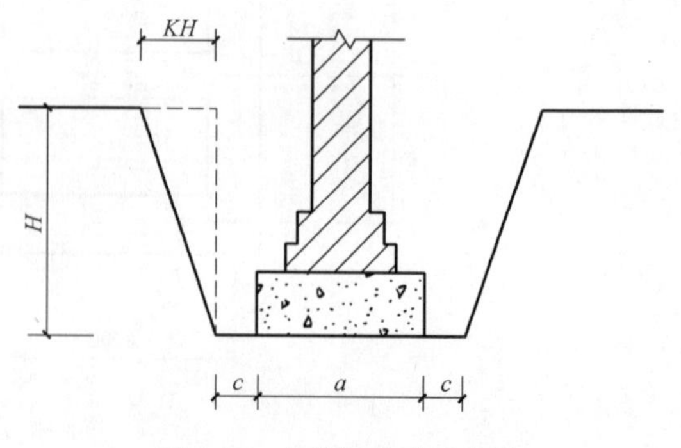

图 7-48 有放坡地槽示意图

【例 7-8】 某地槽长 15.50m，槽深 1.60m，混凝土基础垫层宽 0.90m，有工作面，三类土，求人工挖地槽工程量。

【解】 已知：$a = 0.90\text{m}$

$c = 0.30\text{m}$（查表 7-4）

$H = 1.60\text{m}$

$L = 15.50\text{m}$

$K = 0.33$（查表 7-3）

故：$V = (a + 2c + KH)HL$

$= (0.90 + 2 \times 0.30 + 0.33 \times 1.60)\text{m} \times 1.60\text{m} \times 15.50\text{m}$

$= 2.028\text{m} \times 1.60\text{m} \times 15.50\text{m} = 50.29\text{m}^3$

2）支撑挡土板地槽。

计算公式为　$V = (a + 2c + 2 \times 0.10)HL$

式中变量含义同上。

3）有工作面不放坡地槽（图 7-49）。

计算公式为　$V = (a + 2c)HL$

4）无工作面不放坡地槽（图 7-50）。

计算公式为　$V = aHL$

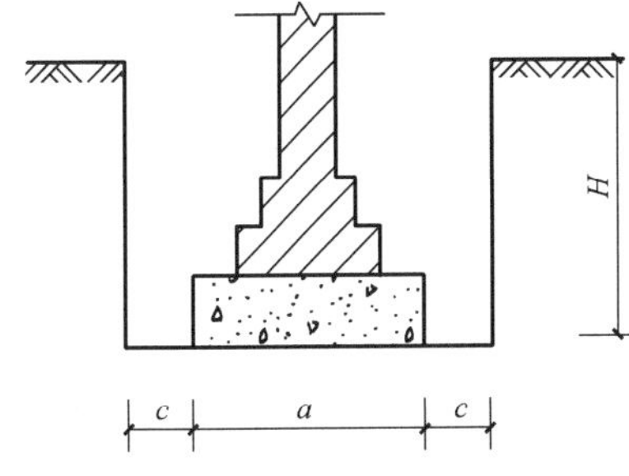

图 7-49　有工作面不放坡地槽示意图

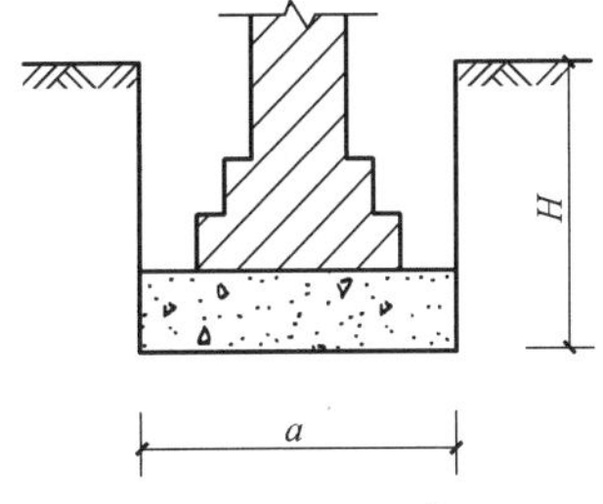

图 7-50　无工作面不放坡地槽示意图

5）自垫层上表面放坡地槽（图 7-51）。

计算公式为　$V = [a_1H_2 + (a_2 + 2c + KH_1)H_1]L$

【例 7-9】 根据图 7-51 中的数据计算 12.8m 长地槽的土方工程量（三类土）。

【解】 已知：$a_1 = 0.90\text{m}$

$a_2 = 0.63\text{m}$

$c = 0.30\text{m}$

$H_1 = 1.55\text{m}$

$H_2 = 0.30\text{m}$

$K = 0.33$（查表 7-3）

故：$V = [0.9\text{m} \times 0.30\text{m} + (0.63 + 2 \times 0.30 + 0.33 \times 1.55)\text{m} \times 1.55\text{m}] \times 12.80\text{m}$

$= (0.27\text{m}^2 + 2.70\text{m}^2) \times 12.80\text{m}$

$= 2.97\text{m}^2 \times 12.80\text{m} = 38.02\text{m}^3$

2. 地坑土方

（1）矩形不放坡地坑

计算公式为 $$V = abH$$

（2）矩形放坡地坑（图7-52）

计算公式为

$$V = (a + 2c + KH)(b + 2c + KH)H + \frac{1}{3}K^2H^3$$

式中 a——基础垫层宽度；

b——基础垫层长度；

c——工作面宽度；

H——地坑深度；

K——放坡系数。

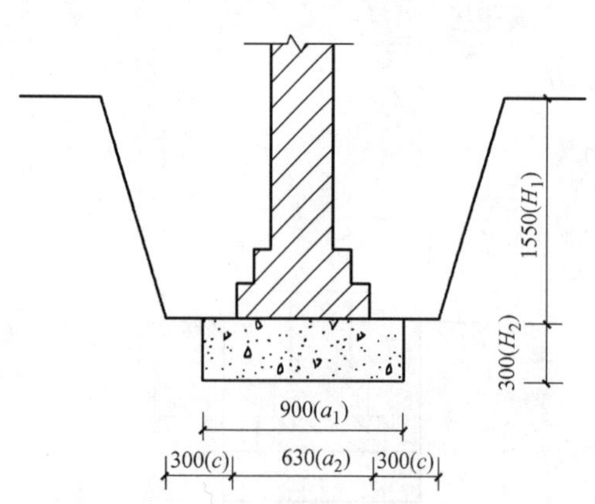

图7-51 自垫层上表面放坡实例

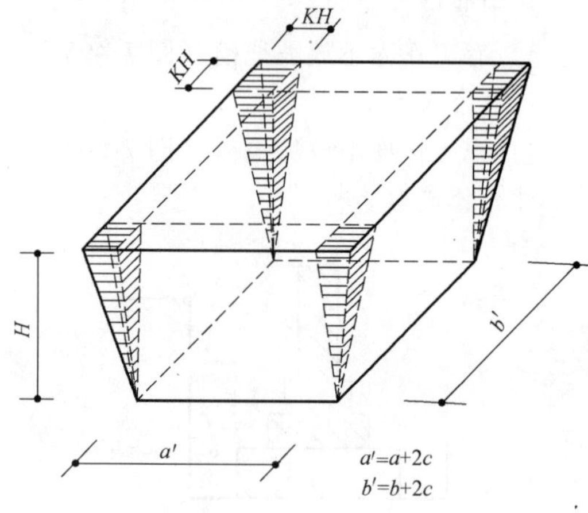

图7-52 放坡地坑示意图

【例7-10】 已知一地坑挖土方为四类土，混凝土基础垫层长、宽分别为1.50m和1.20m，深度为2.20m，有工作面，求土方体积。

【解】 已知：$a = 1.20\text{m}$

$b = 1.50\text{m}$

$H = 2.20\text{m}$

$K = 0.25$（查表7-3）

$c = 0.30$（查表7-4）

故：
$$\begin{aligned} V &= (1.20 + 2 \times 0.30 + 0.25 \times 2.20)\text{m} \\ &\quad \times (1.50 + 2 \times 0.30 + 0.25 \times 2.20)\text{m} \\ &\quad \times 2.20\text{m} + \frac{1}{3} \times (0.25)^2 \times (2.20)^3\text{m}^3 \\ &= 2.35\text{m} \times 2.65\text{m} \times 2.20\text{m} + 0.22\text{m}^3 = 13.92\text{m}^3 \end{aligned}$$

（3）圆形不放坡地坑

计算公式为 $$V = \pi r^2 H$$

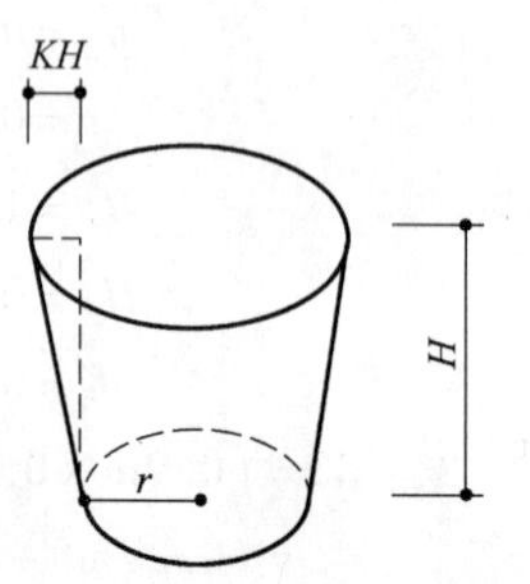

图7-53 圆形放坡地坑示意图

（4）圆形放坡地坑（图 7-53）

计算公式为

$$V=\frac{1}{3}\pi H[r^2+(r+KH)^2+r(r+KH)]$$

式中　r——坑底半径（含工作面）；

H——坑深度；

K——放坡系数。

【例 7-11】 已知一圆形放坡地坑，混凝土基础垫层半径为 0.40m，坑深 1.65m，二类土，有工作面，求挖方体积。

【解】 已知：$c=0.30\text{m}$（查表 7-4）

$r=0.40\text{m}+0.30\text{m}=0.70\text{m}$

$H=1.65\text{m}$

$K=0.50$（查表 7-3）

$$故：V=\frac{1}{3}\times3.1416\times1.65\text{m}\times[0.70^2+(0.70+0.50\times1.65)^2+0.70\times(0.70+0.50\times1.65)]\text{m}^2$$

$$=1.728\text{m}\times(0.49+2.326+1.068)\text{m}^2$$

$$=1.728\text{m}\times3.884\text{m}^2=6.71\text{m}^3$$

3. 挖孔桩土方

人工挖孔桩土方应按图示桩断面积乘以设计桩孔中心线深度计算。

挖孔桩的底部一般是球冠体（图 7-54）。

球冠体的体积计算公式为

$$V=\pi h^2\left(R-\frac{h}{3}\right)$$

由于施工图中一般只标注 r 的尺寸，无 R 尺寸，所以需变换一下求 R 的公式。

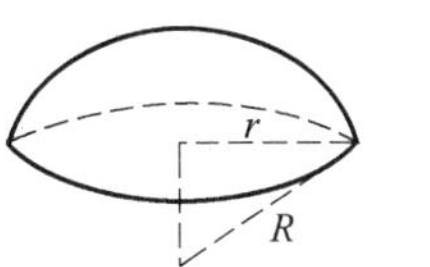

图 7-54　球冠示意图

已知：$r^2=R^2-(R-h)^2$

故：$r^2=2Rh-h^2$

$$\therefore\quad R=\frac{r^2+h^2}{2h}$$

【例 7-12】 根据图 7-55 中的有关数据和上述计算公式，计算挖孔桩土方工程量。

【解】（1）桩身部分

$$V=3.1416\times\left(\frac{1.15}{2}\right)^2\text{m}^2\times10.90\text{m}=11.32\text{m}^3$$

（2）圆台部分

$$V=\frac{1}{3}\pi h(r^2+R^2+rR)$$

$$=\frac{1}{3}\times3.1416\times1.0\text{m}\times\left[\left(\frac{0.80}{2}\right)^2+\left(\frac{1.20}{2}\right)^2+\frac{0.80}{2}\times\frac{1.20}{2}\right]\text{m}^2$$

$$=1.047\text{m}\times(0.16+0.36+0.24)\text{m}^2$$

$$=1.047\text{m}\times0.76\text{m}^2=0.80\text{m}^3$$

(3) 球冠部分

$$R=\frac{\left(\frac{1.20}{2}\right)^2+(0.2)^2}{2\times0.2}\text{m}=\frac{0.40}{0.4}\text{m}=1.0\text{m}$$

$$V=\pi h^2\left(R-\frac{h}{3}\right)$$

$$=3.1416\times(0.20)^2\text{m}^2\times\left(1.0-\frac{0.20}{3}\right)\text{m}$$

$$=0.12\text{m}^3$$

∴ 挖孔桩体积 $=11.32\text{m}^3+0.80\text{m}^3+0.12\text{m}^3=12.24\text{m}^3$

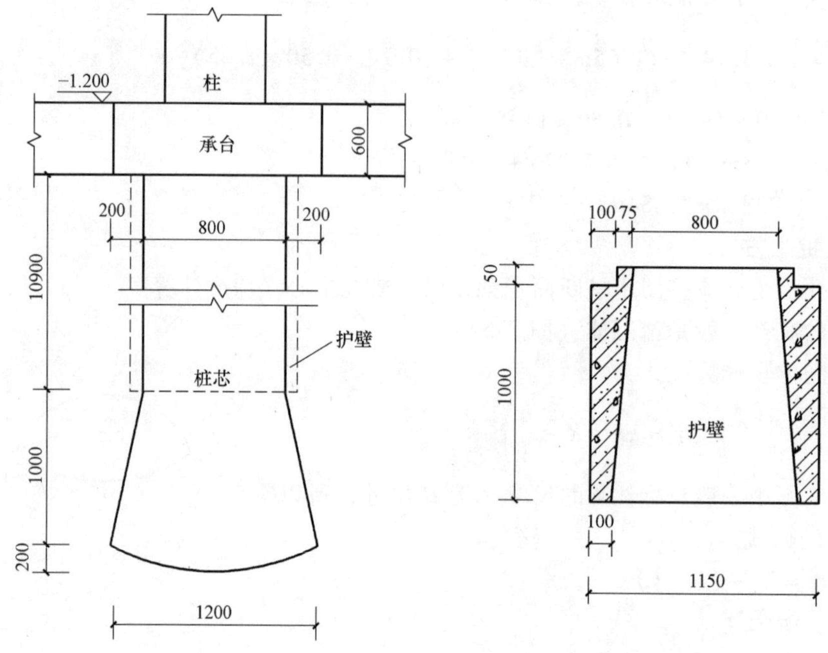

图 7-55 挖孔桩示意图

4. 回填土方

(1) 沟槽、基坑回填土 沟槽、基坑回填土方体积以挖方体积减去设计室外地坪以下埋设砌筑物（包括：基础垫层、基础等）体积计算，如图 7-56 所示。

计算公式为 V = 挖方体积 - 设计室外地坪以下埋设砌筑物

说明：如图 7-56 所示，在减去沟槽内砌筑的基础时，不能直接减去砖基础的工程量，因为砖基础与砖墙的分界线在设计室内地面，而回填土的分界线在设计室外地坪，所以要注意调整两个分界线之间相差的工程量。

即：回填土体积 = 挖方体积 - 基础垫层体积 - 砖基础体积 + 高出设计室外地坪砖基础体积

(2) 房心回填土 房心回填土即室内回填土，按主墙之间的面积乘以回填土厚度计算，

如图 7-56 所示。

计算公式为

V = 室内净面积 ×（设计室内地坪标高 - 设计室外地坪标高 - 地面面层厚 - 地面垫层厚）
= 室内净面积 × 回填土厚

（3）管道沟槽回填土　管道沟槽回填土以挖方体积减去管道所占体积计算。管径在 500mm 以下的不扣除管道所占体积；管径超过 500mm 时，按表 7-7 的规定扣除单位长度管道所占体积。

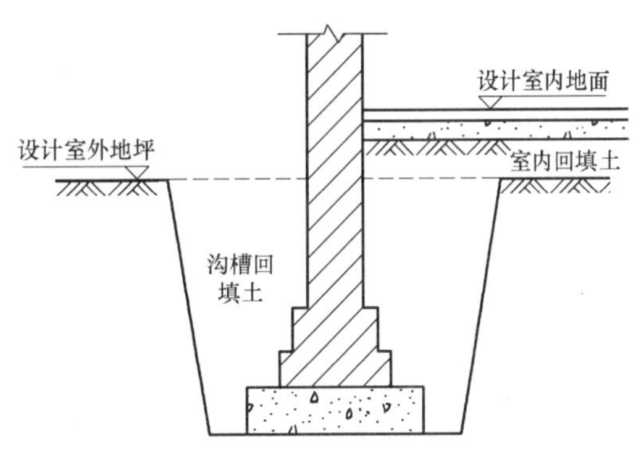

图 7-56　沟槽及室内回填土示意图

表 7-7　单位长度管道扣除土方体积表　（单位：m^3）

管道名称	管道直径/mm					
	501 ~ 600	601 ~ 800	801 ~ 1000	1001 ~ 1200	1201 ~ 1400	1401 ~ 1600
钢管	0.21	0.44	0.71			
铸铁管	0.24	0.49	0.77			
混凝土管	0.33	0.60	0.92	1.15	1.35	1.55

5. 运土

运土包括余土外运和取土。当回填土方量小于挖方量时，须余土外运；反之，须取土。

各地区的预算定额规定，土方的挖、填、运工程量均按自然密实体积计算，不换算为虚方体积。

计算公式为运土体积 = 总挖方量 - 总回填量

式中计算结果为正值时，为余土外运体积；结果为负值时，为取土体积。

土方运距按下列规定计算：

推土机运距：按挖方区重心至回填区重心之间的直线距离计算。

铲运机运土距离：按挖方区重心至卸土区重心加转向距离 45m 计算。

表 7-8　井点套组成

井点类型	每套根数
轻型井点	50
喷射井点	30
大口径井点	45
电渗井点阳极	30
水平井点	10

自卸汽车运距：按挖方区重心至填土区（或堆放地点）重心的最短距离计算。

7.3.5　井点降水工程量

井点降水分为轻型井点、喷射井点、大口径井点、电渗井点、水平井点，按不同井管深度的安装、拆除，以根为单位计算；使用按套、天计算。

井点套组成见表 7-8。

井管间距应根据地质条件和施工降水要求，依施工组织设计确定。施工组织设计没有规定时，可按轻型井点管距 0.8 ~ 1.6m，喷射井点管距 2 ~ 3m 确定。

使用天应以每昼夜24h为一天，使用天数应按施工组织设计规定的天数计算。

7.4 桩基工程量计算

7.4.1 预制钢筋混凝土桩

1. 打桩

打预制钢筋混凝土桩的体积，按设计桩长（包括桩尖，不扣除桩尖虚体积）乘以桩截面面积计算。管桩的空心体积应扣除。如管桩的空心部分按设计要求灌注混凝土或其他填充材料时，应另行计算。预制桩、桩靴示意图如图7-57所示。

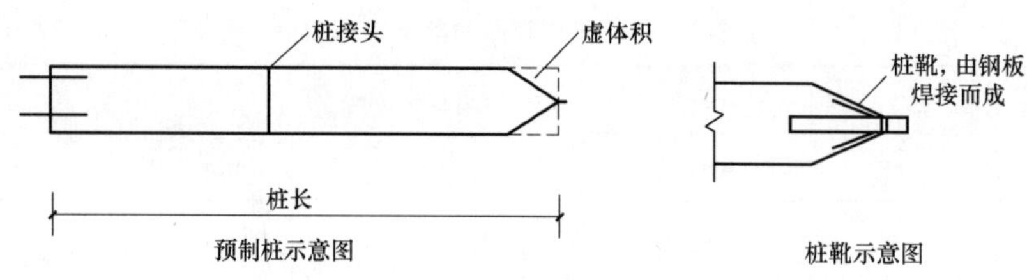

图7-57 预制柱、桩靴示意图

2. 接桩

电焊接桩按设计接头，以个计算（图7-58）；硫黄胶泥接桩按桩断面面积以平方米计算（图7-59）。

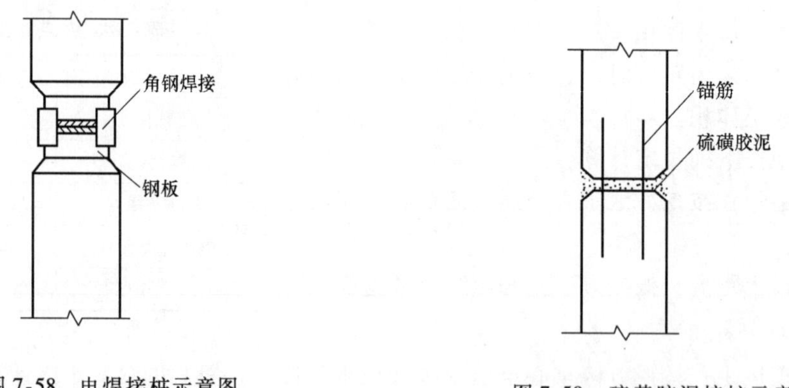

图7-58 电焊接桩示意图

图7-59 硫黄胶泥接桩示意图

3. 送桩

送桩按桩截面面积乘以送桩长度（即打桩架底至桩顶面高度或自桩顶面至自然地坪面另加0.5m）计算。

7.4.2 钢板桩

打拔钢板桩按钢板桩质量以吨（t）计算。

7.4.3 灌注桩

1. 打孔灌注桩

1）混凝土桩、砂桩、碎石桩的体积，按设计规定的桩长（包括桩尖，不扣除桩尖虚体积）乘以钢管管箍外径截面面积计算。

2）扩大桩的体积按单桩体积乘以次数计算。

3）打孔后先埋入预制混凝土桩尖，再灌注混凝土者，桩尖按钢筋混凝土章节规定计算体积，灌注桩按设计长度（自桩尖顶面至桩顶面高度）乘以钢管管箍外径截面面积计算。

2. 钻孔灌注桩

钻孔灌注桩按设计桩长（包括桩尖，不扣除桩尖虚体积）增加0.25m乘以设计断面面积计算。

3. 灌注桩钢筋

灌注混凝土桩的钢筋笼制作，依据规定按钢筋混凝土章节相应项目以吨（t）计算。

4. 泥浆运输

灌注桩的泥浆运输工程量按钻孔体积以立方米（m^3）计算。

7.5 脚手架工程量计算

目前，脚手架工程量有两种计算方法，即综合脚手架和单项脚手架。具体采用哪种方法计算，应按本地区预算定额的规定执行。

7.5.1 综合脚手架

为了简化脚手架工程量的计算，一些地区以建筑面积为综合脚手架的工程量。

综合脚手架不管搭设方式，一般综合了砌筑、浇注、吊装、抹灰等所需脚手架材料的摊销量；综合了木制、竹制、钢管脚手架等，但不包括浇灌满堂基础等脚手架的项目。

综合脚手架一般按单层建筑物或多层建筑物分不同檐口高度来计算工程量，若是高层建筑，必须计算高层建筑超高增加费。

7.5.2 单项脚手架

单项脚手架是根据工程具体情况按不同的搭设方式搭设的脚手架，一般包括单排脚手架、双排脚手架、里脚手架、满堂脚手架、悬空脚手架、挑脚手架、防护架、烟囱（水塔）脚手架、电梯井字架、架空运输道等。

单项脚手架的项目应根据已批准的施工组织设计或施工方案确定。如施工方案无规定，应根据预算定额的规定确定。

1. 单项脚手架工程量计算一般规则

1）建筑物外墙脚手架：凡设计室外地坪至檐口（或女儿墙上表面）的砌筑高度在15m以下的，按单排脚手架计算；砌筑高度在15m以上的或砌筑高度虽不足15m，但外墙门窗及装饰面积超过外墙表面积60%以上时，均按双排脚手架计算。

采用竹制脚手架时，按双排计算。

2）建筑物内墙脚手架：凡设计室内地坪至顶板下表面（或山墙高度的1/2处）的砌筑高度在3.6m以下的（含3.6m），按里脚手架计算；砌筑高度超过3.6m以上时，按单排脚手架计算。

3）石砌墙体脚手架：凡砌筑高度超过1.0m以上时，按外脚手架计算。

4）计算内、外墙脚手架时，均不扣除门窗洞口、空圈洞口等所占的面积。

5）同一建筑物高度不同时，应按不同高度分别计算。

【例7-13】 根据图7-60图示尺寸，计算建筑物外墙脚手架工程量。

【解】 单排脚手架(15m高) $= (26+12\times2+8)\text{m}\times15\text{m}=870\text{m}^2$

双排脚手架(24m高) $= (18\times2+32)\text{m}\times24\text{m}=1632\text{m}^2$

双排脚手架(27m高) $= 32\text{m}\times27\text{m}=864\text{m}^2$

双排脚手架(36m高) $= 18\text{m}\times36\text{m}=648\text{m}^2$

双排脚手架(51m高) $= (18+24\times2+4)\text{m}\times51\text{m}=3570\text{m}^2$

6）现浇钢筋混凝土框架柱、梁按双排脚手架计算。

7）围墙脚手架：凡室外自然地坪至围墙顶面的砌筑高度在3.6m以下的，按里脚手架计算；砌筑高度超过3.6m以上时，按单排脚手架计算。

8）室内顶棚装饰面距设计室内地坪在3.6m以上时，应计算满堂脚手架。计算满堂脚手架后，墙面装饰工程则不再计算脚手架。

9）滑升模板施工的钢筋混凝土烟囱、筒仓，不另计算脚手架。

10）砌筑贮仓，按双排外脚手架计算。

11）贮水（油）池、大型设备基础，凡距地坪高度超过1.2m以上时，均按双排脚手架计算。

12）整体满堂钢筋混凝土基础，凡其宽度超过3m以上时，按其底板面积计算满堂脚手架。

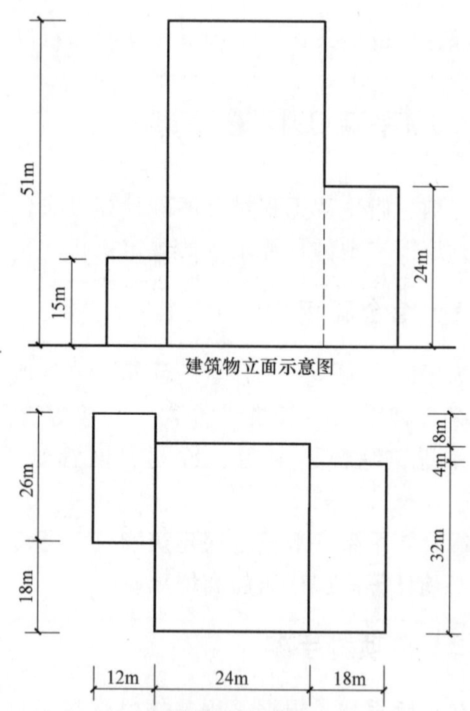

图7-60 计算外墙脚手架工程量示意图

2. 砌筑脚手架工程量计算

1）外脚手架按外墙外边线长度，乘以外墙砌筑高度以平方米计算，凸出墙面宽度在24cm以内的墙垛、附墙烟囱等不计算脚手架；宽度超过24cm以外时按图示尺寸展开计算，并入外脚手架工程量之内。

2）里脚手架按墙面垂直投影面积计算。

3）独立柱按图示柱结构外围周长另加3.6m，乘以砌筑高度以平方米计算，套用相应外脚手架定额。

3. 现浇钢筋混凝土框架脚手架计算

1）现浇钢筋混凝土柱，按柱图示周长尺寸另加3.6m，乘以柱高以平方米计算，套用外脚手架定额。

2）现浇钢筋混凝土梁、墙，按设计室外地坪或楼板上表面至楼板底之间的高度，乘以梁、墙净长以平方米计算，套用相应双排外脚手架定额。

4. 装饰工程脚手架工程量计算

1）满堂脚手架，按室内净面积计算，其高度在3.6～5.2m之间时，计算基本层。超过5.2m时，每增加1.2m按增加一层计算；不足0.6m的不计。

$$满堂脚手架增加层=\frac{室内净高-5.2\text{m}}{1.2\text{m}}$$

【例7-14】 某大厅室内净高9.50m，试计算满堂脚手架增加层数。

【解】 满堂脚手架增加层 $=\frac{9.50-5.2}{1.2}=3$ 层余 $0.7\text{m}\doteq4$ 层

2）挑脚手架按搭设长度和层数，以延长米计算。

3）悬空脚手架按搭设水平投影面积以平方米计算。

4）高度超过3.6m的墙面装饰不能利用原砌筑脚手架时，可以计算装饰脚手架。装饰脚手架按双排脚手架乘以0.3计算。

5. 其他脚手架工程量计算

1）水平防护架，按实际铺板的水平投影面积，以平方米计算。

2）垂直防护架，按自然地坪至最上一层横杆之间的搭设高度，乘以实际搭设长度，以平方米计算。

3）架空运输脚手架，按搭设长度以延长米计算。

4）烟囱、水塔脚手架，区别不同搭设高度以座计算。

5）电梯井脚手架，按单孔以座计算。

6）斜道，区别不同高度，以座计算。

7）砌筑贮仓脚手架，不分单筒或贮仓组，均按单筒外边线周长乘以设计室外地坪至贮仓上口之间高度，以平方米计算。

8）贮水（油）池脚手架，按外壁周长乘以室外地坪至池壁顶面之间高度，以平方米计算。

9）大型设备基础脚手架，按其外形周长乘以地坪室外形顶面边线之间高度，以平方米计算。

10）建筑物垂直封闭工程量，按封闭面的垂直投影面积计算。

6. 安全网工程量计算

1）立挂式安全网，按网架部分的实挂长度乘以实挂高度计算。

2）挑出式安全网，按挑出的水平投影面积计算。

7.6 砌筑工程量计算

7.6.1 砌筑工程量计算一般规则

1. 计算墙体的规定

1）计算墙体时，应扣除门窗洞口、过人洞、空圈、嵌入墙身的钢筋混凝土柱、梁（包括过梁、圈梁及埋入墙内的挑梁）、砖平碹（图 7-61）、平砌砖过梁和暖气包壁龛（图 7-62）及内墙板头（图 7-63）的体积，不扣除梁头、外墙板头（图 7-64）、檩头、垫木、木楞头、沿椽木、木砖、门窗框走头（图 7-65）、砖墙内的加固钢筋、木筋、铁件、钢管及每个面积在 0.3m^2 以下的孔洞等所占的体积，凸出墙面的窗台虎头砖（图 7-66）、砖压顶线（图 7-67）、山墙泛水（图 7-68）、烟囱根（图 7-69、图 7-70）、门窗套（图 7-71）及三皮砖以内的腰线和挑檐（图 7-72）等体积亦不增加。

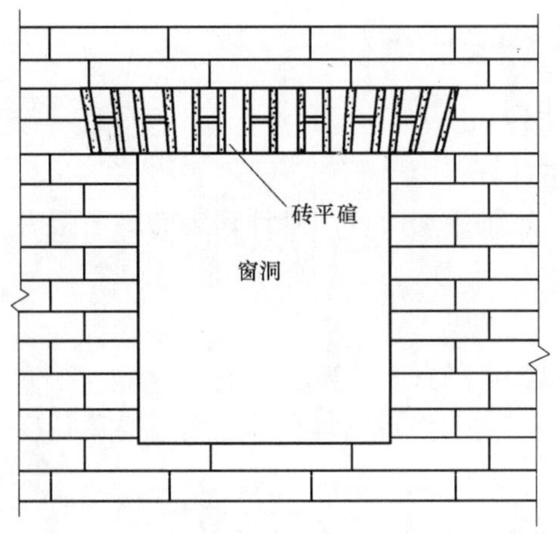

图 7-61 砖平碹示意图

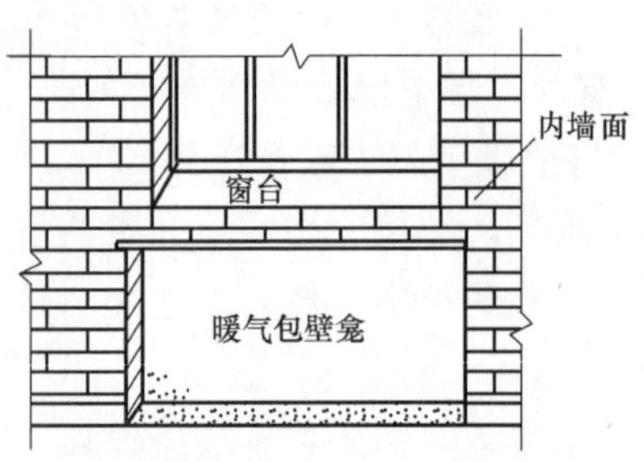

图 7-62 暖气包壁龛示意图

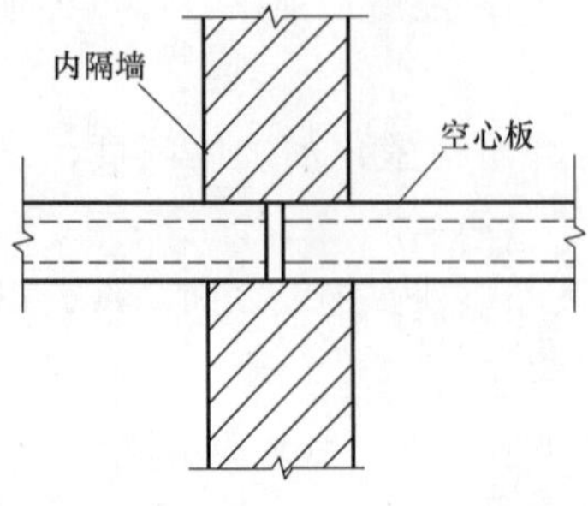

图 7-63 内墙板头示意图

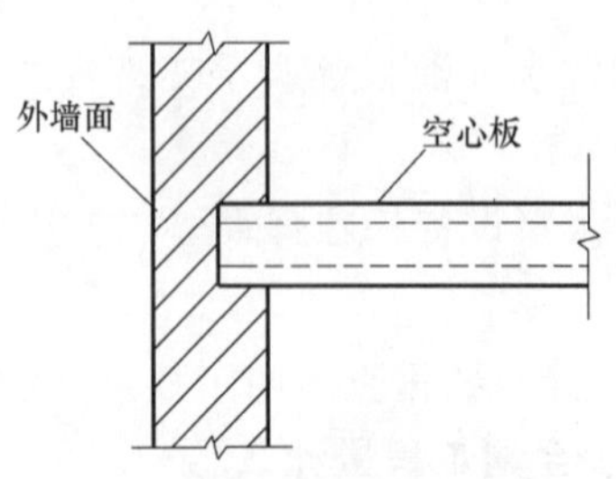

图 7-64 外墙板头示意图

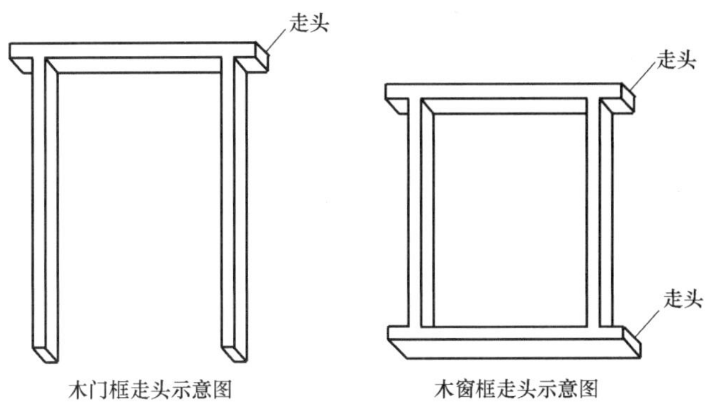

图 7-65 木门窗走头示意图

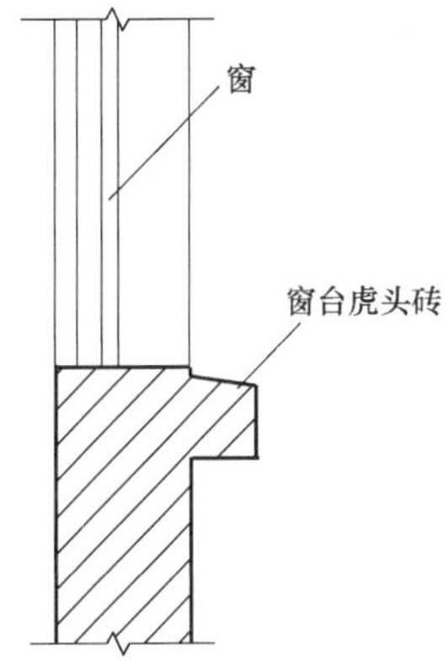

图 7-66 凸出墙面的窗台虎头砖示意图

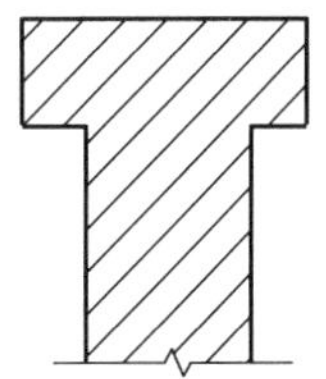

图 7-67 砖压顶线示意图

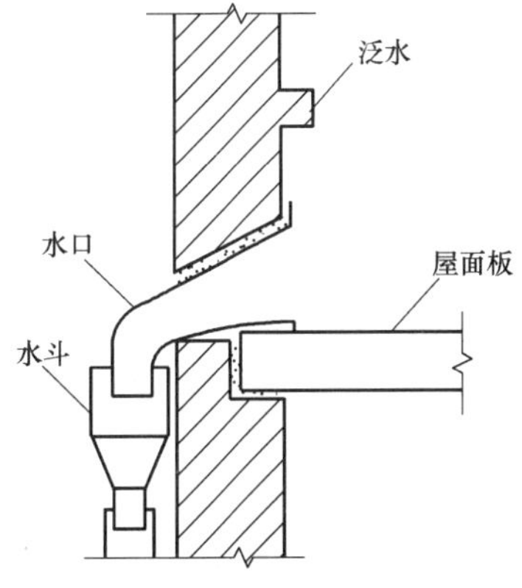

图 7-68 山墙泛水、排水示意图

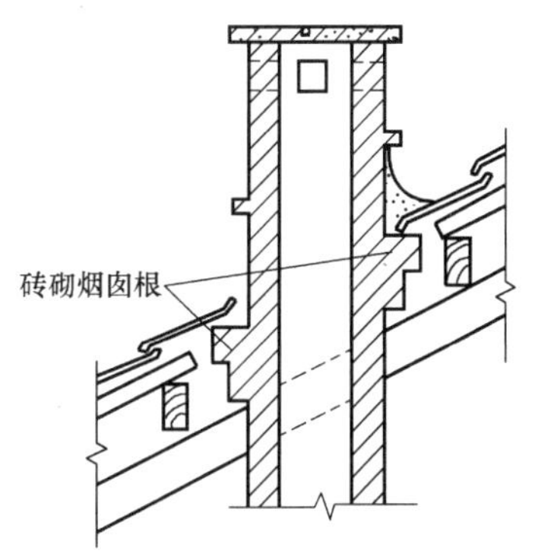

图 7-69 砖烟囱剖面图（平瓦坡屋面）

2）砖垛、三皮砖以上的腰线和挑檐等体积，并入墙身体积内计算。

3）附墙烟囱（包括附墙通风道、垃圾道）按其外形体积计算，并入所依附的墙体内，不扣除每一个孔洞横截面在 $0.1m^2$ 以下的体积，但孔洞内的抹灰工程量亦不增加。

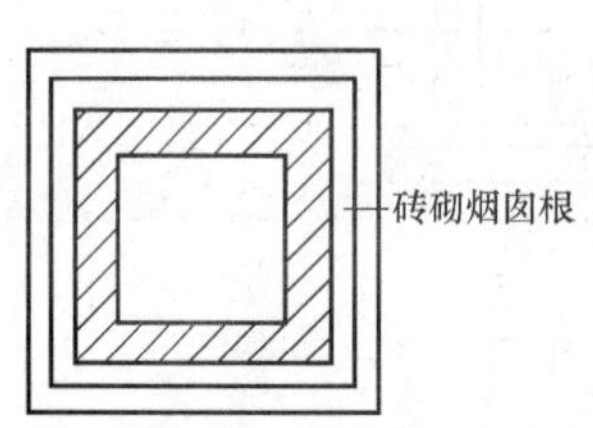

图 7-70　砖烟囱平面图

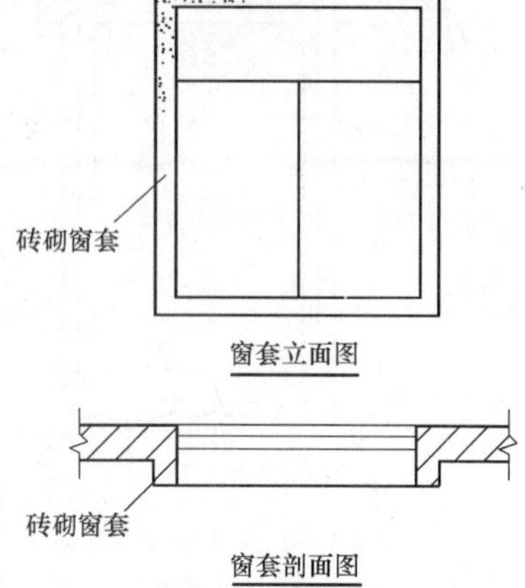

图 7-71　窗套示意图

4）女儿墙（图 7-73）高度，自外墙顶面至图示女儿墙顶面高度，区分不同墙厚并入外墙计算。

5）砖平碹、平砌砖过梁按图示尺寸以立方米计算。当设计无规定时，砖平碹按门窗洞口宽度两端共加 100mm，乘以高度计算（门窗洞口宽小于 1500mm 时，高度为 240mm；大于 1500mm 时，高度为 365mm）。平砌砖过梁按门窗洞口宽度两端共加 500mm，高按 440mm 计算。

2. 砌体厚度的规定

1）标准砖尺寸以 240mm × 115mm × 53mm 为准，其砌体计算厚度（图 7-74）按表 7-9 计算。

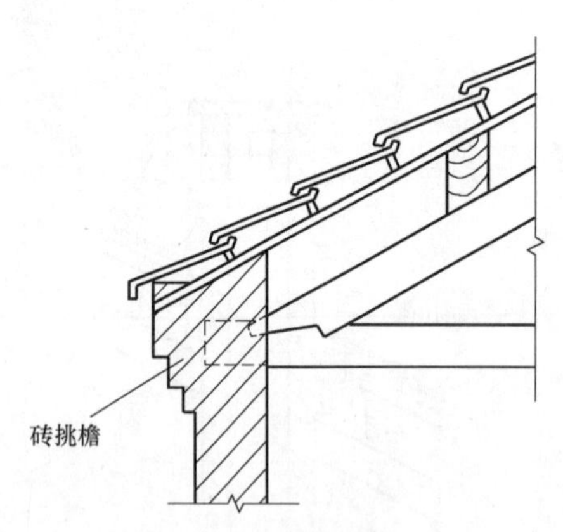

图 7-72　坡屋面砖挑檐示意图

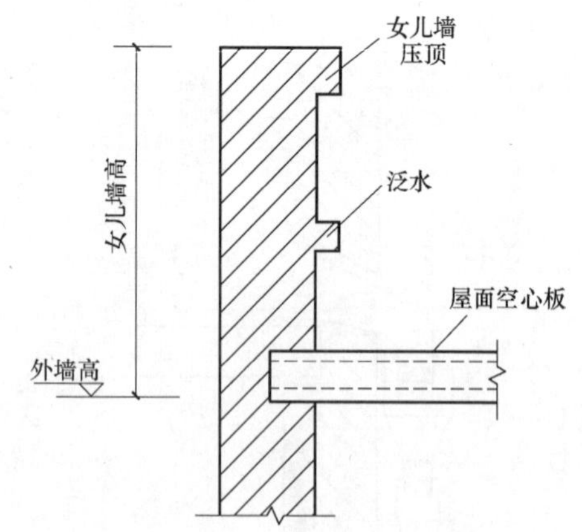

图 7-73　女儿墙示意图

表 7-9　标准砖砌体计算厚度表

砖数(厚度)	1/4	1/2	3/4	1	1.5	2	2.5	3
计算厚度/mm	53	115	180	240	365	490	615	740

2）使用非标准砖时，其砌体厚度应按砖实际规格和设计厚度计算。

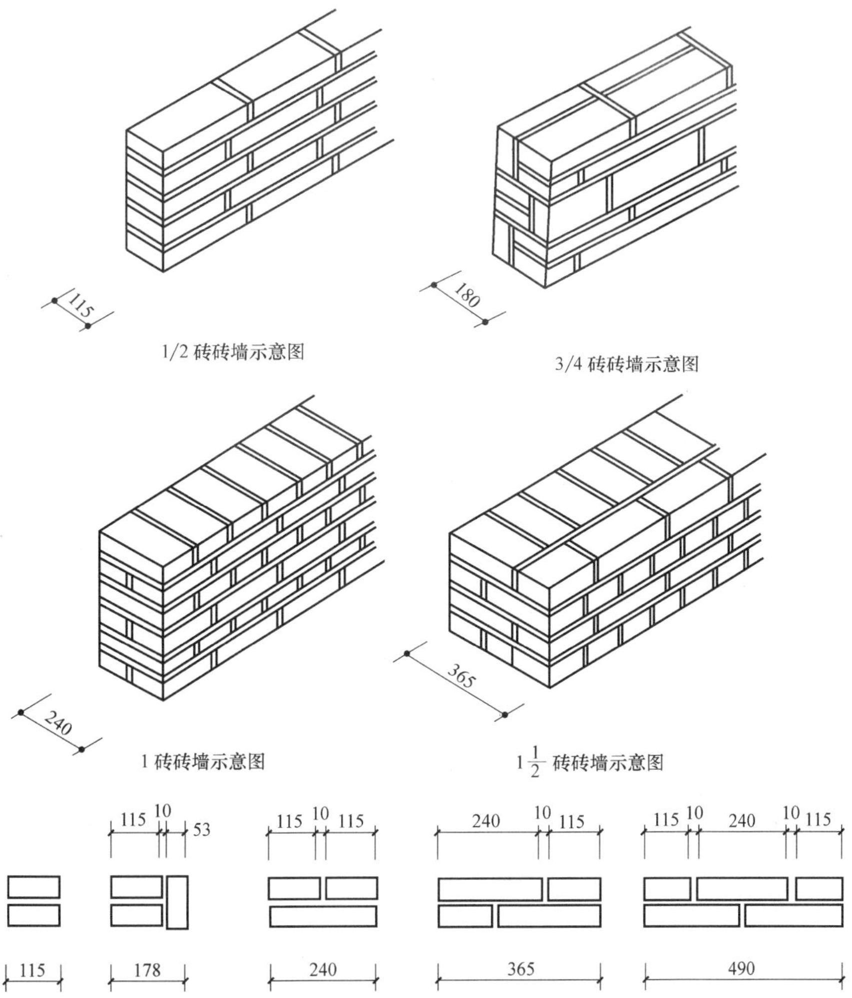

1/2 砖砖墙示意图

3/4 砖砖墙示意图

1 砖砖墙示意图

$1\frac{1}{2}$ 砖砖墙示意图

图 7-74　墙厚与标准砖规格的关系

3. 基础与墙（柱）身的划分

1）基础与墙（柱）身（图 7-75）使用同一种材料时，以设计室内地面为界；有地下室者，以地下室室内设计地面为界（图 7-76），以下为基础，以上为墙（柱）身。

2）基础与墙身使用不同材料时，位于设计室内地面 ±300mm 以内时，以不同材料为分界线；超过 ±300mm 时，以设计室内地面为分界线。

3）砖、石围墙，以设计室外地坪为界线，以下为基础，以上为墙身。

7.6.2 砌筑工程量计算方法

1. 砖基础长度

外墙墙基础按外墙中心线长度计算；内墙墙基础按内墙基净长计算。基础大放脚 T 形接头处的重叠部分以及嵌入基础的钢筋、铁件、管道、基础防潮层及单个面积在 0.3m^2 以内孔洞所占体积不予扣除，靠墙暖气沟的挑檐亦不增加。附墙垛基础宽出部分体积应并入基础工程量内。

砖砌挖孔桩护壁工程量按实砌体积计算。

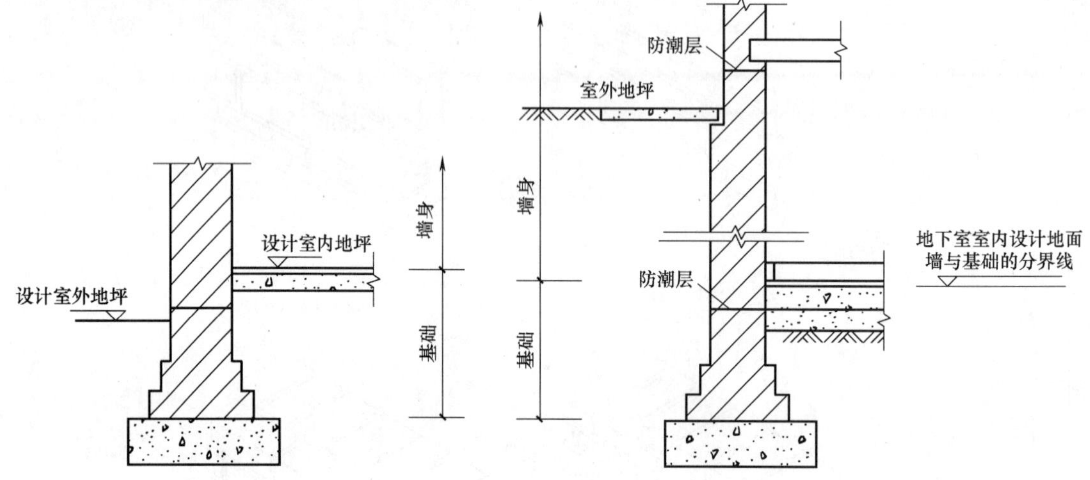

图 7-75 基础与墙身划分示意图　　　图 7-76 地下室的基础与墙身划分示意图

【例 7-15】 根据图 7-77 基础平面图的尺寸，计算砖基础的长度（基础墙均为 240mm 厚）。

【解】 (1) 外墙砖基础长（$l_{中}$）

$$l_{中} = [(4.5+2.4+5.7)\text{m} + (3.9+6.9+6.3)\text{m}] \times 2$$
$$= (12.6\text{m} + 17.1\text{m}) \times 2 = 59.40\text{m}$$

(2) 内墙砖基础净长（$l_{内}$）

$$l_{内} = (5.7-0.24)\text{m} + (8.1-0.24)\text{m} + (4.5+2.4-0.24)\text{m} + (6.0+4.8-0.24)\text{m} + 6.3\text{m}$$
$$= 5.46\text{m} + 7.86\text{m} + 6.66\text{m} + 10.56\text{m} + 6.30\text{m} = 36.84\text{m}$$

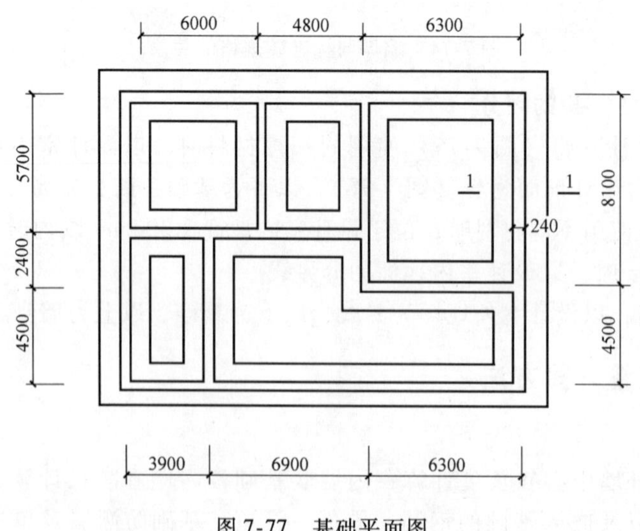

图 7-77 基础平面图

2. 基础垫层工程量

$$V_{垫层} = adl$$

式中 a——垫层宽；

d——垫层厚；

l——垫层长。

3. 有放脚砖墙基础

（1）等高式大放脚砖基础　等高式大放脚砖基础如图 7-78a 所示。

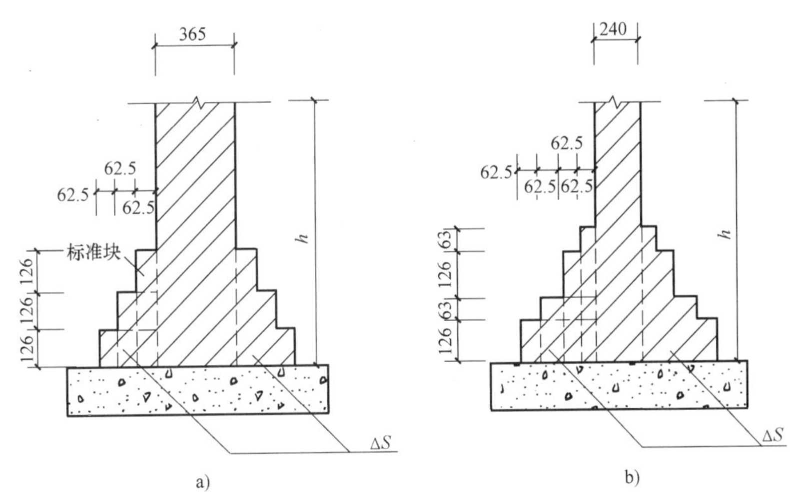

图 7-78　大放脚砖基础示意图

a）等高式大放脚砖基础　b）不等高式大放脚砖基础

$$V_{基础} = (基础墙厚 \times 基础墙高 + 放脚增加面积) \times 基础长$$
$$= (d \times h + \Delta S) \times l$$
$$= [dh + 0.007875n(n+1)]l$$

式中　0.007875——一个放脚标准块面积（$0.0625 \times 0.126 = 0.007875$）；

$0.007875n(n+1)$——全部放脚增加面积，即 ΔS，可计算确定，也可查表 7-10 确定。

n——放脚层数；

d——基础墙厚；

h——基础墙高；

l——基础长。

【例 7-16】 某工程砌筑的等高式标准砖大放脚基础如图 7-78a 所示，当基础墙高 $h = 1.4\text{m}$，基础长 $l = 25.65\text{m}$ 时，计算砖基础工程量。

【解】 已知：$d = 0.365\text{m}$，$h = 1.4\text{m}$，$l = 25.65\text{m}$，$n = 3$

$$V_{砖基础} = (0.365 \times 1.40 + 0.007875 \times 3 \times 4)\text{m}^2 \times 25.65\text{m}$$
$$= 0.6055\text{m}^2 \times 25.65\text{m} = 15.53\text{m}^3$$

（2）不等高式大放脚砖基础　不等高式大放脚砖基础如图 7-78b 所示。

$$V_{基础} = (d \times h + \Delta S) \times l\{dh + 0.007875[n(n+1) - \sum 半层放脚层数值]\} \times l$$

式中　半层放脚层数值——指半层放脚（0.063m 高）所在放脚层的值，图 7-78b 中为 $1+3=4$。

表 7-10 砖墙基础放脚增加面积

放脚层数（n）	增加断面积 $\Delta S/m^2$		放脚层数（n）	增加断面积 $\Delta S/m^2$	
	等 高	不等高（奇数层为半层）		等 高	不等高（奇数层为半层）
一	0.01575	0.0079	十	0.8663	0.6694
二	0.04725	0.0394	十一	1.0395	0.7560
三	0.0945	0.0630	十二	1.2285	0.9450
四	0.1575	0.1260	十三	1.4333	1.0474
五	0.2363	0.1654	十四	1.6538	1.2679
六	0.3308	0.2599	十五	1.8900	1.3860
七	0.4410	0.3150	十六	2.1420	1.6380
八	0.5670	0.4410	十七	2.4098	1.7719
九	0.7088	0.5119	十八	2.6933	2.0554

注：1. 等高式 $\Delta S=0.007875n\ (n+1)$。

2. 不等高式 $\Delta S=0.007875[n(n+1)-\sum$半层放脚层数值$]$。

【例 7-17】 某工程不等高式大放脚砖基础的尺寸如图 7-78b 所示，当 $h=1.56\text{m}$，基础长 $l=18.5\text{m}$ 时，计算砖基础工程量。

【解】 已知：$d=0.24\text{m}$，$h=1.56\text{m}$，$l=18.5\text{m}$，$n=4$

$$V_{砖基础}=\{0.24\times1.56+0.007875\times[4\times5-(1+3)]\}\text{m}^2\times18.5\text{m}$$

$$=(0.3744+0.007875\times16)\text{m}^2\times18.5\text{m}$$

$$=0.5004\text{m}^2\times18.5\text{m}=9.26\text{m}^3$$

不等高式大放脚砖基础的放脚增加面积 ΔS 可查表 7-10 确定。

（3）砖基础放脚 T 形接头重复部分　砖基础放脚 T 形接头部分如图 7-79 所示。

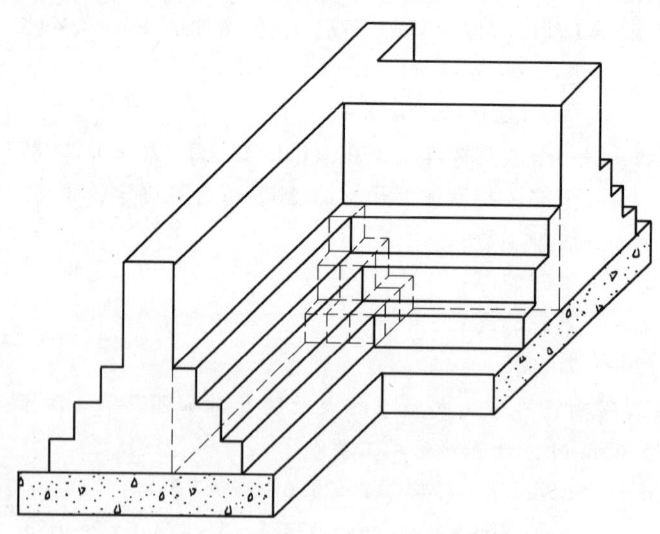

图 7-79　砖基础放脚 T 形接头重复部分示意图

4. 有放脚砖柱基础

有放脚砖柱基础工程量计算分为两部分，一是将柱的体积算至基础底；二是将柱四周放脚体积算出（图 7-80、图 7-81）。

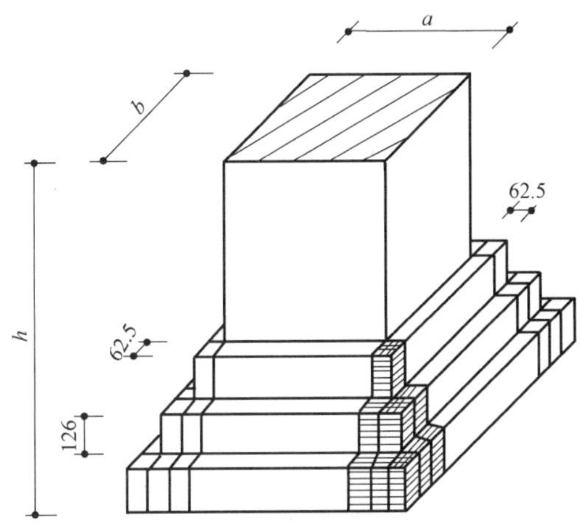

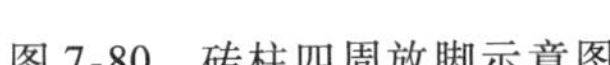
图 7-80　砖柱四周放脚示意图

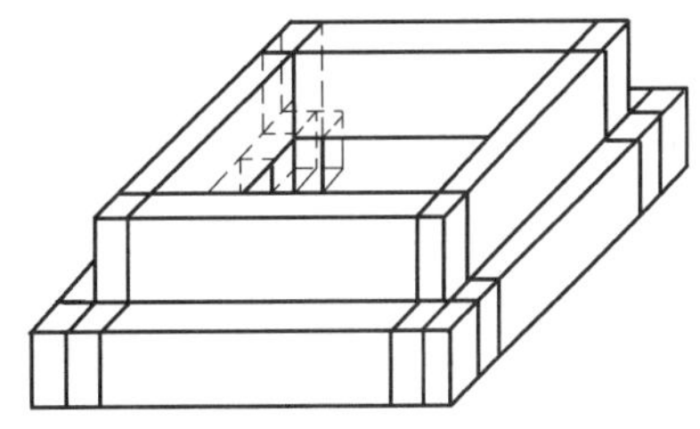
图 7-81　砖柱基础四周放脚体积 ΔV 示意图

$$V_{柱基础}=abh+\Delta V=abh+n\ (n+1)\ [0.007875\ (a+b)\ +0.000328125\ (2n+1)]$$

式中　a——柱断面长；

b——柱断面宽；

h——柱基础高；

n——放脚层数；

ΔV——砖柱四周放脚体积。

【例 7-18】　某工程有 5 个等高式放脚砖柱基础，根据下列条件计算砖基础工程量：

柱断面　0.365m×0.365m

柱基础高　1.85m

放脚层数　5 层

【解】　已知 $a=0.365\text{m}$，$b=0.365\text{m}$，$h=1.85\text{m}$，$n=5$

$$V_{柱基础}=5(根柱基)\times\{0.365\times0.365\times1.85+5\times6\times[0.007875\times(0.365+0.365)+0.000328125\times(2\times5+1)]\}\text{m}^3$$

$$=5\times(0.246+0.281)\text{m}^3=5\times0.527\text{m}^3=2.64\text{m}^3$$

砖柱基础四周放脚体积表见表 7-11。

表 7-11　砖柱基础四周放脚体积表　（单位：m^3）

放脚层数 \ $a\times b$/(m×m)	0.24×0.24	0.24×0.365	0.365×0.365 0.24×0.49	0.365×0.49 0.24×0.615	0.49×0.49 0.365×0.615	0.49×0.615 0.365×0.74	0.365×0.865 0.615×0.615	0.615×0.74 0.49×0.865	0.74×0.74 0.615×0.865
一	0.010	0.011	0.013	0.015	0.017	0.019	0.021	0.024	0.025
二	0.033	0.038	0.045	0.050	0.056	0.062	0.068	0.074	0.080
三	0.073	0.085	0.097	0.108	0.120	0.132	0.144	0.156	0.167
四	0.135	0.154	0.174	0.194	0.213	0.233	0.253	0.272	0.292
五	0.221	0.251	0.281	0.310	0.340	0.369	0.400	0.428	0.458
六	0.337	0.379	0.421	0.462	0.503	0.545	0.586	0.627	0.669
七	0.487	0.543	0.597	0.653	0.708	0.763	0.818	0.873	0.928
八	0.674	0.745	0.816	0.887	0.957	1.028	1.095	1.170	1.241
九	0.910	0.990	1.078	1.167	1.256	1.344	1.433	1.521	1.61
十	1.173	1.282	1.390	1.498	1.607	1.715	1.823	1.931	2.04

5. 墙的长度

外墙长度按外墙中心线长度计算，内墙长度按内墙净长线计算。

（1）墙长在转角处的计算　墙体在90°转角时，用中轴线尺寸计算墙长，就能算准墙体的体积。例如，图7-82的Ⓐ图中，按箭头方向的尺寸算至两轴线的交点时，墙厚方向的水平断面积重复计算的矩形部分正好等于没有计算到的矩形面积。因此，凡是90°转角的墙，算到中轴线交叉点时，就算够了墙长。

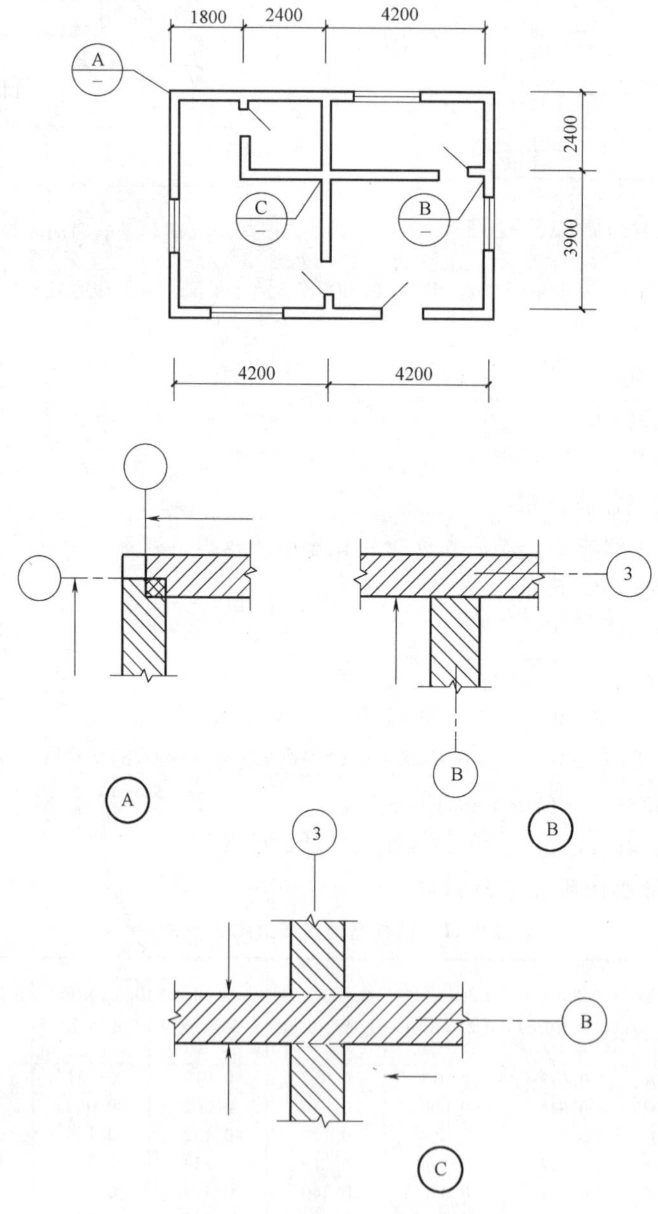

图7-82　墙长计算示意图

（2）T形接头的墙长计算　当墙体为T形接头时，T形上部水平墙拉通算完长度后，垂直部分的墙只能从墙内边算净长。例如，图7-82中的Ⓑ图，当③轴上的墙算完长度后，Ⓑ

轴墙只能从③轴墙内边起计算Ⓑ轴的墙长，故内墙应按净长计算。

（3）十字形接头的墙长计算　当墙体为十字形接头状时，计算方法基本同 T 形接头，如图 7-82 中Ⓒ图的示意。因此，十字形接头处分断的两道墙也应算净长。

【例 7-19】　根据图 7-82，计算内、外墙长（墙厚均为 240mm）。

【解】（1）240mm 厚外墙长

$$l_{外}=[(4.2+4.2)+(3.9+2.4)]\text{m}\times 2=29.40\text{m}$$

（2）240mm 厚内墙长

$$l_{内}=(3.9+2.4-0.24)\text{m}+(4.2-0.24)\text{m}+(2.4-0.12)\text{m}+(2.4-0.12)\text{m}$$
$$=14.58\text{m}$$

6. 墙身高度的规定

（1）外墙墙身高度　斜（坡）屋面无檐口顶棚者（图 7-83）算至屋面板底；有屋架，且室内外均有顶棚者（图 7-84），算至屋架下弦底面另加 200mm；无顶棚者算至屋架下弦底面另加 300mm，出檐宽高超过 600mm 时，应按实砌高度计算；平屋面算至钢筋混凝土板底（图 7-85）。

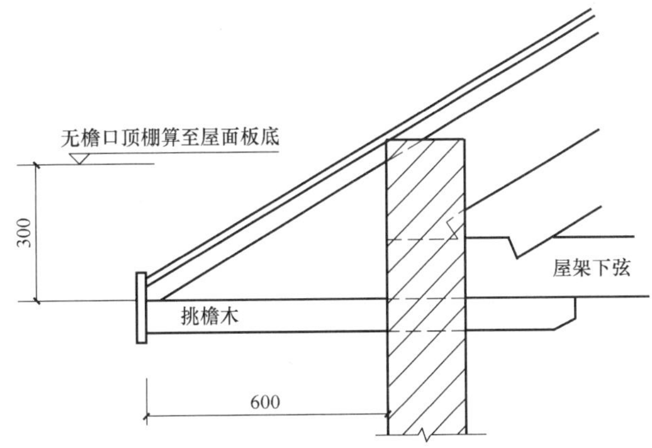

图 7-83　无檐口顶棚时的外墙高度示意图

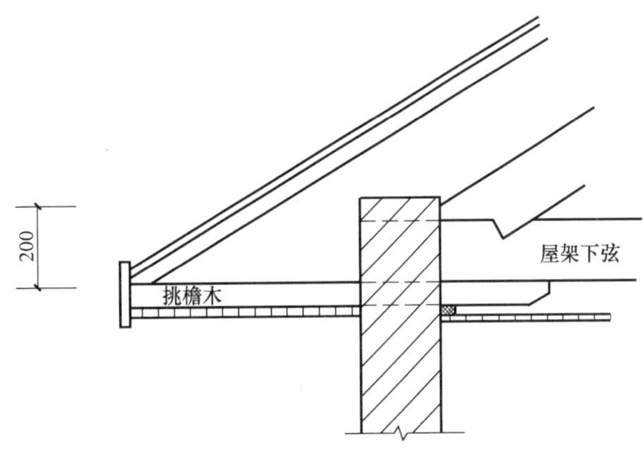

图 7-84　室内外均有顶棚时的外墙高度示意图

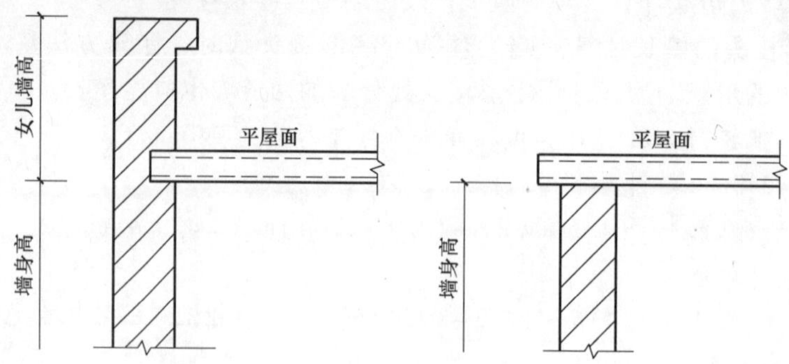

图 7-85　平屋面外墙墙身高度示意图

（2）内墙墙身高度　内墙位于屋架下弦者（图 7-86），其高度算至屋架底；无屋架者（图 7-87）算至顶棚底另加 100mm；有钢筋混凝土楼板隔层者（图 7-88）算至板底；有框架梁时（图 7-89）算至梁底面。

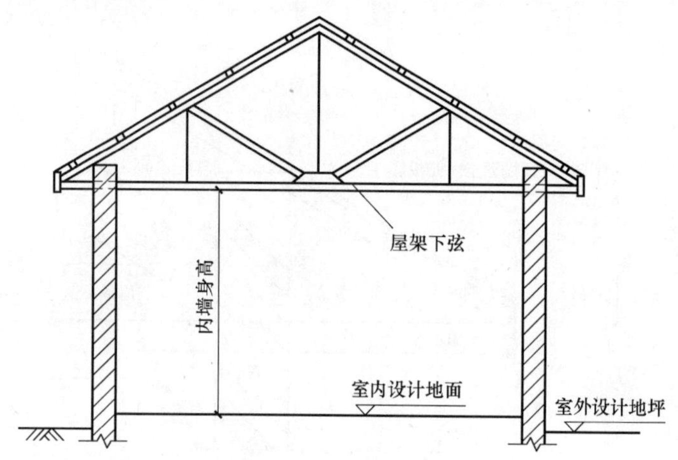

图 7-86　屋架下弦的内墙墙身高度示意图

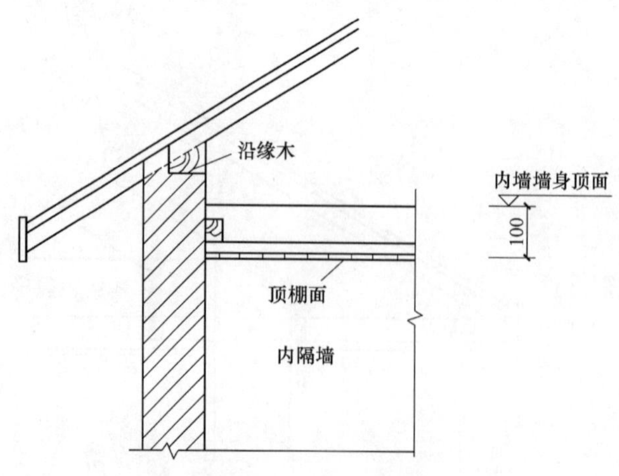

图 7-87　无屋架时的内墙墙身高度示意图

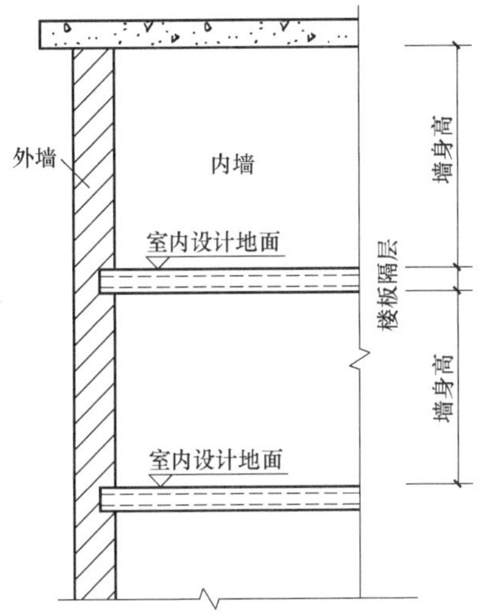

图 7-88 有钢筋混凝土楼板隔层时的内墙墙身高度示意图

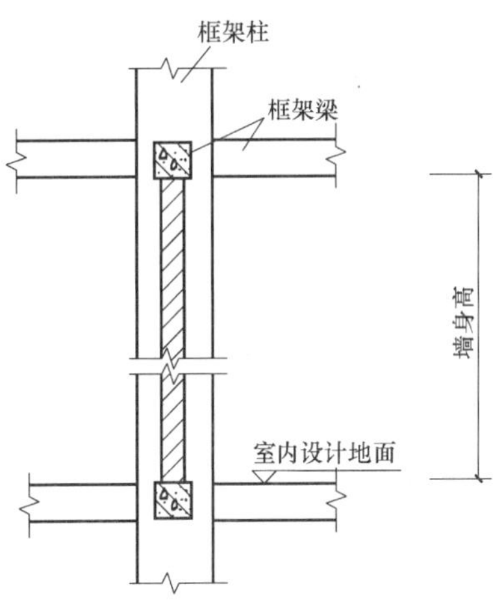

图 7-89 有框架梁时的墙身高度示意图

（3）内、外山墙墙身高度 按其平均高度计算（图 7-90、图 7-91）。

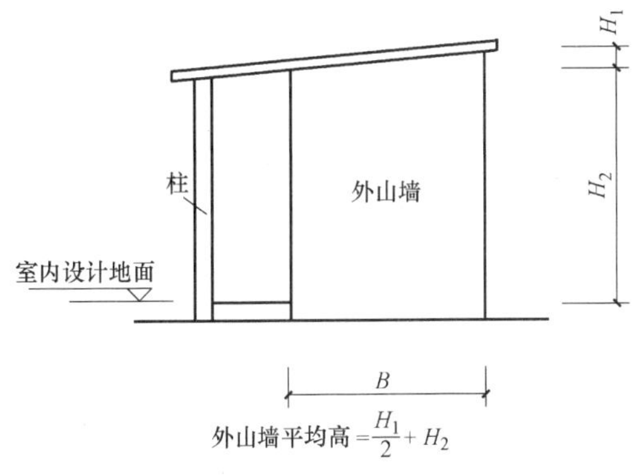

图 7-90 一坡水屋面外山墙墙身高度示意图

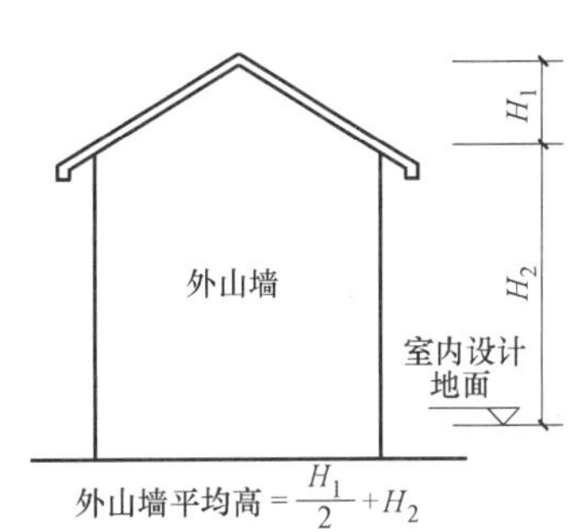

图 7-91 二坡水屋面山墙墙身高度示意图

7. 框架间砌体

框架间砌体区分内外墙以框架间的净空面积乘以墙厚计算。框架外表镶贴砖部分亦并入框架间砌体工程量内计算。

8. 空花墙

空花墙按空花墙外形体积以立方米计算，空花部分不予扣除，其中实体部分另行计算（图 7-92）。

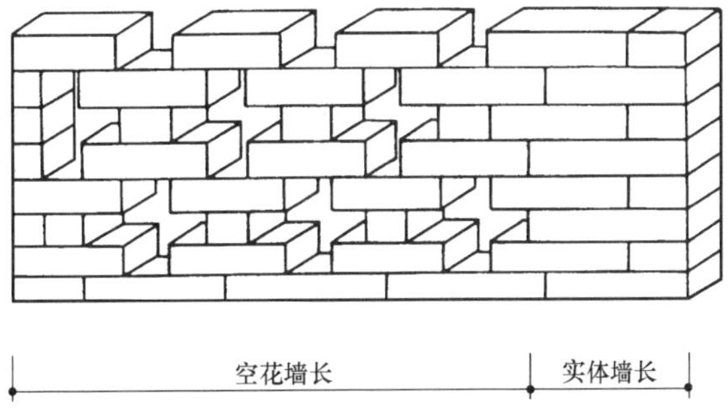

图 7-92 空花墙与实体墙划分示意图

9. 空斗墙

空斗墙按外形尺寸以立方米计算，墙角、内外墙交接处，门窗洞口立边，窗台砖及屋檐处的实砌部分已包括在定额内，不另行计算，但窗间墙、窗台下、楼板下、梁头下等实砌部分，应另行计算，套零星砌体定额项目（图 7-93）。

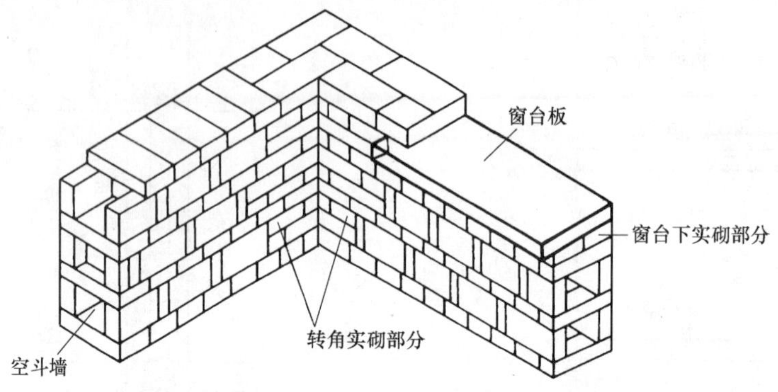

图 7-93　空斗墙转角及窗台下实砌部分示意图

10. 多孔砖、空心砖墙

多孔砖、空心砖墙按图示厚度以立方米计算，不扣除其孔、空心部分体积，空心砖示意图如图 7-94 所示。

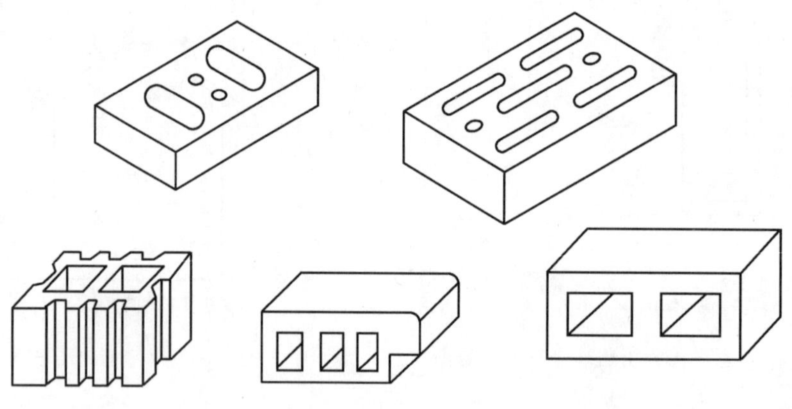

图 7-94　空心砖示意图

11. 填充墙

填充墙按外形尺寸以立方米计算，其中实砌部分已包括在定额内，不另计算。

12. 加气混凝土墙、硅酸盐砌块墙、小型空心砌块墙

此三种墙按图示尺寸以立方米计算，按设计规定需要镶嵌砖砌体部分已包括在定额内，不另计算。混凝土小型空心砌块如图 7-95 所示。

13. 其他砌体

1）砖砌锅台、炉灶，不分大小，均按图示外形尺寸以立方米计算，不扣除各种空洞的体积。

说明：

① 锅台一般指大食堂、餐厅里用的锅灶。

② 炉灶一般指住宅里每户用的灶台。

2）砖砌台阶（不包括梯带，图 7-96）按水平投影面积以平方米计算。

3）厕所蹲位（图 7-97）、水池（槽）腿（图 7-98）、灯箱、垃圾箱、台阶挡墙或梯带（图 7-99）、花台、花池、地垄墙及支撑地楞木的砖墩（图 7-100），房上烟囱、屋面架空隔热层砖墩（图 7-101）及毛石墙的门窗立边、窗台虎头砖（图 7-102）等实砌体积，以立方米计算，套用零星砌体定额项目。

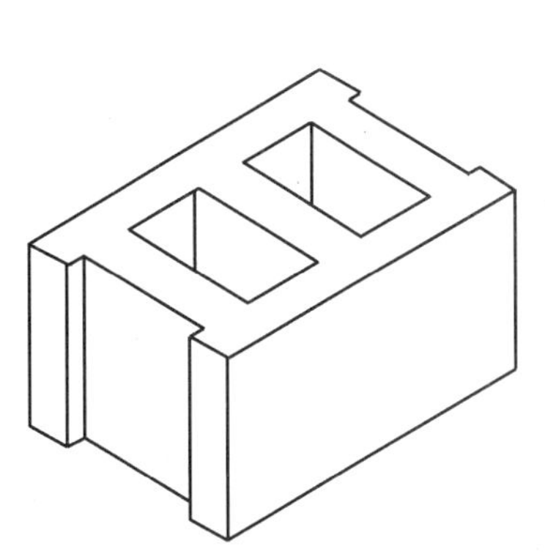

图 7-95　混凝土小型空心砌块

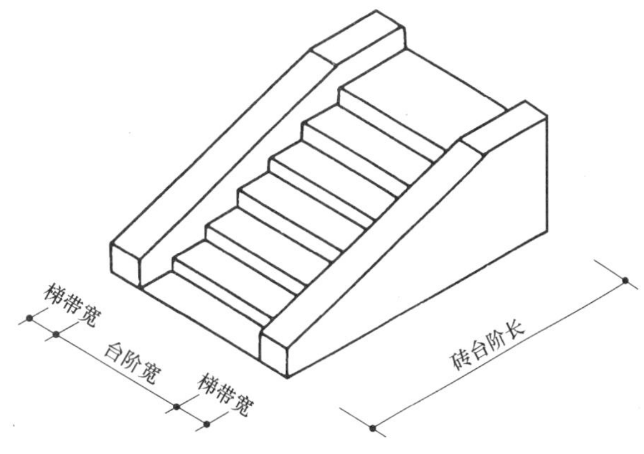

图 7-96　砖砌台阶示意图

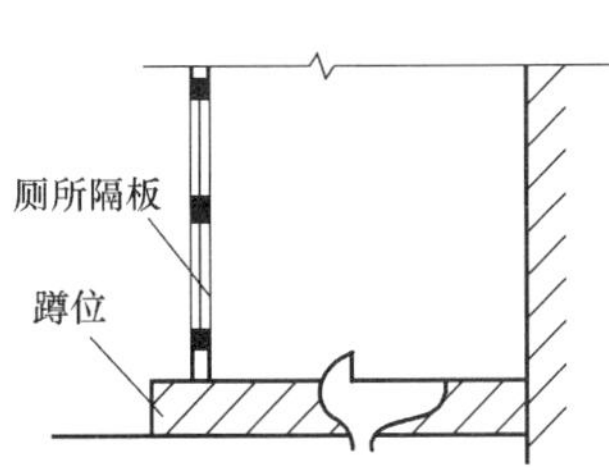

图 7-97　砖砌蹲位示意图

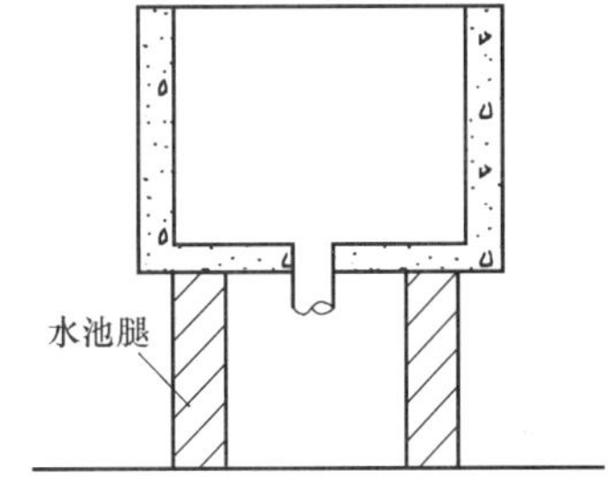

图 7-98　砖砌水池（槽）腿示意图

4）检查井及化粪池不分壁厚均以立方米计算，洞口上的砖平碹等并入砌体体积内计算。

5）砖砌地沟不分墙基础、墙身，合并以立方米计算。石砌地沟按其中心线长度以延长米计算。

14. 砖烟囱

1）筒身：圆形、方形均按图示筒壁平均中心线周长乘以厚度，并扣除筒身各种孔洞、钢筋混凝土圈梁、过梁等体积以立方米计算。其筒壁周长不同时可按下式分段计算。

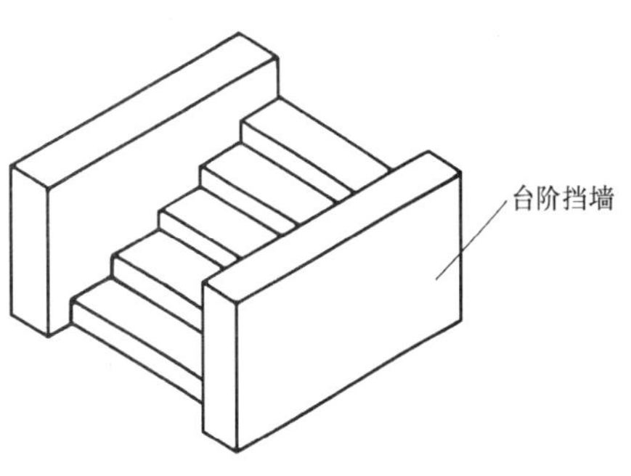

图 7-99　有挡墙台阶示意图

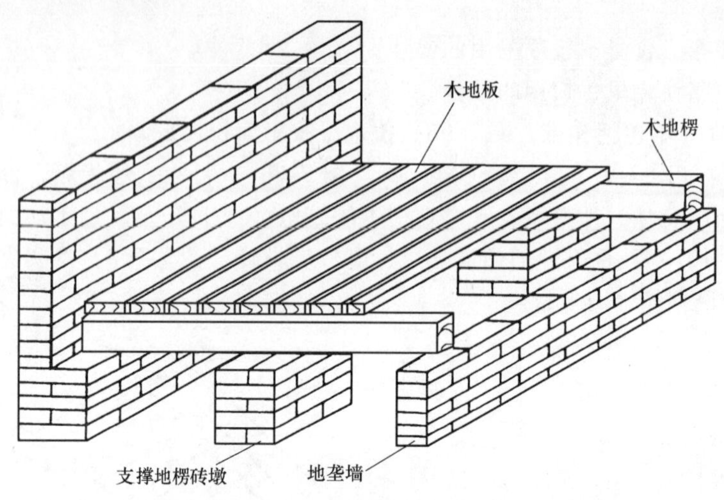

图 7-100 地垄墙及支撑地楞砖墩示意图

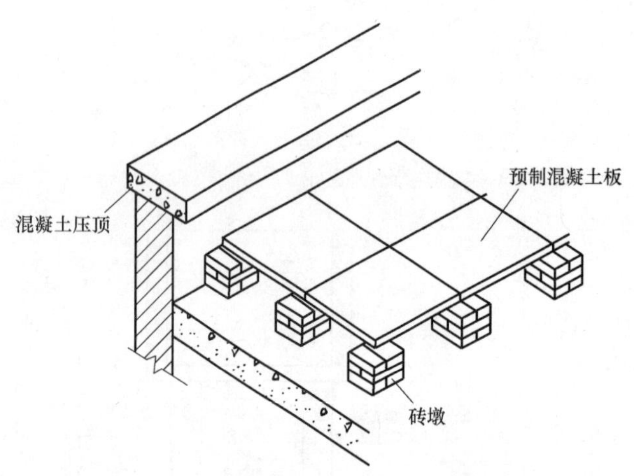

图 7-101 屋面架空隔热层砖墩示意图

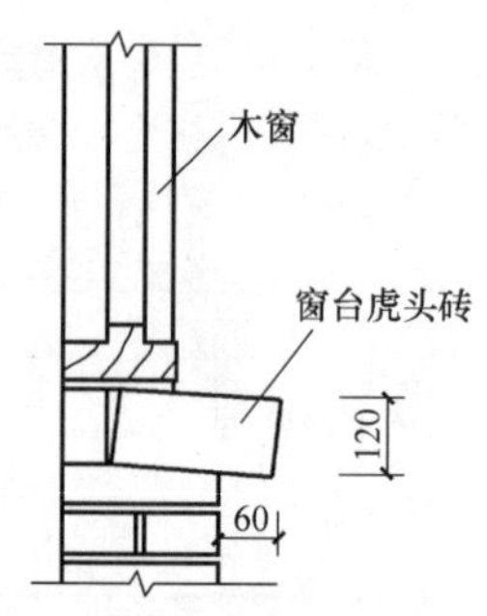

图 7-102 窗台虎头砖示意图

（注：石墙的窗台虎头砖单独计算工程量）

$$V = \sum (\pi DHC)$$

式中 V——筒身体积；

H——每段筒身垂直高度；

C——每段筒壁厚度；

D——每段筒壁中心线的平均直径。

【例 7-20】 根据图 7-103 中的有关数据计算砖砌烟囱和圈梁工程量。

【解】 1）砖砌烟囱工程量。

① 上段。

已知：$H = 9.50\text{m}$，$C = 0.365\text{m}$

求：$D=(1.40+1.60+0.365)\text{m}\times\frac{1}{2}=1.68\text{m}$

∴ $V_{上}=9.50\text{m}\times0.365\text{m}\times3.1416\times1.68\text{m}=18.30\text{m}^3$

② 下段。

已知：$H=9.0\text{m}, C=0.490\text{m}$

求：$D=(2.0+1.60+0.365\times2-0.49)\text{m}\times\frac{1}{2}=1.92\text{m}$

∴ $V_{下}=9.0\text{m}\times0.49\text{m}\times3.1416\times1.92\text{m}=26.60\text{m}^3$

∴ $V=18.30\text{m}^3+26.60\text{m}^3=44.90\text{m}^3$

2）混凝土圈梁工程量。

① 上部圈梁。

$$V_{上}=1.40\text{m}\times3.1416\times0.4\text{m}\times0.365\text{m}=0.64\text{m}^3$$

② 中部圈梁。

$$\text{圈梁中心直径}=1.60\text{m}+0.365\text{m}\times2-0.49\text{m}=1.84\text{m}$$

$$\text{圈梁断面积}=(0.365+0.49)\text{m}\times\frac{1}{2}\times0.30\text{m}=0.128\text{m}^2$$

$$V_{中}=1.84\text{m}\times3.1416\times0.128\text{m}^2=0.74\text{m}^3$$

$$\therefore\quad V=0.74\text{m}^3+0.62\text{m}^3=1.36\text{m}^3$$

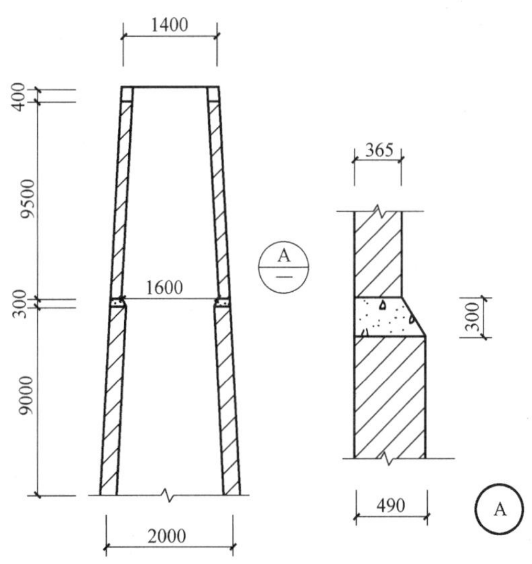

图 7-103 有圈梁砖烟囱示意图

2）烟道、烟囱内衬按不同材料，扣除孔洞后，以图示实体积计算。

3）烟囱内壁表面隔热层，按筒身内壁并扣除各种孔洞后的面积以平方米计算；填料按烟囱内衬与筒身之间的中心线平均周长乘以图示宽度和筒高，并扣除各种孔洞所占体积（但不扣除连接横砖及防沉带的体积）后以立方米计算。

4）烟道砌砖：烟道与炉体的划分以第一道闸门为界，炉体内的烟道部分列入炉体工程量计算。

烟道拱顶（图 7-104）按实体积计算，其计算方法有以下两种：

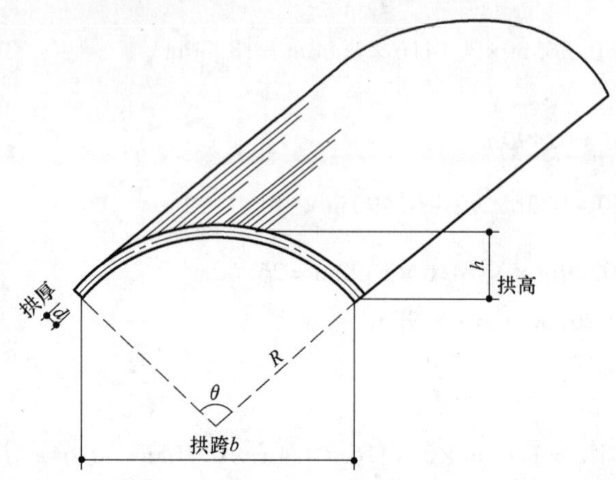

图 7-104　烟道拱顶示意图

方法一： 按矢跨比公式计算

计算公式：V = 中心线拱跨 × 弧长系数 × 拱厚 × 拱长 = $bPdL$

烟道拱顶弧长系数 P 可查表 7-12 取得。

表 7-12　烟道拱顶弧长系数表

矢跨比 $\frac{h}{b}$	$\frac{1}{2}$	$\frac{1}{3}$	$\frac{1}{4}$	$\frac{1}{5}$	$\frac{1}{6}$	$\frac{1}{7}$	$\frac{1}{8}$	$\frac{1}{9}$	$\frac{1}{10}$
弧长系数 P	1.57	1.27	1.16	1.10	1.07	1.05	1.04	1.03	1.02

【例 7-21】 已知矢高为 1m，拱跨为 6m，拱厚为 0.15m，拱长 7.8m，求拱顶体积。

【解】 查表 7-12，知弧长系数 P 为 1.07。

故：$V = 6\text{m} \times 1.07 \times 0.15\text{m} \times 7.8\text{m} = 7.51\text{m}^3$

方法二： 按圆弧长公式计算

计算公式：V = 圆弧长 × 拱厚 × 拱长 = ldL

其中 $l = \frac{\pi}{180} R\theta$。

【例 7-22】 某烟道拱顶厚 0.18m，半径为 4.8m，θ 角为 180°，拱长 10m，求拱顶体积。

【解】 已知：$d = 0.18\text{m}$，$R = 4.8\text{m}$，$\theta = 180°$，$L = 10\text{m}$

$$\therefore V = \frac{3.1416}{180} \times 4.8\text{m} \times 180 \times 0.18\text{m} \times 10\text{m} = 27.14\text{m}^3$$

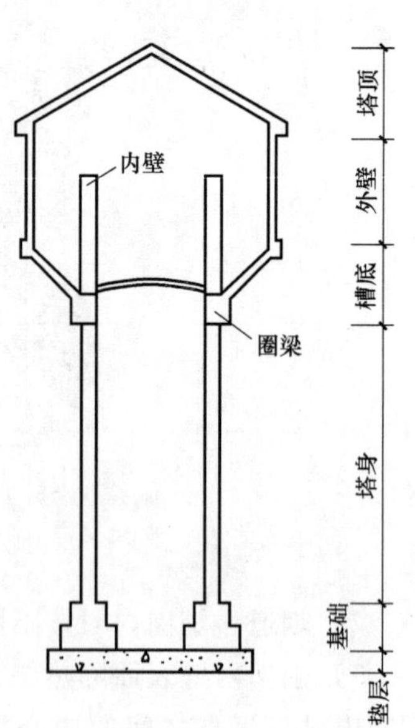

图 7-105　水塔构造及各部分划分示意图

15. 砖砌水塔（图 7-105）

1）水塔基础与塔身划分：以砖基础的扩大部分顶面为界，以上为塔身，以下为基础，基础套用相应基础砌体定额。

2）塔身以图示实砌体积计算，并扣除门窗洞口和混凝土构件所占的体积，砖平碹及砖

出檐等并入塔身体积内计算，套水塔砌筑定额。

3）砖水箱内外壁，不分壁厚，均以图示实砌体积计算，套相应的内外砖墙定额。

16. 砌体内钢筋加固

砌体内钢筋加固根据设计规定，以吨（t）计算，套用钢筋混凝土章节相应项目（图7-106）。

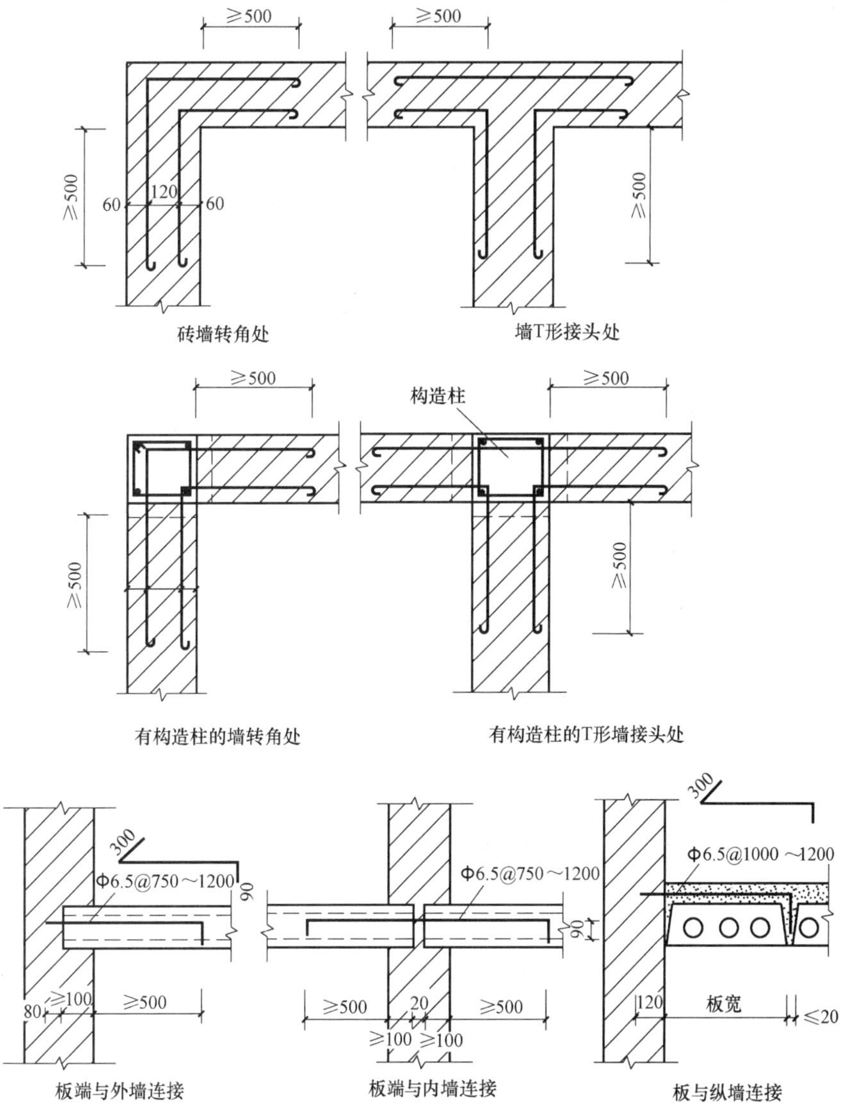

砖墙转角处　墙T形接头处

有构造柱的墙转角处　有构造柱的T形墙接头处

板端与外墙连接　板端与内墙连接　板与纵墙连接

图7-106　砌体内钢筋加固示意图

7.7　混凝土及钢筋混凝土工程量计算

7.7.1　现浇混凝土及钢筋混凝土模板工程量

1）现浇混凝土及钢筋混凝土模板工程量，除另有规定者外，均应区别模板的不同材质，按混凝土与模板接触面积，以平方米（m^2）计算。

除了底面有垫层、构件（侧面有构件）及上表面不需支撑模板外，其余各个方向的面均应计算模板接触面积。

2）现浇钢筋混凝土柱、梁、板、墙的支模高度（即室外地坪至板底或板面至板底之间的高度）以3.6m以内为准，超过3.6m以上部分，另按超过部分计算增加支撑工程量（图7-107）。

3）现浇钢筋混凝土墙、板上单孔面积在0.3m^2以内的孔洞，不予扣除，洞侧壁模板亦不增加，单孔面积在0.3m^2以外时，应予扣除，洞侧壁模板面积并入墙、板模板工程量内计算。

4）现浇钢筋混凝土框架的模板分别按梁、板、柱、墙有关规定计算，附墙柱并入墙内工程量计算。

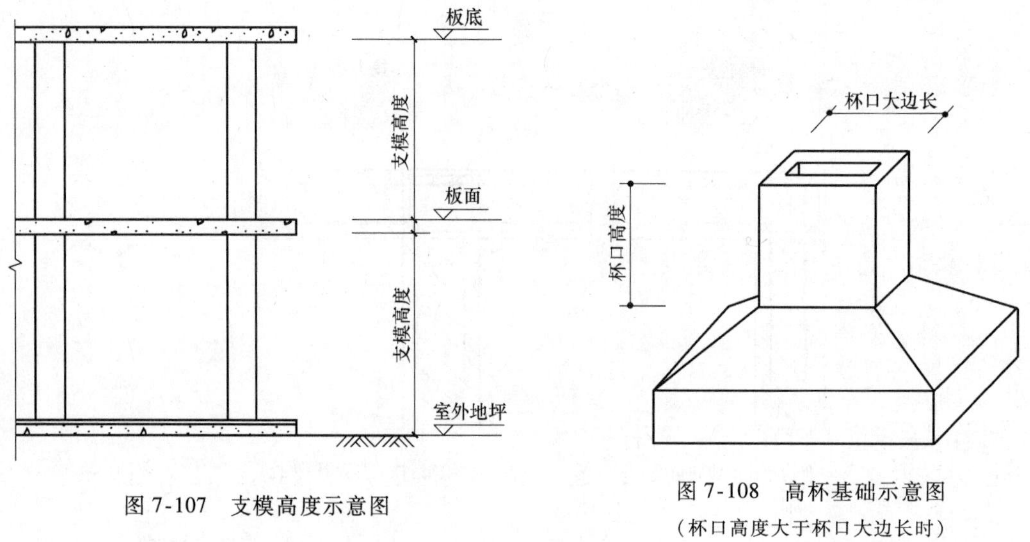

图7-107 支模高度示意图

图7-108 高杯基础示意图
（杯口高度大于杯口大边长时）

5）杯形基础杯口高度大于杯口大边长度的（图7-108），套高杯基础模板定额项目。

6）柱与梁、柱与墙、梁与梁等连接的重叠部分以及伸入墙内的梁头、板头部分，均不计算模板面积。

7）构造柱外露面均应按图示外露部分计算模板面积。（图7-109）。构造柱与墙接触部分不计算模板面积。

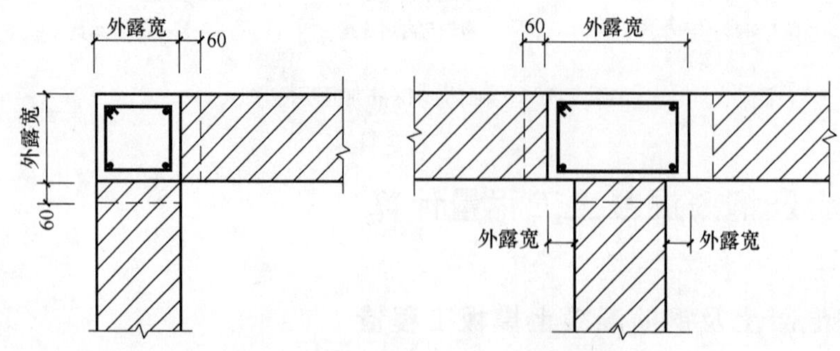

图7-109 构造柱外露部分需支模板示意图

8）现浇钢筋混凝土悬挑板（雨篷、阳台）按图示外挑部分尺寸的水平投影面积计算。挑出墙外的牛腿梁及板边模板不另计算。

说明：“挑出墙外的牛腿梁及板边模板”在实际施工时需支模板，为了简化工程量计算，在编制该项定额时已经将该因素考虑在定额消耗内，所以工程量就不单独计算了。

9）现浇钢筋混凝土楼梯，以图示露明面尺寸的水平投影面积计算，不扣除小于500mm楼梯井所占面积。楼梯的踏步、踏步板、平台梁等侧面模板，不另计算。

10）混凝土台阶不包括梯带，按图示台阶尺寸的水平投影面积计算，台阶端头两侧不另计算模板面积。

11）现浇混凝土小型池槽按构件外围体积计算，池槽内、外侧及底部的模板不应另计算。

7.7.2　预制钢筋混凝土构件模板工程量

1）预制钢筋混凝土模板工程量，除另有规定者外，均按混凝土实体体积以立方米（m^3）计算。

2）小型池槽按外形体积以立方米（m^3）计算。

3）预制桩尖按虚体积（不扣除桩尖虚体积部分）计算。

7.7.3　构筑物钢筋混凝土模板工程量

1）构筑物工程的模板工程量，除另有规定者外，区别现浇、预制和构件类别，分别按上面第一、二条的有关规定计算。

2）大型池槽等分别按基础、墙、板、梁、柱等有关规定计算并套相应定额项目。

3）液压滑升钢模板施工的烟囱、水塔、贮仓等，均按混凝土体积，以立方米（m^3）计算。

4）预制倒圆锥形水塔罐壳模板按混凝土体积，以立方米（m^3）计算。

5）预制倒圆锥形水塔罐壳组装、提升、就位，按不同容积以座计算。

7.7.4　钢筋工程量

1. 钢筋长度、质量计算等有关规定

（1）钢筋工程量有关规定

1）钢筋工程应区别现浇、预制构件、不同钢种和规格，分别按设计长度乘以单位质量，以t计算。

2）计算钢筋工程量时，设计已规定钢筋搭接长度的，按规定搭接长度计算；某些地区预算定额规定，设计未规定搭接长度的，已包括在预算定额的钢筋损耗率内，不另计算搭接长度。

（2）钢筋长度的确定　计算公式为

$$钢筋长度=构件长度-保护层厚度\times2+弯钩长度\times2+弯起钢筋增加值(\Delta L)\times2$$

1）钢筋的混凝土保护层厚度。受力钢筋的混凝土保护层厚度应符合设计要求；当设计无具体要求时，其厚度不应小于受力钢筋的直径，并应符合表7-13的要求。

表 7-13 混凝土保护层的最小厚度 （单位：mm）

环境类别	板、墙	梁、柱
一	15	20
二 a	20	25
二 b	25	35
三 a	30	40
三 b	40	50

注：1. 表中混凝土保护层厚度是指最外层钢筋外边缘至混凝土表面的距离，适用于设计使用年限为 50 年的混凝土结构。
2. 构件中受力钢筋的保护层厚度不应小于钢筋的公称直径。
3. 设计使用年限为 100 年的混凝土结构，一类环境中，最外层钢筋的保护层厚度不应小于表中数值的 1.4 倍；二、三类环境中，应采取专门的有效措施。
4. 混凝土强度等级不大于 C25 时，表中保护层厚度数值应增加 5mm。
5. 基础底面钢筋的保护层厚度，有混凝土垫层时应从垫层顶面算起，且不应小于 40mm。

2）混凝土结构的环境类别见表 7-14。

表 7-14 混凝土结构的环境类别

环境类别	条件
一	室内干燥环境 无侵蚀性静水浸没环境
二 a	室内潮湿环境 非严寒和非寒冷地区的露天环境 非严寒和非寒冷地区与无侵蚀性的水或土壤直接接触的环境 严寒和寒冷地区的冰冻线以下与无侵蚀性的水或土壤直接接触的环境
二 b	干湿交替环境 水位频繁变动环境 严寒和寒冷地区的露天环境 严寒和寒冷地区冰冻线以上与无侵蚀性的水或土壤直接接触的环境
三 a	严寒和寒冷地区冬季水位变动区环境 受除冰盐影响环境 海风环境
三 b	盐渍土环境 受除冰盐作用环境 海岸环境
四	海水环境
五	受人为或自然的侵蚀性物质影响的环境

注：1. 室内潮湿环境是指构件表面经常处于结露或湿润状态的环境。
2. 严寒和寒冷地区的划分应符合现行国家标准《民用建筑热工设计规范》（GB 50176—1993）的有关规定。
3. 海岸环境和海风环境宜根据当地情况，考虑主导风向及结构所处迎风、背风部位等因素的影响，由调查研究和工程经验确定。
4. 受除冰盐影响环境是指受到除冰盐盐雾影响的环境；受除冰盐作用环境是指被除冰盐溶液溅射的环境以及使用除冰盐地区的洗车房，停车楼等建筑。
5. 露天环境是指混凝土结构表面所处的环境。

3）纵向钢筋弯钩长度计算。HPB300 级钢筋末端需要做 180°弯钩时，其圆弧弯曲直径 D 不应小于钢筋直径 d 的 2.5 倍，平直部分长度不宜小于钢筋直径 d 的 3 倍（图 7-110）；HRB335 级、HRB400 级钢筋的弯弧内直径不应小于钢筋直径的 4 倍，弯钩的弯后平直部分应符合设计要求。

① 钢筋弯钩增加长度基本公式为

$$L_x = \left(\frac{n}{2}d + \frac{d}{2}\right)\pi \times \frac{x}{180^\circ} + zd - \left(\frac{n}{2}d + d\right)$$

式中 L_x——钢筋弯钩增加长度（mm）；

n——弯钩弯心直径的倍数值；

d——钢筋直径（mm）；

x——弯钩角度；

z——以 d 为基础的弯钩末端平直长度系数（mm）。

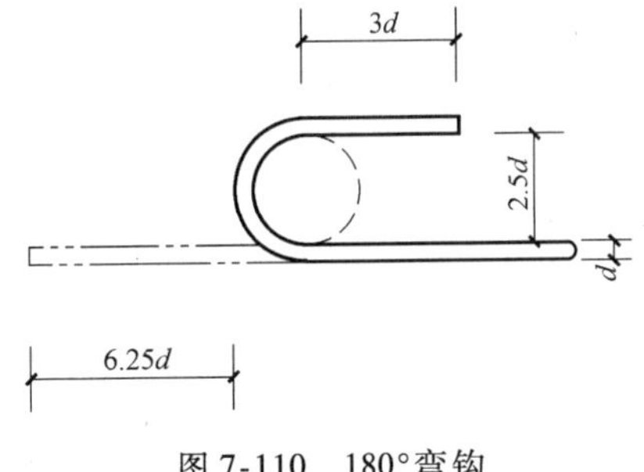

图 7-110 180°弯钩

② 纵向钢筋 180°弯钩增加长度（当弯心直径 =2.5d，z=3 时）的计算。根据图 7-110 和基本公式计算 180°弯钩增加长度。

$$\begin{aligned}L_{180} &= \left(\frac{2.5}{2}d + \frac{d}{2}\right)\pi \times \frac{180^\circ}{180^\circ} + 3d - \left(\frac{2.5}{2}d + d\right)\\ &= 1.75d\pi \times 1 + 3d - 2.25d\\ &= 5.498d + 0.75d\\ &= 6.248d\end{aligned}$$

取值为 6.25d。

③ 纵向钢筋 90°弯钩增加长度（当弯心直径 =4d，z=12 时）的计算。根据图 7-111a 和基本公式计算 90°弯钩增加长度。

$$\begin{aligned}L_{90} &= \left(\frac{4}{2}d + \frac{d}{2}\right)\pi \times \frac{90^\circ}{180^\circ} + 12d - \left(\frac{4}{2}d + d\right)\\ &= 2.5d\pi \times \frac{1}{2} + 12d - 3d\\ &= 3.927d + 9d\\ &= 12.927d\end{aligned}$$

取值为 12.93d。

④ 纵向钢筋 135°弯钩增加长度（当弯心直径 =4d，z=5 时）的计算。根据图 7-111b 和基本公式计算 135°弯钩增加长度。

$$\begin{aligned}L_{135} &= \left(\frac{4}{2}d + \frac{d}{2}\right)\pi \times \frac{135^\circ}{180^\circ} + 5d - \left(\frac{4}{2}d + d\right)\\ &= 2.5d\pi \times 0.75 + 5d - 3d\\ &= 5.891d + 2d\\ &= 7.891d\end{aligned}$$

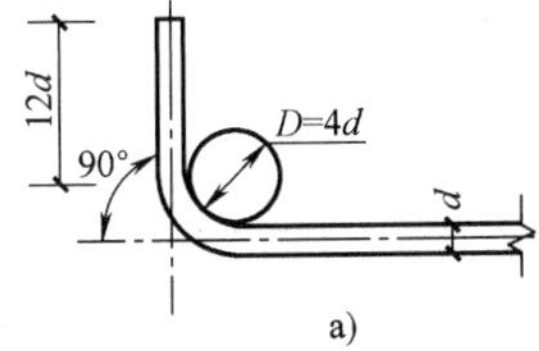

a)

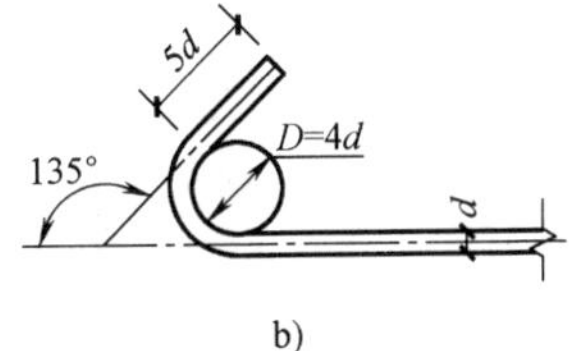

b)

图 7-111 90°弯钩和 135°弯钩

a）末端带 90°弯钩 b）末端带 135°弯钩

取值为 7.89d。

4）箍筋弯钩。箍筋的末端应做弯钩，弯钩形式应符合设计要求。当设计无具体要求时，HPB300 级钢筋或冷拔低碳钢丝制作的箍筋，其弯钩的弯曲直径应大于受力钢筋直径，且不小于箍筋直径的 2.5 倍。弯钩平直部分的长度，对于一般结构，不宜小于箍筋直径的 5 倍；对于有抗震要求的结构，取箍筋直径 10 倍长度和 75mm 中的较大值（图 7-112）。

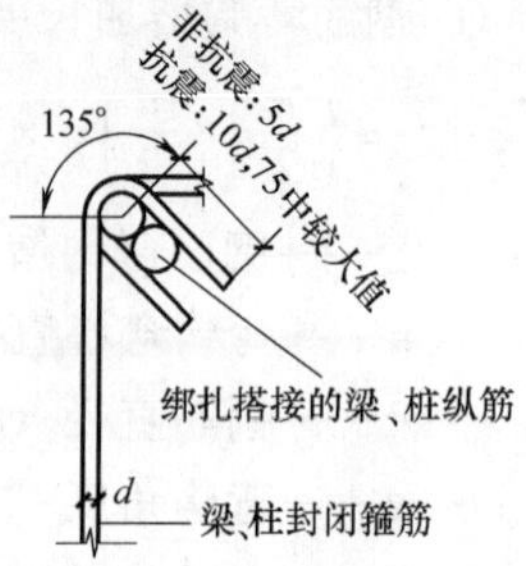

图 7-112　箍筋弯钩

① 箍筋 135°弯钩增加长度（当弯心直径 = 2.5d，z = 5 时）的计算。根据图 7-112 和基本公式计算 135°弯钩增加长度。

$$
\begin{aligned}
L_{135} &= \left(\frac{2.5}{2}d + \frac{d}{2}\right)\pi \times \frac{135°}{180°} + 5d - \left(\frac{2.5}{2}d + d\right) \\
&= 1.75d\pi \times 0.75 + 5d - 2.25d \\
&= 4.123d + 2.75d \\
&= 6.873d
\end{aligned}
$$

取值为 6.87d。

② 箍筋 135°弯钩增加长度（当弯心直径 = 2.5d，z = 10 时）的计算。根据图 7-112 和基本公式计算 135°弯钩增加长度。

$$
\begin{aligned}
L_{135} &= \left(\frac{2.5}{2}d + \frac{d}{2}\right)\pi \times \frac{135°}{180°} + 10d - \left(\frac{2.5}{2}d + d\right) \\
&= 1.75d\pi \times 0.75 + 10d - 2.25d \\
&= 4.123d + 7.75d \\
&= 11.873d
\end{aligned}
$$

取值为 11.87d。

5）弯起钢筋增加长度。弯起钢筋的弯起角度一般有 30°、45°、60°三种，其弯起增加斜长与水平投影长度之间的差值如图 7-113 所示。

弯起钢筋斜长及增加长度计算方法见表 7-15。

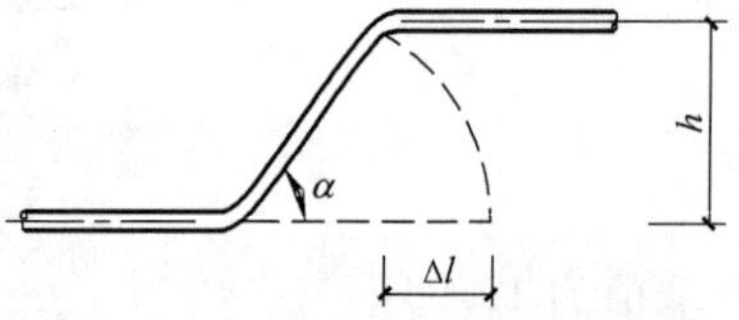

图 7-113　弯起钢筋增加长度示意图

表 7-15　弯起钢筋斜长及增加长度计算方法

形状		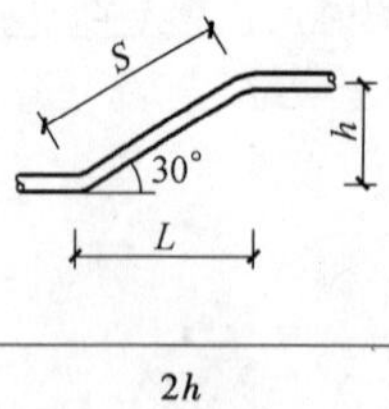	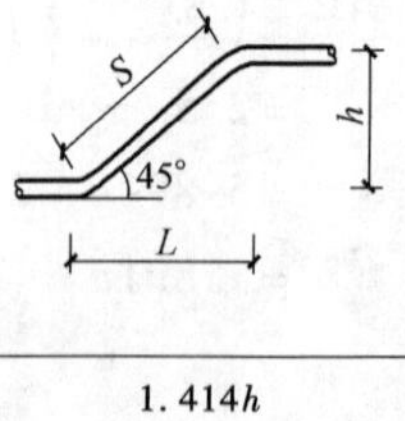	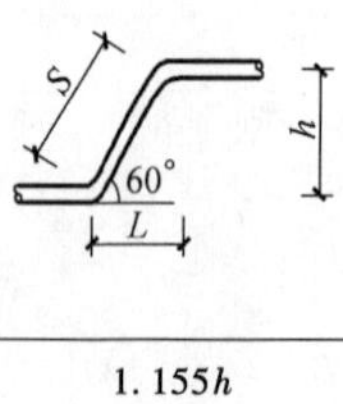
计算方法	斜边长 S	$2h$	$1.414h$	$1.155h$
	增加长度 $S - L = \Delta l$	$0.268h$	$0.414h$	$0.577h$

6）钢筋的绑扎接头。按照《混凝土结构设计规范》（GB 50010—2010）的规定，纵向受拉钢筋的绑扎搭接接头的搭接长度，应根据位于同一连接区段内的钢筋搭接接头面积百分率确定，且不应小于 300mm，按表 7-16 中的规定计算。

表 7-16　纵向受拉钢筋的绑扎搭接接头的搭接长度

纵向受拉钢筋绑扎搭接长度 l_l、l_{lE}			
抗震	非抗震		
$l_{lE}=\xi_l l_{aE}$	$l_l=\xi_l l_a$		
纵向受拉钢筋搭接长度修正系数 ζ_l			
纵向受拉钢筋搭接接头面积百分率(%)	≤25	50	100
ξ_l	1.2	1.4	1.6

注：
1. 当直径不同的钢筋搭接时，l_l、l_{lE} 按直径较小的钢筋计算
2. 任何情况下搭接长度不应小于 300mm
3. 式中 ξ_l 为纵向受拉钢筋搭接长度修正系数。当纵向受拉钢筋搭接接头百分率为表的中间值时，可按内插法取值。

(3) 钢筋的锚固　钢筋的锚固长度是指受力钢筋依靠其表面与混凝土的黏结作用或内部构造的挤压作用而达到设计承受应力所需的长度。

根据 11G101—1 标准设计图集规定，钢筋的锚固长度应按表 7-17、表 7-18 和表 7-19 的要求计算。

表 7-17　受拉钢筋基本锚固长度 l_{ab}、l_{abE}

钢筋种类	抗震等级	混凝土强度等级								
		C20	C25	C30	C35	C40	C45	C50	C55	≥C60
HPB300	一、二级(l_{abE})	45d	39d	35d	32d	29d	28d	26d	25d	24d
	三级(l_{abE})	41d	36d	32d	29d	26d	25d	24d	23d	22d
	四级(l_{abE})非抗震(l_{ab})	39d	34d	30d	28d	25d	24d	23d	22d	21d
HPB335 HRBF335	一、二级(l_{abE})	44d	38d	33d	31d	29d	26d	25d	24d	24d
	三级(l_{abE})	40d	35d	31d	28d	26d	24d	23d	22d	22d
	四级(l_{abE})非抗震(l_{ab})	38d	33d	29d	27d	25d	23d	22d	21d	21d
HPB400 HRBF400 RRB400	一、二级(l_{abE})	—	46d	40d	37d	33d	32d	31d	30d	29d
	三级(l_{abE})	—	42d	37d	34d	30d	29d	28d	27d	26d
	四级(l_{abE})非抗震(l_{ab})	—	40d	35d	32d	29d	28d	27d	26d	25d
HPB500 HRBF500	一、二级(l_{abE})	—	55d	49d	45d	41d	39d	37d	36d	35d
	三级(l_{abE})	—	50d	45d	41d	38d	36d	34d	33d	32d
	四级(l_{abE})非抗震(l_{ab})	—	48d	43d	39d	36d	34d	32d	31d	30d

表 7-18　受拉钢筋锚固长度 l_a、抗震锚固长度 l_{aE}

非抗震	抗震
$l_a=\xi_a l_{\xi h}$	$l_{aE}=\xi_{aE} l_a$

注：
1. l_a 不应小于 200mm
2. 锚固长度修正系数 ξ_a 按表 7-19 取用，当多于一项时，可按连乘计算，但不应小于 0.6
3. ξ_{aE} 为抗震锚固长度修正系数，对一、二级抗震等级取 1.15，对三级抗震等级取 1.05，对四级抗震等级取 1.00

(4) 钢筋质量计算

1) 钢筋理论质量计算。

$$钢筋理论质量 = 钢筋长度 \times 每米质量$$

式中　每米质量——每米钢筋的质量（kg/m），取值为 $0.006165d^2$；

d——钢筋直径（mm）。

表 7-19 受拉钢筋锚固长度修正系数 ζ_a

锚固条件		ζ_a	
带肋钢筋的公称直径大于 25mm		1.10	—
环氧树脂涂层带肋钢筋		1.25	
施工过程中易受扰动的钢筋		1.10	
锚固区保护层厚度	3*d*	0.80	注：中间时按内插值计算；*d* 为锚固钢筋直径
	5*d*	0.70	

2）钢筋工程量计算。

钢筋工程量 = 钢筋分规格长 × 分规格每米质量

钢筋每米质量见表 7-20。

表 7-20 钢筋每米质量表

直径/mm	4	6	6.5	8	10	12	14
每米质量/kg	0.099	0.222	0.260	0.395	0.617	0.888	1.21
直径/mm	16	18	20	22	25	28	32
每米质量/kg	1.58	2.00	2.47	2.98	3.85	4.83	6.31

（5）钢筋工程量计算实例

【例 7-23】 根据图 7-114 计算 8 根现浇 C20 钢筋混凝土矩形梁（抗震）的钢筋工程量，混凝土保护层厚度为 25mm（按混凝土保护层最小厚度确定为 20mm，当混凝土强度等级不大于 C25 时，增加 5mm，故为 25mm）。

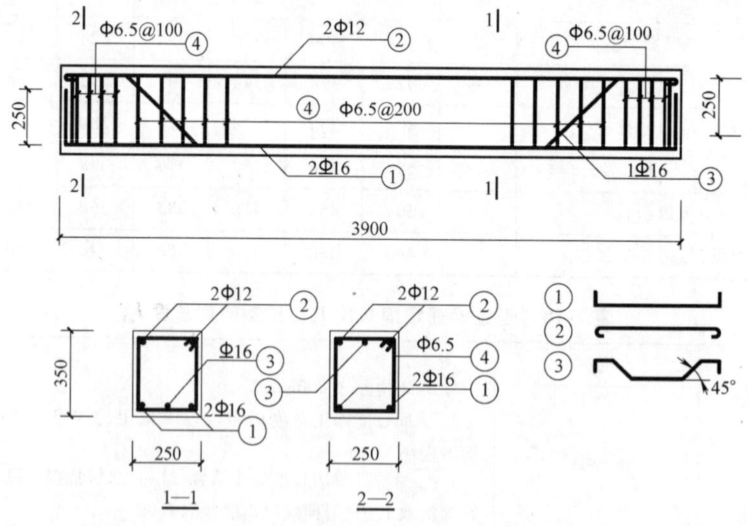

图 7-114 现浇 C20 钢筋混凝土矩形梁

【解】（1）计算一根矩形梁钢筋长度

①号筋（Φ16）2 根：

$$l = (3.90 - 0.025 \times 2 + 0.25 \times 2) \times 2\text{m}$$
$$= 4.35 \times 2\text{m} = 8.70\text{m}$$

②号筋（Φ12）2 根：

$$l = (3.90 - 0.025 \times 2 + 0.012 \times 6.25 \times 2) \times 2\text{m}$$
$$= 4.0 \times 2\text{m} = 8.0\text{m}$$

③号筋（Φ16）1 根：

弯起增加值计算见表 7-15。

$$l = 3.90\text{m} - 0.025 \times 2\text{m} + 0.25 \times 2\text{m} + (0.35 - 0.025 \times 2 - 0.016) \times 0.414 \times 2\text{m}$$
$$= 4.35\text{m} + 0.284 \times 0.414 \times 2\text{m} = 4.59\text{m}$$

④号筋（Φ6.5）：

箍筋根数 =（3.90 − 0.30 × 2 − 0.025 × 2）÷ 0.20 + 1 + 6（两端加密筋）= 24

单根箍筋长 =（0.35 − 0.025 × 2 − 0.0065 + 0.25 − 0.025 × 2 − 0.0065）× 2m + 11.89 × 0.0065 × 2m = 1.125m

箍筋长 = 1.125 × 24m = 27.00m

（2）计算 8 根矩形梁钢筋质量

Φ16：(8.7 + 4.59) × 8 × 1.58kg = 167.99kg
Φ12：8.0 × 8 × 0.888kg = 56.83kg
Φ6.5：27 × 8 × 0.26kg = 56.16kg
合计 280.98kg

注：Φ16 钢筋每米质量 = 0.006165 × 16^2kg/m = 1.58kg/m

Φ12 钢筋每米质量 = 0.006165 × 12^2kg/m = 0.888kg/m

Φ6.5 钢筋每米质量 = 0.006165 × 6.5^2kg/m = 0.26kg/m

2. 平法钢筋工程量计算

（1）梁构件

1）平法楼层框架梁常见钢筋形状如图 7-115 所示。

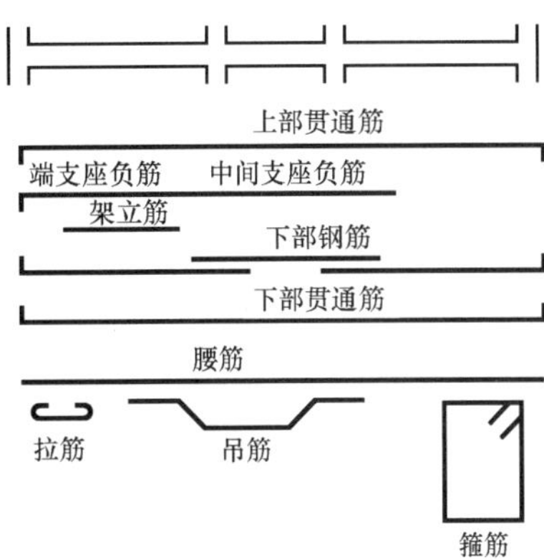

图 7-115　平法楼层框架梁常见钢筋形状

2）钢筋长度计算方法。平法楼层框架梁常见的钢筋计算方法有以下几种：

① 上部贯通筋（图 7-116）。

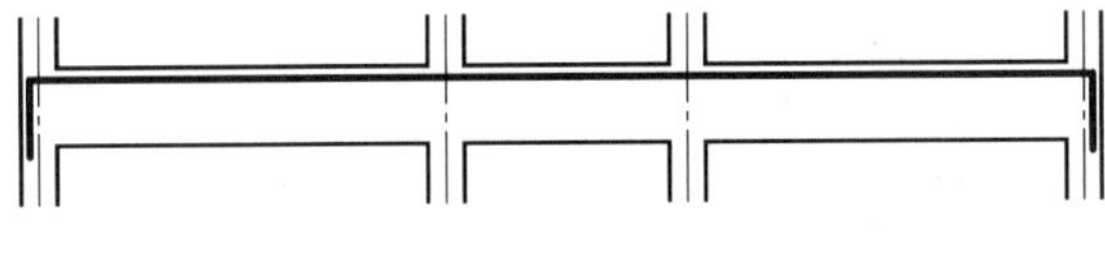

图 7-116　上部贯通筋

上部贯通筋长 L = 各跨长之和 − 左支座内侧宽 − 右支座内侧宽 + 锚固长度 + 搭接长度锚固长度取值：

a. 当（支座宽度 − 保护层厚度）≥ L_{aE}，且 ≥ $0.5h_c + 5d$ 时，锚固长度 = max（L_{aE}，$0.5h_c + 5d$）。

b. 当（支座宽度 − 保护层厚度）< L_{aE}时，锚固长度 = 支座宽度 − 保护层厚度 + $15d$。其中，h_c 为柱宽，d 为钢筋直径。

② 端支座负筋（图 7-117）。

上排钢筋长 $L=L_{ni}/3+$锚固长度

下排钢筋长 $L=L_{ni}/4+$锚固长度

式中 L_{ni}（$i=1, 2, 3, \cdots$）——梁净跨长，锚固长度取值同上部贯通筋。

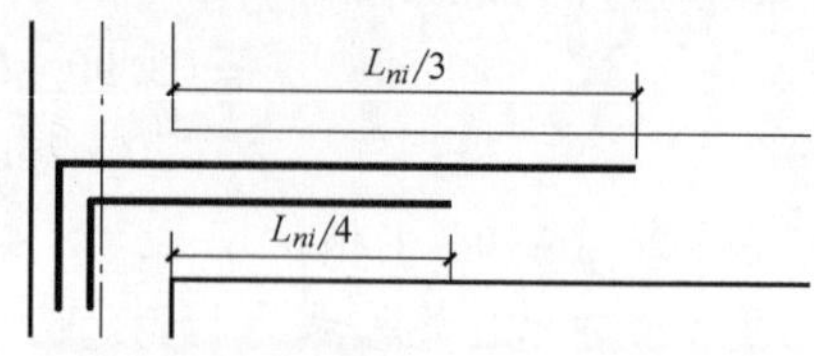

图 7-117 端支座负筋示意图

③ 中间支座负筋（图 7-118）。

上排钢筋长 $L=2\times(L_{ni}/3)+$支座宽度

下排钢筋长 $L=2\times(L_{ni}/4)+$支座宽度

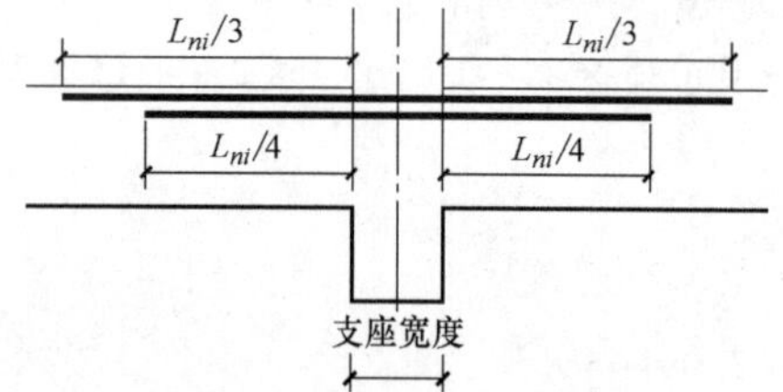

图 7-118 中间支座负筋示意图

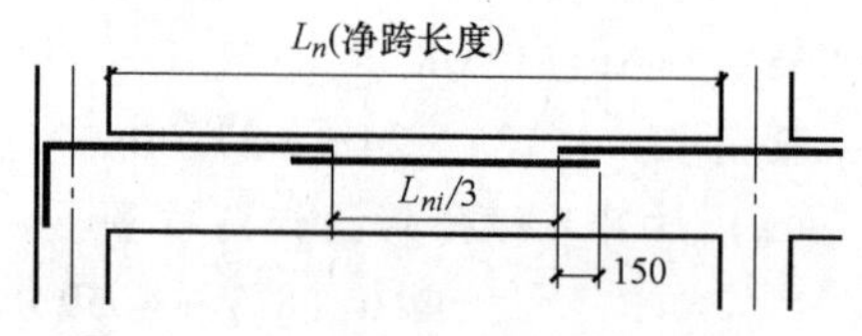

图 7-119 架立筋示意图

④ 架立筋（图 7-119）

架立筋长 $L=$本跨净跨长 − 左侧负筋伸出长度 − 右侧负筋伸出长度 $+2\times$搭接长度（搭接长度可按 150mm 计算）

⑤ 下部钢筋（图 7-120）。

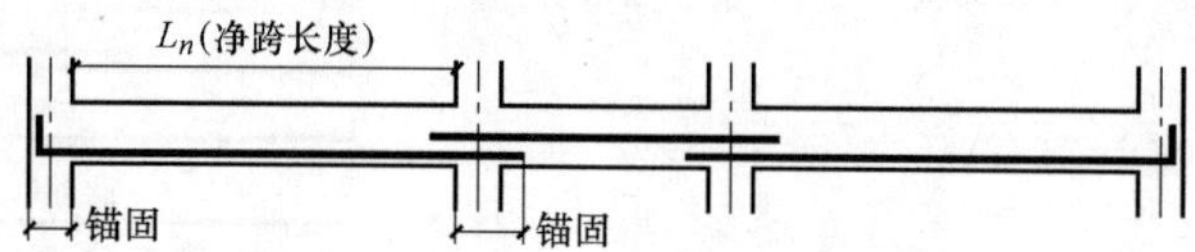

图 7-120 下部钢筋示意图

$$下部钢筋长=\sum_{i=1}^{n}[L_n+2\times锚固长度(或0.5h_c+5d)]_i$$

式中 跨度长度 L_n——左跨 L_{ni}和右跨 L_{ni+1}的较大值，其中 $i=1, 2, 3, \cdots$。

⑥ 下部贯通筋（图 7-121）。

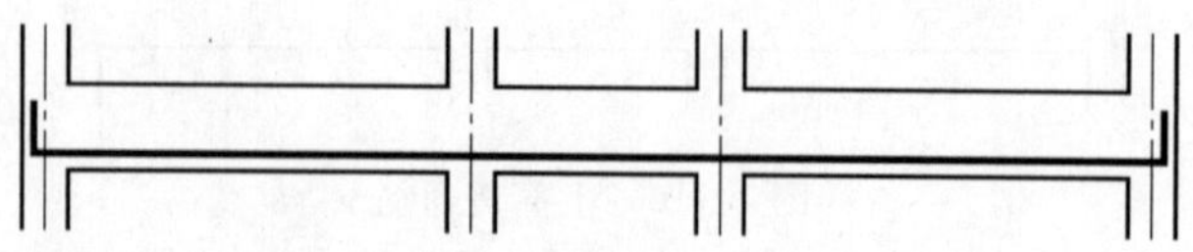

图 7-121 下部贯通筋示意图

下部贯通筋长 $L=$各跨长之和 − 左支座内侧宽 − 右支座内侧宽 + 锚固长度 + 搭接长度

式中，锚固长度取值同上部贯通筋。

⑦ 梁侧面钢筋（图 7-122）。

梁侧面钢筋长 $L=$各跨长之和 − 左支座内侧宽 − 右支座内侧宽 + 锚固长度 + 搭接长度

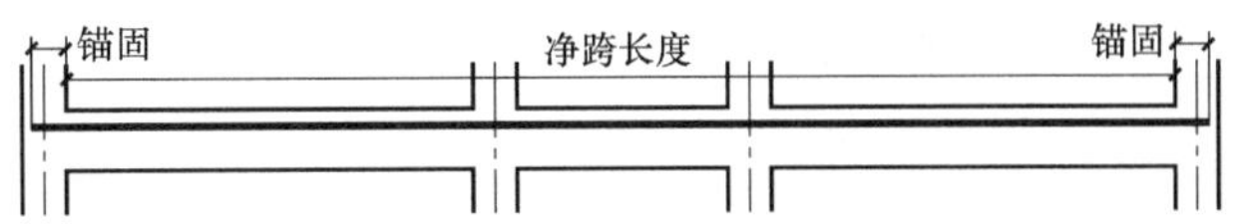

图 7-122　梁侧面钢筋示意图

说明：当为侧面构造钢筋时，搭接与锚固长度为 $15d$；当为侧面受扭纵向钢筋时，搭接长度为 L_{lE} 或 L_l，其锚固长度为 L_{aE} 或 L_a，锚固方式同框架梁下部纵筋。

⑧ 拉筋（图 7-123）。当只勾住主筋时：

拉筋长度 L = 梁宽 − 2 × 保护层厚度 + 2 × 1.9d + 2 × max(10d,75mm) + 2d

拉筋根数 n = [(梁净跨长 − 2 × 50mm)/(箍筋非加密间距 × 2)] + 1

⑨ 吊筋（图 7-124）。

吊筋长度 L = 2 × 20d(锚固长度) + 2 × 斜段长度 + 次梁宽度 + 2 × 50mm

说明：当梁高 ≤ 800mm 时，斜段长度 = (梁高 − 2 × 保护层厚度)/sin45°；当梁高 > 800mm 时，斜段长度 = (梁高 − 2 × 保护层厚度)/sin60°。

⑩ 箍筋（图 7-125）。

箍筋长度 L = 2 × (梁高 − 2 × 保护层厚度 + 梁宽 − 2 × 保护层厚度) + 2 × 11.9d + 4d

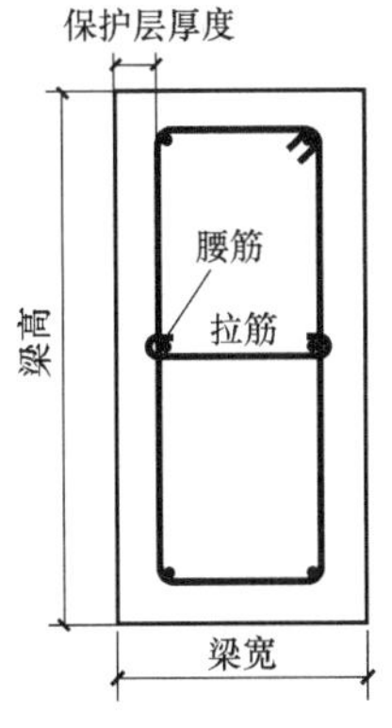

图 7-123　拉筋示意图

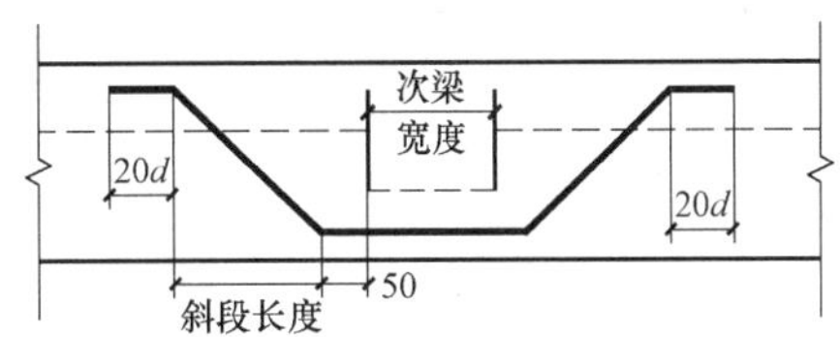

图 7-124　吊筋示意图

箍筋根数 n = 2 × {[(加密区长度 − 50mm)/加密区间距] + 1} + [(非加密区长度/非加密区间距) − 1]

说明：当为一级抗震时，箍筋加密区长度为 max（2 × 梁高，500mm）；当为二 ~ 四级抗震时，箍筋加密区长度为 max（1.5 × 梁高，500mm）。

⑪ 屋面框架梁钢筋（图 7-126）。

屋面框架梁上部贯通筋和端支座负筋的锚固长度 L = 柱宽 − 保护层厚度 + 梁高 − 保护层厚度

⑫ 悬臂梁钢筋计算（图 7-127）。

箍筋长度 L = 2 × {[$(H + H_b)/2$] − 2 × 保护层厚度 + 挑梁宽 − 2 × 保护层厚度} + 11.9d + 4d

箍筋根数 n = [(L − 次梁宽 − 2 × 50mm)/箍筋间距] + 1

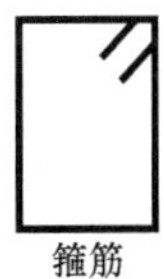

图 7-125　箍筋示意图

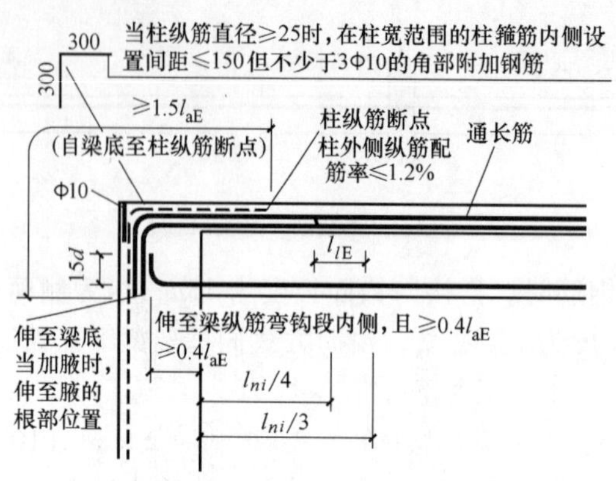

图 7-126 屋面框架梁钢筋示意图

上部上排钢筋 $L=l_{ni}/3+$支座宽$+L-$保护层厚度$+\max\{(H_b-2\times$保护层厚度$),12d\}$

上部下排钢筋 $L=l_{ni}/4+$支座宽$+0.75L$

下部钢筋 $L=15d+XL-$保护层厚度

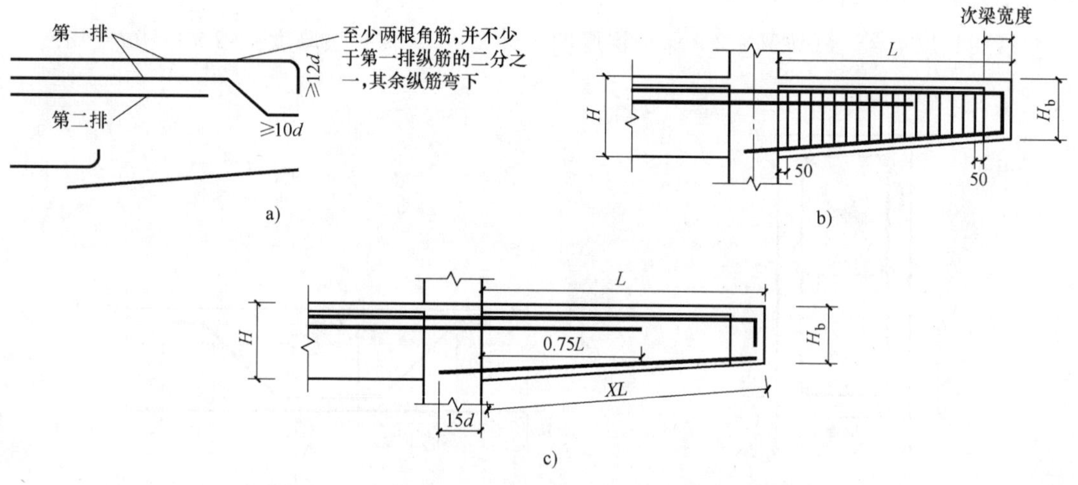

图 7-127 悬臂梁钢筋示意图

说明：不考虑地震作用时，当纯悬挑梁的纵向钢筋直锚长度$\geqslant l_a$，且$\geqslant 0.5h_c+5d$时，可不必上下弯锚；当直锚伸至对边仍不足 l_a 时，则应按图示弯锚，当直锚伸至对边仍不足 $0.45l_a$ 时，则应采用较小直径的钢筋。

当悬挑梁由屋面框架梁延伸出来时，其配筋构造应由设计者补充；当梁的上部设有第三排钢筋时，其延伸长度应由设计者注明。

【例 7-24】 根据图 7-128，计算 WKL2 框架梁钢筋工程量（柱截面尺寸为 400mm × 400mm，梁纵长钢筋为对焊连接）。

【解】 上部贯通筋 L = 各跨长之和 − 左支座内侧宽 − 右支座内侧宽 + 锚固长度

Φ18：$L=[(7.50-0.20-0.325)+(0.45-0.02+15\times0.018)+(0.40-0.02+15\times0.018)]\times2\text{m}=(6.975+0.70+0.65)\times2\text{m}$

$=16.65\text{m}$

端支座负筋　$L = L_{ni}/3 +$ 锚固长度

Φ16：$L = [(7.50 - 0.20 - 0.325) \div 3 + (0.45 - 0.02 + 15 \times 0.016)] \times 2\text{m} + [(7.50 - 0.20 - 0.325) \div 3\text{m} + (0.40 - 0.02 + 15 \times 0.016)] \times 1\text{m}$

$= (2.325 + 0.67) \times 2\text{m} + (2.325 + 0.62) \times 1\text{m}$

$= 8.94\text{m}$

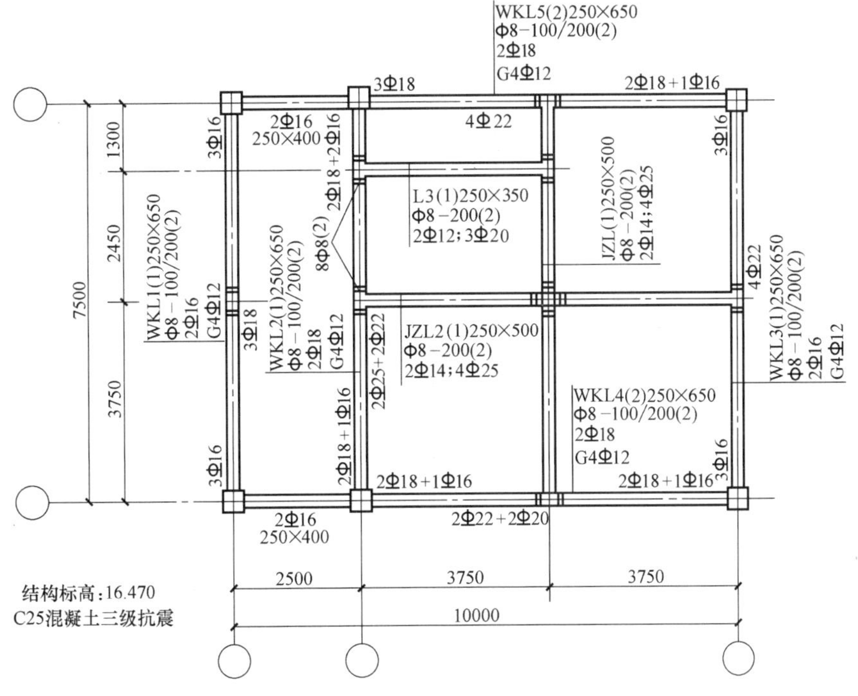

图 7-128　屋面梁平面整体配筋图（尺寸单位：mm）

下部钢筋 $L =$ 净跨长 + 锚固长度

Φ25：$L = [(7.5 - 0.20 - 0.325) + (0.45 - 0.02 + 15 \times 0.025) + (0.40 - 0.02 + 15 \times 0.025)] \times 2\text{m}$

$= (6.975 + 0.805 + 0.755) \times 2\text{m}$

$= 17.07\text{m}$

Φ22：$L = [(7.50 - 0.20 - 0.325) + (0.45 - 0.02 + 15 \times 0.022) + (0.40 - 0.02 + 15 \times 0.022)] \times 2\text{m}$

$= (6.975 + 0.76 + 0.71) \times 2\text{m}$

$= 16.89\text{m}$

箍筋长 $L = 2 \times$（梁宽 $- 2 \times$ 保护层厚度 + 梁高 $- 2 \times$ 保护层厚度）$+ 2 \times 11.9d + 4d$

Φ8：$L = 2 \times (0.25 - 0.02 \times 2 + 0.65 - 0.02 \times 2)\text{m} + 2 \times 11.9 \times 0.008\text{m} + 4 \times 0.008\text{m}$

$= 1.86\text{m}$

箍筋根数（取整）$n = 2 \times \{[$（加密区长 $- 50\text{mm}$）/加密区间距$] + 1\} + [$（非加密区长/非加密区间距）$- 1] +$ 支梁加密根数

$n = 2 \times \{[(0.975 - 0.05)/0.10 + 1]\} + \{[(7.50 - 0.20 - 0.325 - 0.975 \times 2)/0.20] - 1\}$

+8×2=61

箍筋长小计：L=1.86×61m=113.46m

WKL2 箍筋质量：

梁纵筋Φ18　16.65×2.00kg=33.30kg

Φ16　8.94×1.58kg=14.13kg

Φ25　17.07×3.85kg=65.72kg

Φ22　16.89×2.98kg=50.33kg

箍筋　Φ8　113.46×0.395kg=44.82kg

钢筋质量小计：208.30kg

(2) 柱构件　平法柱钢筋主要有纵筋和箍筋两种形式，不同的部位有不同的构造要求。每种类型的柱，其纵筋都会分为基础、首层、中间层和顶层四个部分来设置。

1）基础部位钢筋计算（图 7-129）。

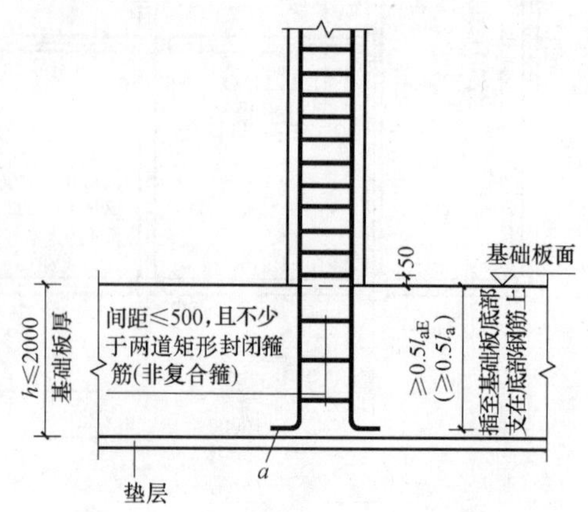

图 7-129　主箍筋构造示意图

柱纵筋长 L=本层层高－下层柱钢筋外露长度 max（≥H_n/6，≥500mm，≥柱截面长边尺寸）+本层柱钢筋外露长度 max（≥H_n/6，≥500mm，≥柱截面长边尺寸）+搭接长度（对焊接时为0）

基础插筋 L=基础高度－保护层厚度+基础弯折 a(≥150mm)+基础钢筋外露长度 H_n/3(H_n 指楼层净高)+搭接长度(焊接时为0)

2）首层柱钢筋计算（图 7-130）。

柱纵筋长度=首层层高－基础柱钢筋外露长度 H_n/3+本层柱钢筋外露长度 max(≥H_n/6，≥500mm，≥柱截面长边尺寸)+搭接长度（焊接时为0）

3）中间柱钢筋计算。

柱纵筋长 L=本层层高－下层柱钢筋外露长度 max（≥H_n/6，≥500mm，≥柱截面长边尺寸）+本层柱钢筋外露长度 max（≥H_n/6，≥500mm，≥柱截面长边尺寸）+搭接长度（焊接时为0）

4）顶层柱钢筋计算（图 7-131）

柱纵筋长 L=本层层高－下层柱钢筋外露长度 max（≥H_n/6，≥500mm，≥柱截面长边尺寸）－层顶节点梁高+锚固长度

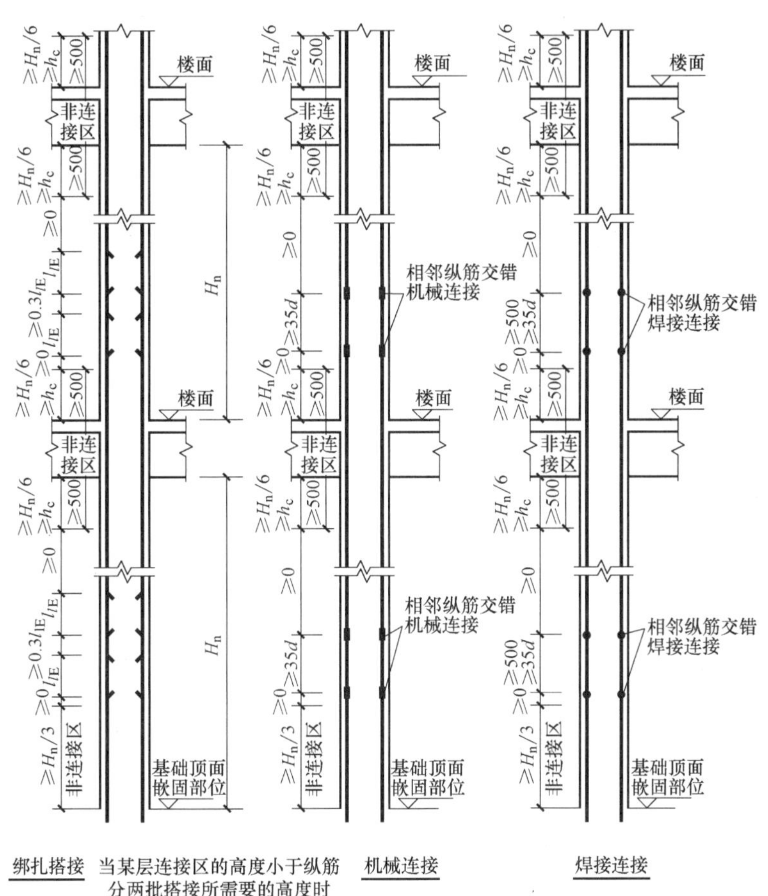

图 7-130　框架柱钢筋示意图（尺寸单位：mm）

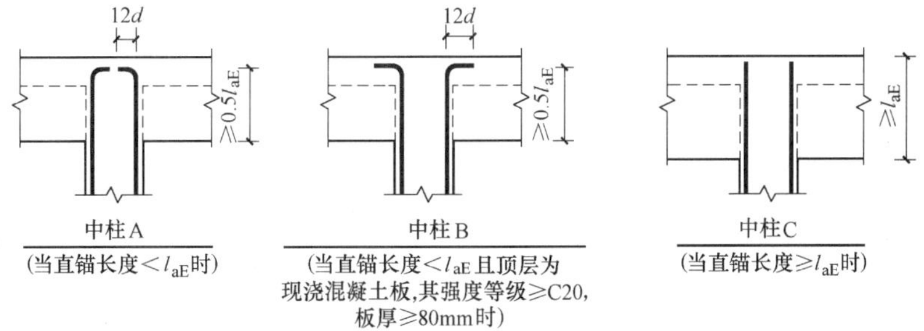

图 7-131　顶层柱钢筋示意图

锚固长度的确定分为以下三种：

① 当为中柱，且直锚长度 $<l_{aE}$时，锚固长度 = 梁高 - 保护层厚度 + $12d$；当柱纵筋的直锚长度（即伸入梁内的长度）不小于 l_{aE}时，锚固长度 = 梁高 - 保护层厚度。

② 当为边柱时，边柱钢筋分为一面外侧锚固和三面内侧锚固。外侧钢筋锚固 $\geqslant 1.5l_{aE}$，内侧钢筋锚固同中柱纵筋锚固（图 7-132）。

③ 当为角柱时，角柱钢筋分两面，外侧和两面内侧锚固。

5）柱箍筋计算。

① 柱箍筋根数计算。

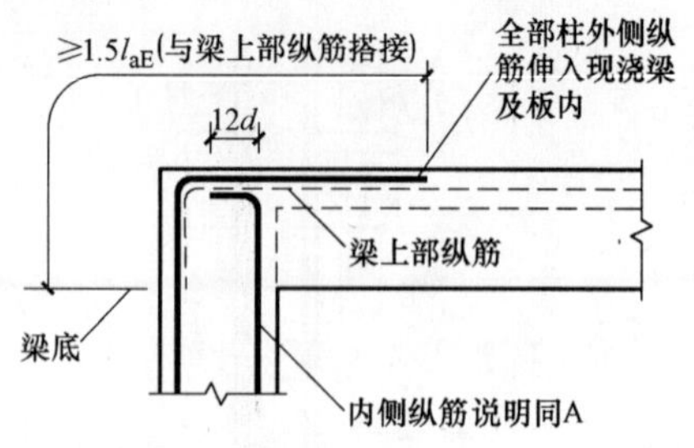

图 7-132 边柱、角柱钢筋示意图

基础层柱箍筋根数 n = 在基础内布置间距不少于 500mm 且不少于两道矩形封闭非复合箍筋的数量

底层柱箍筋根数 n =（底层柱根部加密区高度/加密区间距）+1 +（底层柱上部加密区高度/加密区间距）+1 +（底层柱中间非加密区高度/非加密区间距）-1

$$\text{楼底层柱箍筋根数 } n = \frac{\text{下部加密区高度} + \text{上部加密区高度}}{\text{加密区间距}} + 2 + \frac{\text{柱中间非加密区高度}}{\text{非加密区间距}} - 1$$

② 柱非复合箍筋长度计算（图 7-133）。

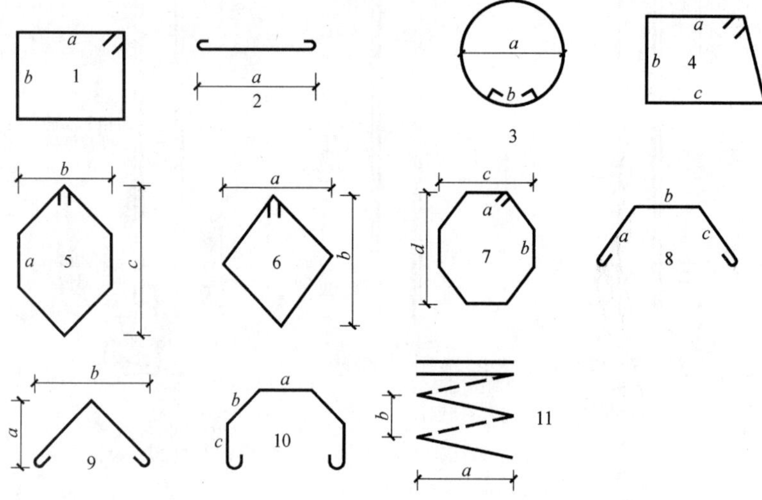

图 7-133 柱非复合箍筋形状示意图

各种非复合箍筋长度计算方法如下（图中尺寸均已扣除保护层厚度）：

a. 1 号图矩形箍筋长

$$L = 2 \times (a + b) + 2 \times \text{弯钩长} + 4d$$

b. 2 号图一字形箍筋长

$$L = a + 2 \times \text{弯钩长} + d$$

c. 3 号图圆形箍筋长

$$L = \pi(a + b) + 2 \times \text{弯钩长} + \text{搭接长度}$$

d. 4 号图梯形箍筋长

$$L = a + b + c + \sqrt{(c - a)^2 + b^2} + 2 \times \text{弯钩长} + 4d$$

e. 5 号图六边形箍筋长

$$L = 2 \times a + 2 \times \sqrt{(c - a)^2 + b^2} + 2 \times \text{弯钩长} + 6d$$

f. 6 号图平行四边形箍筋长

$$L=2\times\sqrt{a^2+b^2}+2\times 弯钩长+4d$$

g. 7 号图八边形箍筋长

$$L=2\times(a+b)+2\times\sqrt{(c-a)^2+(d-b)^2}+2\times 弯钩长+8d$$

h. 8 号图八字形箍筋长

$$L=a+b+c+2\times 弯钩长+3d$$

i. 9 号图转角形箍筋长

$$L=2\times\sqrt{a^2+b^2}+2\times 弯钩长+2d$$

j. 10 号图门字形箍筋长

$$L=a+2(b+c)+2\times 弯钩长+5d$$

k. 11 号图螺旋形箍筋长

$$L=\sqrt{[\pi(a+b)]^2+b^2}+(柱高/螺距)b$$

6）柱复合箍筋长度计算（图 7-134）

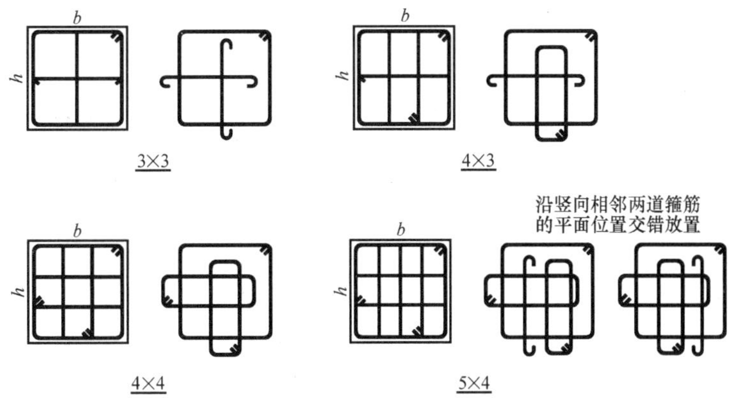

图 7-134　柱复合箍筋形状示意图

① 3×3 箍筋长

外箍筋长 $L=2\times(b+h)-8\times$ 保护层厚度 $+2\times$ 弯钩长 $+4d$

内一字箍筋长 $=(h-2\times$ 保护层厚度 $+2\times$ 弯钩长 $+d)+(b-2\times$ 保护层厚度 $+2\times$ 弯钩长 $+d)$

② 4×3 箍筋长

外箍筋长 $L=2\times(b+h)-8\times$ 保护层厚度 $+2\times$ 弯钩长 $+4d$

内矩形箍筋长 $L=\{[(b-2\times$ 保护层厚度 $-D)/3]+D\}\times2+(h-2\times$ 保护层厚度 $)\times2+2\times$ 弯钩长 $+4d$

式中　D——纵筋直径（mm）。

内一字箍筋长 $L=b-22\times$ 保护层厚度 $+2\times$ 弯钩长 $+d$

③ 4×4 箍筋长

外箍筋长 $L=2\times(b+h)-8\times$ 保护层厚度 $+2\times$ 弯钩长 $+4d$

内矩形箍筋长 $L_1=\{[(b-2\times$ 保护层厚度 $-D)/3]D+d+h-2\times$ 保护层厚度 $+d\}\times2+2\times$ 弯钩长

内矩形箍筋长 $L_2=\{[(h-2\times$保护层厚度$-D)/3]+D+d+b-2\times$保护层厚度$+d\}\times 2+2\times$弯钩长

④ 5×4 箍筋长

外箍筋长 $L=2\times(b+h)-8\times$保护层厚度$+2\times$弯钩长$+4d$

内矩形箍筋长 $L_1=\{[(b-2\times$保护层厚度$-D)/4]+D+d+h-2\times$保护层厚度$+d\}\times 2+2\times$弯钩长

内矩形筋筋长 $L_2=\{[(h-2\times$保护层厚度$-D)/3]+D+d+b-2\times$保护层厚度$+d\}\times 2+2\times$弯钩长

内一字箍筋长 $L=h-2\times$保护层厚度$+2\times$弯钩长$+d$

【例 7-25】 根据图 7-135，计算Ⓒ轴与②轴相交的 KZ4 框架柱钢筋工程量。

柱纵筋为对焊连接，柱本层高为 3.900m，上层层高为 3.600m。

【解】 中间层柱钢筋长 L = 本层层高 − 下层柱钢筋外露长度 max（$\geqslant H_n/6$，≥500mm，≥柱截面长边尺寸）+ 本层柱钢筋外露长度 max（$\geqslant H_n/6$，≥500mm，≥柱截面长边尺寸）+ 搭接长度（对焊接时为 0）

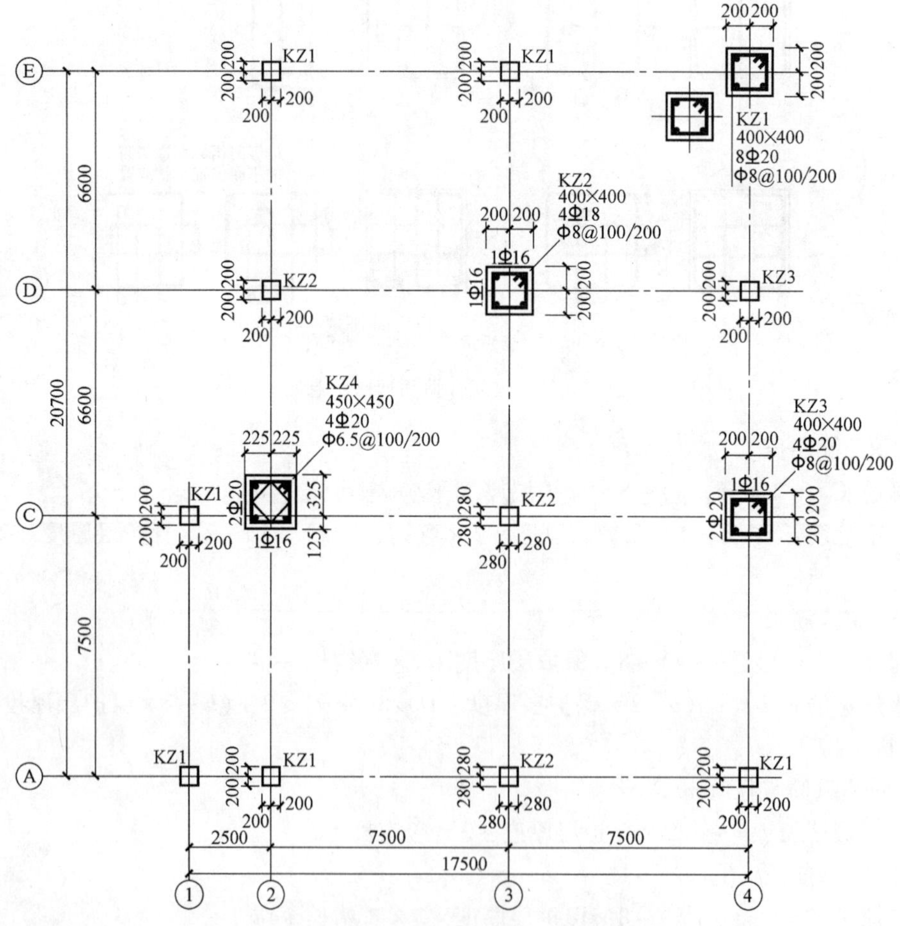

图 7-135 三层柱平面整体配筋图（尺寸单位：mm）

注：本层编号仅用于本层，标高为 8.970m，层高为 3.900m，C25 混凝土三级抗震。

Φ20：$L = \{[3.90-(3.90-梁高\times0.25)/6]+(3.60-梁高\times0.25)/6\}\times8m$
$=[(3.90-0.61)+0.56]\times8m$
$=30.80m$

Φ16：$L=3.85\times2m=7.70m$

六边形箍筋长 $L=2\times a+2\times\sqrt{(c-a)^2+b^2}+2\times$弯钩长$+6d$ 图7-136中：

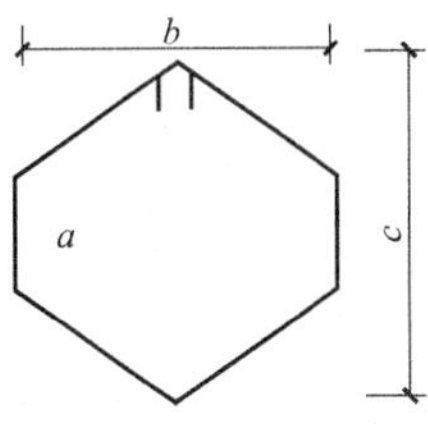

图 7-136 六边形箍筋

$a=[(0.45-0.02\times2)/3]m=0.14m$
$b=(0.45-0.02\times2)m=0.41m$
$c=(0.45-0.02\times2)m=0.41m$

六边形Φ6.5：$L=2\times0.14m+2\times\sqrt{(0.41-0.14)^2+0.41^2}m+2\times(0.075+1.9\times0.0065)m+6\times0.0065m$
$=0.28m+2\times0.49m+0.17m+0.04m=1.47m$

矩形箍筋长 $L=2\times$(柱长边$-2\times$保护层厚度$+$柱短边$-2\times$保护层厚度)$+2\times$弯钩长$+4d$

Φ6.5：$L=2\times(0.45-2\times0.02+0.45-2\times0.02)m+2\times(0.075+1.9\times0.0065)m+4\times0.0065m$
$=1.90m$

箍筋根数（取整数）$n=\dfrac{柱下部加密区高度+上部加密区高度}{加密区间距}+2+\dfrac{柱中间非加密区高度}{非加密区间距}-1$

柱箍筋根数：

$$n=\frac{[(3.90-0.25)/6]\times2+梁高\times0.25}{0.10}+2+\frac{(3.90-0.25)-[(3.90-0.25)/6]\times2}{0.20}-1$$
$$=\frac{0.61\times2+0.25}{0.10}+2+\frac{3.65-0.61\times2}{0.20}-1$$
$$=29$$

箍筋长小计：$L=(1.47+1.90)\times29m=97.73m$

KZ4 钢筋质量：

柱纵筋Φ20：$30.80\times2.47kg=76.08kg$

Φ16：$7.70\times2.00kg=15.40kg$

Φ6.5：$97.73\times0.26kg=25.41kg$

钢筋质量小计：116.89kg

【例 7-26】 根据图 7-137，计算Ⓑ轴与②轴相交的 KZ3 框架柱钢筋工程量（柱纵筋为对焊连接，本层层高 3.600m）。

【解】 顶层柱钢筋长：$L=$本层层高$-$下层柱钢筋外露长度 max（$\geq H_n/6$，$\geq500mm$，$\geq$柱截面长边尺寸）$-$屋顶节点梁高$+$锚固长度

Φ20：$L=\{[3.60-(3.60-0.25)/6]-0.25+(0.25-0.02+12\times0.02)\}\times8m+\{[3.60-(3.60-0.25)/6]-0.25+1.5\times35\times0.02\}\times4m$
$=3.262\times8m+3.842\times4m$
$=41.46m$

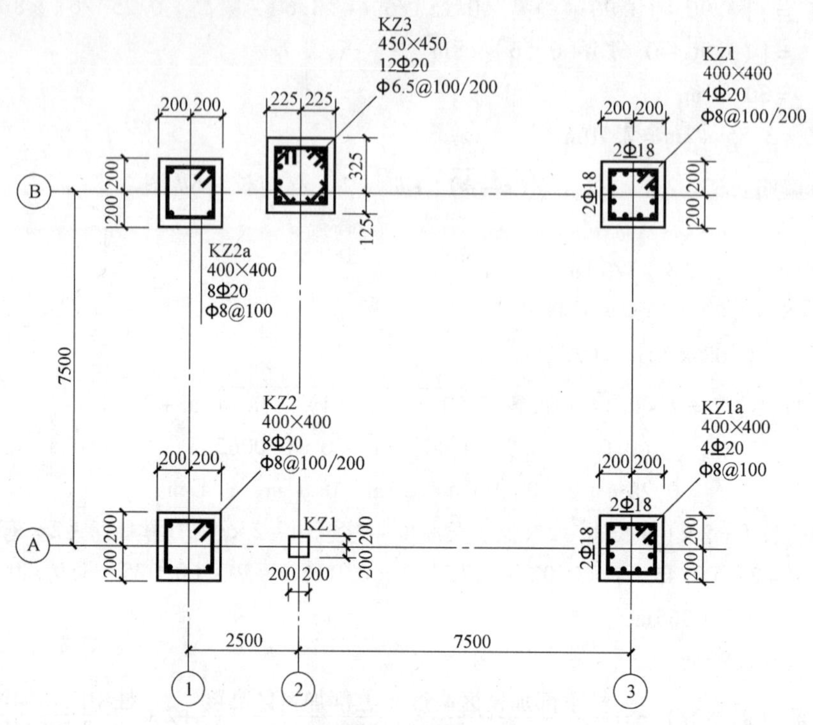

图 7-137 顶层柱平面整体配筋图（尺寸单位：mm）

注：本层编号仅用于本层，标高为 12.870m，层高为 3.600m C25 混凝土三级抗震。

六边形箍筋长 L 计算同【例 7-25】，即Φ6.5：$L=1.47\text{m}$

矩形箍筋长 L 计算同【例 7-25】，即Φ6.5：$L=1.90\text{m}$

箍筋根数（取整数）n 计算同【例 7-25】，即：

$$n=\frac{[(3.60-0.25)/6]\times2+0.25}{0.10}+2+\frac{(3.60-0.25)-[(3.60-0.25)/6]\times2}{0.20}-1$$

$$=27$$

箍筋长小计：$L=(1.47+1.90)\times27\text{m}=90.99\text{m}$

KZ3 钢筋质量：

桩纵筋Φ20：$41.46\times2.47\text{kg}=102.41\text{kg}$

箍筋Φ6.5：$90.99\times0.26\text{kg}=23.66\text{kg}$

钢筋质量小计：126.07kg

（3）板构件

1）板中钢筋计算。

板底受力钢筋长 L = 板跨净长 + 两端锚固长度 max(1/2梁宽, $5d$)（当为梁、剪力墙、圆梁时）；max(120, h, 墙厚12)（当为砌体墙时）

板底受力钢筋根数 n = [（板距净长 − 2×50mm）/布置间距] + 1

板面受力钢筋长 L = 板跨净长 + 两端锚固长度

板面受力钢筋根数 n = [（板跨净长 − 2×50mm）/布置间距] + 1

说明：板面受力钢筋在端支座的锚固，结合平法和施工实际情况，大致有以下三种构造：

① 端支座为砌体墙：$0.35l_{ab}+15d$。

② 端部支座为剪力墙：$0.4l_{ab}+15d$。

③ 端支座为梁时，$0.6l_{ab}+15d$。

2）板负筋计算（图7-138）

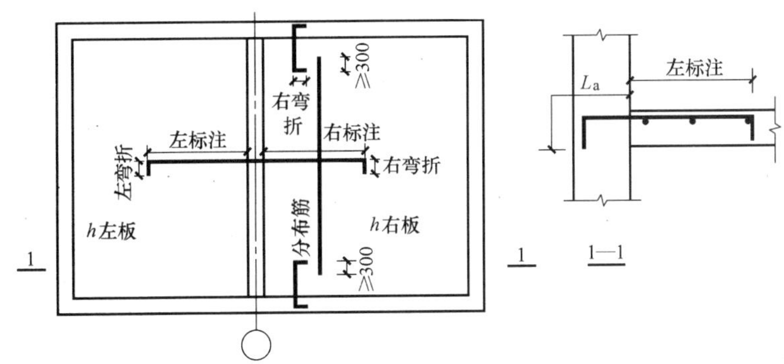

图7-138　板负筋、分布筋示意图

板边支座负筋长 L = 左标注（右标注）+ 左弯折（右弯折）+ 锚固长度（同板面钢筋锚固长度取值）

板中间支座负筋长 L = 左标注 + 右标注 + 左弯折 + 右弯折 + 支座宽度

3）板负筋分布钢筋计算

中间支座负筋分布钢筋长 L = 净跨 − 两侧负筋标注之和 + 2×300mm（根据图样实际情况）

中间支座负筋分布钢筋数量 n = [(左标注 − 50mm)/分布筋间距] + 1 + [(右标注 − 50mm)/分布筋间距] + 1

【例7-27】 根据图7-139，计算屋面板Ⓐ轴～Ⓒ轴至①轴～②轴范围的部分钢筋工程量。

【解】 板底钢筋：L = 板距净长 + 两端锚固长度 max（1/2梁宽，$5d$）弯钩

Φ8 长筋：L = 7.50m − 0.25m + 0.25m + 2×6.25×0.008m
= 7.60m

长筋根数（取整）：n = [(板净跨长 − 2×50mm)/间距] + 1
= [(2.50 − 2×0.05 − 2×0.05)/0.25] + 1
= 10

Φ8 短筋：L = 2.50m − 0.25m + 0.25m + 2×6.25×0.008m = 2.60m

短筋根数（取整）：n = [(7.5 − 0.25 − 2×0.05)/0.18] + 1 = 41

①轴负筋：L = 右标注 + 右弯折 + 锚固长度

Φ8：L = 0.84m + (0.10 − 2×0.015)m + 0.6×36×0.008m + 15×0.008m = 1.16m

②轴负筋根数（取整）：n = {[板长(宽) − 2×保护层厚度]/间距} + 1
= [(7.5 − 0.25 − 2×0.015)/0.18] + 1 = 42

钢筋质量小计：(7.60×10 + 2.60×41 + 1.16×42)×0.395kg = 91.37kg

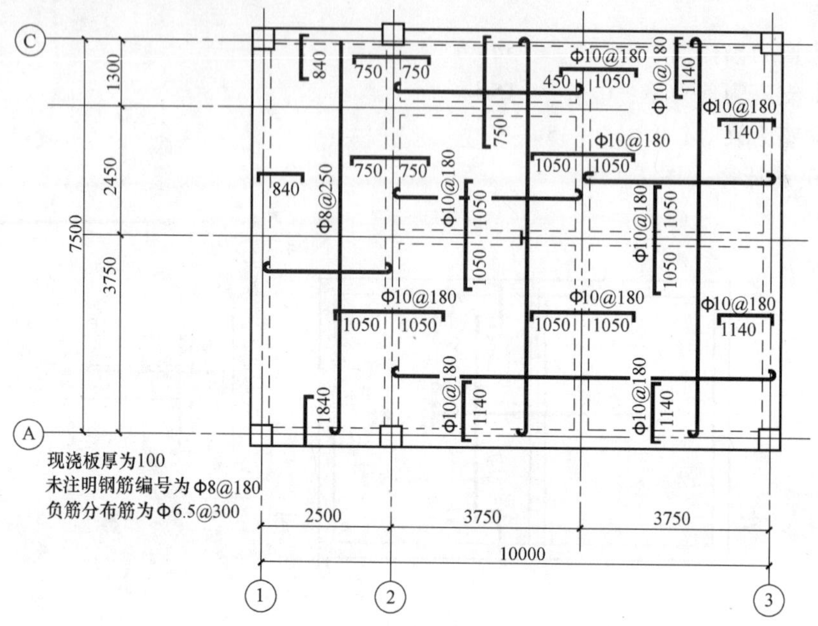

现浇板厚为100
未注明钢筋编号为Φ8@180
负筋分布筋为Φ6.5@300
屋面结构标高：16.470m，C25混凝土三级抗震

图 7-139 屋面配筋图（尺寸单位：mm）

3. 预应力钢筋

先张法预应力钢筋按构件外形尺寸计算长度；后张法预应力钢筋按设计图样规定的预应力钢筋预留孔道长度，并区别不同的锚具类型，分别按下列规定计算：

1）低合金钢筋两端采用螺杆锚具时，预应力钢筋长度按预留孔道长度减 0.35m 计算，螺杆另行计算。

2）低合金钢筋一端采用镦头插片，另一端采用螺杆锚具时，预应力钢筋长度按预留孔道长度计算，螺杆另行计算。

3）低合金钢筋一端采用镦头插片，另一端采用帮条锚具时，预应力钢筋长度增加 0.15m 计算；两端均采用帮条锚具时，预应力钢筋长度增加 0.3m 计算。

4）低合金钢筋采用后张混凝土自锚时，预应力钢筋长度增加 0.35m 计算。

5）低合金钢筋或钢绞线采用 JM、XM、QM 型锚具，孔道长度在 20m 以内时，预应力钢筋长度增加 1m 计算；孔道长度在 20m 以上时，预应力钢筋长度增加 1.8m 计算。

6）碳素钢丝采用锥形锚具，孔道长在 20m 以内时，预应力钢线长度增加 1m 计算；孔道长度在 20m 以上时，预应力钢丝长度增加 1.8m 计算。

7）碳素钢丝两端采用镦粗头时，预应力钢丝长度增加 0.35m 计算。

7.7.5 预埋件工程量

钢筋混凝土构件预埋件工程量，按设计图示尺寸计算，单位为 t。

【例 7-28】 根据图 7-140，计算 5 根预制柱的预埋件工程量，已知 10mm 厚钢板单位面积质量为 78.5kg/m^2；Φ12 钢筋单位长度质量为 0.888kg/m；Φ18 钢筋单位长度质量为 2.00kg/m。

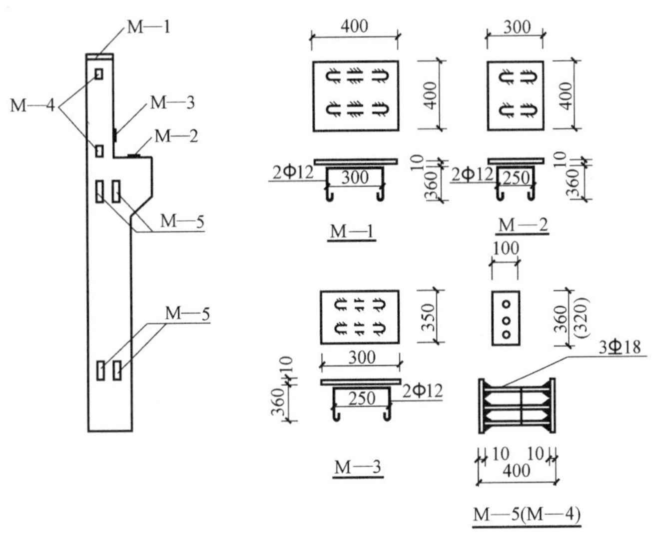

图 7-140 钢筋混凝土预制柱预埋件

【解】 (1) 1 根柱预埋件工程量

M—1：钢板：$0.4m \times 0.4m \times 78.5kg/m^2 = 12.56kg$

Φ12：$2 \times (0.30 + 0.36 \times 2 + 12.5 \times 0.012)m \times 0.888kg/m = 2.08kg$

M—2：钢板：$0.3m \times 0.4m \times 78.5kg/m^2 = 9.42kg$

Φ12：$2 \times (0.25 + 0.36 \times 2 + 12.5 \times 0.012)m \times 0.888kg/m = 1.99kg$

M—3：钢板：$0.3m \times 0.35m \times 78.5kg/m^2 = 8.24kg$

Φ12：$2 \times (0.25 + 0.36 \times 2 + 12.5 \times 0.012)m \times 0.888kg/m = 1.99kg$

M—4：钢板：$2 \times 0.1m \times 0.32m \times 2 \times 78.5kg/m^2 = 10.05kg$

Φ18：$2 \times 3 \times 0.38m \times 2.00kg/m = 4.56kg$

M—5：钢板：$4 \times 0.1m \times 0.36m \times 2 \times 78.5kg/m^2 = 22.61kg$

Φ18：$4 \times 3 \times 0.38m \times 2.00kg/m = 9.12kg$

小计：82.62kg

(2) 5 根柱预埋件工程量

$$82.62kg \times 5 = 413.1kg = 0.413t$$

7.7.6 现浇混凝土工程量

1. 计算规定

混凝土工程量除另有规定外，均按图示尺寸实体体积以立方米计算。不扣除构件内钢筋、预埋件及墙、板中 $0.3m^2$ 内的孔洞所占体积。

2. 基础（图 7-141 ~ 图 7-147）

1）有肋条形混凝土基础（图 7-141），其肋高与肋宽之比在 4:1 以内的按有肋条形基础计算。超过 4:1 时，其基础底板按板式基础计算，以上部分按墙计算。

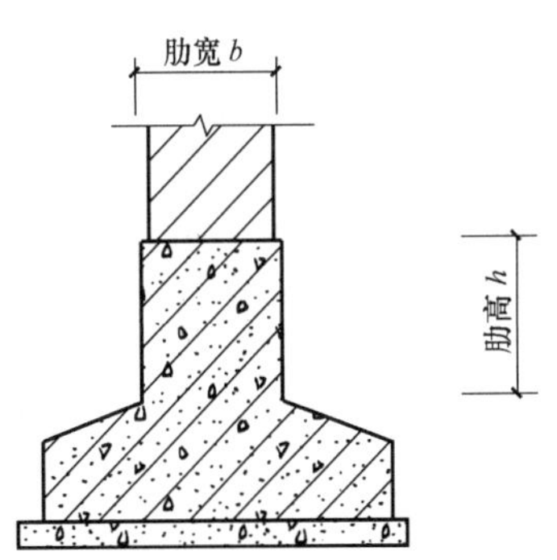

图 7-141 有肋条形基础
$h/b > 4$ 时，肋按墙计算

2）箱式满堂基础应分别按无梁式满堂基础、柱、墙、梁、板等的有关规定计算，套相应定额项目。

3）设备基础除块体外，其他类型设备基础分别按基础、梁、柱、板、墙等的有关规定计算，套相应的定额项目。

4）独立基础。钢筋混凝土独立基础与柱在基础上表面分界，如图 7-145 所示。

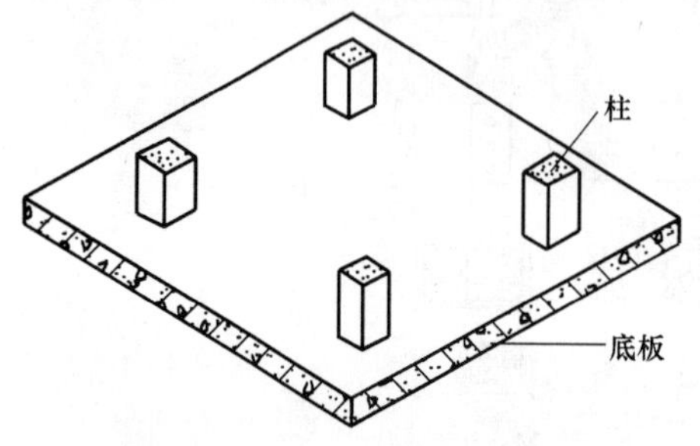

图 7-142　板式（筏形）满堂基础

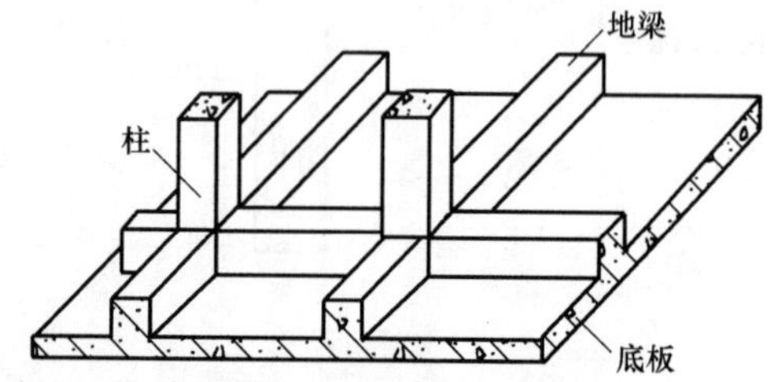

图 7-143　梁板式满堂基础

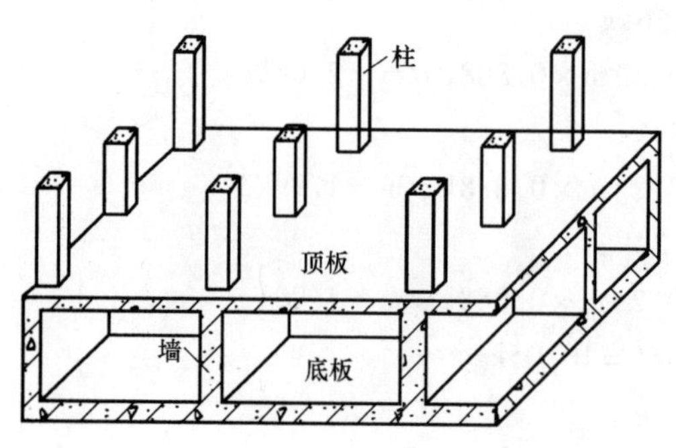

图 7-144　箱式满堂基础

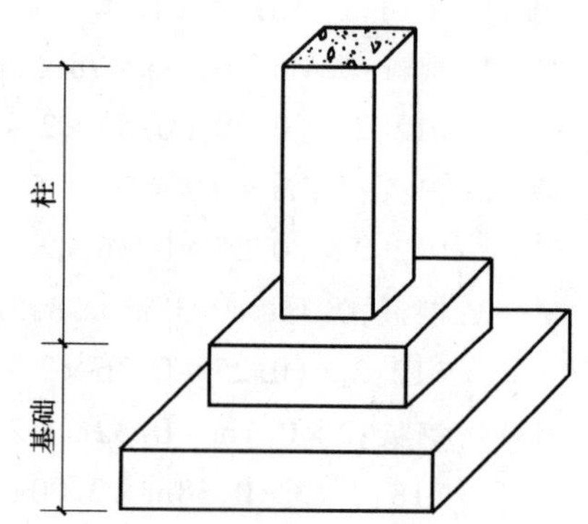

图 7-145　钢筋混凝土独立基础

【例 7-29】　根据图 7-146 计算 3 个钢筋混凝土独立柱基础工程量。

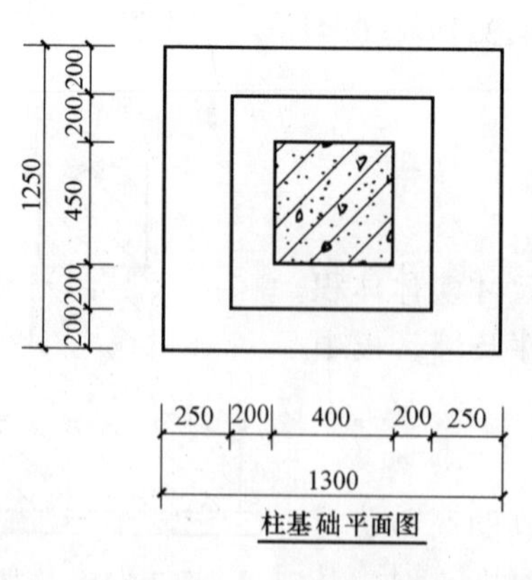

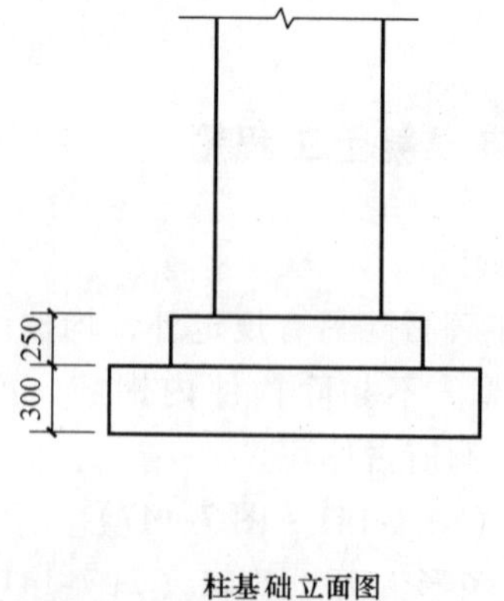

图 7-146　柱基础示意图

【解】 $V=[1.30\times1.25\times0.30+(0.2+0.4+0.2)\times(0.2+0.45+0.2)\times0.25]\text{m}^3\times3(\text{个})$
$=(0.488+0.170)\text{m}^3\times3$
$=1.97\text{m}^3$

5）杯形基础。现浇钢筋混凝土杯形基础（图7-147）的工程量分四个部分计算：①底部立方体，②中部棱台体，③上部立方体，④最后扣除杯口空心棱台体。

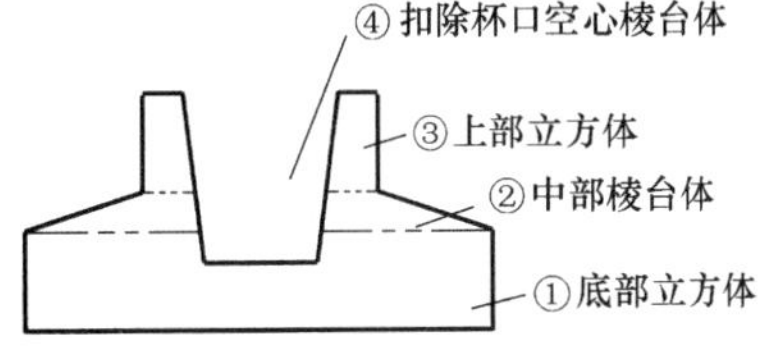

图7-147 杯形基础示意图

【例7-30】 根据图7-148，计算现浇钢筋混凝土杯形基础工程量。

【解】 V = 下部立方体 + 中部棱台体 + 上部立方体 − 杯口空心棱台体

$$=1.65\text{m}\times1.75\text{m}\times0.30\text{m}+\frac{1}{3}\times0.15\text{m}\times[1.65\times1.75+0.95\times1.05+\sqrt{(1.65\times1.75)\times(0.95\times1.05)}]\text{m}^2+0.95\text{m}\times1.05\text{m}\times0.35\text{m}-\frac{1}{3}\times(0.8-0.2)\text{m}\times[0.4\times0.5+0.55\times0.65+\sqrt{(0.4\times0.5)\times(0.55\times0.65)}]\text{m}^2$$
$$=0.866\text{m}^3+0.279\text{m}^3+0.349\text{m}^3-0.165\text{m}^3$$
$$=1.33\text{m}^3$$

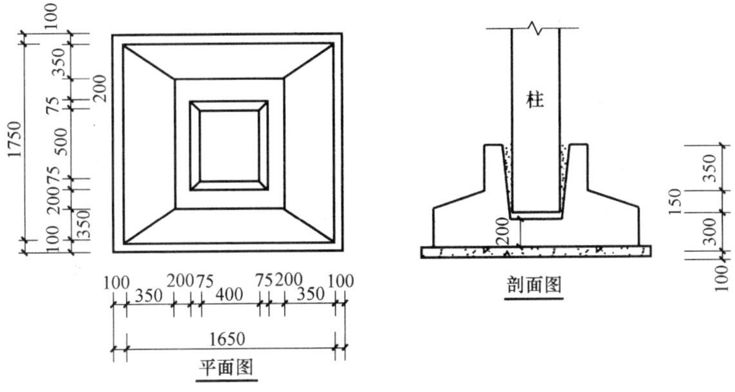

图7-148 杯形基础

3. 柱

柱按图示断面尺寸乘以柱高以立方米（m^3）计算。柱高按下列规定确定：

1）有梁板的柱高（图7-149），应自柱基础上表面（或按板上表面）至柱顶高度计算。

2）无梁板的柱高（图7-150），应自柱基础上表面（或楼板上表面）至柱帽下表面之间的高度计算。

3）框架柱的柱高（图7-151）应自柱基础上表面至柱顶高度计算。

4）依附于柱上的牛腿，并入柱身体积计算。

5）构造柱按全高计算，与砖墙嵌接部分的体积（马牙槎）并入柱身体积内计算。

构造柱的形状、尺寸示意图如图7-152、图7-153、图7-154所示。

构造柱体积计算公式：（当墙厚为240mm时）：

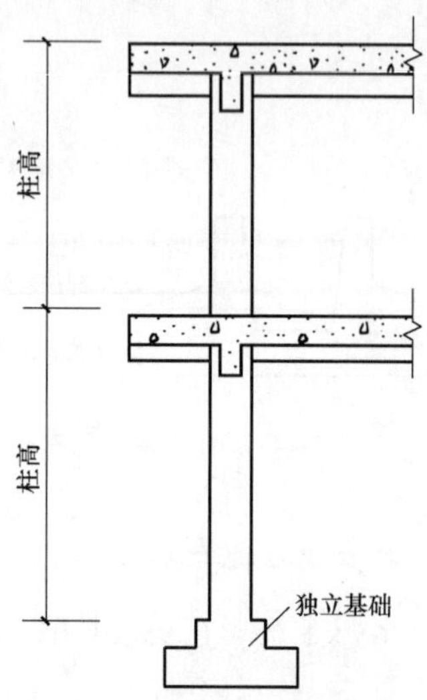

图 7-149 有梁板柱高示意图

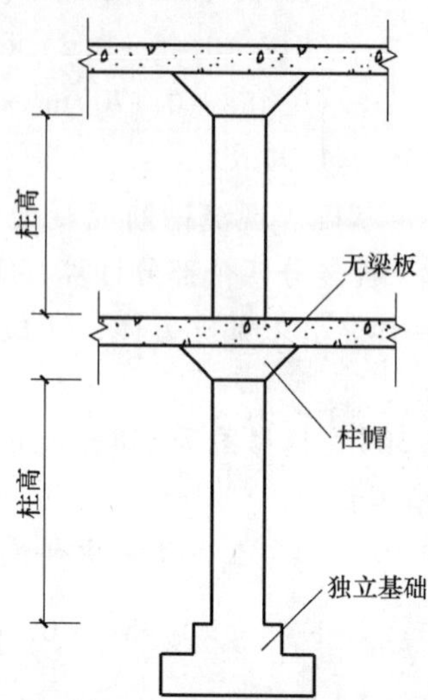

图 7-150 无梁板柱高示意图

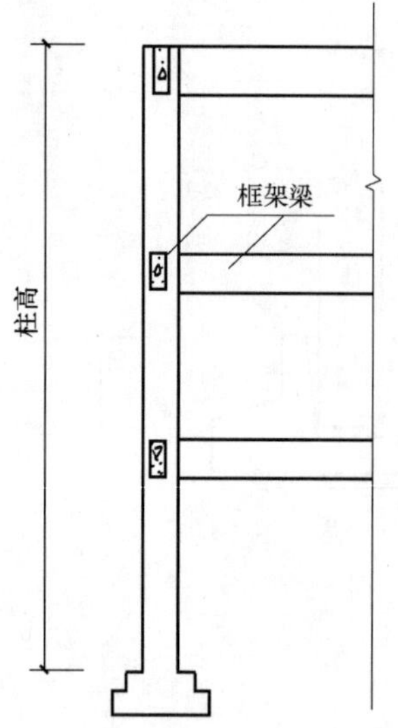

图 7-151 框架柱柱高示意图

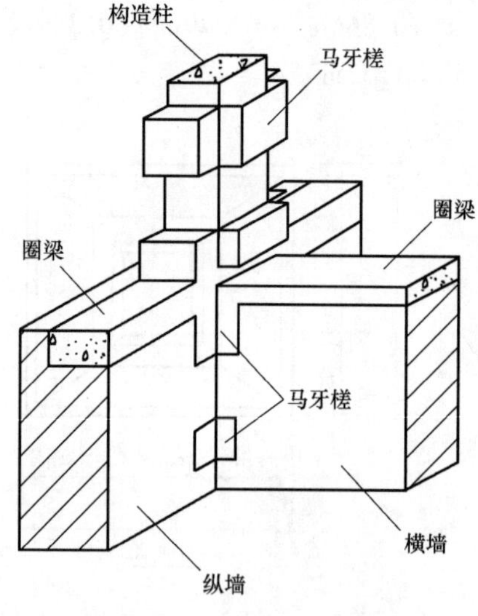

图 7-152 构造柱及与砖墙嵌接部分体积（马牙槎）示意图

$$V = 构造柱高 \times (0.24 \times 0.24 + 0.03 \times 0.24 \times 马牙槎边数)$$

【例 7-31】 根据下列数据计算构造柱体积。

90°转角：墙厚240mm，柱高12.0m

T形接头：墙厚240mm，柱高15.0m

十字形接头：墙厚365mm，柱高18.0m

一字形：墙厚240mm，柱高9.5m

【解】 (1) 90°转角

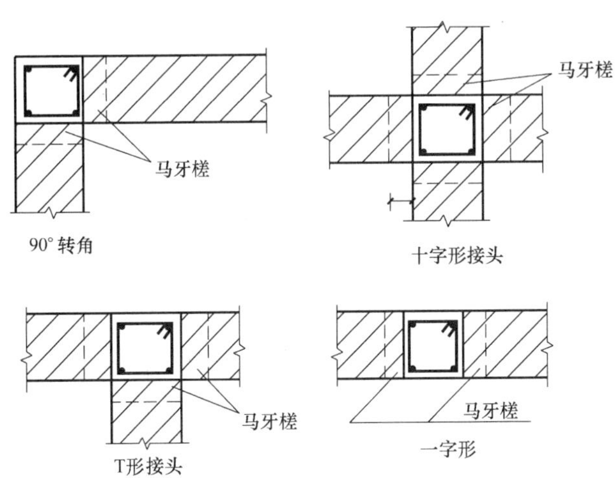

图 7-153　不同平面形状构造柱示意图

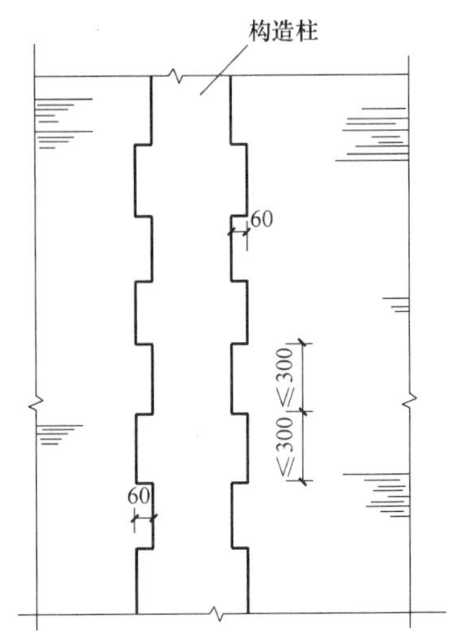

图 7-154　构造柱立面示意图

$V = 12.0\text{m} \times (0.24 \times 0.24 + 0.03 \times 0.24 \times 2$ 边$)\text{m}^2$

$= 0.864\text{m}^3$

(2) T 形

$V = 15.0\text{m} \times (0.24 \times 0.24 + 0.03 \times 0.24 \times 3$ 边$)\text{m}^2$

$= 1.188\text{m}^3$

(3) 十字形

$V = 18.0\text{m} \times (0.365 \times 0.365 + 0.03 \times 0.365 \times 4$ 边$)\text{m}^2$

$= 3.186\text{m}^3$

(4) 一字形

$V = 9.5\text{m} \times (0.24 \times 0.24 + 0.03 \times 0.24 \times 2$ 边$)\text{m}^2$

$= 0.684\text{m}^3$

小计：$0.864\text{m}^3 + 1.188\text{m}^3 + 3.186\text{m}^3 + 0.684\text{m}^3 = 5.92\text{m}^3$

4. 梁（图 7-155 ~ 图 7-157）

梁按图示断面尺寸乘以梁长以立方米计算，梁长按下列规定确定：

1）梁与柱连接时，梁长算至柱侧面。

2）主梁与次梁连接时，次梁长算至主梁侧面。

3）伸入墙内梁头、梁垫体积并入梁体积内计算。

5. 板

现浇板按图示面积乘以板厚以立方米计算。

1）有梁板包括主梁、次梁与板，按梁板体积之和计算。

2）无梁板按板和柱帽体积之和计算。

3）平板按板实体积计算。

4）现浇挑檐、天沟与板（包括屋面板、楼板）连接时，以外墙为分界线，与圈梁（包括其他梁）连接时，以梁外边线为分界线。外墙边线以外或梁外边线以外为挑檐、天沟（图 7-158）。

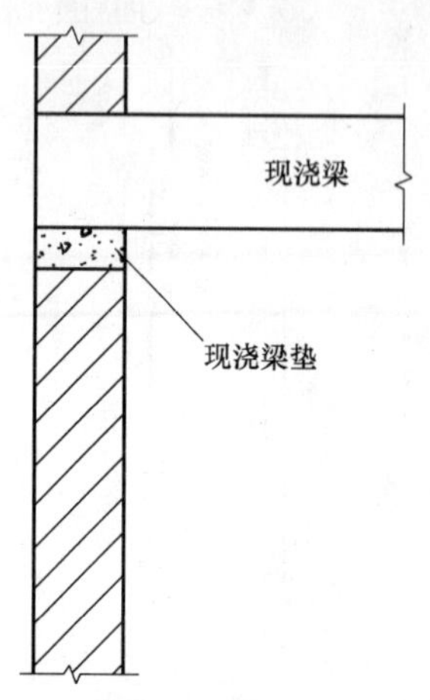

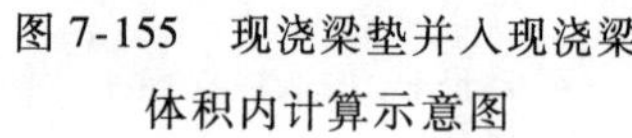
图 7-155 现浇梁垫并入现浇梁体积内计算示意图

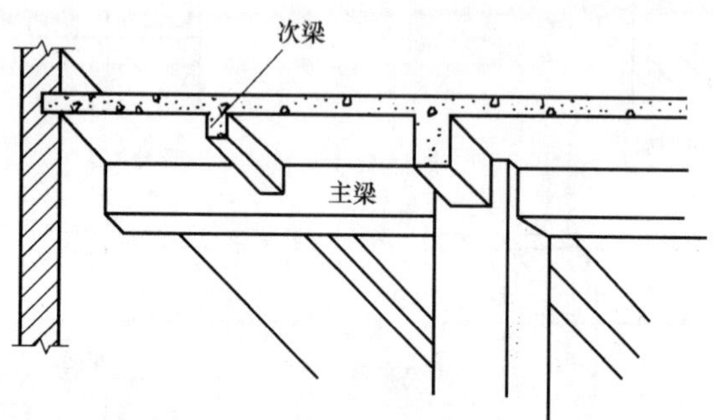

图 7-156 主梁、次梁示意图

5）各类板伸入墙内的板头并入板体积内计算。

6. 墙

现浇钢筋混凝土墙按图示中心线长度乘以墙高及厚度，以立方米计算。应扣除门窗洞口及 0.3m^2 以外孔洞的体积，墙垛及凸出部分并入墙体积内计算。

7. 整体楼梯

现浇钢筋混凝土整体楼梯，包括休息平台、平台梁及楼梯的连接梁按水平投影面积计算，不扣除宽度小于 500mm 的楼梯井，伸入墙内部分不另增加。

说明：平台梁、斜梁比楼梯板厚，好像少算了；不扣除宽度小于 500mm 的楼梯井，好像多算了；伸入墙内部分不另增加等。这些因素在编制定额时已经做了综合考虑。

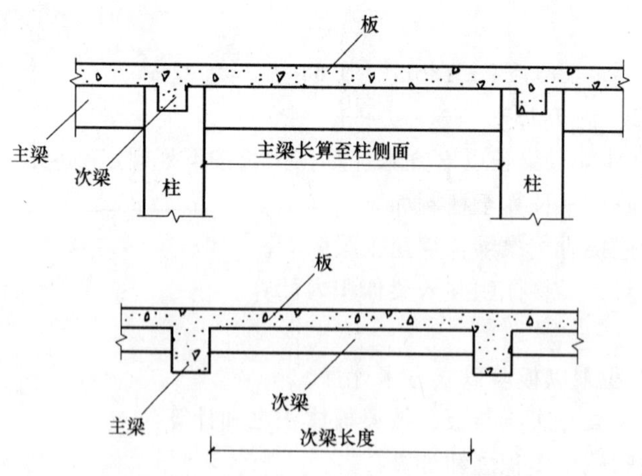

图 7-157 主梁、次梁计算长度示意图

【例 7-32】 某工程现浇钢筋混凝土楼梯（图 7-159）包括休息平台及平台梁，试计算该楼梯工程量（建筑物 4 层，共 3 层楼梯）。

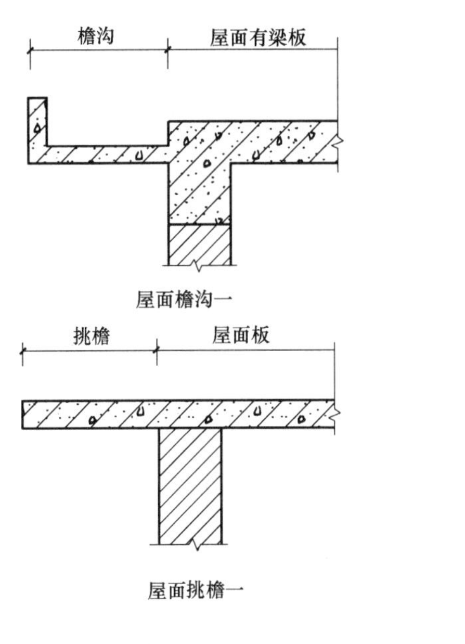

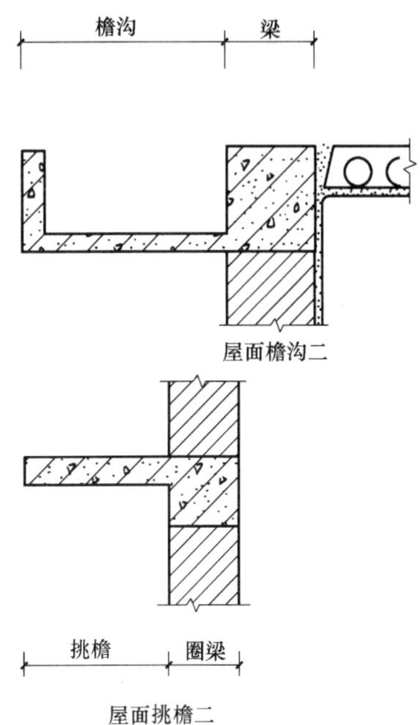

图 7-158 现浇挑檐天沟与板、梁划分

【解】 $S = (1.23 + 0.50 + 1.23)\text{m} \times (1.23 + 3.00 + 0.20)\text{m} \times 3$

$= 2.96\text{m} \times 4.43\text{m} \times 3$

$= 13.113\text{m}^2 \times 3 = 39.34\text{m}^2$

8. 阳台、雨篷（悬挑板）

阳台、雨篷（悬挑板）按伸出外墙的水平投影面积计算，伸出外墙的牛腿不另计算。带反挑檐的雨篷按展开面积并入雨篷内计算。各示意图如图 7-160、图 7-161 所示。

9. 栏杆

栏杆按净长度以延长米计算。伸入墙内的长度已综合在定额内。栏板以立方米计算；伸入墙内的栏板合并计算。

10. 预制补现浇板缝

预制补现浇板缝按平板计算。

11. 预制钢筋混凝土框架柱现浇接头（包括梁接头）

预制钢筋混凝土框架柱现浇接头（包括梁接头）按设计规定断面和长度以立方米计算。

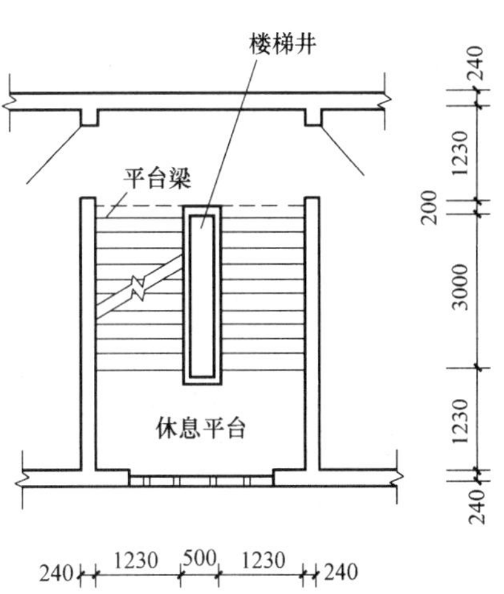

图 7-159 楼梯平面图

7.7.7 预制混凝土工程量

预制混凝土工程量均按图示尺寸实体体积以立方米计算，不扣除构件内钢筋、铁件及 300mm×300mm 以内孔洞面积。

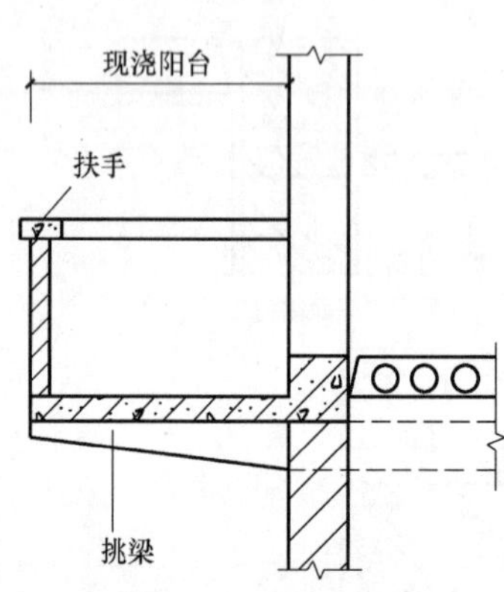

图 7-160 有现浇挑梁的现浇阳台

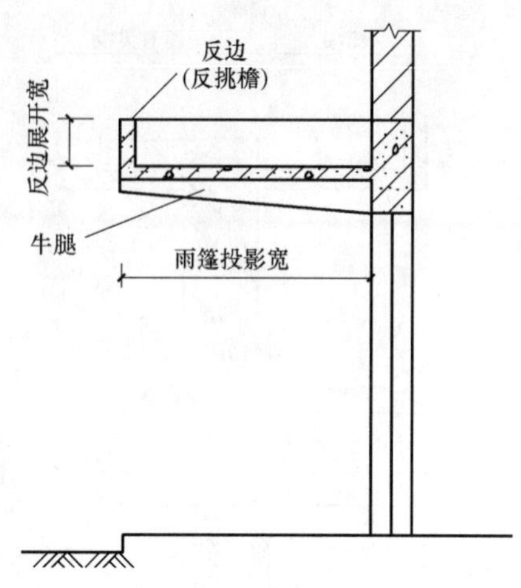

图 7-161 带反边雨篷示意图

【例 7-33】 根据图 7-162 计算 20 块 Y—KB336—4 预应力空心板的工程量。

【解】 V = 空心板净面积 × 板长 × 块数

$$= \left[0.12 \times (0.57 + 0.59) \times \frac{1}{2} - 0.7854 \times 0.076^2 \times 6\right] m^2 \times 3.28m \times 20$$

$$= (0.0696 - 0.0272) m^2 \times 3.28m \times 20$$

$$= 0.0424m^2 \times 3.28m \times 20$$

$$= 2.78m^3$$

【例 7-34】 根据图 7-163 计算 18 块预制天沟板的工程量。

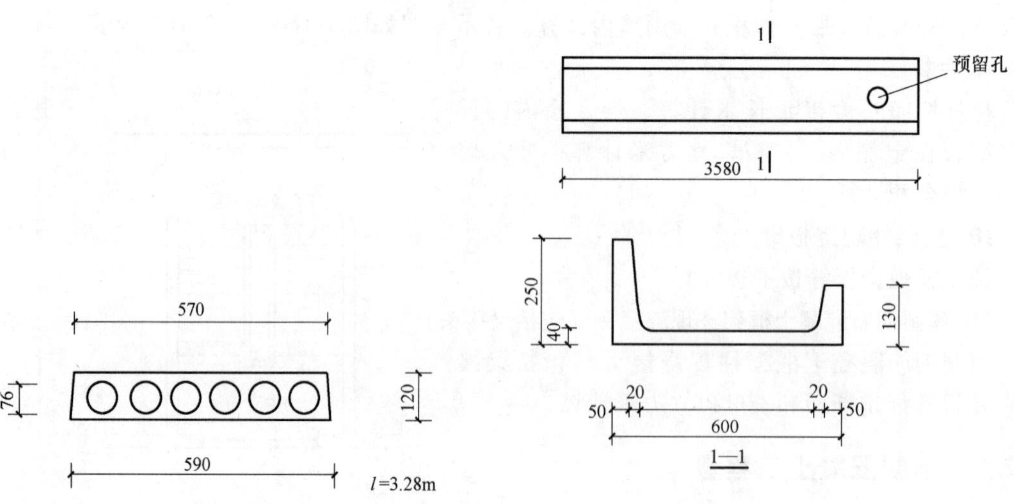

图 7-162 Y—KB336—4 预应力空心板

图 7-163 预制天沟

【解】 V = 断面积 × 长度 × 块数

$$= \left[(0.05+0.07)\times\frac{1}{2}\times(0.25-0.04)+0.60\times0.04+ (0.05+0.07)\times\frac{1}{2}\times(0.13-0.04) \right] m^2\times3.58m\times18(块)$$

$$=0.150m^3\times18=2.70m^3$$

【例 7-35】 根据图 7-164 计算 6 根预制工字形柱的工程量。

【解】 V =（上柱体积 + 牛腿部分体积 + 下柱外形体积 − 工字形槽口体积）× 根数

$$=\left\{(0.40\times0.40\times2.40)+\left[0.40\times(1.0+0.80)\times\frac{1}{2}\times0.20+0.40\times1.0\times0.40\right]+(10.8\times0.80\times0.40)-\frac{1}{2}\times(8.5\times0.50+8.45\times0.45)\times0.15\times2边\right\}m^3\times6(根)$$

$$=(0.384+0.232+3.456-1.208)m^3\times6$$

$$=2.864m^3\times6=17.18m^3$$

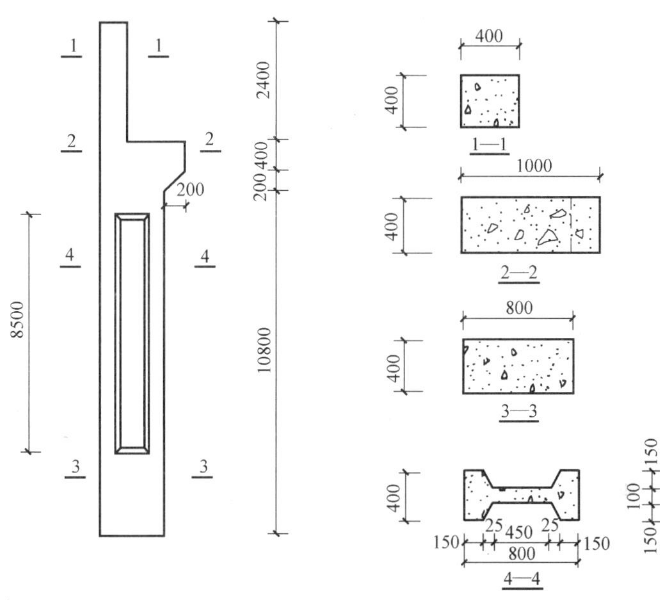

图 7-164 预制工字形柱

预制桩按桩全长（包括桩尖）乘以桩断面（空心桩应扣除孔洞体积）以立方米计算。

混凝土与钢杆件组合的构件，混凝土部分按构件实体体积以立方米计算，钢构件部分按吨计算，分别套相应的定额项目。

7.7.8 固定用支架等

固定预埋螺栓、铁件的支架、固定双层钢筋的铁马凳、垫铁件，按审定的施工组织设计规定计算，套用相应定额项目。

7.7.9 构筑物钢筋混凝土工程量

1. 一般规定

构筑物混凝土除另有规定外，均按图示尺寸扣除门窗洞口及 $0.3m^2$ 以外孔洞所占体积以实体体积计算。

2. 水塔

1）筒身与槽底以槽底连接的圈梁底为界，以上为槽底，以下为筒身（塔身）。

2）筒式塔身及依附于筒身的过梁、雨篷、挑檐等，并入筒身体积内计算；柱式塔身，柱、梁合并计算。

3）塔顶包括顶板和圈梁，槽底包括底板挑出的斜壁板和圈梁等合并计算。

3. 贮水池

贮水池不分平底、锥底、坡底，均按池底计算；壁基梁、池壁不分圆形壁和矩形壁，均按池壁计算；其他项目均按现浇混凝土部分相应项目计算。

7.7.10 钢筋混凝土构件接头灌缝

1. 一般规定

钢筋混凝土构件接头灌缝，包括构件坐浆、灌缝、堵板孔、塞板梁缝等，均按预制钢筋混凝土构件实体体积以立方米计算。

2. 柱的灌缝

柱与柱基础的灌缝，按首尾柱体积计算；首层以上柱灌缝，按各层柱体积计算。

3. 空心板堵孔

空心板堵孔的人工、材料，已包括在定额内。当不堵孔时，每 $10m^3$ 空心板体积应扣除 $0.23m^3$ 预制混凝土块和 2.2 个工日。

7.8 构件运输及安装工程量计算

7.8.1 一般规定

1）预制混凝土构件运输及安装，均按构件图示尺寸，以实体体积计算。

2）钢构件按构件设计图示尺寸以吨（t）计算；所需螺栓、电焊条等质量不另计算。

3）木门窗以外框面积以平方米计算。

7.8.2 构件制作、运输、安装损耗率

预制钢筋混凝土构件制作、运输、安装损耗率，按表 7-21 的规定计算后并入构件工程

量内。其中预制混凝土屋架、桁架、托架及长度在9m以上的梁、板、柱不计算损耗率。

表7-21　预制钢筋混凝土构件制作、运输、安装损耗率表

名　　称	制作废品率	运输堆放损耗率	安装(打桩)损耗率
各类预制构件	0.2%	0.8%	0.5%
预制钢筋混凝土桩	0.1%	0.4%	1.5%

根据表7-21的规定，预制构件含各种损耗的工程量计算方法为

预制构件制作工程量=图示尺寸实体体积×(1+1.5%)

预制构件运输工程量=图示尺寸实体体积×(1+1.3%)

预制构件安装工程量=图示尺寸实体体积×(1+0.5%)

【例7-36】 根据例7-33计算出的预应力空心板体积$2.78m^3$，计算空心板的制作、运输、安装工程量。

【解】 空心板制作工程量$=2.78m^3\times(1+1.5\%)=2.82m^3$

空心板运输工程量$=2.78m^3\times(1+1.3\%)=2.82m^3$

空心板安装工程量$=2.78m^3\times(1+0.5\%)=2.79m^3$

7.8.3　构件运输

预制混凝土构件运输的最大运输距离取50km以内；钢构件和木门窗的最大运输距离取20km以内；超过时另行补充。

加气混凝土板（块）、硅酸盐块运输，每立方米折合钢筋混凝土构件体积$0.4m^3$，按一类构件运输计算（预制构件分类见表7-22、金属结构构件分类见表7-23）。

表7-22　预制混凝土构件分类

类别	项　　目
1	4m以内空心板、实心板
2	6m以内的桩、屋面板、工业楼板、进深梁、基础梁、起重机梁、楼梯休息板、楼梯段、阳台板
3	6m以上至14m的梁、板、柱、桩，各类屋架、桁架、托架(14m以上另行处理)
4	天窗架、挡风架、侧板、端壁板、天窗上下挡、门框及单件体积在$0.1m^3$以内的小构件
5	装配式内、外墙板、大楼板、厕所板
6	隔墙板(高层用)

表7-23　金属结构构件分类

类别	项　　目
1	钢柱、屋架、托架梁、防风桁架
2	起重机梁、制动梁、型钢檩条、钢支撑、上下挡、钢拉杆、栏杆、盖板、垃圾出灰门、倒灰门、箅子、爬梯、零星构件、平台、操作台、走道休息台、扶梯、钢起重机梯台、烟囱紧固箍
3	墙架、挡风架、天窗架、组合檩条、轻型屋架、滚动支架、悬挂支架、管道支架

7.8.4　预制混凝土构件安装

1）焊接形成的预制钢筋混凝土框架结构，其柱安装按框架柱计算，梁安装按框架梁计算；节点浇注成形的框架，按连体框架梁、柱计算。

2）预制钢筋混凝土工字形柱、矩形柱、空腹柱、双肢柱、空心柱、管道支架等安装，均按柱安装计算。

3）组合屋架安装，以混凝土部分实体体积计算，钢杆件部分不另计算。

4）预制钢筋混凝土多层柱安装，首层柱按柱安装计算，二层及二层以上柱按柱接柱计算。

7.8.5 钢构件安装

1）钢构件安装按图示构件钢材质量以吨计算。

2）依附于钢柱上的牛腿及悬臂梁等，并入柱身主材质量计算。

3）金属结构中所用钢板，设计为多边形者，按矩形计算，矩形的边长以设计尺寸中互相垂直的最大尺寸为准。

7.9 门窗及木结构工程量计算

7.9.1 一般规定

各类门窗制作、安装工程量均按门窗洞口面积计算。

1）门窗盖口条、贴脸、披水条，按图示尺寸以延长米计算，执行木装修项目（图7-165）。

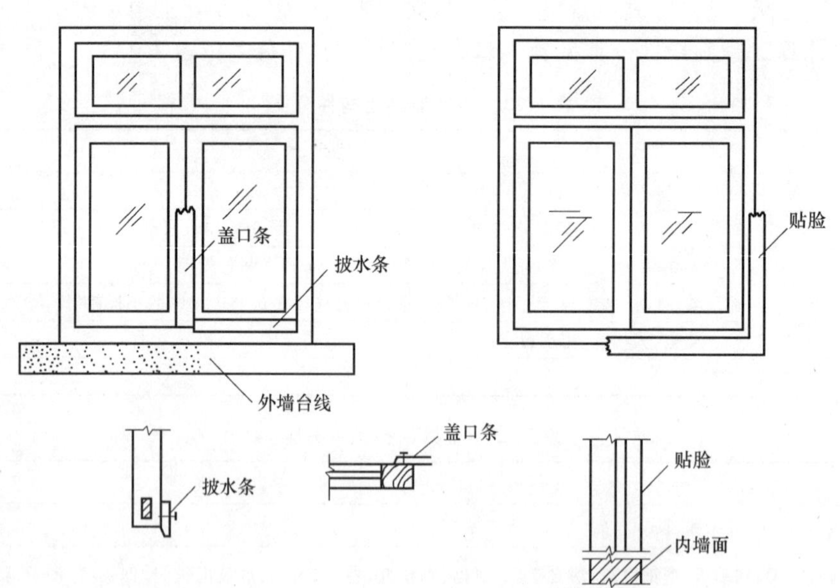

图7-165 门窗盖口条、贴脸、披水条示意图

2）普通窗上部带有半圆窗（图7-166）的工程量，应分别按半圆窗和普通窗计算。其分界线以普通窗和半圆窗之间的横框上裁口线为分界线。

3）门窗扇包镀锌铁皮，按门窗洞口面积以平方米计算。

各种门窗示意图如图7-167所示。

7.9.2　套用定额的规定

1. 木材木种分类

全国统一建筑工程基础定额将木材分为以下四类：

一类：红松、水桐木、樟子松。

二类：白松（方杉、冷杉）、杉木、杨木、柳木、椴木。

三类：青松、黄花松、秋子木、马尾松、东北榆木、柏木、苦楝木、梓木、黄菠萝、椿木、楠木、油木、樟木。

四类：栎木（柞木）、檀木、色木、槐木、荔木、麻栗木（床栎、青杠）、桦木、荷木、水曲柳、华北榆木。

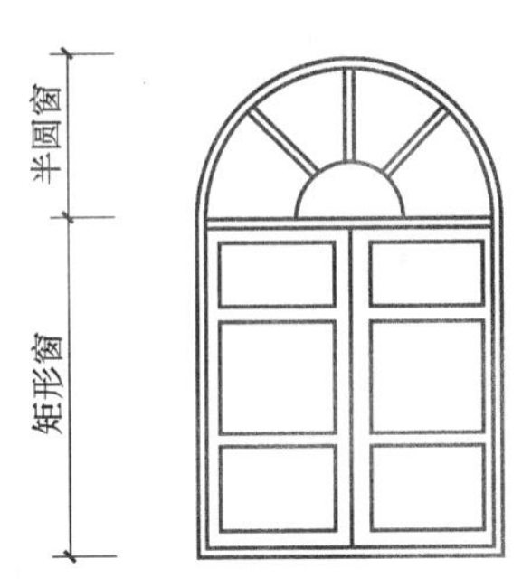

图 7-166　带半圆窗示意图

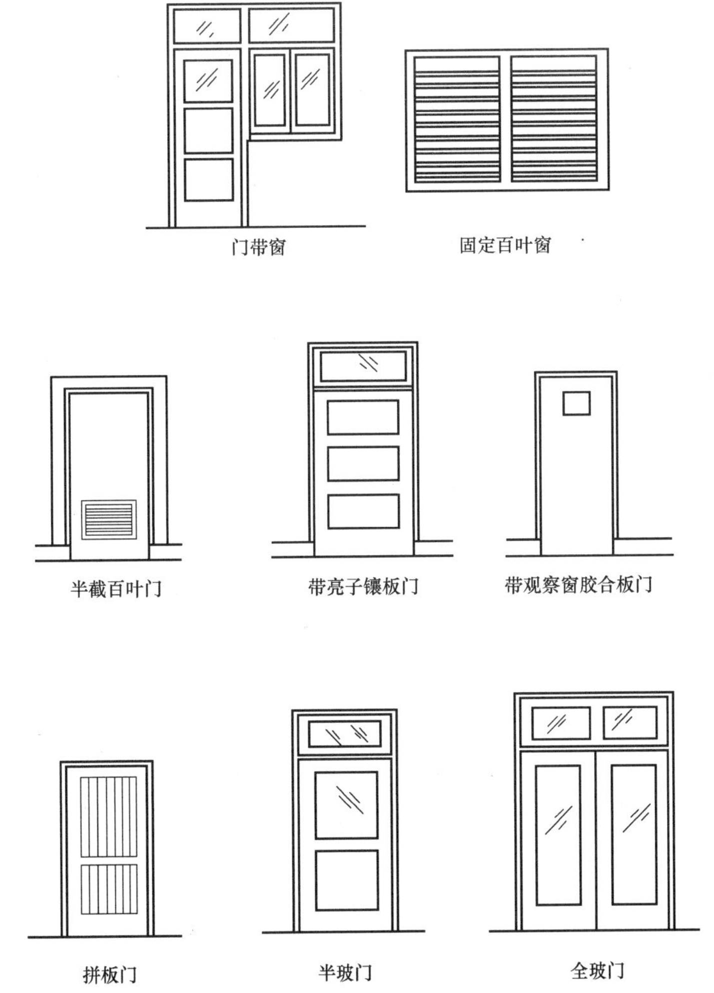

图 7-167　各种门窗示意图

2. 板、枋材规格分类

板、枋材规格分类见表 7-24。

表 7-24 板、枋材规格分类表

项目	按宽厚尺寸比例分类	按板材厚度、枋材宽与厚乘积分类				
板材	宽≥3×厚	名称	薄板	中板	厚板	特厚板
		厚度/mm	<18	19~35	36~65	≥66
枋材	宽<3×厚	名称	小枋	中枋	大枋	特大枋
		宽×厚/cm^2	<54	55~100	101~225	≥226

3. 门窗框扇断面的确定及换算

（1）框扇断面的确定　定额中所注明的木材断面或厚度均以毛料为准。当设计图样注明的断面或厚度为净料时，应增加刨光损耗；板、枋材一面刨光增加 3mm；两面刨光增加 5mm；圆木每立方米材积按增加 0.5m^3 计算。

【例 7-37】 根据图 7-168 中门框断面的净尺寸计算含刨光损耗的毛断面。

【解】 门框毛断面 $=(9.5+0.5)cm\times(4.2+0.3)cm=45cm^2$

门扇毛断面 $=(9.5+0.5)cm\times(4.0+0.5)cm=45cm^2$

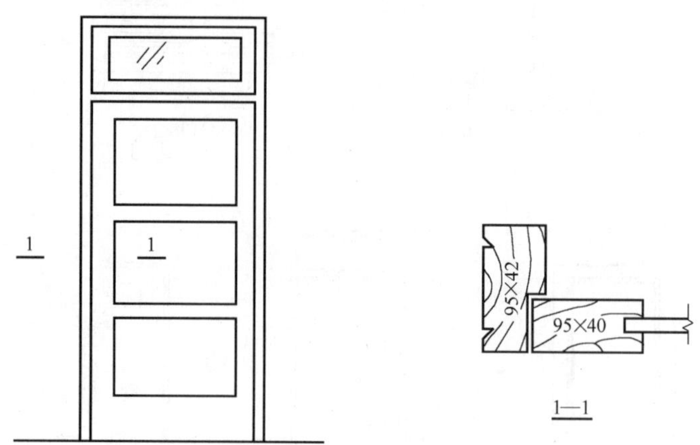

图 7-168 木门框扇断面示意图

（2）框扇断面的换算　当图样设计的木门窗框扇断面与定额规定不同时，应按比例换算。框断面以边框断面为准（框裁口如为钉条者加贴条的断面）；扇断面以主梃断面为准。

框扇断面不同时的定额材积换算公式：

$$换算后材积=\frac{设计断面（加刨光损耗）}{定额断面}\times定额材积$$

【例 7-38】 某工程的单层镶板门框的设计断面为 60mm×115mm（净尺寸），查定额框断面为 60mm×100mm（毛料），定额枋材耗用量为 2.037$m^3/100m^2$，试计算按图样设计的门框枋材耗用量。

【解】

$$换算后材积=\frac{设计断面}{定额断面}\times定额材积$$

$$=\frac{63\times120}{60\times100}\times2.037m^3/100m^2$$

$$=2.567m^3/100m^2$$

7.9.3 铝合金门窗等

铝合金门窗制作，铝合金门窗、不锈钢门窗、彩板组角钢门窗、塑料门窗、钢门窗安装，均按设计门窗洞口面积计算。

7.9.4 卷闸门

卷闸门安装按洞口高度增加600mm乘以门实际宽度以平方米计算。电动装置安装以套计算，小门安装以个计算。

【例7-39】 根据图7-169计算卷闸门工程量。

【解】 $S = 3.20\text{m} \times (3.60 + 0.60)\text{m}$

$= 3.20\text{m} \times 4.20\text{m} = 13.44\text{m}^2$

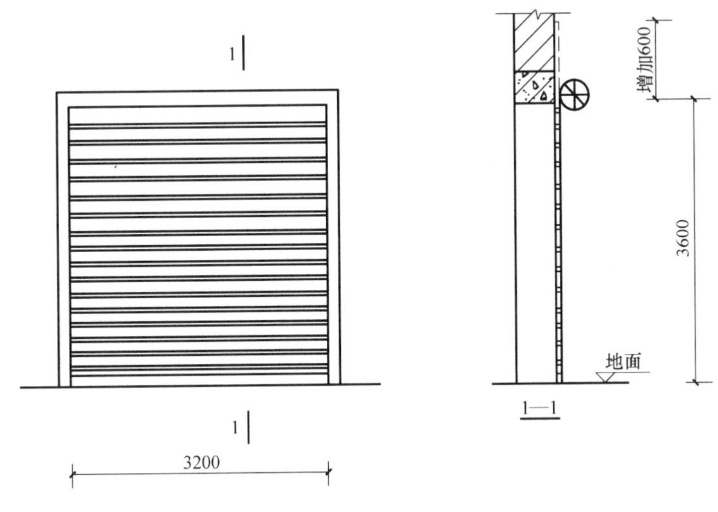

图7-169 卷闸门示意图

7.9.5 包门框、安附框

不锈钢片包门框，按框外表面面积以平方米计算。

彩板组角钢门窗附框安装，按延长米计算。

7.9.6 木屋架

1）木屋架制作安装均按设计断面竣工木料以立方米计算，其后备长度及配制损耗均不另行计算。

2）方木屋架一面刨光时增加3mm，两面刨光时增加5mm；圆木屋架按屋架刨光时木材体积每立方米增加0.05m^3计算。附属于屋架的夹板、垫木等已并入相应的屋架制作项目中，不另计算；与屋架连接的挑檐木（附木）、支撑等，其工程量并入屋架竣工木料体积内计算。

3）屋架的制作安装应区别不同跨度。其跨度应以屋架上下弦杆的中心线交点之间的长度为准。带气楼的屋架并入所依附屋架的体积内计算。

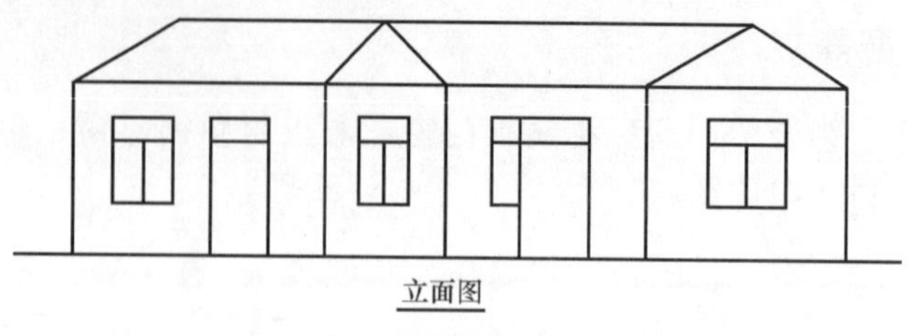

立面图

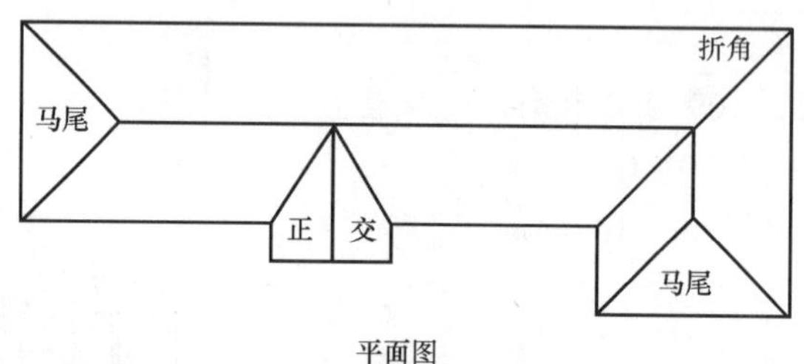

平面图

图 7-170 屋架的马尾、折角和正交示意图

4）屋架的马尾、折角和正交部分半屋架（图 7-170），应并入相连接屋架的体积内计算。

5）钢木屋架区分圆木、方木，按竣工木料以立方米计算。

6）圆木屋架连接的挑檐木、支撑等如为方木时，其方木部分应乘以系数 1.7 折合成圆木并入屋架竣工木料内。单独的方木挑檐，按矩形檩木计算。

7）木屋架各杆件长度可用屋架跨度乘以杆件长度系数计算。杆件长度系数可查表 7-25。

表 7-25 屋架杆件长度系数表

屋架形式	角度	杆件编号										
		1	2	3	4	5	6	7	8	9	10	11
L=1	26°34′	1	0.559	0.250	0.280	0.125						
	30°	1	0.577	0.289	0.289	0.144						
L=1	26°34′	1	0.559	0.250	0.236	0.167	0.186	0.083				
	30°	1	0.577	0.289	0.254	0.192	0.192	0.096				
L=1	26°34′	1	0.559	0.250	0.225	0.188	0.177	0.125	0.140	0.063		
	30°	1	0.577	0.289	0.250	0.217	0.191	0.144	0.144	0.072		

（续）

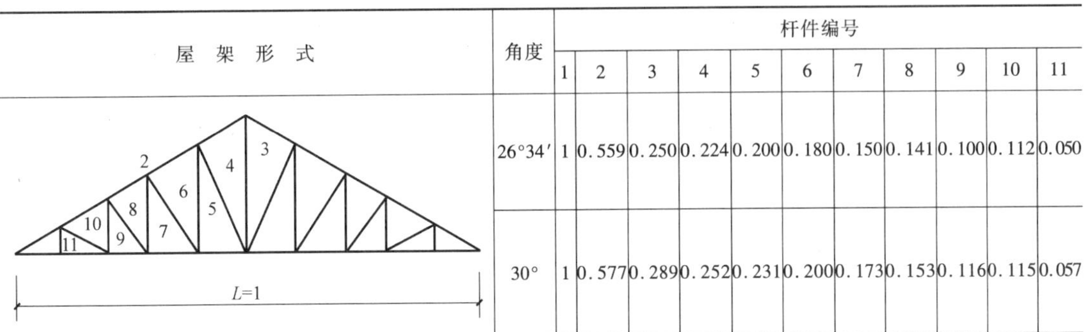

屋架形式	角度	杆件编号										
		1	2	3	4	5	6	7	8	9	10	11
（图）	26°34′	1	0.559	0.250	0.224	0.200	0.180	0.150	0.141	0.100	0.112	0.050
	30°	1	0.577	0.289	0.252	0.231	0.200	0.173	0.153	0.116	0.115	0.057

8）常用木材材积表。圆木材积是根据尾径计算的，可采取查表的方式来确定圆木的材积，见表7-26。

表7-26 常用木材材积表

检尺径/cm	检尺长/m														
	2.0	2.2	2.4	2.5	2.6	2.8	3.0	3.2	3.4	3.6	3.8	4.0	4.2	4.4	4.6
	材积/m^3														
8	0.013	0.015	0.016	0.017	0.018	0.020	0.021	0.023	0.025	0.027	0.029	0.031	0.034	0.036	0.038
10	0.019	0.022	0.024	0.025	0.026	0.029	0.031	0.034	0.037	0.040	0.042	0.045	0.048	0.051	0.054
12	0.027	0.030	0.033	0.035	0.037	0.040	0.043	0.047	0.050	0.054	0.058	0.062	0.065	0.069	0.074
14	0.036	0.040	0.045	0.047	0.049	0.054	0.058	0.063	0.068	0.073	0.078	0.083	0.089	0.094	0.100
16	0.047	0.052	0.058	0.060	0.063	0.069	0.075	0.081	0.087	0.093	0.100	0.106	0.113	0.120	0.126
18	0.059	0.065	0.072	0.076	0.079	0.086	0.093	0.101	0.108	0.116	0.124	0.132	0.140	0.148	0.156
20	0.072	0.080	0.088	0.092	0.097	0.105	0.114	0.123	0.132	0.141	0.151	0.160	0.170	0.180	0.190
22	0.086	0.096	0.106	0.111	0.116	0.126	0.137	0.147	0.158	0.169	0.180	0.191	0.203	0.214	0.226
24	0.102	0.114	0.125	0.131	0.137	0.149	0.161	0.174	0.186	0.199	0.212	0.225	0.239	0.252	0.266
26	0.120	0.133	0.146	0.153	0.160	0.174	0.188	0.203	0.217	0.232	0.247	0.262	0.277	0.293	0.308
28	0.138	0.154	0.169	0.177	0.185	0.201	0.217	0.234	0.250	0.267	0.284	0.302	0.319	0.337	0.354
30	0.158	0.176	0.193	0.202	0.211	0.230	0.248	0.267	0.286	0.305	0.324	0.344	0.364	0.383	0.404
32	0.180	0.199	0.219	0.230	0.240	0.260	0.281	0.302	0.324	0.345	0.367	0.389	0.411	0.433	0.456
34	0.202	0.224	0.247	0.258	0.270	0.293	0.316	0.340	0.364	0.388	0.412	0.437	0.461	0.486	0.511

检尺径/cm	检尺长/m														
	4.8	5.0	5.2	5.4	5.6	5.8	6.0	6.2	6.4	6.6	6.8	7.0	7.2	7.4	7.6
	材积/m^3														
8	0.040	0.043	0.045	0.048	0.051	0.053	0.056	0.059	0.062	0.065	0.068	0.071	0.074	0.077	0.081
10	0.058	0.061	0.064	0.068	0.071	0.075	0.078	0.082	0.086	0.090	0.094	0.098	0.102	0.106	0.111
12	0.078	0.082	0.086	0.091	0.095	0.100	0.105	0.109	0.114	0.119	0.124	0.130	0.135	0.140	0.146
14	0.105	0.111	0.117	0.123	0.129	0.136	0.142	0.149	0.156	0.162	0.169	0.176	0.184	0.191	0.199
16	0.134	0.141	0.148	0.155	0.163	0.171	0.179	0.187	0.195	0.203	0.211	0.220	0.229	0.238	0.247
18	0.165	0.174	0.182	0.191	0.201	0.210	0.219	0.229	0.238	0.248	0.258	0.268	0.278	0.289	0.300

（续）

检尺径/cm	检尺长/m														
	4.8	5.0	5.2	5.4	5.6	5.8	6.0	6.2	6.4	6.6	6.8	7.0	7.2	7.4	7.6
	材积/m^3														
20	0.200	0.210	0.221	0.231	0.242	0.253	0.264	0.275	0.286	0.298	0.309	0.321	0.333	0.345	0.358
22	0.238	0.250	0.262	0.275	0.287	0.300	0.313	0.326	0.339	0.352	0.365	0.379	0.393	0.407	0.421
24	0.279	0.293	0.308	0.322	0.336	0.351	0.366	0.380	0.396	0.411	0.426	0.442	0.457	0.473	0.489
26	0.324	0.340	0.356	0.373	0.389	0.406	0.423	0.440	0.457	0.474	0.491	0.509	0.527	0.545	0.563
28	0.372	0.391	0.409	0.427	0.446	0.465	0.484	0.503	0.522	0.542	0.561	0.581	0.601	0.621	0.642
30	0.424	0.444	0.465	0.486	0.507	0.528	0.549	0.571	0.592	0.614	0.636	0.658	0.681	0.703	0.726
32	0.479	0.502	0.525	0.548	0.571	0.595	0.619	0.643	0.667	0.691	0.715	0.740	0.765	0.790	0.815
34	0.537	0.562	0.588	0.614	0.640	0.666	0.692	0.719	0.746	0.772	0.799	0.827	0.854	0.881	0.909

注：长度以20cm为增进单位，不足20cm时，满10cm进位，不足10cm舍去；径级以2cm为增进单位，不足2cm时，满1cm的进位，不足1cm舍去。

【例7-40】 根据图7-171中的尺寸计算跨度 $L=12\text{m}$ 的圆木屋架工程量。

【解】 屋架圆木材积计算见表7-27。

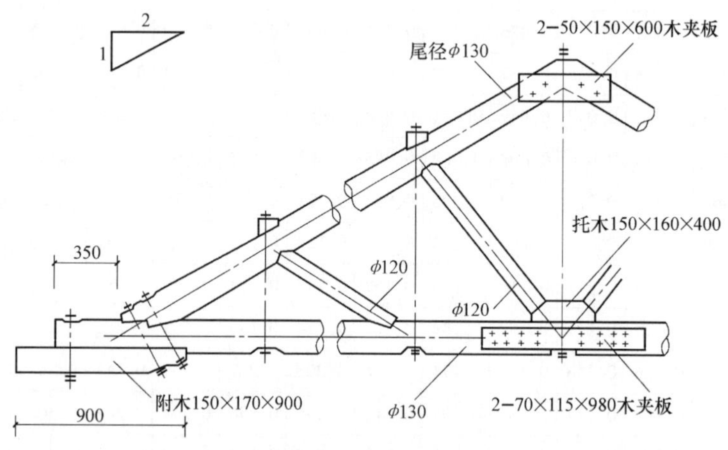

图7-171 圆木屋架

表7-27 屋架圆木材积计算表

名称	尾径/cm	数量	长度/m	单根材积/m^3	材积/m^3
上弦	φ13	2	12×0.559[①]=6.708	0.169	0.338
下弦	φ13	2	6+0.35=6.35	0.156	0.312
斜杠1	φ12	2	12×0.236[①]=2.832	0.040	0.080
斜杠2	φ12	2	12×0.186[①]=2.232	0.030	0.060
托木		1		0.15×0.16×0.40×1.70	0.016
挑檐木		2		0.15×0.17×0.90×1.70	0.078
小计					0.884

① 木夹板、钢拉杆等已包括在定额中。

【例7-41】 根据图7-172中的尺寸，计算跨度 $L=9.0\text{m}$ 的方木屋架工程量。

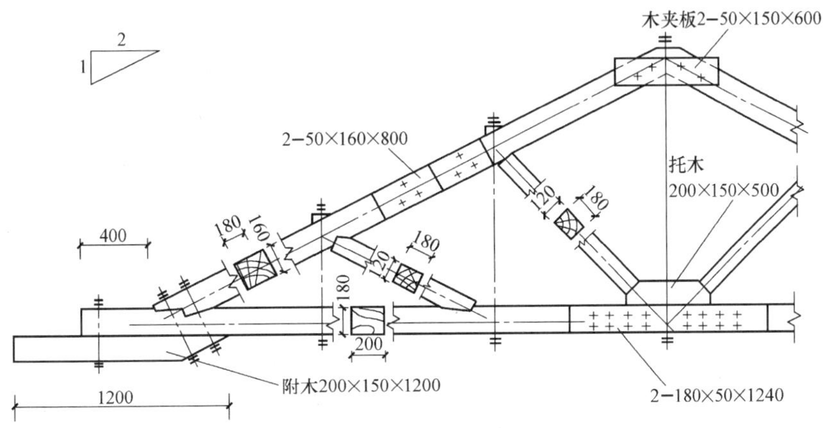

图7-172　方木屋架

【解】

上弦：9.0m×0.559[㊀]×0.18m×0.16m×2(根)=0.290m^3

下弦：(9.0+0.4×2)m×0.18m×0.20m=0.353m^3

斜杆1：9.0m×0.236[㊀]×0.12m×0.18m×2(根)=0.092m^3

斜杆2：9.0m×0.186[㊀]×0.12m×0.18m×2(根)=0.072m^3

托木：0.2m×0.15m×0.5m=0.015m^3

挑檐木：1.20m×0.20m×0.15m×2(根)=0.072m^3

小计：0.894m^3

7.9.7　檩木

1）檩木按竣工木料以立方米计算。简支檩条长度按设计规定计算，如设计无规定者，按屋架或山墙中距增加200mm计算，如两端出山，檩条算至博风板。

2）连续檩条的长度按设计长度计算，其接头长度按全部连续檩木总体积的5%计算。檩条托木已计入相应的檩木制作安装项目中，不另计算。

3）简支檩条增加长度和连续檩条接头如图7-173、图7-174所示。

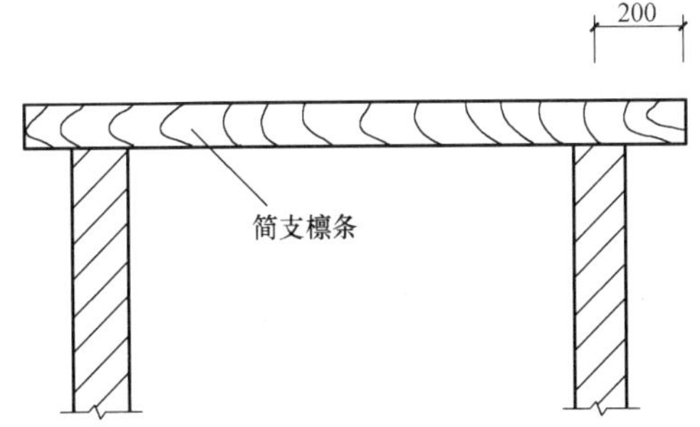

图7-173　简支檩条增加长度示意图

㊀ 木夹板、钢拉杆等已包括在定额中。

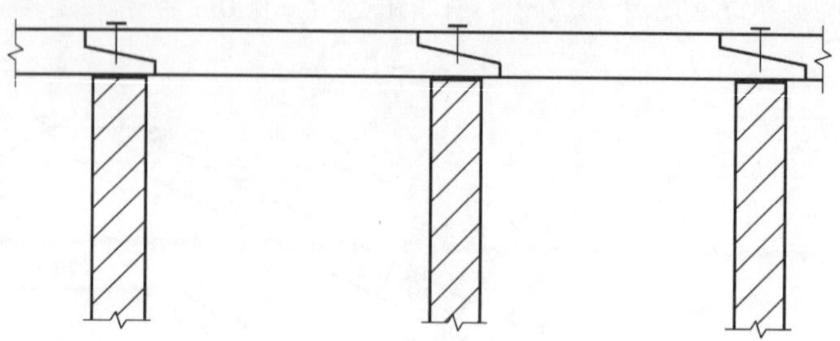

图 7-174　连续檩条接头示意图

7.9.8　屋面木基层（图 7-175）

屋面木基层，按屋面的斜面积计算。天窗挑檐重叠部分按设计规定计算，屋面烟囱及斜沟部分所占面积不扣除。

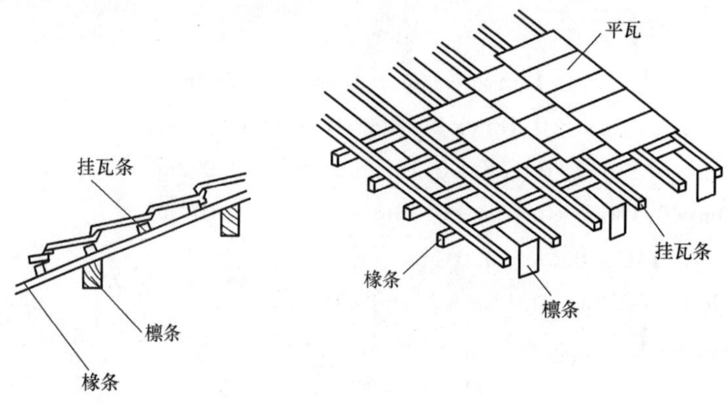

图 7-175　屋面木基层示意图

7.9.9　封檐板

封檐板按图示檐口外围长度计算，博风板按斜长计算，每个大刀头增加长度 500mm。挑檐木、封檐板、博风板、大刀头示意图如图 7-176、图 7-177 所示。

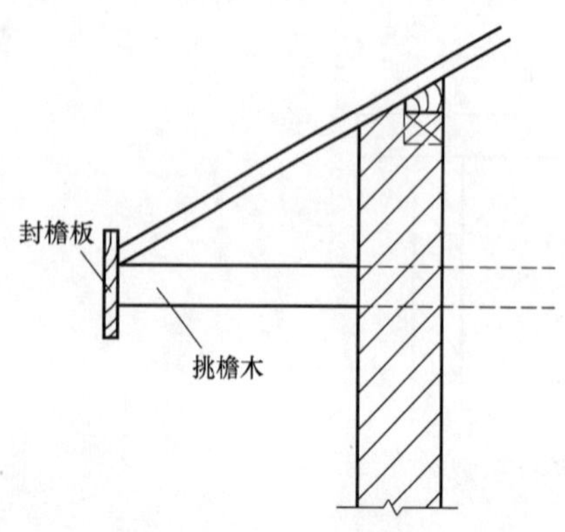

图 7-176　挑檐木、封檐板示意图

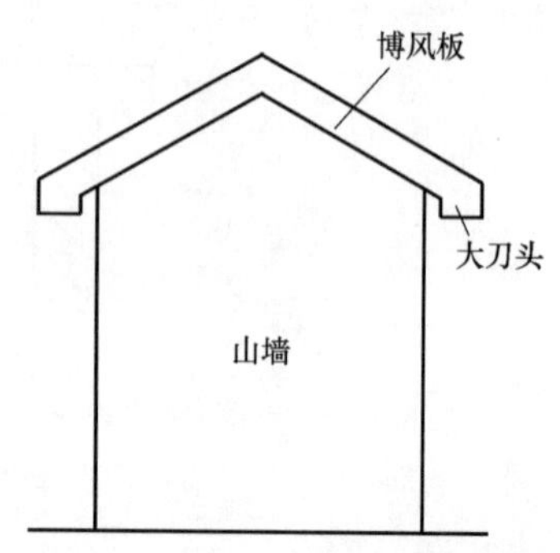

图 7-177　博风板、大刀头示意图

7.9.10 木楼梯

木楼梯按水平投影面积计算，不扣除宽度小于300mm的楼梯井，其踢脚板、平台和伸入墙内部分不另计算。

7.10 楼地面工程量计算

7.10.1 垫层

地面垫层按室内主墙间净空面积乘以设计厚度以立方米计算。应扣除凸出地面的构筑物、设备基础、室内铁道、地沟等所占体积，不扣除柱、垛、间壁墙、附墙烟囱及面积在 $0.3m^2$ 以内孔洞所占体积。

说明：

1）不扣除间壁墙是因为其在地面完成后再做，所以不扣除；不扣除柱、垛及不增加门洞开口部分面积，是一种综合计算方法。

2）凸出地面的构筑物、设备基础等先做好，然后再做室内地面垫层，所以要扣除其所占体积。

7.10.2 整体面层、找平层

整体面层、找平层均按主墙间净空面积以平方米计算。应扣除凸出地面构筑物、设备基础、室内管道、地沟等所占面积，不扣除柱、垛、间壁墙、附墙烟囱及面积在 $0.3m^2$ 以内的孔洞所占面积，但门洞、空圈、暖气包槽、壁龛的开口部分亦不增加。

说明：

1）整体面层包括水泥砂浆、水磨石、水泥豆石等。

2）找平层包括水泥砂浆、细石混凝土等。

3）不扣除柱、垛、间壁墙等所占面积，不增加门洞、空圈、暖气包槽、壁龛的开口部分，各种面积经过正负抵消后就能确定定额用量，这是编制定额时采用的综合计算方法。

【例7-42】 根据图7-178计算该建筑物的室内地面面层工程量。

【解】 室内地面面积 = 建筑面积 − 墙结构面积

$$= 9.24m \times 6.24m - [(9+6)\times 2 + 6 - 0.24 + 5.1 - 0.24]m \times 0.24m$$

$$= 57.66m^2 - 40.62m \times 0.24m$$

$$= 57.66m^2 - 9.75m^2 = 47.91m^2$$

7.10.3 块料面层

块料面层按图示尺寸实铺面积以平方米计算，门洞、空圈、暖气包槽和壁龛的开口部分工程量并入相应的面层内计算。

说明：块料面层包括大理石、花岗岩、彩釉砖、缸砖、陶瓷锦砖、木地板等。

【例7-43】 根据图7-178尺寸和例7-42的数据，计算该建筑物室内花岗岩地面工程量。

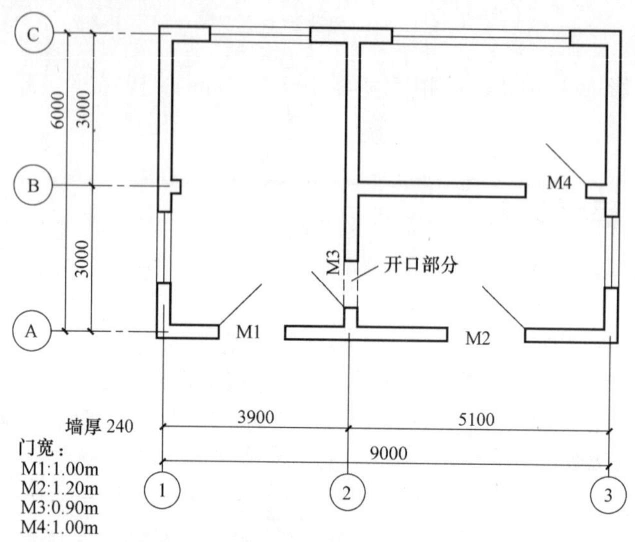

图 7-178　某建筑平面图

【解】 花岗岩地面面积 = 室内地面面积 + 门洞开口部分面积

$$= 47.91\text{m}^2 + (1.0 + 1.2 + 0.9 + 1.0)\text{m} \times 0.24\text{m}$$

$$= 47.91\text{m}^2 + 0.98\text{m}^2 = 48.89\text{m}^2$$

7.10.4 楼梯面层

楼梯面层（包括踏步、平台以及小于 500mm 宽的楼梯井）按水平投影面积计算。

【例 7-44】 根据图 7-159 的尺寸计算水泥豆石浆楼梯间面层（只算一层）工程量。

【解】 水泥豆石浆梯间面层 $= (1.23 \times 2 + 0.50)\text{m} \times (0.200 + 1.23 \times 2 + 3.0)\text{m}$

$$= 2.96\text{m} \times 5.66\text{m} = 16.75\text{m}^2$$

7.10.5 台阶面层（图 7-179）

台阶面层（包括踏步及最上一层踏步沿 300mm）按水平投影面积计算。

说明：台阶的整体面层和块料面层均按水平投影面积计算。这是因为定额已将台阶踢脚立面的工料综合到水平投影面积中了。

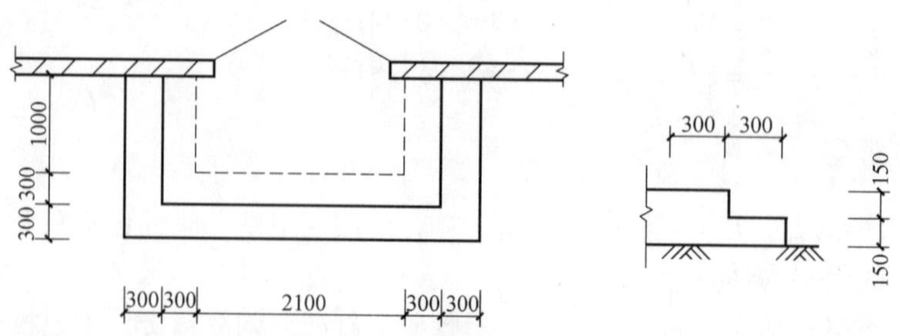

图 7-179　台阶示意图

【例 7-45】 根据图 7-179 的尺寸，计算花岗岩台阶面层工程量。

【解】 花岗岩台阶面层 = 台阶中心线长 × 台阶宽

$$= [(0.30\times2+2.1)+(0.30+1.0)\times2]\text{m}\times(0.30\times2)\text{m}$$

$$=5.30\text{m}\times0.6\text{m}=3.18\text{m}^2$$

7.10.6 其他

1）踢脚板（线）按延长米计算，洞口、空圈长度不予扣除，洞口、空圈、垛、附墙烟囱等侧壁长度亦不增加。

【例 7-46】 根据图 7-178，计算各房间 150mm 高瓷砖踢脚板工程量。

【解】 瓷砖踢脚板

$l = \Sigma$ 房间净空周长

$$=(6.0-0.24+3.9-0.24)\text{m}\times2+(5.1-0.24+3.0-0.24)\text{m}\times2+(5.1-0.24+3.0-0.24)\text{m}\times2$$

$$=18.84\text{m}+15.24\text{m}\times2=49.32\text{m}$$

2）散水、防滑坡道按图示尺寸以平方米计算。

散水面积计算公式：

$$S_{散水}=(外墙外边周长+散水宽\times4)\times散水宽-坡道、台阶所占面积$$

【例 7-47】 根据图 7-180 中的尺寸，计算散水工程量。

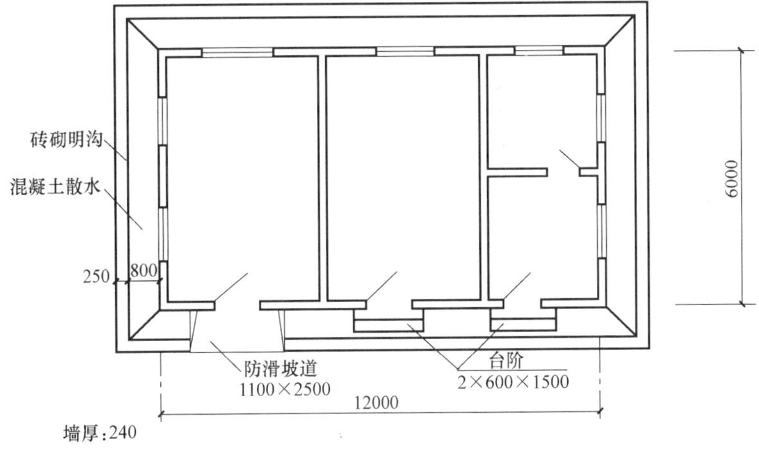

图 7-180　散水、防滑坡道、明沟、台阶示意图

【解】 $S_{散水}=[(12.0+0.24+6.0+0.24)\times2+0.80\times4]\text{m}\times0.80\text{m}-2.50\text{m}\times0.80\text{m}-0.60\text{m}\times1.50\text{m}\times2$

$$=40.16\text{m}\times0.80\text{m}-3.80\text{m}^2=28.68\text{m}^2$$

【例 7-48】 根据图 7-180 计算防滑坡道工程量。

【解】 $S_{坡道}=1.10\text{m}\times2.50\text{m}=2.75\text{m}^2$

3）栏杆、扶手包括弯头长度按延长米计算。

【例 7-49】 某大楼有等高的 8 跑楼梯，采用不锈钢管扶手栏杆，每跑楼梯高为 1.80m，每跑楼梯扶手水平长为 3.80m，扶手转弯处为 0.30m，最后一跑楼梯连接的安全栏杆水平长

1.55m，求该扶手栏杆工程量。

【解】 不锈钢扶手栏杆长 $=\sqrt{(1.80)^2+(3.80)^2}\text{m}\times 8$(跑) +

0.30(转弯)m ×7 +1.55(水平)m

=4.205m ×8 +2.10m +1.55m =37.29m

4）防滑条按楼梯踏步两端距离分别减300mm，以延长米计算，如图7-181所示。

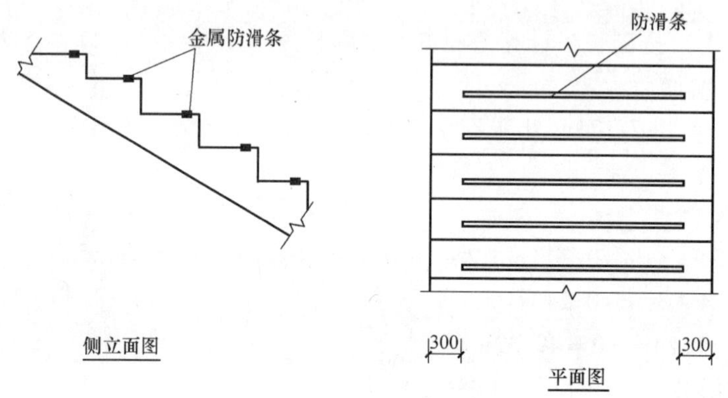

图7-181 防滑条示意图

5）明沟按图示尺寸以延长米计算。

计算公式：明沟长 = 外墙外边周长 + 散水宽 ×8 + 明沟宽 ×4 - 台阶、坡道长

【例7-50】 根据图7-180中的尺寸，计算砖砌明沟工程量。

【解】 明沟长 =(12.24 +6.24)m ×2 +0.80m ×8 +0.25m ×4 -2.50m

=41.86m

7.11 屋面及防水工程量计算

7.11.1 坡屋面

1. 有关规则

瓦屋面、金属压型板屋面，均按图示尺寸的水平投影面积乘以屋面坡度系数以平方米计算。不扣除房上烟囱、风帽底座、风道、屋面小气窗、斜沟等所占面积，屋面小气窗的出檐部分亦不增加。

2. 屋面延尺系数

利用屋面延尺系数来计算坡屋面工程量是一种简便有效的计算方法。延尺系数的计算方法是：延尺系数 $=\dfrac{\text{斜长}}{\text{水平长}}=\sec\alpha$

屋面各部分尺寸如图7-182所示，延尺系数可查表7-28。

【例7-51】 根据图7-183的尺寸，计算四坡水屋面工程量。

【解】 S = 水平面积 × 延尺系数 C

=8.0m ×24.0m ×1.118(查表7-28)

$=214.66\text{m}^2$

表 7-28 屋面延尺系数表

坡度			延尺系数 $C(A=1)$	隅延尺系数 $D(A=1)$
以高度 B 表示（当 $A=1$ 时）	以高跨比表示（$B/2A$）	以角度表示（α）		
1	1/2	45°	1.4142	1.7321
0.75		36°52′	1.2500	1.6008
0.70		35°	1.2207	1.5779
0.666	1/3	33°40′	1.2015	1.5620
0.65		33°01′	1.1926	1.5564
0.60		30°58′	1.1662	1.5362
0.577		30°	1.1547	1.5270
0.55		28°49′	1.1413	1.5170
0.50	1/4	26°34′	1.1180	1.5000
0.45		24°14′	1.0966	1.4839
0.40	1/5	21°48′	1.0770	1.4697
0.35		19°17′	1.0594	1.4569
0.30		16°42′	1.0440	1.4457
0.25		14°02′	1.0308	1.4362
0.20	1/10	11°19′	1.0198	1.4283
0.15		8°32′	1.0112	1.4221
0.125		7°8′	1.0078	1.4191
0.100	1/20	5°42′	1.0050	1.4177
0.083		4°45′	1.0035	1.4166
0.066	1/30	3°49′	1.0022	1.4157

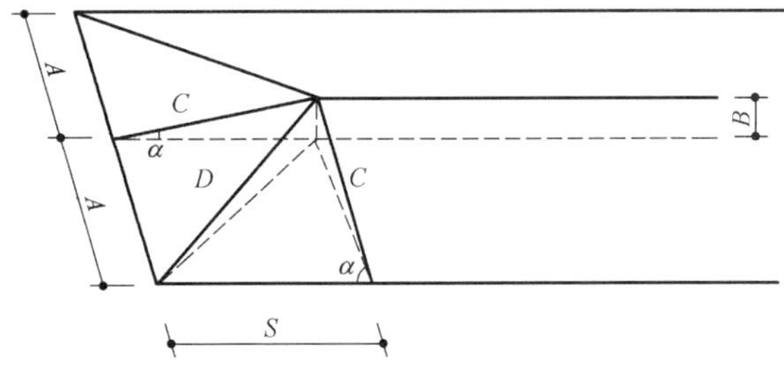

图 7-182 延尺系数各字母含义示意图

注：1. 两坡水排水屋面（当 α 角相等时，可以是任意坡水）面积为屋面水平投影面积乘以延迟系数 C。

2. 四坡水排水屋面斜脊长度 $=A\times D$（当 $S=A$ 时）。

3. 沿山墙泛水长度 $=A\times C$。

【例 7-52】 根据图 7-183 中的有关数据，计算 4 角斜脊的长度。

【解】 屋面斜脊长 = 跨长 ×0.5 × 隅延尺系数 D ×4

$$=8.0\text{m}\times0.5\times1.50(\text{查表 7-28})\times4$$

$$=24.0\text{m}$$

【例 7-53】 根据图 7-184 的尺寸，计算六坡水（正六边形）屋面的斜面面积。

【解】 屋面斜面面积 = 水平面积 × 延尺系数 C

$$=\frac{3}{2}\times\sqrt{3}\times(2.0)^2\text{m}^2\times1.118$$

$$=10.39\text{m}^2\times1.118=11.62\text{m}^2$$

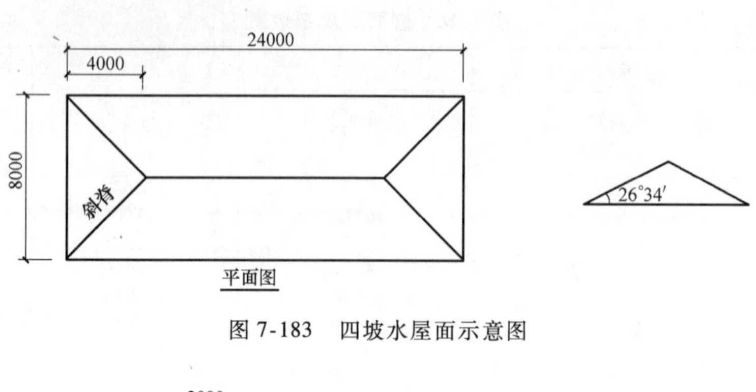

图 7-183　四坡水屋面示意图

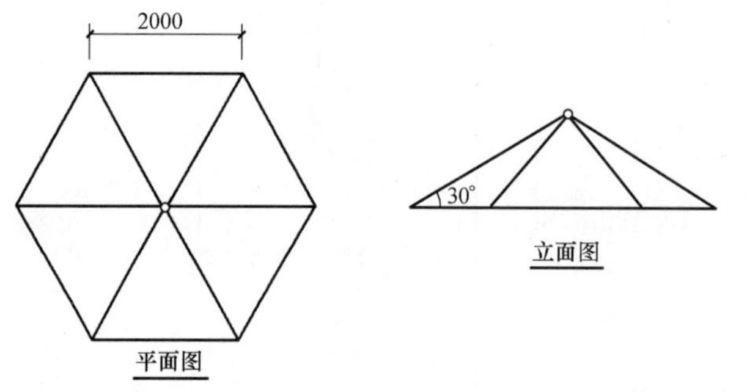

图 7-184　六坡水屋面示意图

7.11.2　卷材屋面

1）卷材屋面按图示尺寸的水平投影面积乘以规定的坡度系数以平方米计算。但不扣除房上烟囱、风帽底座、风道、屋面小气窗和斜沟所占的面积。屋面女儿墙、伸缩缝和天窗弯起部分（图 7-185、图 7-186），按图示尺寸并入屋面工程量计算；当图样无规定时，伸缩缝、女儿墙的弯起部分可按 250mm 计算，天窗弯起部分可按 500mm 计算。

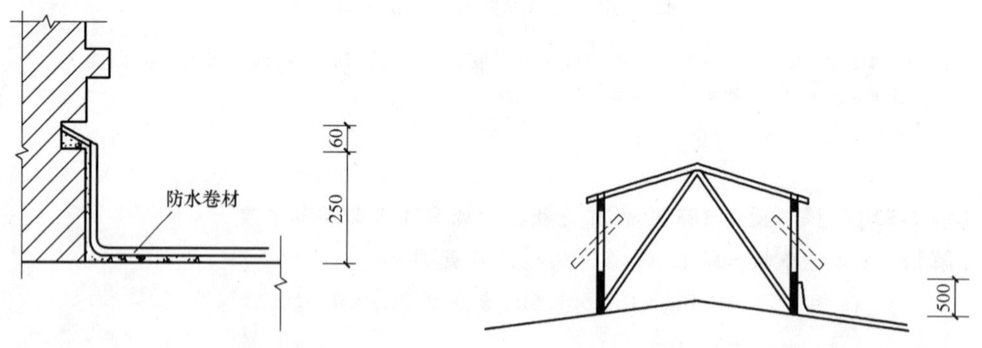

图 7-185　屋面女儿墙防水卷材弯起示意图

图 7-186　卷材屋面天窗弯起部分示意图

2）屋面找坡层。屋面找坡一般采用轻质混凝土和保温隔热材料，找坡层工程量按平均厚度乘以找坡层面积以立方米计算。找坡层的平均厚度需根据图示尺寸计算加权平均厚度。

屋面找坡（单坡）平均厚度计算公式：找坡平均厚度 = 坡宽(L) × 坡度系数(i) × $\frac{1}{2}$ +

最薄处厚度

$$找坡层平均厚度=\frac{\Sigma 各坡度(单坡)找坡面积\times各单坡找坡平均厚度}{找坡层总面积}$$

【例7-54】 根据图7-187所示尺寸和条件计算找坡层工程量。

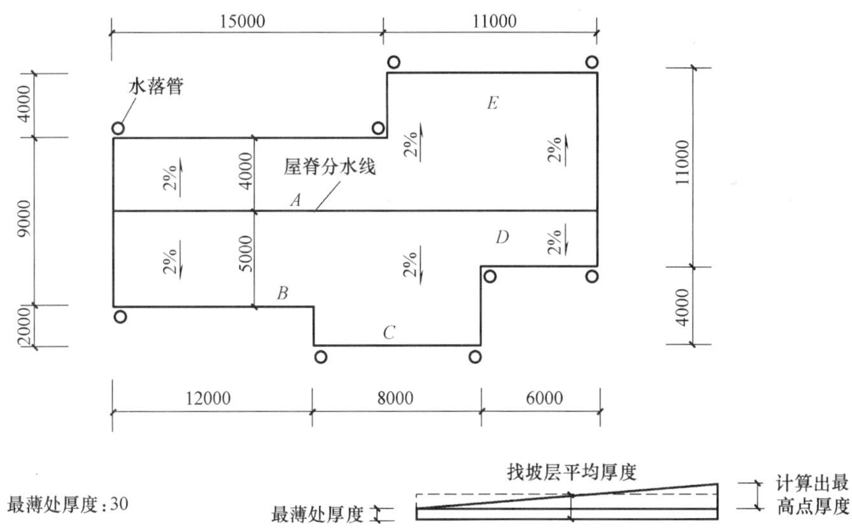

图7-187 平屋面找坡示意图

【解】 (1) 计算加权平均厚度

A 区 面积：$15\text{m}\times4\text{m}=60\text{m}^2$

平均厚度：$4.0\text{m}\times2\%\times\frac{1}{2}+0.03\text{m}=0.07\text{m}$

B 区 面积：$12\text{m}\times5\text{m}=60\text{m}^2$

平均厚度：$5.0\text{m}\times2\%\times\frac{1}{2}+0.03\text{m}=0.08\text{m}$

C 区 面积：$8\text{m}\times(5+2)\text{m}=56\text{m}^2$

平均厚度：$7\text{m}\times2\%\times\frac{1}{2}+0.03\text{m}=0.10\text{m}$

D 区 面积：$6\text{m}\times(5+2-4)\text{m}=18\text{m}^2$

平均厚度：$3\text{m}\times2\%\times\frac{1}{2}+0.03\text{m}=0.06\text{m}$

E 区 面积：$11\text{m}\times(4+4)\text{m}=88\text{m}^2$

平均厚度：$8\text{m}\times2\%\times\frac{1}{2}+0.03\text{m}=0.11\text{m}$

$$加权平均厚度=\frac{60\times0.07+60\times0.08+56\times0.10+18\times0.06+88\times0.11}{60+60+56+18+88}\text{m}$$

$$=\frac{25.36}{282}\text{m}=0.0899\text{m}=0.09\text{m}$$

（2）屋面找坡层体积

$$\dot{V} = \text{屋面面积} \times \text{平均厚度}$$
$$= 282\text{m}^2 \times 0.09\text{m} = 25.36\text{m}^3$$

3）卷材屋面的附加层、接缝、收头、找平层的嵌缝、冷底子油已计入定额内，不另计算。

4）涂膜屋面的工程量计算同卷材屋面。涂膜屋面的油膏嵌缝、玻璃布盖缝、屋面分格缝，以延长米计算。

7.11.3 屋面排水

1）铁皮排水按图示尺寸以展开面积计算，图样没有注明尺寸时，可按表 7-29 的规定计算。咬口和搭接用量等已计入定额项目内，不另计算。

表 7-29 铁皮排水单体零件折算表

名称		单位	水落管/m	檐沟/m	水斗/个	漏斗/个	下水口/个		
铁皮排水	水落管、檐沟、水斗、漏斗、下水口	m^2	0.32	0.30	0.40	0.16	0.45		
	天沟、斜沟、天窗窗台泛水、天窗侧面泛水、烟囱泛水、通气管泛水、滴水檐头泛水、滴水	m^2	天沟/m	斜沟、天窗窗台泛水/m	天窗侧面泛水/m	烟囱泛水/m	通气管泛水/m	滴水檐头泛水/m	滴水/m
			1.30	0.50	0.70	0.80	0.22	0.24	0.11

2）铸铁、玻璃钢水落管区别不同直径按图示尺寸以延长米计算，雨水口、水斗、弯头、短管以个计算。

7.11.4 防水工程

1）建筑物地面防水、防潮层，按主墙间净空面积计算，扣除凸出地面的构筑物、设备基础等所占的面积，不扣除柱、垛、间壁墙、烟囱及 0.3m^2 以内孔洞所占面积。与墙面连接处高度在 500mm 以内者按展开面积计算，并入平面工程量内；超过 500mm 时，按立面防水层计算。

2）建筑物墙基防水、防潮层，外墙长度按中心线，内墙长度按净长乘以宽度以平方米计算。

【例 7-55】 根据图 7-178 的有关数据，计算墙基水泥砂浆防潮层工程量（墙厚均为 240mm）。

【解】 $S = (\text{外墙中线长} + \text{内墙净长}) \times \text{墙厚}$

$$= [(6.0 + 9.0) \times 2 + 6.0 - 0.24 + 5.1 - 0.24]\text{m} \times 0.24\text{m}$$
$$= 40.62\text{m} \times 0.24\text{m} = 9.75\text{m}^2$$

3）构筑物及建筑物地下室防水层，按实铺面积计算，但不扣除 0.3m^2 以内的孔洞面积。平面与立面交接处的防水层，其上卷高度超过 500mm 时，按立面防水层计算。

4）防水卷材的附加层、接缝、收头、冷底子油等人工材料均已计入定额内，不另计算。

5）变形缝按延长米计算。

7.12 防腐、保温、隔热工程量计算

7.12.1 防腐工程

1）防腐工程项目，应区分不同防腐材料种类及其厚度，按设计实铺面积以平方米计算。应扣除凸出地面的构筑物、设备基础等所占的面积，砖垛等凸出墙面部分按展开面积计算后并入墙面防腐工程量之内。

2）踢脚板按实铺长度乘以高度以平方米计算，应扣除门洞所占面积并相应增加侧壁展开面积。

3）平面砌筑双层耐酸块料时，按单层面积乘以2计算。

4）防腐卷材接缝、附加层、收头等人工材料，已计入定额内，不再另行计算。

7.12.2 保温隔热工程

1）保温隔热层应区别不同保温隔热材料，除另有规定外，均按设计实铺厚度以立方米计算。

2）保温隔热层的厚度按隔热材料（不包括胶结材料）净厚度计算。

3）地面隔热层按围护结构墙体间净面积乘以设计厚度以立方米计算，不扣除柱、垛所占的体积。

4）墙体隔热层：外墙按隔热层中心线，内墙按隔热层净长乘以图示尺寸的高度及厚度以立方米计算。应扣除冷藏门洞口和管道穿墙洞口所占体积。

5）柱包隔热层，按图示柱的隔热层中心线的展开长度乘以图示尺寸高度及厚度以立方米计算。

6）其他

① 池槽隔热层按图示池槽保温隔热层的长、宽及其厚度以立方米计算。其中池壁按墙面计算，池底按地面计算。

② 门洞口侧壁周围的隔热部分，按图示隔热层尺寸以立方米计算，并入墙面的保温隔热工程量内。

③ 柱帽保温隔热层按图示保温隔热层体积并入顶棚保温隔热层工程量内。

7.13 装饰工程量计算

7.13.1 内墙抹灰

内墙抹灰面积，应扣除门窗洞口和空圈所占的面积，不扣除踢脚板、挂镜线（图7-188）、0.3m^2以内的孔洞和墙与构件交接处的面积，洞口侧壁和顶面亦不增加。墙垛和附墙烟囱侧壁面积与内墙抹灰工程量合并计算。墙与构件交接处的面积（图7-189），主要是指各种现浇或预制梁头伸入墙内所占的面积。

内墙面抹灰的长度，以主墙间的图示净长尺寸计算，其高度确定如下：

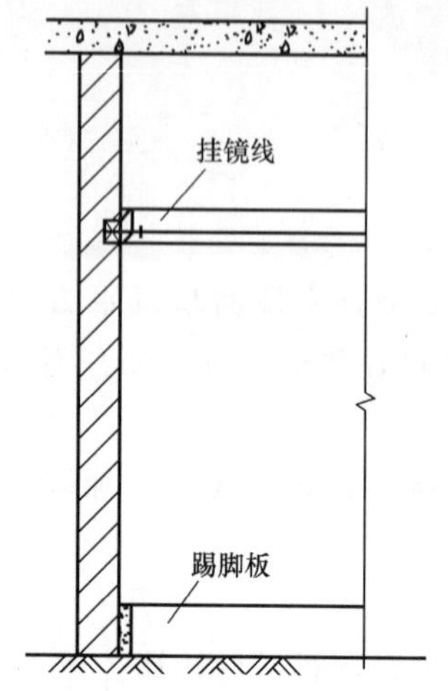

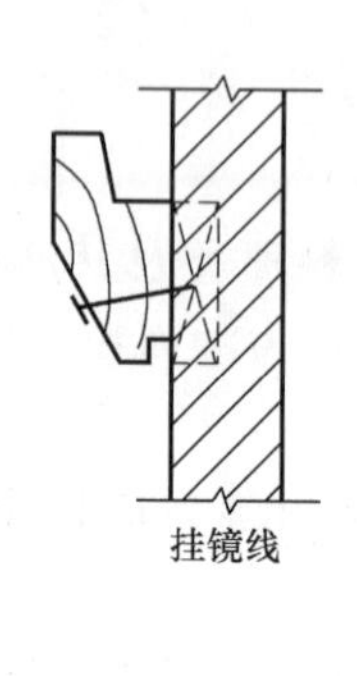

图 7-188 挂镜线、踢脚板示意图

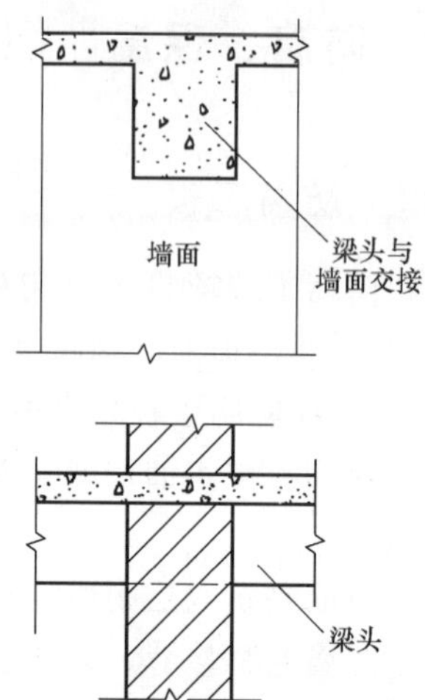

图 7-189 墙与构件交接处面积示意图

1）无墙裙的，其高度按室内地面或楼面至顶棚底面之间距离计算。

2）有墙裙的，其高度按墙裙顶至顶棚底面之间距离计算。

3）由于一般墙面先抹灰后做吊顶，所以钉板条顶棚的墙面需要抹灰时应抹至顶棚底面再加 100mm。因此，钉板条顶棚的内墙面抹灰，其高度按室内地面或楼面至顶棚底面另加 100mm 计算。

4）墙裙单独抹灰时，工程量应单独计算，内墙抹灰也要扣除墙裙工程量。

计算公式为

内墙面抹灰面积 =（主墙间净长 + 墙垛和附墙烟囱侧壁宽）×（室内净高 − 墙裙高）− 门窗洞口及大于 0.3m^2 孔洞面积

室内净高 = {有吊顶：楼面或地面至顶棚底加 100mm；无吊顶：楼面或地面至顶棚底净高}

内墙裙抹灰面积按内墙净长乘以高度计算。应扣除门窗洞口和空圈所占的面积，门窗洞口和空洞的侧壁面积不另增加，墙垛、附墙烟囱侧壁面积并入墙裙抹灰面积内计算。

7.13.2 外墙抹灰

1）外墙抹灰面积，按外墙面的垂直投影面积以平方米计算。应扣除门窗洞口、外墙裙和大于 0.3m^2 孔洞所占面积，洞口侧壁面积不另增加。附墙垛、梁、柱侧面抹灰面积并入外墙面抹灰工程量内计算。栏板、栏杆、窗台线、门窗套、扶手、压顶、挑檐、遮阳板、凸出墙外的腰线等，另按相应规定计算。

2）外墙裙抹灰面积按其长度乘以高度计算，扣除门窗洞口和大于 0.3m^2 孔洞所占的面积，门窗洞口及孔洞的侧壁不增加。

3）窗台线、门窗套、挑檐、腰线、遮阳板等展开宽度在 300mm 以内者，按装饰线以延长米计算；当展开宽度超过 300mm 以上时，按图示尺寸以展开面积计算，套零星抹灰定额项目。

4）栏板、栏杆（包括立柱、扶手或压顶等）抹灰，按立面垂直投影面积乘以系数 2.2

以平方米计算。

5）阳台底面抹灰按水平投影面积以平方米计算，并入相应顶棚抹灰面积内。阳台如带悬臂者，其工程量乘系数1.30。

6）雨篷底面或顶面抹灰分别按水平投影面积以平方米计算，并入相应顶棚抹灰面积内。雨篷顶面带反沿或反梁者，其工程量乘系数1.20，底面带悬臂梁者，其工程量乘以系数1.20。雨篷外边线按相应装饰或零星项目执行。

7）墙面勾缝按垂直投影面积计算，应扣除墙裙和墙面抹灰的面积，不扣除门窗洞口、门窗套、腰线等零星抹灰所占的面积，附墙柱和门窗洞口侧面的勾缝面积亦不增加。独立柱、房上烟囱勾缝，按图示尺寸以平方米计算。

7.13.3　外墙装饰抹灰

1）外墙各种装饰抹灰均按图示尺寸以实抹面积计算。应扣除门窗洞口空圈的面积，其侧壁面积不另增加。

2）挑檐、天沟、腰线、栏杆、栏板、门窗套、窗台线、压顶等，均按图示尺寸展开面积以平方米计算，并入相应的外墙面积内。

7.13.4　墙面块料面层

1）墙面贴块料面层均按图示尺寸以实贴面积计算。

2）墙裙以高度1500mm为准，超过1500mm时按墙面计算，高度低于300mm时，按踢脚板计算。

7.13.5　隔墙、隔断、幕墙

1）木隔墙、墙裙、护壁板，均按图示尺寸长度乘以高度按实铺面积以平方米计算。

2）玻璃隔墙按上横挡顶面至下横挡底面之间高度乘以宽度（两边立梃外边线之间距离）以平方米计算。

3）浴厕木隔断，按下横挡底面至上横挡顶面高度乘以图示长度以平方米计算，门扇面积并入隔断面积内计算。

4）铝合金、轻钢隔墙、幕墙，按四周框外围面积计算。

7.13.6　独立柱

1）一般抹灰、装饰抹灰、镶贴块料按结构断面周长乘以柱的高度，以平方米计算。

2）柱面装饰按柱外围饰面尺寸乘以柱的高度，以平方米计算。

7.13.7　零星抹灰

各种“零星项目”均按图示尺寸以展开面积计算。

7.13.8　顶棚抹灰

1）顶棚抹灰面积，按主墙间的净面积计算，不扣除间壁墙、垛、柱、附墙烟囱、检查口和管道所占的面积。带梁顶棚，梁两侧抹灰面积，并入顶棚抹灰工程量内计算。

2）密肋梁和井字梁顶棚抹灰面积，按展开面积计算。

3）顶棚抹灰如带有装饰线时，区别按三道线以内或五道线以内以延长米计算，线角的道数以一个突出的棱角为一道线（图7-190）。

4）檐口顶棚的抹灰面积，并入相同的顶棚抹灰工程量内计算。

5）顶棚中的折线、灯槽线、圆弧形线、拱形线等艺术形式的抹灰，按展开面积计算。

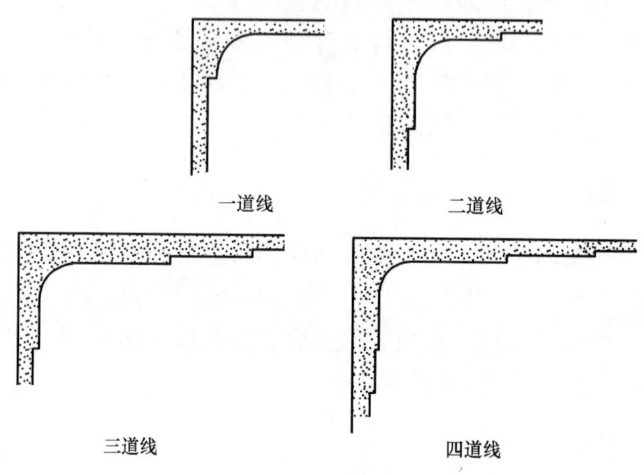

图7-190 顶棚装饰线示意图

7.13.9 顶棚龙骨

各种吊顶顶棚龙骨按主墙间净空面积计算，不扣除间壁墙、检查口、附墙烟囱、柱、垛和管道所占面积。但顶棚中的折线、迭落等圆弧形、高低吊灯槽等面积也不展开计算。

7.13.10 顶棚面装饰

1）顶棚装饰面积，按主墙间实铺面积以平方米计算，不扣除间壁墙、检查口、附墙烟囱、附墙垛和管道所占面积，应扣除独立柱及与顶棚相连的窗帘盒所占的面积。

2）顶棚中的折线、迭落等圆弧形、拱形、高低灯槽及其他艺术形式顶棚面层均按展开面积计算。

7.13.11 喷涂、油漆、裱糊

1）楼地面、顶棚面、墙、柱、梁面的喷（刷）涂料、抹灰面、油漆及裱糊工程，均按楼地面、顶棚面、墙、柱、梁面装饰工程相应的工程量计算规则规定计算。

2）木材面、金属面油漆的工程量分别按表7-30～表7-38的规定计算，并乘以表列系数以平方米计算。

表7-30 单层木门工程量系数表

项目名称	系　数	工程量计算方法	项目名称	系　数	工程量计算方法
单层木门	1.00	按单面洞口面积	单层全玻门	0.83	按单面洞口面积
双层(一板一纱)木门	1.36		木百叶门	1.25	
双层(单裁口)木门	2.00		厂库大门	1.10	

表 7-31　单层木窗工程量系数表

项目名称	系　　数	工程量计算方法	项目名称	系　　数	工程量计算方法
单层玻璃窗	1.00	按单面洞口面积	单层组合窗	0.83	按单面洞口面积
双层(一玻一纱)窗	1.36		双层组合窗	1.13	
双层(单裁口)窗	2.00		木百叶窗	1.50	
三层(二玻一纱)窗	2.60				

表 7-32　木扶手（不带托板）工程量系数表

项目名称	系数	工程量计算方法	项目名称	系数	工程量计算方法
木扶手(不带托板)	1.00	按延长米	封檐板、顺水板	1.74	按延长米
木扶手(带托板)	2.60		挂衣板、黑板框	0.52	
窗帘盒	2.04		生活园地框、挂镜线、窗帘棍	0.35	

表 7-33　其他木材面工程量系数表

项目名称	系数	工程量计算方法	项目名称	系数	工程量计算方法
木板、纤维板、胶合板	1.00	长×宽	屋面板(带檩条)	1.11	斜长×宽
顶棚、檐口	1.07		木间壁、木隔断	1.90	单面外围面积
清水板条顶棚、檐口	1.07		玻璃间壁露明墙筋	1.65	
木方格吊顶顶棚	1.20		木栅栏、木栏杆(带扶手)	1.82	
吸声板、墙面、顶棚面	0.87		木屋架	1.79	跨度(长)×中高×$\frac{1}{2}$
鱼磷板墙	2.48		衣柜、壁柜	0.91	投影面积(不展开)
木护墙、墙裙	0.91		零星木装修	0.87	展开面积
窗台板、筒子板、盖板	0.82				
暖气罩	1.28				

表 7-34　木地板工程量系数表

项目名称	系　　数	工程量计算方法
木地板、木踢脚板	1.00	长×宽
木楼梯(不包括底面)	2.30	水平投影面积

表 7-35　单层钢门窗工程量系数表

项目名称	系数	工程量计算方法	项目名称	系数	工程量计算方法
单层钢门窗	1.00	洞口面积	射线防护门	2.96	框(扇)外围面积
双层(一玻一纱)钢门窗	1.48		厂库房平开、推拉门	1.70	
钢百叶门窗	2.74		铁丝网大门	0.81	
半截百叶钢门	2.22		间壁	1.85	长×宽
满钢门或包铁皮门	1.63		平板屋面	0.74	斜长×宽
钢折叠门	2.30		瓦垄板屋面	0.89	斜长×宽
			排水、伸缩缝盖板	0.78	展开面积
			吸气罩	1.63	水平投影面积

表 7-36 其他金属面工程量系数表

项目名称	系数	工程量计算方法	项目名称	系数	工程量计算方法
钢屋架、天窗架、挡风架、屋架梁、支撑、檩条	1.00	按质量/t	钢栅栏门、栏杆、窗栅	1.71	按质量/t
墙架(空腹式)	0.50		钢爬梯	1.18	
墙架(格板式)	0.82		轻型屋架	1.42	
钢柱、吊车梁、花式梁柱、空花构件	0.63		踏步式钢扶梯	1.05	
操作台、走台、制动梁、钢梁车挡	0.71		零星铁件	1.32	

表 7-37 平板屋面涂刷磷化、锌黄底漆工程量系数表

项目名称	系数	工程量计算方法	项目名称	系数	工程量计算方法
平板屋面	1.00	斜长×宽	吸气罩	2.20	水平投影面积
瓦垄板屋面	1.20		包镀锌铁皮门	2.20	洞口面积
排水、伸缩缝盖板	1.05	展开面积			

表 7-38 抹灰面油漆、涂料工程量系数表

项目名称	系数	工程量计算方法	项目名称	系数	工程量计算方法
槽形底板、混凝土折板	1.30	长×宽	密肋、井字梁底板	1.50	长×宽
有梁板底	1.10		混凝土平板式楼梯底	1.30	水平投影面积

7.14 金属结构制作工程量计算

7.14.1 一般规则

金属结构制作按图示钢材尺寸以吨计算，不扣除孔眼、切边的质量，焊条、铆钉、螺栓等质量，已包括在定额内不另计算。在计算不规则或多边形钢板质量时均按其几何图形的外接矩形面积计算。

7.14.2 实腹柱、起重机梁

实腹柱、起重机梁、H 形钢按图示尺寸计算，其中腹板及翼板宽度按每边增加 25mm 计算。

7.14.3 制动梁、墙架、钢柱

1）制动梁的制作工程量包括制动梁、制动桁架、制动板质量。

2）墙架的制作工程量包括墙架柱、墙架梁及连接柱杆质量。

3）钢柱制作工程量包括依附于柱上的牛腿及悬臂梁质量。

7.14.4 轨道

轨道制作工程量，只计算轨道本身质量、不包括轨道垫板、压板、斜垫、夹板及连接角钢等质量。

7.14.5 铁栏杆

铁栏杆制作，仅适用于工业厂房中平台、操作台的钢栏杆。民用建筑中铁栏杆等按定额

其他章节有关项目计算。

7.14.6 钢漏斗

钢漏斗制作工程量，矩形按图示分片，圆形按图示展开尺寸，并依钢板宽度分段计算，每段均以其上口长度（圆形以分段展开上口长度）与钢板宽度，按矩形计算，依附漏斗的型钢并入漏斗质量内计算。

【例7-56】 根据图7-191中的尺寸，计算柱间支撑的制作工程量。

【解】 角钢每米质量 $=0.00795\text{kg}/(\text{m}\cdot\text{mm}^2)\times$厚$\times$(长边+短边−厚)

$=0.00795\text{kg}/(\text{m}\cdot\text{mm}^2)\times6\text{mm}\times(75+50-6)\text{mm}$

$=5.68\text{kg/m}$

钢板每 m^2 质量 $=7.85\times10^3\text{kg/m}^3\times$厚

$=7.85\times10^3\text{kg/m}^3\times8\times10^{-3}\text{m}=62.8\text{kg/m}^2$

角钢质量 $=5.90\times2$(根)$\times5.68\text{kg/m}=67.02\text{kg}$

钢板 $=(0.205\times0.21\times4$ 块$)\text{m}^2\times62.8\text{kg/m}^2$

$=0.1722\text{m}^2\times62.8\text{kg/m}^2=10.81\text{kg}$

柱间支撑工程量 $=67.02\text{kg}+10.81\text{kg}=77.83\text{kg}$

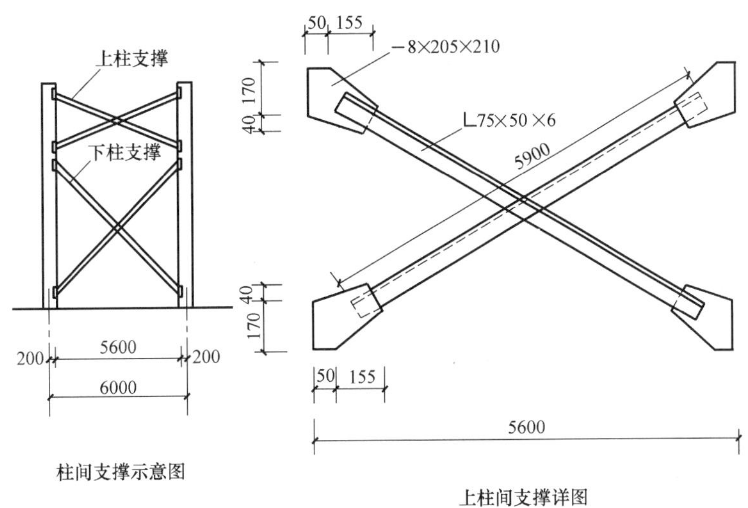

图7-191 柱间支撑

7.15 建筑工程垂直运输

7.15.1 建筑物

建筑物垂直运输机械台班用量，区分不同建筑物的结构类型及檐口高度按建筑面积以平方米计算。

檐高是指设计室外地坪至檐口的高度（图7-192），凸出主体建筑屋顶的电梯间、水箱间等不计入檐口高度之内。

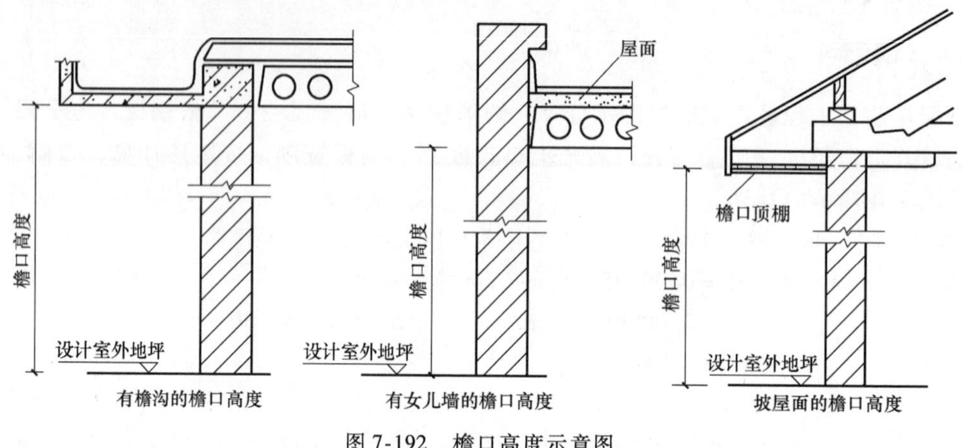

图 7-192　檐口高度示意图

7.15.2　构筑物

构筑物垂直运输机械台班以座计算。超过规定高度时，再按每增高 1m 定额项目计算，其高度不足 1m 时，亦按 1m 计算。

7.16　建筑物超高增加人工、机械费

7.16.1　有关规定

1）本规定适用于建筑物檐口高 20m（层数 6 层）以上的工程。

2）檐高是指设计室外地坪至檐口的高度，凸出主体建筑屋顶的电梯间、水箱间等不计入檐高之内。

3）同一建筑物高度不同时，按不同高度的建筑面积，分别按相应项目计算，如图7-193所示。

7.16.2　降效系数

1）各项降效系数中包括的内容指建筑物基础以上的全部工程项目，但不包括垂直运输、各类构件的水平运输及各项脚手架。

2）人工降效按规定内容中的全部人工费乘以定额系数计算。

3）吊装机械降效按吊装项目中的全部机械费乘以定额系数计算。

4）其他机械降效按除吊装机械外的全部机械费乘以定额系数计算。

7.16.3　加压水泵台班

建筑物施工用水加压增加的水泵台班，按建筑面积计算。

7.16.4　建筑物超高人工、机械降效定额摘录（表 7-39）

表 7-39 中的降效主要指以下内容：

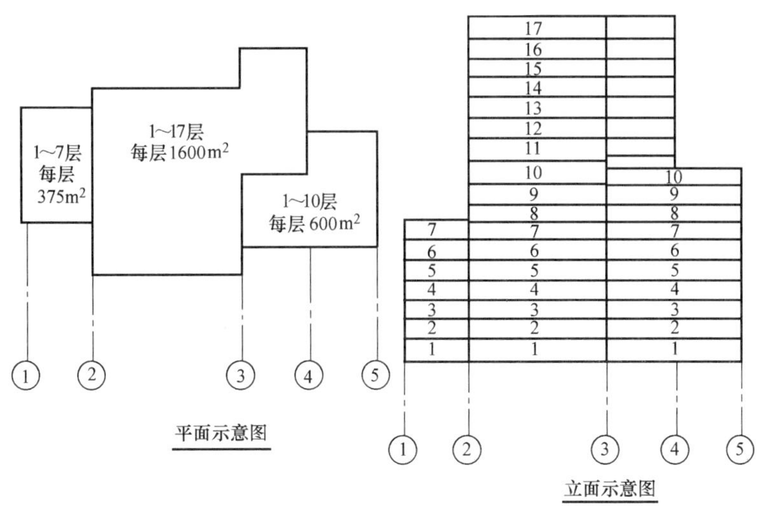

图 7-193 高层建筑示意图

1）工人上下班降低工效、上楼工作前休息及自然休息增加的时间。

2）垂直运输影响的时间。

3）由于人工降效引起的机械降效。

表 7-39 建筑物超高人工、机械降效定额摘录

定额编号		14—1	14—2	14—3	14—4
项　　目	降效率	檐高(层数)			
		30m(7～10)以内	40m(11～13)以内	50m(14～16)以内	60m(17～19)以内
人工降效	%	3.33	6.00	9.00	13.33
吊装机械降效	%	7.67	15.00	22.20	34.00
其他机械降效	%	3.33	6.00	9.00	13.33

7.16.5 建筑物超高加压水泵台班定额摘录（表 7-40）

表 7-40 主要包括由于水压不足所发生的加压用水泵台班，以 $100m^2$ 为计量单位。

表 7-40 建筑物超高加压水泵台班定额摘录

定额编号		14—11	14—12	14—13	14—14
项　　目	单位	檐高(层数)			
		30m(7～10)以内	40m(11～13)以内	50m(14～16)以内	60m(17～19)以内
基价	元	87.87	134.12	259.88	301.17
加压用水泵	台班	1.14	1.74	2.14	2.48
加压用水泵停滞	台班	1.14	1.74	2.14	2.48

【例 7-57】 某现浇钢筋混凝土框架结构的宾馆建筑面积及层数示意图如图 7-193 所示，根据下列数据和表 7-39、表 7-40 的定额计算建筑物超高人工、机械降效费和建筑物超高加压水泵台班费。

1～7 层
①～②轴线
- 人工费：202500 元
- 吊装机械费：67800 元
- 其他机械费：168500 元

1～17 层 ②～④轴线 { 人工费：2176000 元；吊装机械费：707200 元；其他机械费：1360000 元 }

1～10 层 ③～⑤轴线 { 人工费：450000 元；吊装机械费：120000 元；其他机械费：300000 元 }

【解】（1）人工降效费

①～②轴 ③～⑤轴 定额 14—1

(202500 + 450000) 元 × 3.33% = 21728.25 元

②～④轴 定额 14—4

2176000 元 × 13.33% = 290060.80 元

} 311789.05 元

（2）吊装机械降效费

①～②轴 ③～⑤轴 定额 14—1

(67800 + 120000) 元 × 7.67% = 14404.26 元

②～④轴 定额 14—4

707200 元 × 34% = 240448.00 元

} 254852.26 元

（3）其他机械降效费

①～②轴 ③～⑤轴 定额 14—1

(168500 + 300000) 元 × 3.33% = 15601.05 元

②～④轴 定额 14—4

1360000 元 × 13.33% = 181288.00 元

} 196889.05 元

（4）建筑物超高加压水泵台班费

①～②轴 ③～⑤轴 定额 14—11

(375 × 7 层 + 600 × 10 层) m^2 × 0.88 元/m^2 = 7590 元

②～④轴 定额 14—14

(1600 × 17 层) m^2 × 3.01 元/m^2 = 81872.00 元

} 89462.00 元

7.17 建筑工程预算编制实例

7.17.1 工程基本情况

1. 取费条件及费率

本工程为食堂工程，工程类别为四类，施工企业的取费级别为三级 I 档。取费条件及费率见表 7-41。

2. 建筑施工图

食堂工程建筑施工图见建施 1～建施 5（图 7-194～图 7-198）。

3. 结构施工图

食堂工程结构施工图见结施 1～结施 9（图 7-199～图 7-207）。

7.17.2 工程量计算

1. 基数计算

基数计算见表 7-42。

门窗明细表见表 7-43。

钢筋混凝土圈梁、过梁、挑梁明细表见表 7-44。

2. 工程量计算

工程量计算见表 7-45。

3. 钢筋工程量计算

钢筋工程量计算见表 7-46。

7.17.3　工料分析及汇总

工料分析包括工日、机械台班、材料用量分析。具体做法是依据工程量计算表中的分项工程名称及其工程量，套用《全国统一建筑工程基础定额》，将计算结果填入“工日、机械台班、材料用量计算表”，具体计算见表 7-47；工日、材料、机械台班汇总见表 7-48。

7.17.4　直接费计算

根据某地区工日单价、机械台班单价、材料单价和表 7-48 中的工日、材料、机械台班数量计算直接费，具体计算见表 7-49。脚手架费、模板费分析表见表 7-50。

7.17.5　工程造价计算

按 2013 年以前的取费规定，根据表 7-41 中的取费条件及费率计算食堂工程的工程造价（表 7-51）。

按建标［2013］44 号文件规定的建筑工程造价计算见表 7-52、表 7-53。

表 7-41　取费条件及费率

工程名称：××食堂

序号	项　目	有关条件及费率	备　注
1	施工企业资质等级	三级	取费等级：三级 I 挡
2	建筑层数及工程类别	6 层；四类	工程在市区
3	直接工程费（取费用）/元	316763.87 （202396.17）	取费用　脚手架费　模板及支架费 316763.87 －90935.95 －23431.75 ＝202396.17
4	文明施工费费率	0.9%	见表 5-14
5	安全施工费费率	1.0%	
6	临时设施费费率	2.0%	
7	二次搬运费费率	0.3%	
8	脚手架费/元	90935.95 元	详细计算分析见表 7-50
9	模板及支架费/元	23431.75 元	详细计算分析见表 7-50
10	工程定额测定费费率	0.12%	见表 5-16
11	企业管理费费率	5.1%	见表 5-17
12	社会保险费费率	16%	见表 5-16
13	住房公积金费率	6.0%	见表 5-16
14	利润率	6%	见表 5-18
15	税率	营业税率 3.093% 城市维护建设税率 7% 教育费附加 3%	见表 5-19

××技校食堂工程　　建筑施工图

建筑设计说明

1.工程概况
本工程建筑面积：756m^2，三层，底框砖混结构
2.屋面：PVC防水屋面，三层屋面设架空隔层，二布三油塑料油膏防水层，现浇水泥珍珠岩找坡，最薄处60mm，1:3水泥砂浆找平层25mm厚
3.地面：普通水磨石地面，C10混凝土垫层80mm厚
4.楼面：卫生间200mm×200mm 防滑地砖楼面，其余水泥豆石楼面
5.楼梯：现浇板式楼梯，1:2水泥砂浆20mm厚面层，梯井边做20mm厚，60mm宽，1:2水泥砂浆挡水线
6.内装修：卫生间及底层操作间1800mm高白色瓷砖墙裙，其余混合砂浆墙面，顶棚混合砂浆抹面，面刷仿瓷涂料两遍
7.外装修：详见立面标注
8.油漆：木门窗浅黄色调和漆两遍，钢门窗内外分色，内面为浅黄色调和漆两遍，外面为棕色调和漆两遍，基层均按有关规定处理，铝合金窗为银白色，蓝玻
9.未尽事宜，协商解决

图样目录

图号	图 样 内 容
建施1	建筑设计说明，图样目录，门窗统计表，总平面图
建施2	底层平面图，1—1剖面图
建施3	二、三层平面图，①—⑧ Ⓐ—Ⓕ立面图
建施4	屋顶平面图，⑧—①立面图，墙身详图
建施5	楼梯详图

门 窗 统 计 表

代号	名称	洞口尺寸/mm		数量	备注
M1	全板夹板门	900	2700	4	西南J601、J0927
M2	全板夹板门	900	2000	12	西南J601、J0920
M3	百叶夹板门	700	2000	4	YJ0720
MC1	钢门带窗	2700	2800	1	
MC2	钢门带窗	3300	2800	1	
C1	铝合金推拉窗	1800	1800	10	
C2	钢平开窗	2400	1800	1	
C3	钢平开窗	3000	1800	2	
C4	铝合金推拉窗	2400	1800	6	
C5	铝合金推拉窗	900	900	4	
C6	铝合金圆形固定窗		ϕ1200	2	

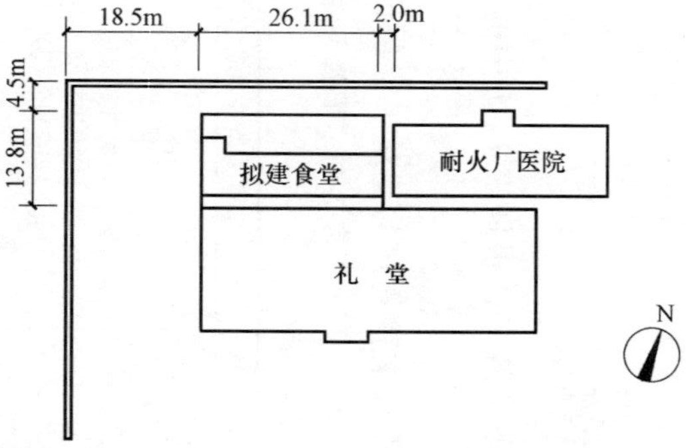

18.5m　26.1m　2.0m
4.5m　13.8m
拟建食堂　耐火厂医院　礼　堂　N

总平面图　1:500

工程名称	食　堂	
设计说明，门窗统计表 总平面图，图样目录	设计号	
	图　别	建施
	图　号	1/5
	日　期	

图 7-194　建施 1

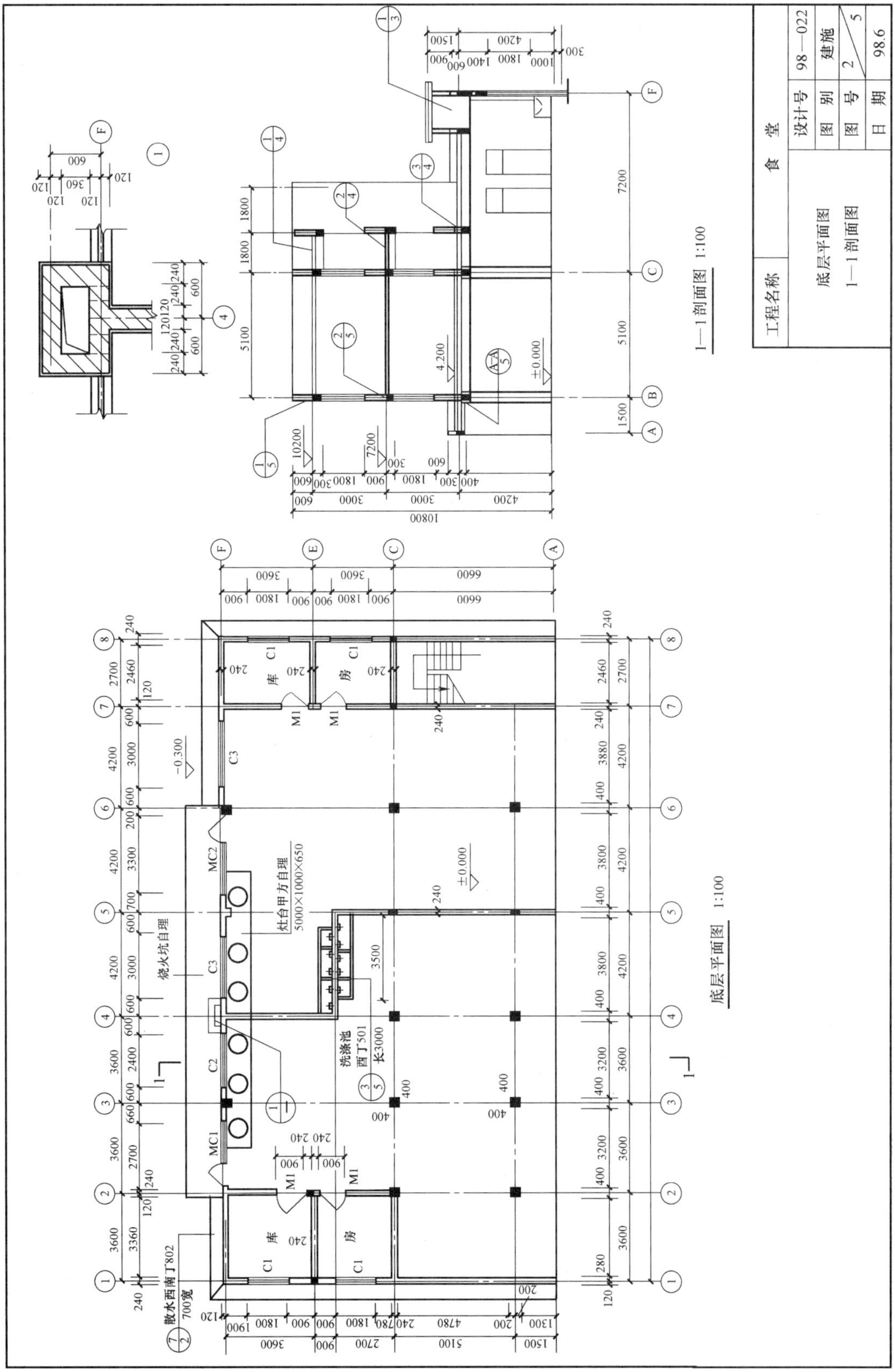

工程名称	食 堂	设计号	98—022
		图 别	建施
底层平面图 1—1剖面图		图 号	2/5
		日 期	98.6

底层平面图 1:100

1—1剖面图 1:100

图 7-195 建施 2

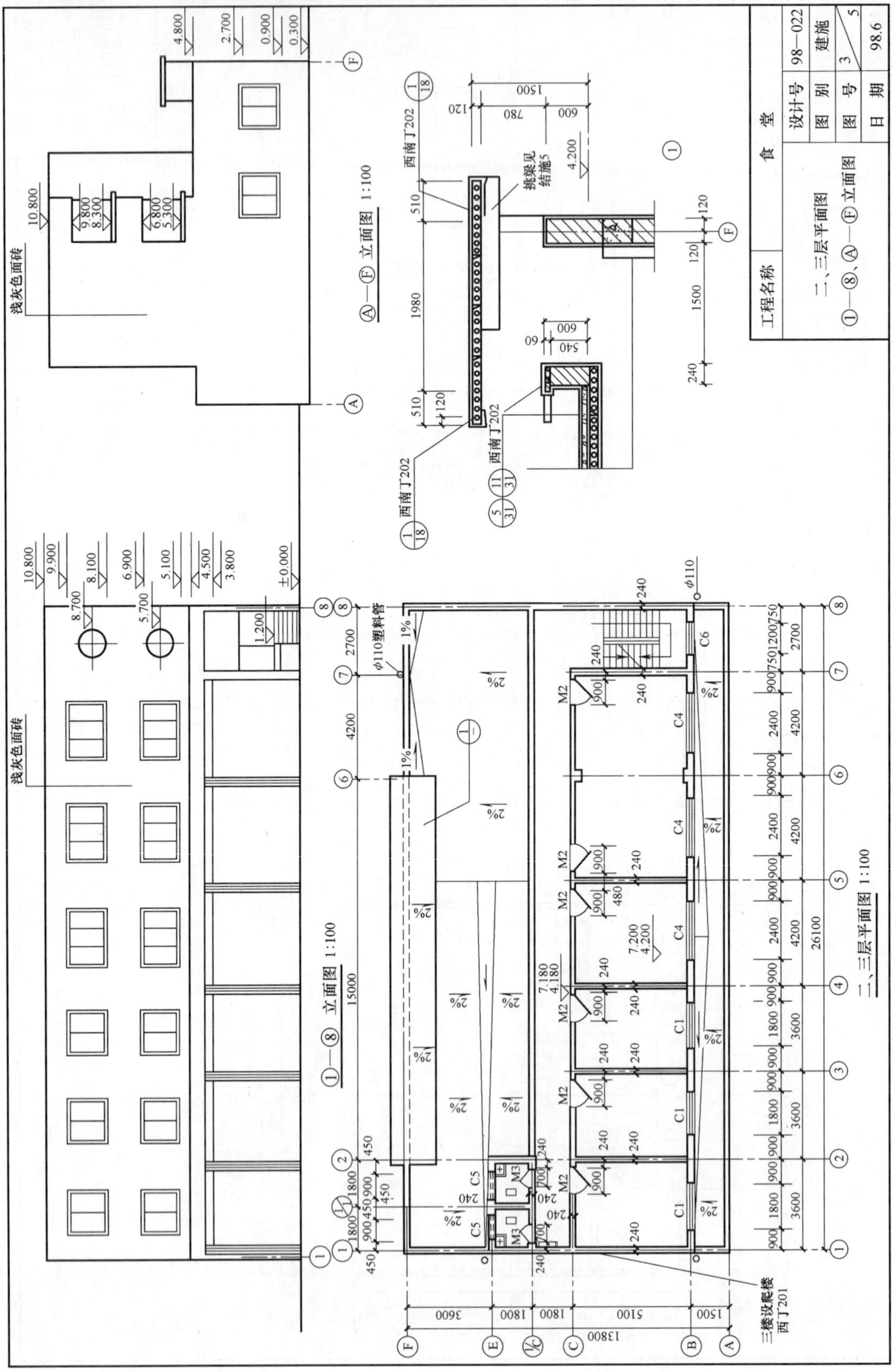

浅灰色面砖

①—⑧ 立面图 1:100

浅灰色面砖

Ⓐ—Ⓕ 立面图 1:100

φ110塑料管

西南丁202

挑梁见结施5

三楼设爬楼 西丁201

二、三层平面图 1:100

工程名称	食堂		
二、三层平面图 ①—⑧、Ⓐ—Ⓕ立面图	设计号	98—022	
	图别	建施	
	图号	3	5
	日期	98.6	

图 7-196 建施 3

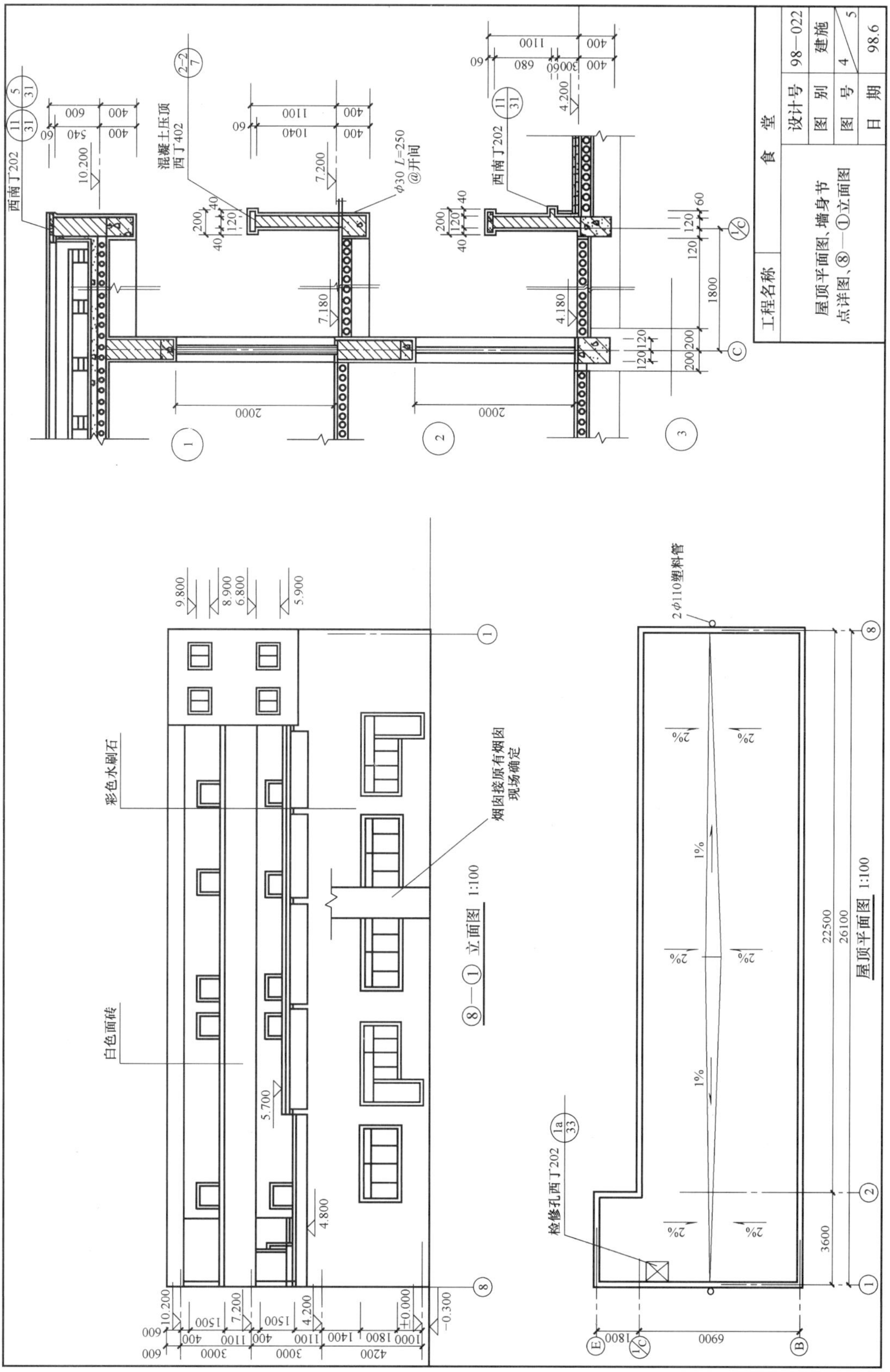

白色面砖

彩色水刷石

⑧—① 立面图 1:100

烟囱接原有烟囱现场确定

检修孔西丁202 (1a/33)

2ϕ110塑料管

屋顶平面图 1:100

西南丁202 (11/31) (5/31)

混凝土压顶 西丁402 (2-2/7)

ϕ30 L=250 @开间

西南丁202 (11/31)

工程名称	食　堂		
屋顶平面图、墙身节点详图、⑧—①立面图		设计号	98—022
		图　别	建施
		图　号	4/5
		日　期	98.6

图 7-197　建施 4

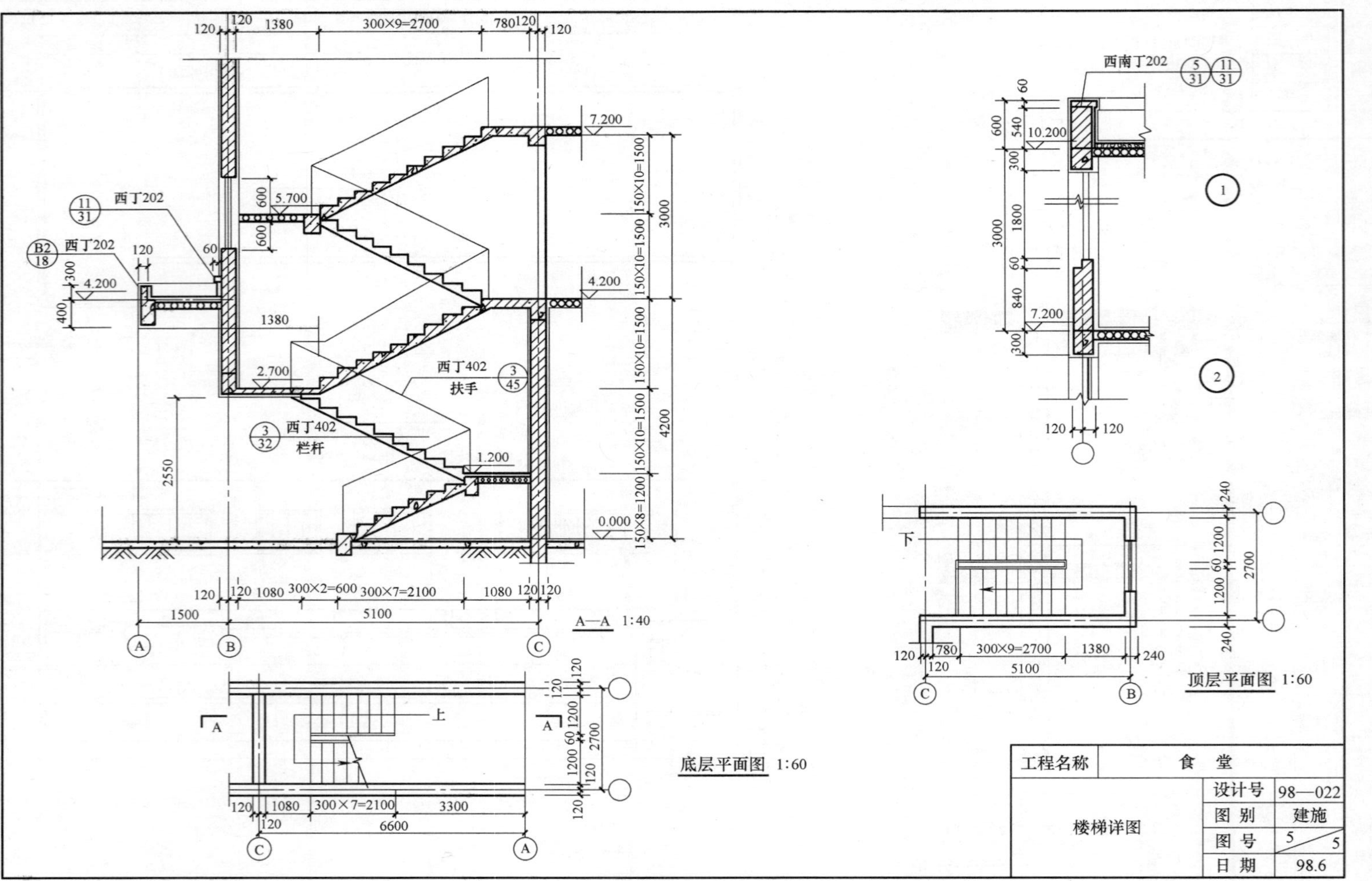
A—A 1:40
底层平面图 1:60
顶层平面图 1:60
工程名称
食 堂
楼梯详图
设计号 98—022
图 别 建施
图 号 5
日 期 98.6
西丁402 扶手
西丁402 栏杆
西丁202
西南丁202
300×9=2700
300×7=2100
300×2=600
5100
3000
4200
2700
6600
3300
7.200
4.200
0.000
5.700
2.700
10.200
1.200

图 7-198 建施 5

××技校食堂工程　结构施工图

结构设计说明

一、基础部分

1. 本工程地基承载力参照××技校辅助用房地勘报告。
2. 基坑、槽开挖至设计标高，应及时通知地勘、设计、质监、建设单位派员共同验收合格后方可进行下道工序施工；未经检验坑槽，不准进行下道工序施工。
3. 基础按详图施工。
4. 基础工程质量应符合现行验收规范要求。

二、混凝土部分

1. 本工程中：Φ为Ⅰ级钢，Φ为Ⅱ级钢。
2. 本工程水泥、钢筋必须具有出厂合格证，并经复检合格后，才能使用。严禁使用不合格产品。
3. 凡采用标准图集的构件，必须按所选图集要求施工制作。
4. XKJ—1、XKJ—2、XKJ—3 用 C25 混凝土；其余现浇构件用 C20 混凝土。
5. 混凝土质量应符合现行验收规范要求。

三、砖砌体部分

1. 本工程砌体尺寸以建施为准；壁柱为 370mm×490mm。
2. 砖砌体用 MU15 执制标准砖，M5 混合砂浆砌筑。
3. XGZ 从垫层表面做起。
4. 砌体质量应符合现行验收规范要求。

四、其他

1. 预留孔洞详见水电施工图。
2. 未尽事宜，协商解决。

图样目录

图号	内　　容
结施 1	本页
结施 2	基础平面图、基础详图、XDJ—1
结施 3	二层结构平面图、XL—1、XL—2、XL—3、XB—1
结施 4	三层、屋面结构平面图，XL—4、XL—9、XL—11、XL—12
结施 5	XL—5、XL—6、XL—7、XL—8、XL—10、XL—13、LD、XQL—1、XGZ
结施 6	XTB—1、XTB—2、XTB—3、XTB—4、XTB—5
结施 7	XKJ—1
结施 8	XKJ—2
结施 9	XKJ—3

预制构件统计表

构件代号	二层	三层	屋面	合计	图集
Y—KB365—3	9	9		18	川 92G402
Y—KB366—3	30	24		54	川 92G402
Y—KB425—3	9	9		18	川 92G402
Y—KB426—3	30	24		54	川 92G402
Y—KB276—3	3	2		5	川 92G402
Y—KB275—3	3	3		6	川 92G402
Y—KBW365—2			22	22	川 92G402
Y—KBW366—2			41	41	川 92G402
Y—KBW425—2			24	24	川 92G402
Y—KBW426—2			47	47	川 92G402
Y—KBW275—2			8	8	川 92G402
Y—KBW276—2			23	23	川 92G402
WJB36A1			1	1	川 91G313
XGL4101		6	6	12	川 91G310
XGL4103	4			4	川 91G310
XGL4181	2			2	川 91G310
XGL4181		4	4	8	川 91G310
XGL4241		3	3	6	川 91G310

工程名称	食　堂	
设计说明 图样目录 预制构件统计表	设计号	
	图别	结施
	图号	1/9
	日期	

图 7-199　结施 1

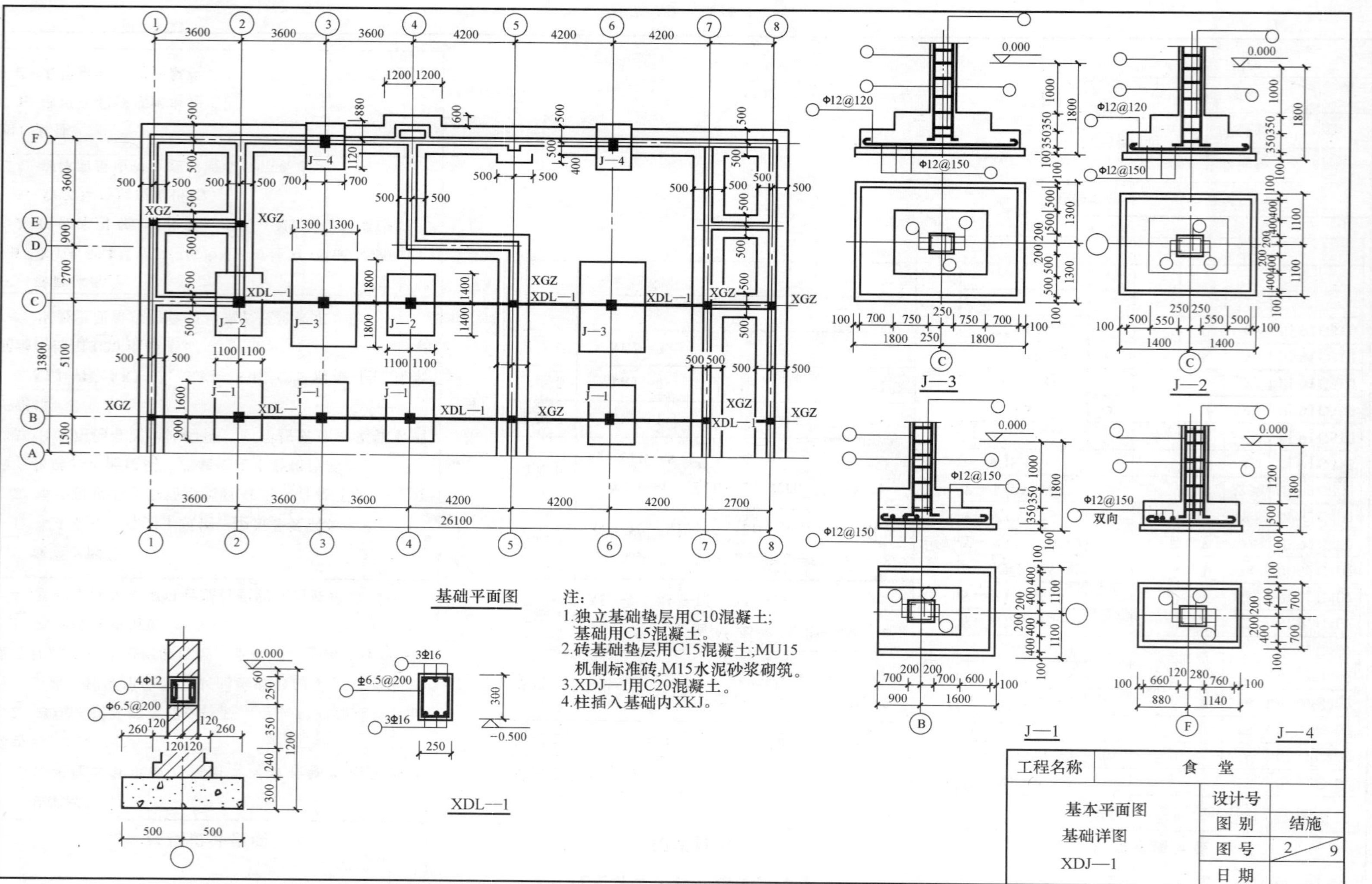

基础平面图
注：
1.独立基础垫层用C10混凝土；基础用C15混凝土。
2.砖基础垫层用C15混凝土；MU15机制标准砖，M15水泥砂浆砌筑。
3.XDJ—1用C20混凝土。
4.柱插入基础内XKJ。
XDL—1
J—3
J—2
J—1
J—4
工程名称
食　堂
基本平面图
基础详图
XDJ—1
设计号
图别
结施
图号
2
9
日期

图 7-200　结施 2

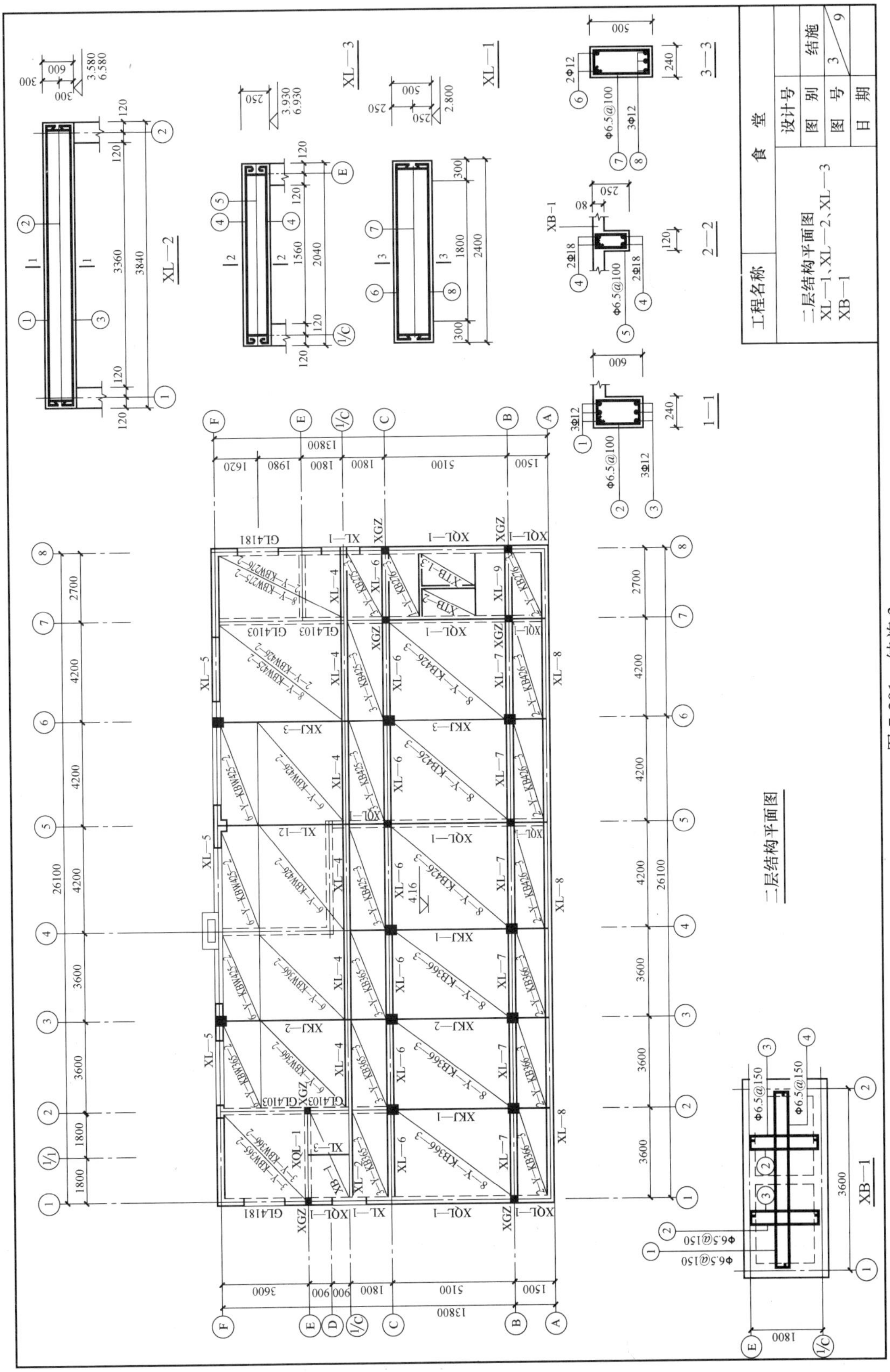

二层结构平面图

XL—1

XL—2

XL—3

1—1

2—2

3—3

XB—1

工程名称	食 堂		
二层结构平面图 XL—1、XL—2、XL—3 XB—1	设计号		
	图 别	结施	
	图 号	3	9
	日 期		

图 7-201 结施 3

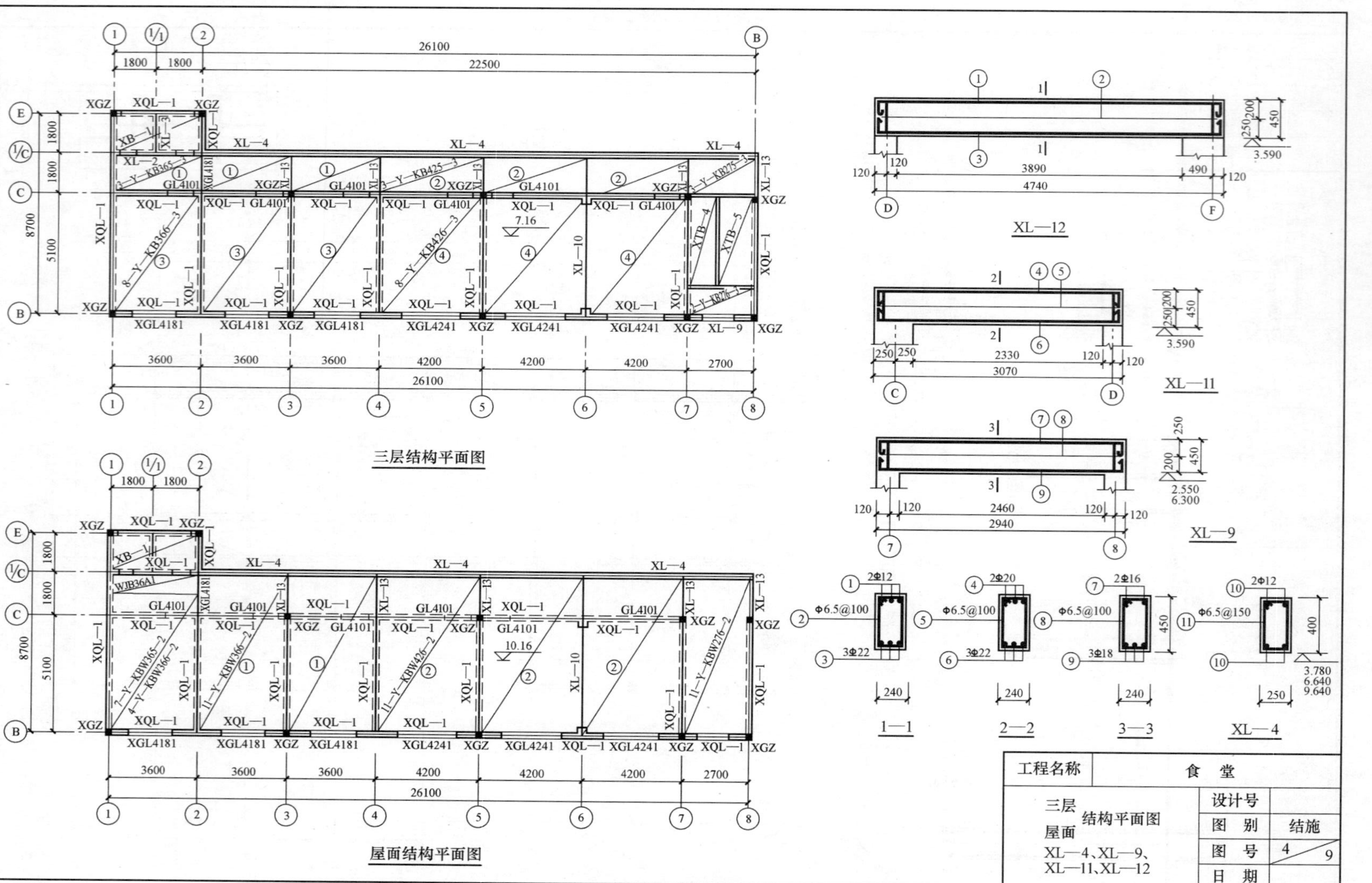
三层结构平面图
屋面结构平面图
XL—12
XL—11
XL—9
1—1
2—2
3—3
XL—4
工程名称
食 堂
三层
屋面
结构平面图
XL—4、XL—9、
XL—11、XL—12
设计号
图 别
结施
图 号
4
9
日 期

图 7-202 结施 4

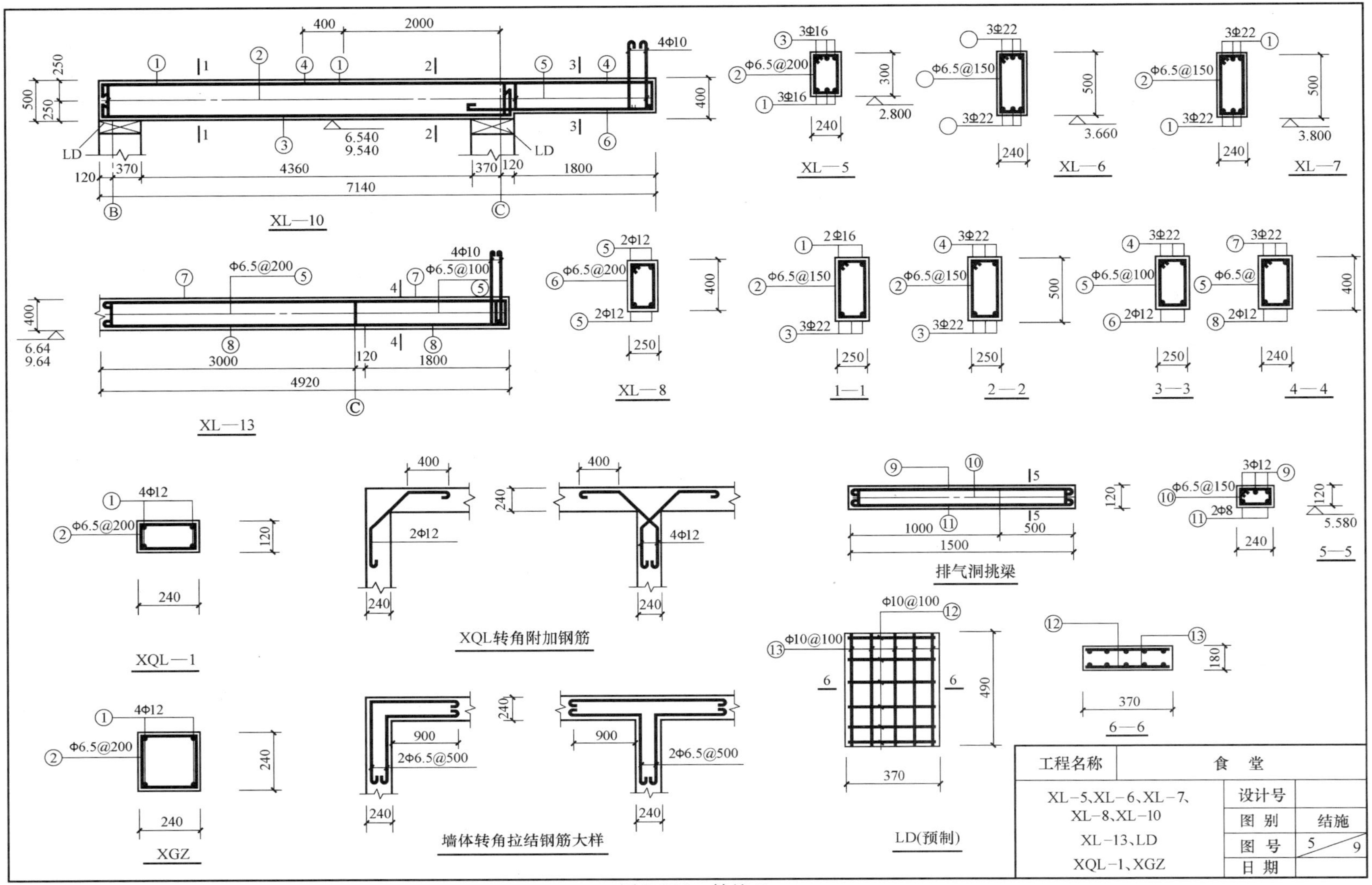

XL—10

400 2000 4Φ10 250 500 250 ① 1 ② ④ ① 2 ⑤ 3 ④ 400 LD ③ 6.540 9.540 LD ⑥ 120 370 4360 370 120 1800 7140 Ⓑ Ⓒ

XL—13

4Φ10 ⑦ Φ6.5@200 ⑤ 4 ⑦ Φ6.5@100 ⑤ 400 6.64 9.64 ⑧ ⑧ 3000 120 1800 4920 Ⓒ

XL—5

③ 3Φ16 ② Φ6.5@200 ① 3Φ16 300 2.800 240

XL—6

3Φ22 Φ6.5@150 3Φ22 500 3.660 240

XL—7

3Φ22 ① ② Φ6.5@150 ① 3Φ22 500 3.800 240

XL—8

⑤ 2Φ12 ⑥ Φ6.5@200 ⑤ 2Φ12 400 250

1—1

① 2Φ16 ② Φ6.5@150 ③ 3Φ22 250

2—2

④ 3Φ22 ② Φ6.5@150 ③ 3Φ22 500 250

3—3

④ 3Φ22 ⑤ Φ6.5@100 ⑥ 2Φ12 250

4—4

⑦ 3Φ22 ⑤ Φ6.5@ ⑧ 2Φ12 400 240

XQL—1

① 4Φ12 ② Φ6.5@200 120 240

XGZ

① 4Φ12 ② Φ6.5@200 240 240

XQL转角附加钢筋

400 2Φ12 240 400 240 4Φ12 240

墙体转角拉结钢筋大样

900 2Φ6.5@500 240 240 900 2Φ6.5@500 240

排气洞挑梁

⑨ ⑩ 5 120 ⑪ 1000 500 1500

5—5

3Φ12 ⑨ ⑩ Φ6.5@150 ⑪ 2Φ8 120 5.580 240

LD(预制)

Φ10@100 ⑫ ⑬ Φ10@100 6 6 490 370

6—6

⑫ ⑬ 180 370

工程名称	食　堂	
XL－5、XL－6、XL－7、XL－8、XL－10 XL－13、LD XQL－1、XGZ	设计号	
	图　别	结施
	图　号	5 / 9
	日　期	

图 7-203　结施 5

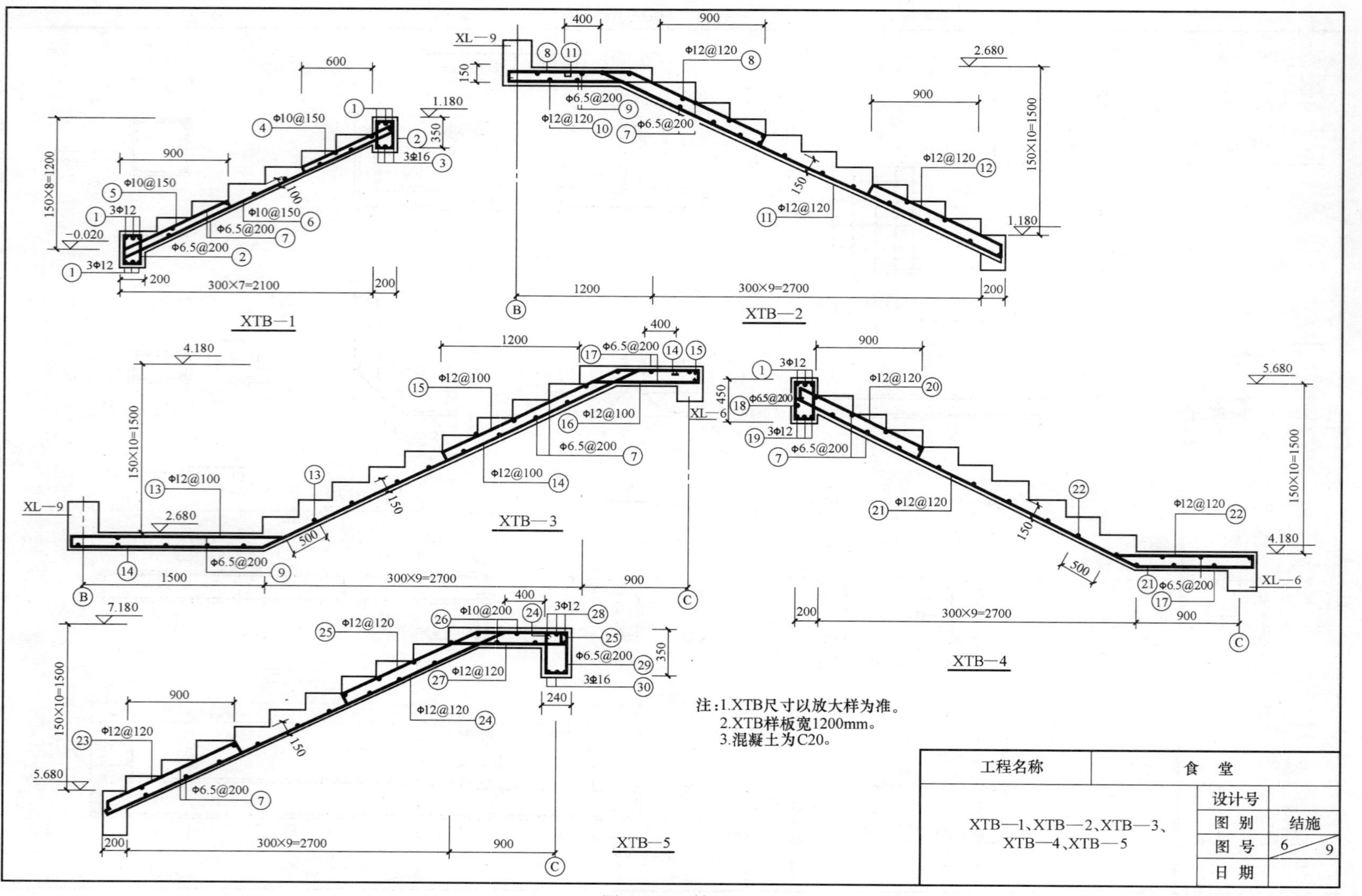
XTB—1
XTB—2
XTB—3
XTB—4
XTB—5
注:1.XTB尺寸以放大样为准。
2.XTB样板宽1200mm。
3.混凝土为C20。
工程名称
食 堂
XTB—1、XTB—2、XTB—3、XTB—4、XTB—5
设计号
图 别
结施
图 号
6
9
日 期

图 7-204 结施 6

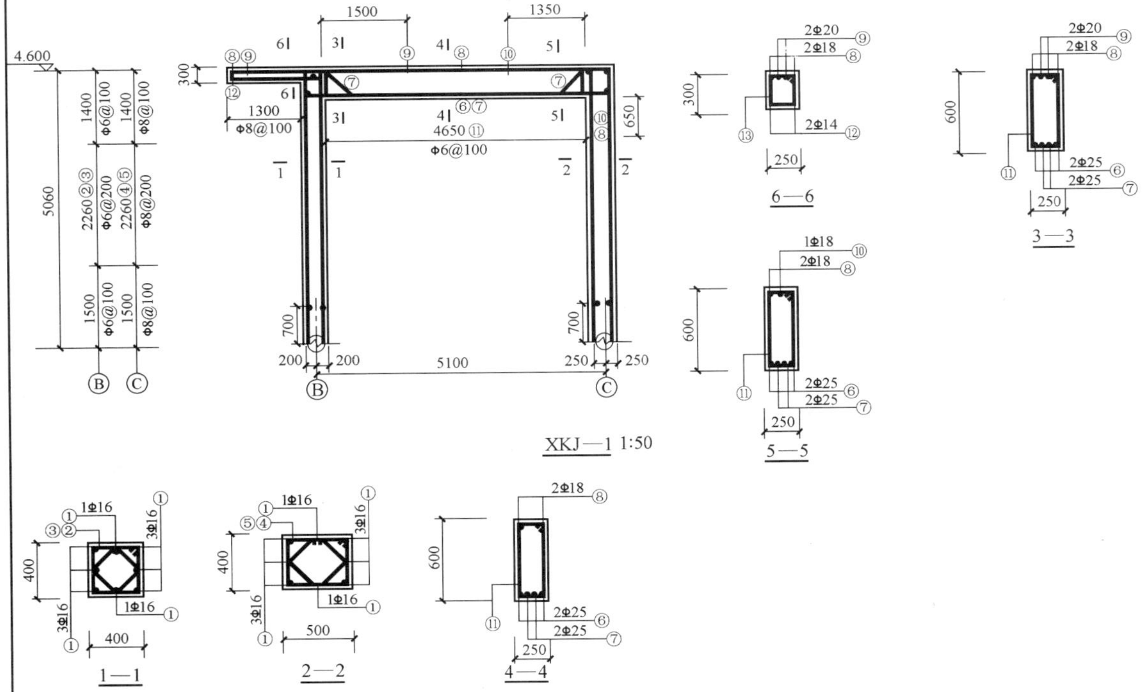

柱 钢 筋 表

编号	钢筋简图	规格	长度	根数	质量
①	5130 100	Φ16	5230	16	132
②	350 350	Φ6	1640	40	15
③		Φ6	1230	40	11
④	350 450	Φ8	1840	40	29
⑤		Φ8	1390	40	22

梁 钢 筋 表

编号	钢筋简图	规格	长度	根数	质量
⑥	570 5410 470	Φ25	6450	2	50
⑦	500 700 3560 700 500	Φ25	5970	2	46
⑧	250 6790 1220	Φ18	8260	2	33
⑨	250 3170	Φ20	3420	2	17
⑩	1220 1820	Φ18	3040	1	6
⑪	200 550	Φ6	1740	46	18
⑫	1660	Φ14	1660	2	4
⑬	200 250	Φ8	1060	14	6

主材汇总表

钢筋/kg	Φ6	43		
	Φ8	56	Φ14	4
			Φ16	132
			Φ18	39
			Φ20	16
			Φ25	95
	总质量	99	总质量	286
混凝土	柱	1.857	梁	0.795

工程名称	食 堂		
XKJ—1		设计号	
		图别	结施
		图号	7/9
		日期	

XKJ—1 1:50

图 7-205 结施 7

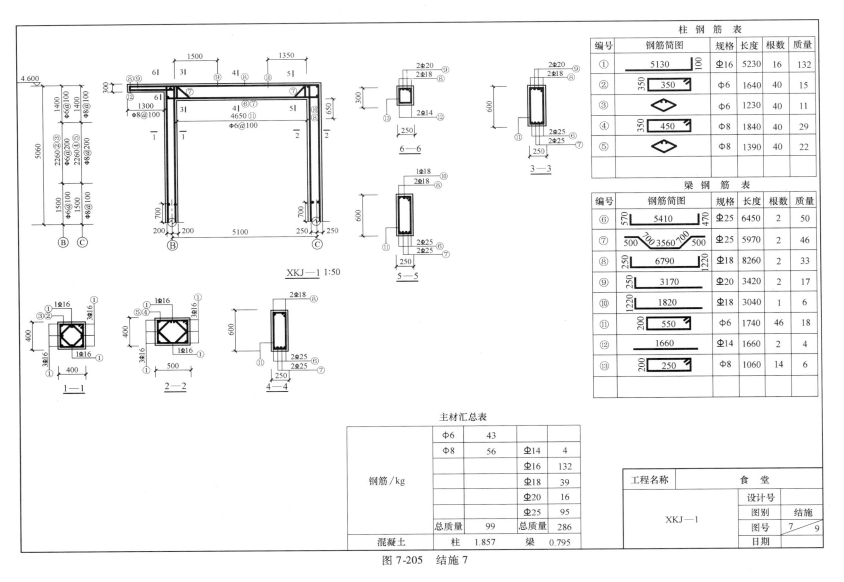

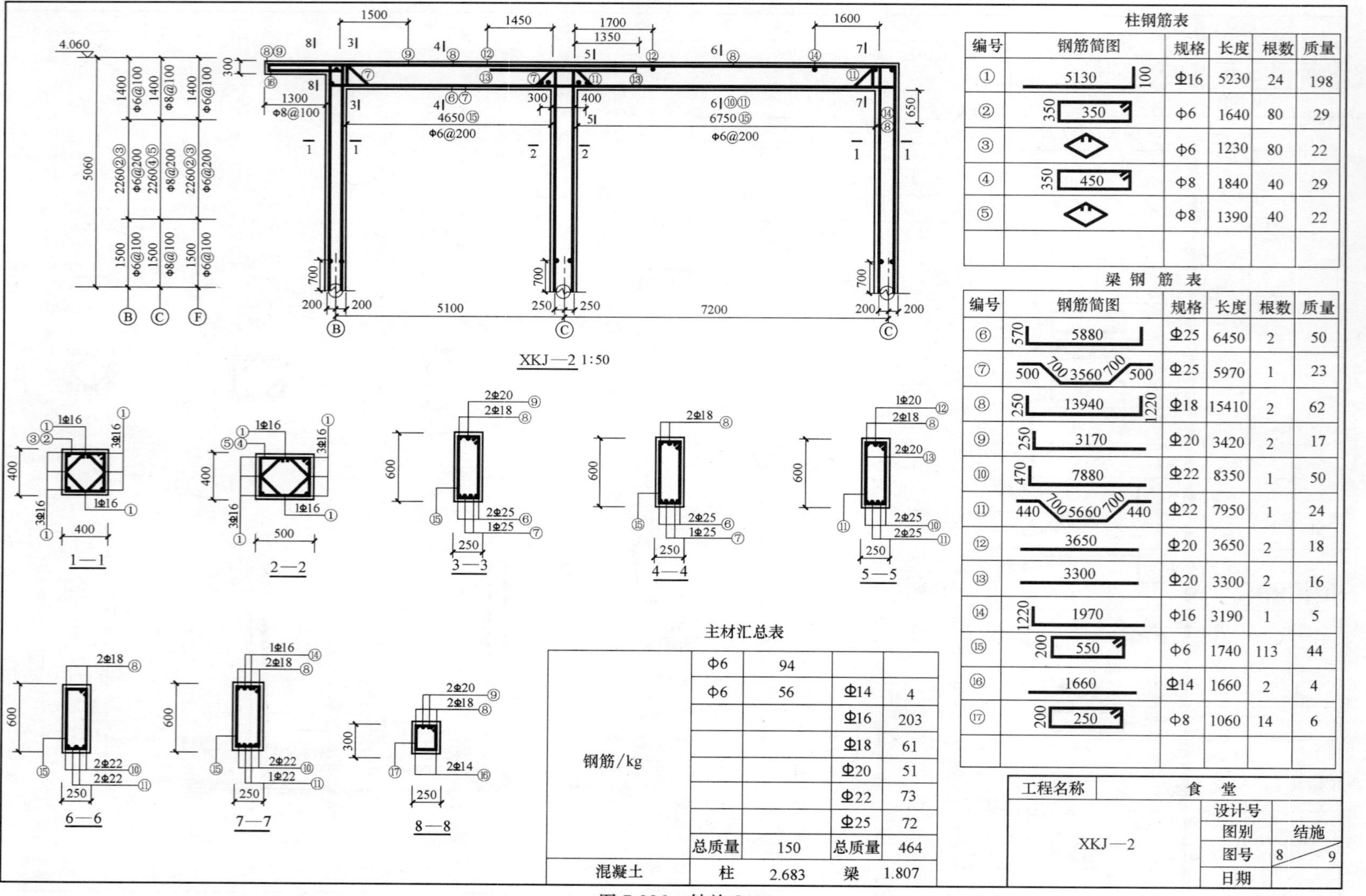

柱钢筋表

编号	钢筋简图	规格	长度	根数	质量
①	5130 100	Ф16	5230	24	198
②	350 350	Φ6	1640	80	29
③		Φ6	1230	80	22
④	350 450	Φ8	1840	40	29
⑤		Φ8	1390	40	22

梁钢筋表

编号	钢筋简图	规格	长度	根数	质量
⑥	570 5880	Ф25	6450	2	50
⑦	500 700 3560 700 500	Ф25	5970	1	23
⑧	250 13940 1220	Ф18	15410	2	62
⑨	250 3170	Ф20	3420	2	17
⑩	470 7880	Ф22	8350	1	50
⑪	440 700 5660 700 440	Ф22	7950	1	24
⑫	3650	Ф20	3650	2	18
⑬	3300	Ф20	3300	2	16
⑭	1220 1970	Φ16	3190	1	5
⑮	200 550	Φ6	1740	113	44
⑯	1660	Ф14	1660	2	4
⑰	200 250	Φ8	1060	14	6

主材汇总表

钢筋/kg	Φ6	94		
	Φ6	56	Ф14	4
			Ф16	203
			Ф18	61
			Ф20	51
			Ф22	73
			Ф25	72
	总质量	150	总质量	464
混凝土	柱	2.683	梁	1.807

工程名称	食　堂		
XKJ—2	设计号		
	图别	结施	
	图号	8	9
	日期		

图 7-206　结施 8

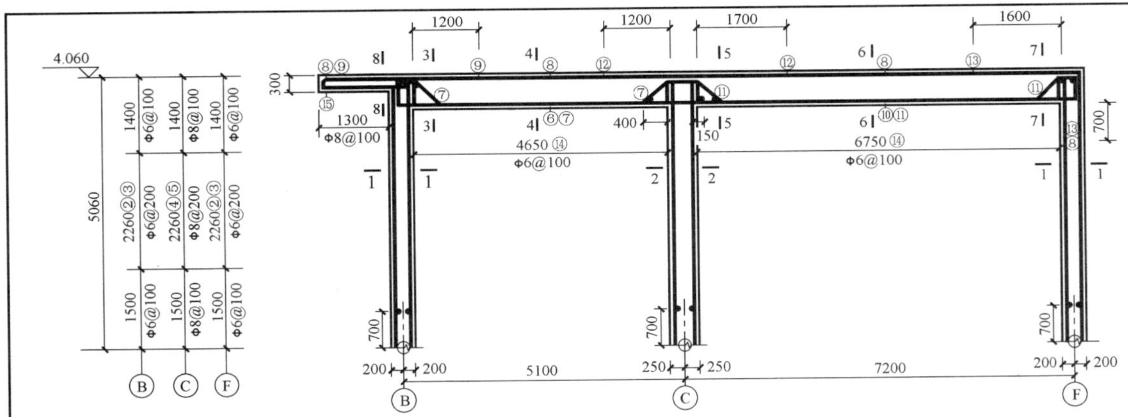

XKJ—3 1:50

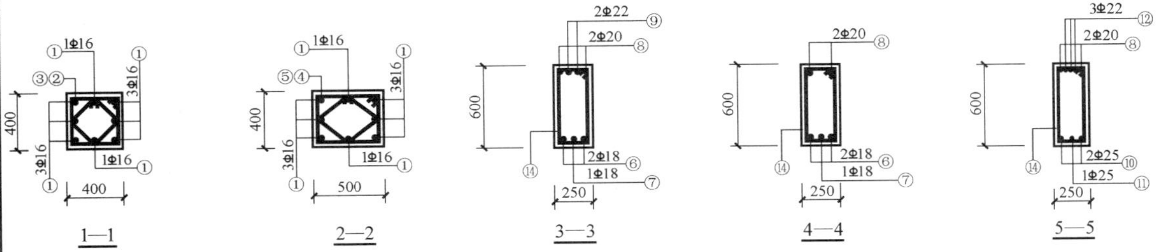

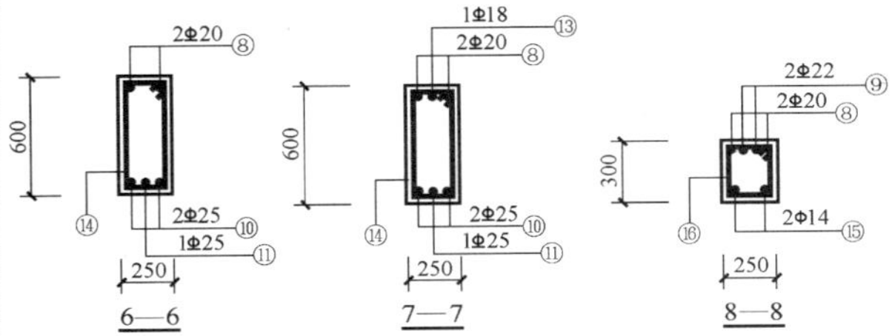

1—1　2—2　3—3　4—4　5—5　6—6　7—7　8—8

柱钢筋表

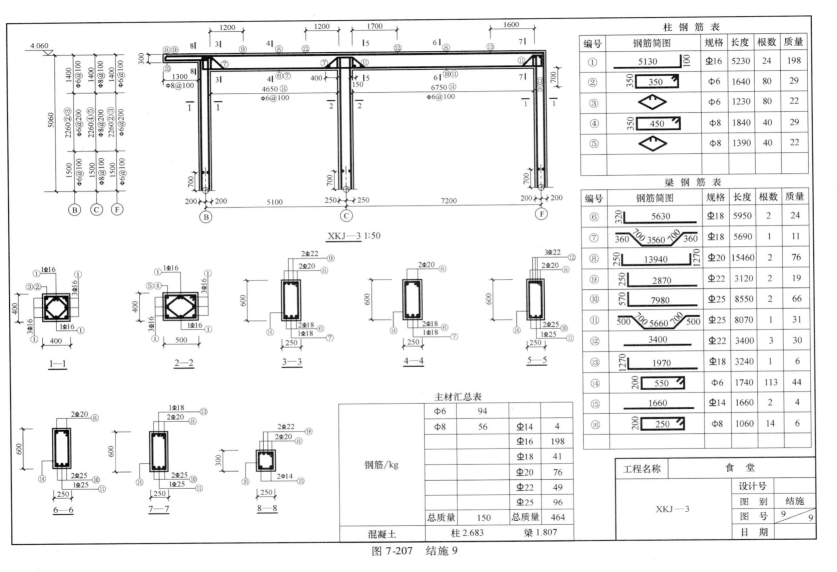

编号	钢筋简图	规格	长度	根数	质量
①	5130, 100	Φ16	5230	24	198
②	350, 350	Φ6	1640	80	29
③		Φ6	1230	80	22
④	450, 350	Φ8	1840	40	29
⑤		Φ8	1390	40	22

梁钢筋表

编号	钢筋简图	规格	长度	根数	质量
⑥	320, 5630	Φ18	5950	2	24
⑦	360, 700, 3560, 700, 360	Φ18	5690	1	11
⑧	250, 13940, 1270	Φ20	15460	2	76
⑨	250, 2870	Φ22	3120	2	19
⑩	570, 7980	Φ25	8550	2	66
⑪	500, 700, 5660, 700, 500	Φ25	8070	1	31
⑫	3400	Φ22	3400	3	30
⑬	1270, 1970	Φ18	3240	1	6
⑭	200, 550	Φ6	1740	113	44
⑮	1660	Φ14	1660	2	4
⑯	200, 250	Φ8	1060	14	6

主材汇总表

钢筋/kg	Φ6	94		
	Φ8	56	Φ14	4
			Φ16	198
			Φ18	41
			Φ20	76
			Φ22	49
			Φ25	96
	总质量	150	总质量	464
混凝土	柱 2.683		梁 1.807	

工程名称	食　堂		
XKJ—3		设计号	
		图　别	结施
		图　号	9 / 9
		日　期	

图 7-207　结施 9

表 7-42　基数计算表

单位工程名称××技校食堂

序号	基数名称	代号	图号	墙体种类、部位	墙高/m	墙厚/m	单位	数量	计 算 式
1	外墙中线长	$L_{中底}$			4.26	0.24	m	53.70	墙高:4.20+0.06=4.26 ①、⑧轴　Ⓕ轴 $L_{中底}$ = 13.8×2 + 26.10 = 53.70
		$L_{中楼}$			3.00	0.24	m	45.42	Ⓑ轴(①~⑧)　①轴(Ⓑ~Ⓔ)　Ⓔ轴(①~②)　②轴(1/C~Ⓔ)　⑧轴(Ⓑ~Ⓒ) $L_{中楼}$ = 26.10 + (5.10+1.80×2) +3.60 +1.80 +(5.10+0.12) = 26.10+8.70+3.60+1.80+5.22 = 45.42
2	内墙净长线	$L_{内底}$			4.26	0.24	m	49.95	②轴(Ⓒ~Ⓕ)　Ⓒ轴(①~②)　Ⓔ轴(①~②) $L_{内底} = \left(2.70+0.90+3.60-0.12-\frac{0.50}{2}\right)+\left(3.60-0.12-\frac{0.40}{2}\right)+(3.60-0.24)+$ ④轴(Ⓓ~Ⓕ)　Ⓓ轴(④~⑤)　⑤轴(Ⓐ~Ⓓ)　⑦轴(Ⓐ~Ⓕ) (0.90+3.60-0.12) + 4.20 + (1.50+5.10+2.70) + (13.80-0.12) + Ⓔ、Ⓒ轴(⑦~⑧) (2.70-0.24)×2 = 6.83+3.28+3.36+4.38+4.20+9.30+13.68+4.92 = 49.95
		$L_{内楼24}$			3.00	0.24	m	51.18	Ⓒ轴(①~⑦)　1/C轴(①~②)②、③、④、⑤轴(Ⓑ~Ⓒ) $L_{内楼24}$ = (26.10-2.70-0.12) + (3.60-0.12) + (5.10-0.24)×4 + ⑦轴(Ⓑ~Ⓒ) (5.10-0.12) = 23.28+3.48+19.44+4.98 = 51.18
		$L_{内楼12}$			2.92	0.115	m	1.56	1/1轴(1/C~Ⓔ) 1.80-0.24　= 1.56
3	外墙外边周长	$L_{外}$					m	54.18	$L_{外}$ = (13.80+0.12)×2+26.10+0.24 = 54.18
4	底层建筑面积	$S_{底}$					m^2	366.65	$S_{底}$ = (26.10+0.24)×(13.80+0.12) = 366.65
5	全部建筑面积	S					m^2	756.61	$S_{底}$ = 366.65 $S_{楼}$ = [26.34×(5.10+1.80+0.24)+(3.60+0.24)×1.80]×2(层) = (188.07+6.91)×2 = 389.96 全部建筑面积 = 366.65+389.96 = 756.61

表 7-43 门窗明细表

单位工程名称××技校食堂

序号	脱窗(孔洞)名称	代号	所在图号	框扇断面/cm²		洞口尺寸/mm		樘数	面积/m²		所在部位					
				框	扇	宽	高		每樘	小计	$L_{中}$	$L_{内}$				
1	全板夹板门	M1				900	2700	4	2.43	9.72	$\frac{4}{9.72}$					
2	全板夹板门	M2				900	2000	12	1.80	21.60		$\frac{12}{21.60}$				
3	百叶夹板门	M3				700	2000	4	1.40	5.60		$\frac{4}{5.60}$				
4	钢门带窗	MC1				2.70×2.80 2700	-1.80×1.00 2800	1	5.76	5.94	$\frac{1}{5.76}$					
5	钢门带窗	MC2				3.30×2.8 3300	-2.4×1.0 2800	1	6.84	7.08	$\frac{1}{6.84}$					
	门小计									49.52	22.32	27.20				
6	铝合金推拉窗	C1				1800	1800	10	3.20	32.0	$\frac{10}{32.0}$					
7	钢平开窗	C2				2400	1800	1	4.32	4.32	$\frac{1}{4.32}$					
8	钢平开窗	C3				3000	1800	2	5.40	10.80	$\frac{2}{10.80}$					
9	铝合金推拉窗	C4				2400	1800	6	4.32	25.92	$\frac{6}{25.92}$					
10	铝合金推拉窗	C5				900	900	4	0.81	3.24	$\frac{4}{3.24}$					
11	铝合金圆形固定窗	C6				ϕ1200		2	1.13	2.26	$\frac{2}{2.26}$					
	窗小计									78.54	78.54					
合计										128.06						

表 7-44　钢筋混凝土圈梁、过梁、挑梁明细表

单位工程名称 ××技校食堂

序号	名称	代号	所在图号	构件尺寸及计算式/m	件数	体积		所在部位				
						单位	小计					
1	C20 钢筋混凝土地圈梁			$L_{中底}$　$L_{内底}$　③⑥轴柱 (53.70 + 49.95 − 0.40 × 2 − 构造柱 0.24 × 9) × 0.24 × 0.25 = (103.65 − 2.96) × 0.24 × 0.25 = 100.69 × 0.24 × 0.25 = 6.04 垛增加：0.37 × 0.49 × 0.25 = 0.05 (合计) 6.09		m³	6.09					
2	C20 钢筋混凝土底层圈梁	QL1		①轴　Ⓐ轴梁头　构柱　②轴 [(13.80 − 0.25 − 0.24 × 2) + (7.20 − 柱 0.50/2　构造柱　Ⓕ轴 − 0.24) + (3.60 + 2.70) + ④⑤⑦⑧轴　构造柱　Ⓐ轴梁头　④轴头 (13.80 × 3 − 0.24 × 6 − 0.24 × 3 + 0.12) + Ⓔ轴　Ⓓ轴 (3.60 − 0.24 + 2.70 − 0.24) + (4.20)] × 0.24 × 0.12 = (13.07 + 6.71 + 6.30 + 39.33 + 5.82 + 4.20) × 0.0288 = 75.43 × 0.0288 = 2.17		m³	2.17	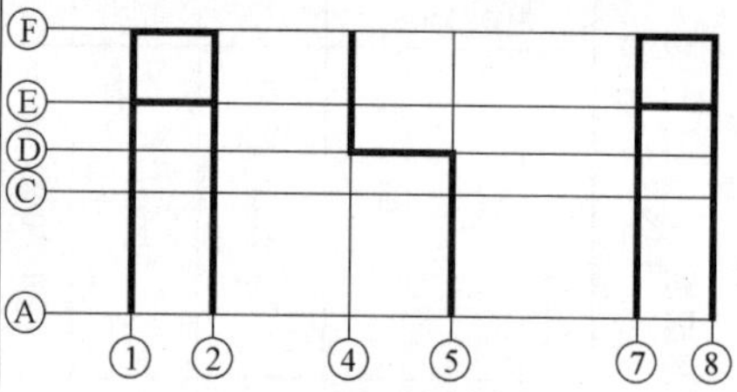 底层圈梁布置示意图				
	C20 钢筋混凝土二层圈梁	QL1		①、②轴　缺口　构造柱 [(5.10 + 3.60) × 2 − 1.80 − 0.12 × 4 + ③、④、⑤轴　⑦轴　构造柱 (5.10 − 0.24) × 3 + (5.10 − 0.12 × 2) + ⑧轴　构造柱　Ⓔ轴　构造柱 (5.10 − 0.12 × 2) + (3.60 − 0.12 × 2) + 1/C轴　Ⓒ轴 (3.60 − 0.24) + (3.60 − 0.24 + 19.80 − 0.12 − 构造柱　Ⓑ轴　构造柱 0.24 × 2 − 0.12) + (3.60 − 0.12 − 0.12 + 构造柱　构造柱 19.80 − 0.24 × 2 − 0.12 + 2.70 − 0.12 × 2)] × 0.24 × 0.12 = (15.12 + 14.58 + 4.86 + 4.86 + 3.36 + 3.36 + 22.44 + 25.02) × 0.24 × 0.12 = 93.63 × 0.24 × 0.12 = 2.70 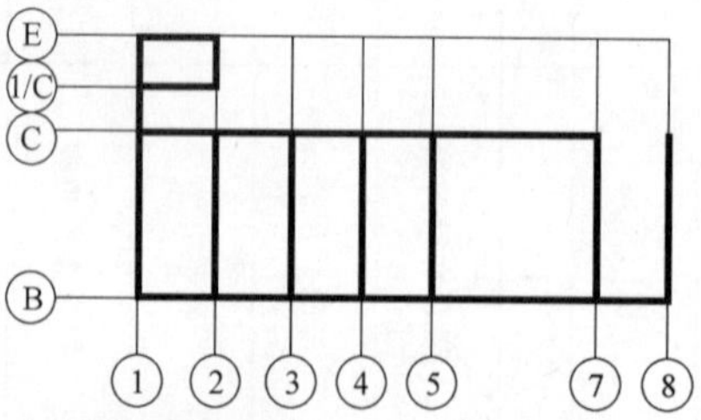 二层圈梁布置示意图		m³	2.70					

（续）

序号	名称	代号	所在图号	构件尺寸及计算式/m	件数	体积		所在部位				
						单位	小计					
2	C20 钢筋混凝土三层圈梁	QL1		同二层:2.70 三层圈梁布置示意图		m^3	2.70					
				QL1 小计:6.09 +2.17 +2.70 +2.70 =13.66 扣除 XL—13 代圈梁体积:3.12 ×0.24 ×0.12 ×10(根) =0.90 圈梁小计:13.66 -0.90 =12.76		m^3	12.76					
3	现浇钢筋混凝土挑梁	XL—13		3.12 ×0.24 ×0.4 ×10(根) =3.00		m^3	3.00					
4	排气洞挑梁	墙内部分		5@ 1.0 ×0.24 ×0.12 =0.14		m^3	0.14					
5	C20 钢筋混凝土过梁		川91G310	GL4181 0.099 ×10(根) =0.99 GL4103 0.043 ×4(根) =0.172 GL4101 0.043 ×12(根) =0.516 GL4241 0.167 ×6(根) =1.002 小计:2.68		m^3	2.68					

表 7-45　工程量计算表

单位工程名称 × ×食堂

序　号	定额编号	分项工程名称	单位	工程量	计　算　式
1	1—48	人工平整场地	m^2	428.40	(26.10 + 0.24 + 2.00 × 2) × (13.80 + 0.12 + 2.00) = 30.34 × 15.92 = 483.01
2	1—8	人工挖地槽	m^3	132.09	槽宽(m)：0.50 × 2 + 0.30 × 2 = 1.60 ⑧①轴　Ⓕ轴　②轴 槽长(m)：$13.80 \times 2 + [26.10 - (1.40 + 0.60) \times 2] + \left(2.70 + 0.90 + 3.60 - \frac{1.60}{2} - \frac{3.40}{2}\right) +$ Ⓔ轴　Ⓒ轴　④、Ⓓ、⑤轴 $(3.60 - 1.60) + \left(3.60 - \frac{1.60}{2} - \frac{2.80}{2}\right) + \left(13.80 - \frac{1.60}{2} + 4.20\right) +$ ⑦轴　Ⓒ、Ⓔ轴 $\left(13.80 - \frac{1.60}{2}\right) + (2.70 - 1.60) \times 2$ = 27.60 + 22.10 + 4.70 + 2.00 + 1.40 + 17.20 + 13.00 + 2.20 = 90.20 槽深(m)：1.20 − 0.30 = 0.90 $V_{槽}$ = 90.20 × 1.60 × 0.90 = 129.89 烟囱、垛增加：[(2.40 + 0.60) × 0.6 + (1.00 + 0.60) × 0.4] × 0.9 = 2.20 （以上两项合计）132.09
3	1—17	人工挖地坑	m^3	138.48	J—1 4@(2.50 + 2 × 0.30) × (2.20 + 2 × 0.30) × (1.80 − 0.30) = 4@3.10 × 2.80 × 1.50 = 4@13.02 = 52.08 J—2 2@(2.80 + 0.60) × (2.20 + 0.60) × 1.50 = 2@3.40 × 2.80 × 1.50 = 2@14.28 = 28.56 J—3 2@(3.80 + 0.60) × (2.60 + 0.60) × 1.50 = 2@4.40 × 3.20 × 1.50 = 2@21.12 = 42.24 J—4 2@(2.00 + 0.60) × (1.40 + 0.60) × 1.50 = 2@2.60 × 2.0 × 1.50 = 2@7.80 = 15.60 小计:138.48

（续）

序　号	定额编号	分项工程名称	单位	工程量	计　算　式
4	8—16	C10 混凝土基础垫层	m^3	5. 86	$V=(2.50\times2.20\times4+2.80\times2.20\times2+3.60\times2.60\times2+2.00\times1.40\times2)\times0.10$ $=58.64\times0.10$ $=5.86$
5	8—16 换	C15 混凝土砖基础垫层	m^3	28. 95	垫层长(m)：①⑧轴 (13.80×2) + Ⓕ轴 柱基 $(26.10-1.20\times2)$ + ②轴 柱基 $\left(2.70+0.90+3.60-\frac{1.60}{2}-\frac{1.00}{2}\right)+$ Ⓔ轴 $(3.60-1.00)$ + Ⓒ轴 $\left(3.60-\frac{1.20}{2}-\frac{1.00}{2}\right)$ + ④Ⓓ⑤轴 $\left(13.80+4.20-\frac{1.00}{2}\right)+$ ⑦轴 $\left(13.80-\frac{1.00}{2}\right)$ + ⒸⒺ轴 $(2.70-1.00)\times2$ $=27.60+23.70+5.90+2.60+2.50+17.50+13.30+3.40$ $=96.50$ $V=96.50\times1.00\times0.30=28.95$
6	5—396 换	现浇 C15 钢筋混凝土独立基础	m^3	24. 55	J—1 4@ $(2.40\times2.00+1.80\times1.20)\times0.35$ $=4$@ $2.436=9.74$ J—2 2@ $(2.60\times2.00+1.60\times1.20)\times0.35$ $=2$@ $1.82+0.672$ $=2$@ $2.492=4.98$ J—3 2@ $(3.40\times2.40+2.00\times1.40)\times0.35$ $=2$@ $(2.856+0.98)$ $=2$@ $3.836=7.67$ J—4 2@ $1.80\times1.20\times0.50$ $=2$@ $1.08=2.16$ 小计:24. 55

（续）

序 号	定额编号	分项工程名称	单位	工程量	计 算 式
7	5—403 换	砖基础内 C20 混凝土构造柱（从垫层上至 -0.31 处）	m^3	0.53	一字形　T形 0.59×(0.24×0.30)×5+0.59×(0.24×0.30+0.24×0.03) =0.04248+0.0792×4 =0.53
8	·4—1	M5 水泥砂浆砌砖基础	m^3	20.89	$L_{中底}$　柱　$L_{内底}$　烟囱 V=(53.70-0.40×2+49.95+(0.60-0.12)×2+1.20-0.24)× 垛　构造柱 (0.65×0.24+6×0.007875)+0.37×0.49×0.65-0.53 =104.77×0.2033+0.118-0.53 =21.30+0.118-0.53 =20.89
9	5—405 换	现浇 C20 钢筋混凝土基础梁	m^3	3.15	Ⓑ轴　两头　柱　构造柱　Ⓒ轴　②轴柱　⑦轴构柱 基础梁长(m)：(26.10-0.24-0.40×4-0.24)+(26.10-3.60-2.70-0.20-0.12- 柱　构造柱 0.40×3-0.24)=24.02+18.04 =42.06 V=42.06×0.25×0.30=3.15
10	5—409 换	现浇 C20 钢筋混凝土过梁	m^3	2.68	川 91G310 标准图：XGL4181　0.099×10(根)=0.99 XGL4103　0.043×4(根)=0.172 XGL4101　0.043×12(根)=0.516 XGL4241　0.167×6(根)=1.002 （以上合计）2.68
11	5—417	现浇 C20 钢筋混凝土有梁板	m^3	1.99	XB—1 2@(1.80+0.12-0.12)×(3.60+0.24)×0.08=2@0.41=0.82 XL—2 2@3.84×0.24×0.60=2@0.553=1.11 XL—3 2@1.56×0.12×(0.25-0.08)=2@0.032=0.06（其中 0.25-0.08=0.17） 小计：1.99

（续）

序号	定额编号	分项工程名称	单位	工程量	计算式
12	5—406 换	现浇 C20 钢筋混凝土梁	m^3	21.56	XL—1 2@2.40×0.24×0.50=2@0.288=0.58 XL—4 梁头重复部分 [(26.10−3.60+0.24)×0.25×0.40−0.24×0.25×0.24]×3(根) =(2.274−0.014)×3=6.78 XL—5 Ⓕ轴 柱 (3.60×2+4.20×3+0.24−0.40×2)×0.24×0.30=1.39 XL—6 Ⓒ轴 构造柱 柱 (26.10+0.24−0.24×3−0.40×4)×0.24×0.50 =24.02×0.24×0.50 =2.88 XL—7 Ⓑ轴 构造柱 柱 (26.10−2.70−0.24×2−0.40×4)×0.24×0.50 =21.32×0.24×0.50 =2.56 XL—8 (26.10+0.24)×0.25×0.40=2.63 XL—9 2@2.94×0.24×0.45=2@0.318=0.64 XL—10 2@(4.36+0.37×2+0.12×2)×0.25×0.50+1.80×0.25×0.40 =2@0.668+0.18=1.70 XL—11 3.07+0.24×0.45=0.33 XL—12 4.74×0.24×0.45=0.51m^3 XL—13(挑出墙部分) 扣与 XL—4 接头 10@(1.80−0.25)×0.24×0.40 =10@0.149=1.49 排气洞挑梁(挑出墙部分) 5@0.50×0.24×0.12=0.07 小计：21.56

（续）

序　号	定额编号	分项工程名称	单位	工程量	计　算　式
13	5—403 换	现浇 C20 钢筋混凝土构造柱	m^3	7.88	−0.31～4.20 标高 一字形：5@0.24×0.30×4.51=1.62 T 形：4@(0.24×0.30+0.24×0.03)×4.51=1.43] 3.05 4.20～10.08 标高 直角：5@0.24×0.30×5.88=2.12 T 形：5@(0.24×0.30+0.24×0.03)×5.88=2.33 端头：1@(0.24×0.27)×5.88=0.38 小计：7.88
14	5—421	现浇 C20 钢筋混凝土整体楼梯	m^2	24.36	XTB—1　(2.10+0.20)×1.20=2.76 XTB—2、3　(5.10−0.24)×(2.7−0.24)=11.96 XTB—4、5　(2.70+0.20+0.78+0.24)×(2.7−0.24)=9.64 小计：24.36
15	5—419	现浇 C20 钢筋混凝土平板	m^3	0.52	XB—1 1@1.80×3.60×0.08=0.52
16	5—408 换	现浇 C20 钢筋混凝土地圈梁	m^3	6.09	见表 7-44 序号 1 栏目
17	5—408 换	现浇 C20 钢筋混凝土圈梁	m^3	9.81	底层 2.17(见表 7-44 序号 2 栏目) 二层：2.70(见表 7-44 序号 2 栏目) 三层：2.70(见表 7-44 序号 2 栏目) 扣除 XL—13 代圈梁体积：0.90(见表 7-44 序号 2 栏目) XL—13 在墙内部分按圈梁计算：3.00(见表 7-44 序号 3 栏目) 排气洞挑梁在墙内部分算圈梁：0.14(见表 7-44 序号 4 栏目) 圈梁小计：2.17+2.70+2.70−0.90+3.00+0.14=9.81
18	5—401	现浇 C25 钢筋混凝土框架柱	m^3	8.97	KJ1　2@(0.40×0.40+0.40×0.50)×5.06 =2@1.82=3.64 KJ2、KJ3 } 2@[0.40×0.40×5.06+0.40×0.40×(5.06+0.20)+0.40×0.50×5.06] =2@2.663 =5.33 小计：8.97

（续）

序号	定额编号	分项工程名称	单位	工程量	计算式
19	5—406	现浇 C25 钢筋混凝土框架梁	m^3	5.21	KJ1　2@4.65×0.60×0.25+1.30×0.25×0.30 =2@0.795=1.59 KJ2、3　2@（4.65+6.75）×0.60×0.25+1.30×0.25×0.30 =2@1.71+0.10 =3.62 小计：5.21
20	5—426	现浇 C20 混凝土走廊栏板扶手	m^3	0.58	（26.10−3.60−0.12+1.80−0.12）×0.06×0.20×2（道） =24.06×0.06×0.20×2 =0.58
21	5—432	现浇女儿墙压顶	m^3	1.703	三楼屋面：（6.90+1.80+26.10）×2×$\frac{0.05+0.06}{2}$×0.30 =69.60×0.0165=1.148 一楼屋面：（3.60−0.12+26.10−5×0.24+3.60+1.80−0.12）×$\frac{0.05+0.06}{2}$×0.30 =33.66×0.0165=0.555 小计：1.703
22	5—453	C25 钢筋混凝土预应力空心板	m^3	48.96	（按标准图计算） 空心板型号　数量　混凝土体积（$\frac{单位体积}{小计}$）　钢筋（$\frac{单位质量}{小计}$） YKBW—3652　22　$\frac{0.126}{2.772}$　$\frac{6.66}{146.52}$ YKBW—3662　41　$\frac{0.153}{6.273}$　$\frac{7.83}{321.03}$ YKBW—4252　24　$\frac{0.147}{3.528}$　$\frac{12.72}{305.28}$ YKBW—4262　47　$\frac{0.178}{8.366}$　$\frac{14.83}{697.01}$ YKBW—2752　8　$\frac{0.094}{0.752}$　$\frac{2.88}{23.04}$

（续）

序　号	定额编号	分项工程名称	单位	工程量	计　算　式
22	5—453	C25 钢筋混凝土预应力空心板	m^3	48.96	（按标准图计算） 空心板型号　数量　混凝土体积$\left(\frac{单位体积}{小计}\right)$　钢筋$\left(\frac{单位质量}{小计}\right)$ YKBW—2762　23　$\frac{0.114}{2.622}$　$\frac{3.50}{80.50}$ YKB—3653　18　$\frac{0.126}{2.268}$　$\frac{4.80}{86.40}$ YKB—4253　18　$\frac{0.147}{2.646}$　$\frac{9.95}{179.10}$ YKB—3663　54　$\frac{0.153}{8.262}$　$\frac{5.97}{322.38}$ YKB—2753　6　$\frac{0.094}{0.564}$　$\frac{2.88}{17.280}$ YKB—4263　54　$\frac{0.178}{9.612}$　$\frac{11.77}{635.58}$ YKB—2763　5　$\frac{0.114}{0.570}$　$\frac{3.50}{17.50}$ 小计：　48.235　2831.62 制作工程量：48.235 × 1.015* = 48.96
23	5—454 换	预制 C20 钢筋混凝土槽形板	m^3	0.21	WJB—36A_1 0.209 × 1.015* = 0.21（1.015 表示采用的系数）
24	6—8	空心板、槽板汽车运输（25km）	m^3	49.08	(48.24 + 0.21) × 1.013* = 49.08
25	6—330	空心板安装	m^3	48.48	48.24 × 1.005* = 48.48
26	6—305	槽形板安装	m^3	0.21	0.21 × 1.005* = 0.21
27	5—467	C20 混凝土屋面架空隔热板 A区　B区	m^3	4.26	块数统计（块尺寸 600mm × 600mm） A 区： 宽度上块数(3.60 − 0.24) ÷ 0.60 ≐ 5 长度上块数(6.90 + 1.80 − 0.24) ÷ 0.60 ≐ 14 块数小计：5 × 14 = 70

（续）

序号	定额编号	分项工程名称	单位	工程量	计算式
27	5—467	C20混凝土屋面架空隔热板 A区 B区 架空隔热板尺寸：595mm × 595mm ×25mm Φ4钢筋4根双向	m^3	4.26	B区： 宽度上块数(6.90 − 0.24) ÷ 0.60 ≑ 11 长度上块数(22.50 ÷ 0.60) ≑ 37 块数小计：11 × 37 = 407 屋面隔热板面积(m^2)　(70 + 407) × 0.60 × 0.60 = 171.72 V = 477 × 0.595 × 0.595 × 0.025 = 4.20(净) 制作工程量 = 4.20 × 1.015* = 4.26
28	6—37	架空隔热板运输	m^3	4.25	V = 4.20 × 1.013* = 4.25
29	6—371	架空隔热板安装	m^3	4.22	V = 4.20 × 1.005* = 4.22
30	5—17	现浇独立基础模板(含垫层)	m^2	48.02	J—1　4@(2.50 + 2.20) × 2 × 0.10 + [(2.50 − 0.10 + 2.20 − 0.20) × 2 + (0.70 + 0.20) × 2 + (0.40 + 0.20) × 2] × 0.35 = 4@5.07 = 20.28 J—2　2@(2.80 + 2.20) × 2 × 0.10 + [(2.80 − 0.20 + 2.20 − 0.20) × 2 + (0.55 + 0.25) × 2 + (0.40 + 0.20) × 2] × 0.35 = 2@5.20 = 10.40 J—3　2@(3.60 + 2.60) × 2 × 0.10 + [(3.60 − 0.20 + 2.60 − 0.20) × 2 + (0.75 + 0.25) × 2 + (0.50 + 0.20) × 2] × 0.35 = 2@6.49 = 12.98 J—4　2@(2.00 + 1.40) × 2 × 0.10 + [(2.00 − 0.20 + 1.40 − 0.20) × 0.50] = 2@2.18 = 4.36 小计：48.02

（续）

序号	定额编号	分项工程名称	单位	工程量	计算式
31	5—58	现浇框架柱模板	m^2	83.55	梁与柱连接面 KJ1　2@[(0.40+0.40)×2+(0.40+0.50)×2]×5.06−(0.60×0.25×2+0.30×0.25) =2@17.20−0.375 =33.65 扣梁与柱连接面 KJ2、3　2@(0.40+0.40)×2×5.06+(0.40+0.40)×2×(5.06+0.20)+(0.40+0.50)×2×5.06−(0.60×0.25×4+0.30×0.25) =2@25.63−0.68 =49.90 小计：83.55
32	5—58	现浇构造柱模板	m^2	74.35	砖基础内： 一字形：0.36×0.59×2(面)×5(根)=2.12 T形：[0.36×0.59+0.06×0.59×4(面)]×4(根)=1.42 （以上两项合计 3.54） 砖墙身内： 一字形：0.36×4.51×2(面)×5(根)=16.24 T形：[0.36×4.51+0.06×4.51×4(面)]×4(根)=10.82 [0.36×5.88+0.06×5.88×4(面)]×5(根)=17.64 直角：[0.30×5.88×2(面)+0.06×5.88×2(面)]×5(根)=21.17 端头：[0.30×5.88×2(面)+0.24×5.88]×1(根)=4.94 小计：74.35
33	5—69	现浇基础梁模板	m^2	35.75	42.06×(0.30×2+0.25)=35.75
34	5—77	现浇过梁模板	m^2	34.02	XGL4181　10@2.30×0.18×2(面)+0.24×1.80=12.60 XGL4103　4@1.50×0.12×2(面)+0.24×1.00=2.40 XGL4101　12@1.50×0.12×2(面)+0.24×1.00=7.20 XGL4241　6@2.90×0.24×2(面)+0.24×2.40=11.82 小计：34.02

（续）

序 号	定额编号	分项工程名称	单位	工程量	计 算 式
35	5—82	现浇地圈梁模板	m^2	50.66	100.69×0.25×2（面）=50.35 垛：（0.37×2+0.49）×0.25=0.31 合计 50.66
36	5—82	现浇圈梁模板	m^2	63.85	底层　二层　三层 （75.43+93.63+96.99）×0.12×2（面）=63.85
37	5—73	现浇矩形梁模板	m^2	278.52	侧模　底模 XL—1　2@2.40×0.50×2（面）+1.80×0.24=5.66 XL—4　3@22.84×（0.40×2+0.25）=71.95 XL—5　19.24×0.30×2+（2.70+2.40+3.00+3.30+3.00）×0.24=15.00 XL—6　24.02×[0.50×2（面）+0.24]=29.78 XL—7　21.32×（0.50×2+0.24）=26.44 XL—8　26.34×（0.40×2+0.25）=27.66 XL—9　2@2.94×（0.45×2+0.24）=6.70 XL—10　2@5.34×（0.50×2+0.25）+1.80×（0.40×2+0.25） =17.13 XL—11　3.07×（0.45×2+0.24）=3.50 XL—12　4.74×0.45×2+（4.74−0.90）×0.24=5.19 XL—13　10@（1.80−0.25）×（0.40×2+0.24）=16.12 排气洞挑梁　5@1.50×0.12×2+0.50×0.24=2.40 框架梁： KJ1　2@4.65×（0.60×2+0.25）+1.30×（0.30×2+0.25） =15.72 KJ2、3　2@11.40×（0.60×2+0.25）+1.30×（0.30×2+0.25） =35.27 小计：278.52
38	5—100	现浇有梁板模板	m^2	22.07	XB—1　2@1.80×3.36=12.10 XL—2　2@3.84×0.60×2=9.22 XL—3　2@1.56×0.12×2=0.75 合计 22.07

（续）

序 号	定额编号	分项工程名称	单位	工程量	计 算 式
39	5—108	现浇平板模板	m^2	6.48	1.80 ×3.60 =6.48
40	5—119	现浇整体楼梯模板	m^2	24.36	同制作工程量 24.36
41	5—33	现浇砖基础垫层模板	m^2	57.90	96.50 ×0.30 ×2(面) =57.90
42	5—131	现浇栏板扶手模板	m	48.12	24.06 ×2 =48.12
43	5—130	现浇女儿墙压顶模板	m^2	17.55	(69.60 +33.66) ×(0.05 +0.06 +0.06) =17.55
44	5—174	预制槽形板模板	m^3	0.21	0.21
45	5—169	预应力空心板模板	m^3	48.96	48.96
46	5—185	预制架空隔热板模板	m^3	4.26	见制作工程量
47	3—6	外墙双排脚手架	m^2	763.63	①~⑧ ⑧~① 立面： (26.10 +0.24) ×(10.80 +0.30) ×2(面) =584.75 Ⓐ~Ⓕ Ⓕ~Ⓐ 立面： (13.80 +0.24) ×(0.48 +0.30) +(13.80 −1.50 −3.60 +0.24) ×(10.80 −4.80) ×2(面) =71.60 +107.28 =178.88 小计：763.63
48	3—20	底层顶棚抹灰满堂脚手架	m^2	325.83	$S=S_{底}$ −墙结构面积 −梯间面积 =366.65 −(53.70 +49.95) ×0.24 −(6.60 −0.12) ×2.46 =325.83
49	3—15	内墙里脚手架	m^2	303.31	$S=L_{内楼24}$ ×墙角 $+L_{内楼口}$ ×墙高 =51.18 ×(3.00 −0.12) ×2(层) +1.56 ×2.92 ×2(层) =303.31
50	3—6	现浇钢筋混凝土框架柱脚手架	m^2	269.26	KJ1 2@[0.40 ×4 +3.60 +(0.40 +0.50) ×2 +3.60] ×5.06 =2@53.64 =107.28 KJ2、3 2@(0.40 ×4 +3.60) ×5.06 +(0.40 ×4 +3.60) ×5.26 + [(0.40 +0.50) ×2 +3.60] ×5.06 =2@80.99 =161.98 小计：269.26

（续）

序号	定额编号	分项工程名称	单位	工程量	计算式
51	3—6	现浇钢筋混凝土框架梁脚手架	m^2	162.62	KJ1　2@（4.65+1.30）×（4.06+0.30） =2@25.94=51.88 KJ2、3　2@（11.40+1.30）×（4.06+0.30） =2@55.37=110.74 小计：162.62
52	5—294	现浇构件圆钢筋制安Φ4	kg	41.75	按钢筋计算表汇总
53	5—294	现浇构件圆钢筋制安Φ6.5	kg	307.18	按钢筋计算表汇总
54	5—295	现浇构件圆钢筋制安Φ8	kg	58.17	按钢筋计算表汇总
55	5—296	现浇构件圆钢筋制安Φ10	kg	94.32	按钢筋计算表汇总
56	5—297	现浇构件圆钢筋制安Φ12	kg	3566.85	按钢筋计算表汇总
57	5—299	现浇构件圆钢筋制安Φ16	kg	714.86	按钢筋计算表汇总
58	5—300	现浇构件圆钢筋制安Φ18	kg	41.92	按钢筋计算表汇总
59	5—309	现浇构件螺纹钢筋制安Φ14	kg	79.36	按钢筋计算表汇总
60	5—310	现浇构件螺纹钢筋制安Φ16	kg	912.68	按钢筋计算表汇总
61	5—311	现浇构件螺纹钢筋制安Φ18	kg	220.96	按钢筋计算表汇总
62	5—312	现浇构件螺纹钢筋制安Φ20	kg	208.01	按钢筋计算表汇总
63	5—313	现浇构件螺纹钢筋制安Φ22	kg	1850.92	按钢筋计算表汇总
64	5—314	现浇构件螺纹钢筋制安Φ25	kg	364.21	按钢筋计算表汇总
65	5—321	预制构件圆钢筋制安Φ4	kg	104.85	按钢筋计算表汇总
66	5—326	预制构件圆钢筋制安Φ10	kg	30.48	按钢筋计算表汇总
67	5—334	预制构件圆钢筋制安Φ18	kg	15.08	按钢筋计算表汇总
68	5—359	先张法预应力钢筋制安$Φ_b$4	kg	2831.62	按钢筋计算表汇总
69	5—354	箍筋制安Φ4	kg	9.92	按钢筋计算表汇总
70	5—355	箍筋制安Φ6.5	kg	1598.47	按钢筋计算表汇总

（续）

序号	定额编号	分项工程名称	单位	工程量	计算式
71	5—356	箍筋制安Φ8	kg	270.20	
72	5—384	现浇构件成型钢筋汽车运输（1km）	t	10.340	见钢筋计算表
73	7—57	胶合板门框制作（带亮）	m^2	9.72	M1 （见门窗明细表）9.72
74	7—58	胶合板门框安装（带亮）	m^2	9.72	M1 （见门窗明细表）9.72
75	7—59	胶合板门扇制作（带亮）	m^2	9.72	M1 （见门窗明细表）9.72
76	7—60	胶合板门扇安装（带亮）	m^2	9.72	M1 （见门窗明细表）9.72
77	7—65	胶合板门框制作（无亮）	m^2	27.20	M2 M3 （见门窗明细表）$S=21.60+5.60=27.20$
78	7—66	胶合板门框安装（无亮）	m^2	27.20	M2 M3 （见门窗明细表）$S=21.60+5.60=27.20$
79	7—67	胶合板门扇制作（无亮）	m^2	27.20	M2 M3 （见门窗明细表）$S=21.60+5.60=27.20$
80	7—68	胶合板门扇安装（无亮）	m^2	27.20	M2 M3 （见门窗明细表）$S=21.60+5.60=27.20$
81	7—306	钢门带窗安装	m^2	13.02	MC1 MC2 （见门窗明细表）$S=5.94+7.08=13.02$
82	7—308	钢平开窗安装	m^2	15.12	C2 C3 （见门窗明细表）$S=4.32+10.80=15.12$
83	7—289	铝合金推拉窗安装	m^2	61.16	C1 C4 C5 （见门窗明细表）$S=32.0+25.92+3.24=61.16$
84	7—290	铝合金固定圆形窗安装	m^2	2.26	C6 （见门窗明细表）$S=2.26$
85	6—93	木门汽车运输（5km）	m^2	36.92	$S=31.32+5.60=36.92$

（续）

序　号	定额编号	分项工程名称	单位	工程量	计　算　式
86	11—409	木门调和漆两遍	m^2	38.32	$S = 31.32 + 5.60 \times 1.25^{*} = 38.32$
87	11—594	钢门窗防锈漆一遍	m^2	28.14	$S = 13.02 + 15.12 = 28.14$
88	11—574	钢门窗调和漆两遍	m^2	28.14	$S = 28.14$
89	5—382	梯踏步预埋件	kg	56.00	梯步上　水平栏杆　转弯 块数：　47　+　4　+　5　=56 个 质量：−8：56@0.09×0.15×0.008×7850 =56@0.85=47.60 Φ8：56@(0.10+0.09×2+0.008×12.5)×0.395 =56@0.15=8.40 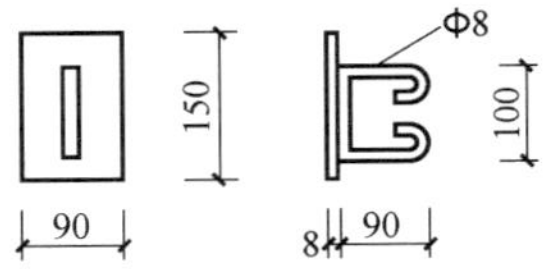 小计：56.00 150　90　Φ8　100　8　90 预埋件大样图
90	4—10 换	M5 混合砂浆砌砖墙	m^3	204.82	$L_{中底}$　柱　$L_{内底}$　$L_{中楼}$　$L_{内楼24}$ $V_{240} = [(53.70 - 0.40 \times 2 + 49.95) \times (4.18 - 0.12) + (45.42 + 51.18) \times (3.00 - 0.12) \times 2 - 128.06] \times 0.24 - 9.91 - 2.68 - 1.39 - 0.69 - 0.58 - \left(7.88 - 3.05 \times \frac{0.25}{4.51}\right) + 0.24 \times 0.37 \times 6.00 \times 2$（根） （门窗　圈梁　过梁　XL—5　XL—6　XL—1　构柱　架） $= (102.85 \times 4.06 + 96.60 \times 5.76 - 128.06) \times 0.24 - 22.96 + 1.07$ $= 845.93 \times 0.24 - 22.96 + 1.07$ $= 181.13$ 排气洞： 山墙　1.50×(1.98+0.51−0.12)×0.24×5(道)=4.27 纵墙　[15.0−0.24×4(道)]×0.24×0.60=2.02 14.04×0.24×(0.60−0.06)=1.82 （合计）8.11 女儿墙： 三楼屋面　(6.90+1.80+26.10)×2×0.24×0.54=9.02 底层屋面　(3.60−0.12+3.60−0.12+4.20−0.12+2.70+3.60+1.80−0.12)×0.60×0.24+(15.0−4×0.24)×0.24×(0.60+0.54) =2.739+3.841 =6.58 小计：204.82

（续）

序　号	定额编号	分项工程名称	单位	工程量	计　算　式
91	4—8 换	M5 混合砂浆砌砖墙	m^3	1.05	V_{120} = 1.56 × 2.92 × 0.115 × 2(层) = 1.05
92	4—60 换	M2.5 混合砂浆砌屋面隔热板砖墩	m^3	2.64	长度方向块数：37 + 5 = 42 宽度方向块数：14 四周边上的隔热板块数：(42 − 2) × 2 + 14 × 2 = 108 砖墩个数 = (每块隔热板上算一个)477 块 + [108（四周） − 4(角)] × 2 ÷ 4 + 4 × 3 ÷ 4（四角） = 477 + 52 + 3 = 532 V = 0.24 × 0.115 × 0.18 × 532 = 2.64
93	4—8 换	M2.5 混合砂浆砌走廊栏板墙	m^3	5.87	V = 24.06 × 2(层) × (1.10 − 0.06 + 0.02) × 0.115 = 5.87
94	4—60 换	M2.5 混合砂浆砌雨篷止水带	m^3	1.00	V = [26.10 + (1.5 − 0.12) × 2] × 0.30 × 0.115 = 1.00
95	8—29	普通水磨石地面	m^2	331.77	S = 底层建筑面积 − 墙长 × 墙厚 − 灶台面积 = 366.65 − (53.70（$L_{中底}$） + 49.95（$L_{内底}$）) × 0.24 − 5.00 × 1.00 × 2(个) = 366.65 − 24.88 − 10.00 = 331.77
96	8—16	现浇 C10 混凝土地面垫层	m^3	26.54	V = 331.77 × 0.08 = 26.54
97	8—72	卫生间防滑地砖地面	m^2	10.11	S = (1.80 − 0.24) × (1.80 − 0.12 − 0.06) × 2(间) × 2(层) = 10.11
98	8—24 换	1:2 水泥砂浆楼梯间地面	m^2	29.42	S = 现浇楼梯 + 未算平台 = 24.36 + (1.38 − 0.20) × (2.70 − 0.24) + (1.08 − 0.20) × (2.70 − 0.24) = 24.36 + 2.90 + 2.16 = 29.42
99	8—37	水泥豆石楼面	m^2	301.82	走廊：[(1.80 − 0.24) × 3.60 + (1.80 − 0.12) × (26.1 − 3.6 − 0.24)] × 2(层) = 86.02 房间：[(3.60 − 0.24) × (5.10 − 0.24) × 3(间) + (4.20 − 0.24) × (5.10 − 0.24) + (4.20 × 2 − 0.24) × (5.10 − 0.24)] × 2(层) = (48.99) + (19.25 + 39.66) × 2 = 215.80 小计：301.82

（续）

序　号	定额编号	分项工程名称	单位	工程量	计　算　式
100	11—30	水泥砂浆抹走道扶手	m^2	22.13	(26.10－0.12＋1.80－0.12)×2(层)×(0.20＋0.04×2＋0.06×2) ＝27.66×2×0.40 ＝22.13
101	9—45	一布二油塑料油膏卫生间防水层	m^2	14.63	卷起高度：200 S＝[(1.80－0.24)×1.56＋1.56×4×0.20]×4(间) ＝(2.43＋1.25)×4 ＝14.63
102	8—27 换	1:2 水泥砂浆踢脚板	m	354.54	底层： 楼间：(6.60－0.12)×2＋2.46＝15.42 库房：(2.70－0.24＋3.36)×2＋(3.60－0.24＋3.36)×2＋(3.60－0.24＋2.46)×2×2(间)＝48.36 楼层： 走廊：[(26.10－0.24＋1.80－0.24)×2－(2.70－0.24)]×2(层)＝104.76 房间：[(3.60－0.24＋5.10－0.24)×2×3(间)＋(4.20－0.24＋5.10－0.24)×2＋(4.20×2－0.24＋5.10－0.24)×2]×2(层)＝186 长度小计：354.54
103	11—286	混合砂浆楼梯间底面(顶棚面)	m^2	32.36	(用水泥砂浆楼梯间楼面工程量) S＝29.42×1.10* ＝32.36
104	8—152	塑料扶手楼梯型钢栏杆	m	18.01	确定斜面系数： 150/300　26°34′　查表 C＝1.118* (1) 斜长部分： 第一段：2.10 第二段：0.30×10(步)＝3.0 第三段：0.30×10(步)＝3.0 第四段：0.30×10(步)＝3.0 第五段：0.30×10(步)＝3.0 小计：14.10×1.118* ＝15.76 (2) 水平段： 2.70m 标高处：0.30×1(步)＝0.30 7.20m 标高处：1.20＋0.06＋0.05＝1.31 转弯处：(0.05×2＋0.06)×4(处)＝0.64 合计：18.01

（续）

序号	定额编号	分项工程名称	单位	工程量	计算式
105	8—43	C15 混凝土散水(700mm 宽)	m^2	27.85	①轴 Ⓕ轴 ⑧轴 [(13.80+0.24)+(3.60+0.70)+4.20+2.70+0.12−0.20+0.70+(6.60+3.60×2+0.12)]×0.70 =39.78×0.70 =27.85
106	9—143	沥青砂浆散水伸缩缝	m	43.28	沿墙脚缝：39.78−0.70×2=38.38 分格缝：39.78÷6.0≐7(道) 7×0.70=4.9 43.28
107	13—2	建筑物垂直运输（框架）	m^2	366.65	见基数计算表
108	13—1	建筑物垂直运输（混合）	m^2	389.96	见基数计算表
109	10—201	现浇水泥珍珠岩屋面找坡	m^3	34.52	三层屋面： 平均厚(m)：$\frac{6.90}{2}\times 2\%\times\frac{1}{2}+0.06=0.095$ $V=[(26.1-0.24)\times(9.60-0.24)+1.80\times(3.60-0.24)]\times 0.095$ $=(242.05+6.05)\times 0.095$ $=248.10\times 0.095$ $=23.57$ 底层屋面： 平均厚$_1$(m)：$3.60\times 2\%\times\frac{1}{2}+0.06=0.096$ 平均厚$_2$(m)：$(3.60-0.24-1.50)\times 2\%\times\frac{1}{2}+0.06=0.079$ 平均厚$_3$(m)：$(3.60+1.80-1.98+0.12-0.12)\times 2\%\times\frac{1}{2}+0.06=0.094$ 平均厚$_4$(m)：$(3.60+1.80)\times 2\%\times\frac{1}{2}+0.06=0.114$ $V=(3.60-0.24)\times(3.60-0.12)\times 0.096+(3.60+1.80-1.98+0.12-0.12)\times(3.60\times 2+4.20)\times 0.079+3.42\times 4.2\times 0.094+(3.60+1.80-0.24)\times(4.20+2.70-0.12)\times 0.114$ $=11.693\times 0.096+26.676\times 0.079+14.364\times 0.094+34.955\times 0.114$ $=8.57$ Ⓐ轴雨篷： 平均厚(m)：$(1.50-0.24)\times 2\%\times\frac{1}{2}+0.06=0.073$ $V=(26.10-0.24)\times(1.50-0.24)\times 0.073$ $=2.38$ 小计：34.52

（续）

序　号	定额编号	分项工程名称	单位	工程量	计　算　式
110	8—18	1:3 水泥砂浆屋面找平层（25mm 厚）	m^2	415.89	排气洞屋面 S = 248.10 + 11.69 + 26.68 + 14.36 + 34.96 + (0.51 + 1.98 + 0.51) × (3.6 × 2 + 4.2 × 2 + 0.24) + 25.86 × 1.26 (雨篷) = 335.79 + 3.00 × 15.84 + 32.58 = 415.89
111	11—75	排气洞墙挑檐口彩色水刷石面（外墙上）	m^2	13.25	4.80 ~ 5.70m 的标高（外墙），内墙从屋面至 5.70m 标高。 外：0.24 × 0.78 × 5（道）= 0.94 内：(1.50 − 0.12 − 0.06) × 0.24 × 5（道）= 1.58 山墙：(1.98 + 0.51 − 0.12) × (1.50 − 0.06) = 3.41 挑檐口：(15.00 + 0.24) × 2 × (0.12 + 0.12) = 7.32 合计 13.25
112	9—45 9—46	二布三油塑料油膏屋面防水层	m^2	536.90	屋面找平层面积：415.89 女儿墙内侧面积：49.56 雨篷内侧：16.27 排气洞屋面：15.24 × (0.51 × 2 + 1.98) = 45.72（括号内 = 3.0） Ⓔ、Ⓒ/1轴边卷上：(26.10 − 0.24 + 1.80) × (0.30 − 0.06) = 6.64 排气洞山墙边卷上：(0.51 + 1.98 + 0.25 + 0.51 − 0.12) × 2（边）× (0.54 − 0.06) = 6.26 × 0.48 = 2.82 小计：536.90m^2
113	9—66 换	ϕ110mm 塑料水落管	m	37.20	4.20 × 4（根）+ 10.20 × 2（根）= 37.20
114	9—70 换	ϕ110mm 塑料水斗	个	6	
115	11—35	水泥砂浆抹混凝土柱面	m^2	47.91	400mm × 500mm 断面　3 根 3@(0.4 + 0.5) × 2 × 4.06 = 21.924 400mm × 400mm 断面　4 根 4@0.4 × 4 × 4.06 = 25.984 合计 47.91

（续）

序号	定额编号	分项工程名称	单位	工程量	计算式
116	1—46	室内回填土	m^3	61.38	净面积(m^2)：331.77(水磨石地面) 垫层 水磨石面 回填土厚(m)：0.30 − 0.08 − 0.035 = 0.185 V = 331.77 × 0.185 = 61.38
117	1—46	人工地槽、坑回填土	m^3	190.16	槽 坑 砖垫 独垫 独基 砖基 柱 深 V = 132.09 + 138.48 − 28.95 − 5.86 − 24.55 − 19.37 − 0.40 × 0.40 × 0.70 × 6(根) − 0.40 × 0.50 × 0.70 × 4(根) = 270.57 − 79.96 = 190.61
118	11—286	混合砂浆抹顶棚面	m^2	760.04	地面面积 有梁板底系数 底层：331.77 × 1.10* = 364.95；排气洞屋面顶棚增加：(0.51 + 0.24) × 2 × 15.00 = 22.50 → 387.45 楼层：卫生间：10.11；走廊：86.02 × 1.10* = 94.62；有梁房间：39.66 × 2(层) × 1.10* = 87.25；无梁房间：(48.99 + 19.25) × 2(层) = 136.48；梯间：29.42 × 1.50* = 44.13 → 372.59 合计 760.04
119	11—168	瓷砖墙裙 侧面空圈示意： 2800、900、1800、800、1000、MC1	m^2	184.91	C5 卫生间：{[(1.80 − 0.24) × 4 − 0.70] × 1.80 × 2(间) − 0.10 × 0.90 × 2(间) + C5侧面 (0.90 + 0.10 × 2) × 0.10* × 2(樘)} × 2(层) = (19.94 − 0.18 + 0.22) × 2(层) = 19.98 × 2 = 39.96 底层操作间： (1) 左间 柱侧面 M1 [(13.80 − 0.12) × 2 + 3.60 × 3 + 4.20 − 0.24 + 0.16 × 4 + 0.26 × 2 − 0.90 × 2 − MC1 灶台上柱侧面 MC1 门窗空圈M1 0.90] × 1.80 + (1.80 − 0.65) × 0.16 × 2 − 1.80 × 0.8 + 1.80 × 2 × 0.14* × 2 MC1 (樘) + (1.80 × 2 + 1.80) × 0.10* = 73.04 + 0.37 − 1.44 + 1.01 + 0.54 = 73.52

（续）

序 号	定额编号	分项工程名称	单位	工程量	计 算 式
119	11—168	瓷砖墙裙 侧面空圈示意： 2800 900 2400 800 1000 MC2 1800 800 3000 C3	m^2	184.91	（2）右间 柱侧面 M1 MC2 [（13.80 − 0.12）×2 + 4.20×3 − 0.24 + 4.20 + 0.16×2 − 0.90×2 − 0.90]×1.80 + 灶台上柱侧面 MC2 C3 门窗空圈M1 [（1.80 − 0.65）×0.37×2] − （0.80×2.40 + 3.00×0.80×2）+ [1.80×2× MC2 C3 0.14* ×2 樘 + （1.80×2 + 2.40）×0.10 + （0.80×2 + 3.0）×2 樘×0.10*] = 41.54×1.80 + 0.85 − 6.72 + （1.01 + 0.60 + 0.92） = 71.43 小计：39.96 + 73.52 + 71.43 = 184.91
120	11—30	水泥砂浆抹女儿墙压顶	m^2	42.34	长度（m）：69.60 + 33.66 = 103.26 S = （0.06 + 0.05 + 0.30）×103.26 = 0.41×103.26 = 42.34
121	11—25	水泥砂浆抹女儿墙内侧	m^2	49.56	长度（m）：103.26 S = 103.26×（0.54 − 0.06） = 49.56
122	11—30	水泥砂浆抹雨篷边内侧	m^2	16.27	S = （26.10 − 0.24 + 1.50 − 0.24）×2×0.30 = 16.27
123	11—36	排气洞隔墙混合砂浆抹面	m^2	53.47	标高 4.02m 以上（不扣除女儿墙头所占面积） 横隔墙：（0.51 + 1.98）×1.50×8（面）= 29.88 内纵墙：（15.00 − 0.24×4）×（0.60 + 0.12）= 10.11 外纵墙：（15.00 − 0.24×4）×（0.24 + 0.60 + 0.12）= 13.48 （合计）53.47
124	11—36	混合砂浆抹走道栏板墙内侧	m^2	49.55	（26.10 − 3.60 − 0.24 + 1.80 − 0.24）×1.04×2（层） = 49.55

（续）

序号	定额编号	分项工程名称	单位	工程量	计算式
125	11—627	墙面、顶棚、楼梯底面刷仿瓷涂料两遍	m^2	1954.88	墙面：1109.01 顶棚面：760.04 楼梯底面：32.36 排气洞墙面：53.47 （合计）1954.88
126	11—30	1:2 水泥砂浆抹楼梯挡水线(50mm 宽)	m^2	1.13	梯踏步：47×(0.30+0.15)=21.15 水平：1.20+0.06=1.26 转弯：0.06×4(处)=0.24 长度(m)：22.65 S=22.65×0.05=1.13
127	8—13	卫生间炉渣垫层	m^3	1.52	(1.80−0.18)×(1.80−0.24)×0.15×4(间) =1.62×1.56×4×0.15 =10.11×0.15=1.52
128	1—49 1—50	人工运土 50m	m^3	18.58	V=挖−填 槽　坑 =132.09+138.48−190.61−61.38 =18.58
129	11—36	混合砂浆抹内墙面	m^2	1109.01	1. 底层 (1) 库房　[(3.60−0.24)×4×2(间)+(3.60−0.24+2.70−0.24)×2×2(间)]×(4.20−0.12)−1.80×1.80×4（C1）−0.90×2.70×4（M1） =(26.88+23.28)×4.08−12.96−9.72 =181.97 (2) 左操作间 [2×(13.80−0.12)+3.60×3+4.20−0.24+0.08+0.13+0.16×2（柱侧）]×(4.20−0.12−1.80)−(2.70−1.80)×0.90×2（M1）−(2.80−1.80)×2.70（MC1）−(1.80−0.80)×2.40（C2） =(27.36+15.29)×2.28−1.62−2.7−2.40 =90.52

（续）

<table>
<tr><th>序 号</th><th>定额编号</th><th>分项工程名称</th><th>单位</th><th>工程量</th><th>计 算 式</th></tr>
<tr><td>129</td><td>11—36</td><td>混合砂浆抹内墙面</td><td>m²</td><td>1109.01</td><td>（3）右操作间
柱侧
[2×(13.80－0.12)+4.20×3－0.24+4.20+0.16×2]×(4.20－0.12－1.80)－
M1 MC2 C3
(2.70－1.80)×0.90×2－(2.80－0.80)×3.30－(1.80－0.80)×3.00
=(27.36+16.88)×2.28－1.62－6.60－3.00
=89.65
2. 楼层
（1）卫生间
C5
[(1.80－0.24)×4×(3.00－0.08－1.80)－(0.90－0.10)×0.90－
M3
(2.00－1.80)×0.70]×4(间)
=6.13×4=24.52
（2）走廊墙
M3 M2
[(1.80×2+1.80－0.24+26.10－2.70－0.24)×2.88－(0.70×2×2－0.90×
2.00×6)]×2(层)
=67.96×2
=135.92
（3）房间
M2 C1
{[(3.60－0.24+5.10－0.24)×2×(3.00－0.12)－0.90×2.00－1.80×1.80]×3(间)+
M2 C4
(5.10－0.24+4.20－0.24)×2×2.88－0.90×2.00－2.40×1.80+(4.20×2－
M2 C4
0.24+5.10－0.24+0.25×2)×2×2.88－0.90×2×2－2.40×1.80×2}×2(层)
=(126.92+44.68+77.88－3.60－8.64)×2
=474.48
3. 梯间
补缺
（1）底层 [(6.60－0.24)×2+2.46]×2.55+(1.50－0.12)×4.08×2+2.46×(4.20－2.70－0.12)
=3.87+11.26+3.39=18.52
（2）楼层 (10.20－0.12－2.70)×(5.10×2+2.46)
=7.38×12.66
=93.43
小计：1109.01</td></tr>
</table>

（续）

序　号	定额编号	分项工程名称	单位	工程量	计　算　式
130	11—72	彩色水刷石外墙面	m^2	107.55	⑧～①立面 MC1　MC2 (26.10+0.24)×(4.80+0.30)−(2.70×2.80−1.80×1.00)−(3.30×2.80−2.40× C2　C3　排气洞隔墙厚 1.00)−2.40×1.80−3.00×1.80×2+(5.70−0.12−4.80)×0.24×5(道) =107.55
131	11—175	外墙面贴面砖	m^2	467.16	⑧～①立面 C5　檐口、栏板 (1.80×2+0.24)×(10.80−4.20−0.60)−0.90×0.90×4+ 22.50×（1.10+0.40+0.60+0.40+0.68+0.06) =23.04−3.24+72.9 =92.70 ①～⑧立面(含Ⓐ轴立面) C1　C4　C6 (26.10+0.24)×(10.80−3.80)−1.80×1.80×6−2.40×1.80×6−$(1.20)^2$× ①、⑤、⑦、⑧墙厚部分 0.7854×2+　3.80×0.24×4 =140.41 Ⓐ～Ⓕ立面 C1 (13.80+0.24)×(4.80+0.30)−1.80×1.80×2+(5.10+0.24)×(10.80− ②轴立面 4.80)+1.80×[(5.30−4.80)+(8.30−6.80)+(10.80−9.80)]+(1.80+0.24)×(10.80−4.20−0.36) =71.60−6.48+32.04+5.40+12.73 =115.29 Ⓕ～Ⓐ立面 C1 (13.80+0.24)×(4.80+0.30)−1.80×1.80×2+(5.10+1.80×2+0.24)×(10.80−4.8) =71.60−6.48+53.64 =118.76 小计：467.16

表 7-46 钢筋混凝土构件钢筋计算表

单位工程名称××食堂

序号	构件名称	图号	件数—代号	形状尺寸/mm		直径	根数	长度/m		分规格				总质量/kg
								每根	共长	直径	长度/m	单件质量/kg	合计质量/kg	
1	现浇钢筋混凝土地圈梁			103650	217 207 (155)	Φ12	4	103.65	414.60	Φ12	414.60	368.16×1.064[①]	391.72	597.44
						Φ6.5	518	1.00	518	Φ6.5	518	134.68	134.68	
				400 650 400	直角:5 处 T 形:10 处	Φ12	50	1.60	80	Φ12	80	71.04	71.04	
2	现浇钢筋混凝土底层圈梁		XQL—1	79800	87 207 (155)	Φ12	4	79.80	319.20	Φ12	319.20	283.45×1.064	301.59	398.31
						Φ6.5	355	0.74	262.7	Φ6.5	262.7	68.30	68.30	
				400 650 400	直角:2 处 T 形:4 处	Φ12	20	1.60	32.00	Φ12	32.00	28.42	28.42	
3	现浇钢筋混凝土二层圈梁		XQL—1（已扣除 XL—13 长度）	80430	87 207 (155)	Φ12	4	80.43	321.72	Φ12	321.72	285.69×1.064	303.97	398.30
						Φ6.5	402	0.74	297.48	Φ6.5	297.48	77.34	77.34	
				400 650 400	直角：5 处 T 形：9 处	Φ12	46	1.60	73.60	Φ12	73.60	65.36	16.99	

① 1.064 表示钢筋接头系数。

（续）

序号	构件名称	图号	件数—代号	形状尺寸/mm		直径	根数	长度/m 每根	长度/m 共长	分规格 直径	分规格 长度/m	分规格 单件质量/kg	分规格 合计质量/kg	总质量/kg
4	现浇钢筋混凝土三层圈梁		XQL—1（已扣除 XL—13 长度）	83180	87 207 (155)	Φ12	4	83.18	332.72	Φ12	332.72	295.46 × 1.064	314.36	415.20
						Φ6.5	416	0.74	307.84	Φ6.5	307.84	80.04	80.04	
				400 650 400	直角：6 处 T 形：10 处	Φ12	50	1.60	80.00	Φ12	80.00	20.80	20.80	
5	现浇钢筋混凝土独立基础		4—J—1 2—J—2 2—J—3 2—J—4	2330	1930	Φ12	14	2.48	34.72	Φ12	70.08	62.23	248.92	691.42
						Φ12	17	2.08	35.36					
				2530	1930	Φ12	17	2.68	45.56	Φ12	83.00	73.70	147.40	
						Φ12	18	2.08	37.44					
				3330	2330	Φ12	21	3.48	73.08	Φ12	132.60	117.75	235.50	
						Φ12	24	2.48	59.52					
				1730	1130	Φ12	9	1.88	16.92	Φ12	33.56	29.80	59.60	
						Φ12	13	1.28	16.64					
6	现浇钢筋混凝土地梁		XDL—1	Ⓑ轴 26290	257 207 (155)	Φ16	6	26.29	157.74	Φ16	277.68	438.73 × 1.085①	476.02	540.10
						Φ6.5	131	1.08	141.48	Φ6.5	249.48	64.08	64.08	
				Ⓒ轴 19990	257 207 (155)	Φ16	6	19.99	119.94					
						Φ6.5	100	1.08	108.0					

① 1.085 表示钢筋接头系数。

（续）

序号	构件名称	图号	件数—代号	形状尺寸/mm		直径	根数	长度/m		分规格				总质量/kg
								每根	共长	直径	长度/m	单件质量/kg	合计质量/kg	
7	现浇钢筋混凝土梁		2—XL—1	225 2350 225	457 197 (155)	Φ 12	2	2.95	5.90	Φ 12	5.90	5.24	10.48	79.52
						Φ 6.5	25	1.46	36.50	Φ 6.5	36.50	9.49	18.98	
				225 2350 225		Φ̲ 22	3	2.80	8.40	Φ̲ 22	8.40	25.03	50.06	
			2—XL—2	275 3790 275	557 197 (155)	Φ 12	3	4.49	13.47	Φ 12	13.47	11.96	23.92	135.18
						Φ 6.5	39	1.66	64.74	Φ 6.5	64.74	16.83	33.66	
				275 3790 275		Φ̲ 22	3	4.34	13.02	Φ̲ 22	13.02	38.80	77.60	
			2—XL—3	200 1990 200	217 87 (155)	Φ̲ 18	2	2.62	5.24	Φ̲ 18	10.48	20.96	41.92	50.22
						Φ 6.5	21	0.76	15.96	Φ 6.5	15.96	4.15	8.30	
				200 1990 200		Φ̲ 18	2	2.62	5.24					
8	现浇钢筋混凝土梁		3—XL—4	22740	357 207 (155)	Φ 12	4	22.89	91.56	Φ 12	91.56	81.31	243.93	396.69
						Φ 6.5	153	1.28	195.84	Φ 6.5	195.84	50.92	152.76	
			XL—5	20040	257 197 (155)	Φ̲ 16	6	20.24	121.44	Φ̲ 16	121.44	191.88	191.88	219.72
						Φ 6.5	101	1.06	107.06	Φ 6.5	107.06	27.84	27.84	
			XL—6	275 26290 275	457 197 (155)	Φ̲ 22	6	26.84	161.04	Φ̲ 22	161.04	479.90	479.90	546.71
						Φ 6.5	176	1.46	256.96	Φ 6.5	256.96	66.81	66.81	
			XL—7	275 21510 275	457 197	Φ̲ 22	6	22.06	132.36	Φ̲ 22	132.36	394.43	394.43	449.47
						Φ 6.5	145	1.46	211.70	Φ 6.5	211.70	55.04	55.04	
			XL—8	26290	357 207 (155)	Φ 12	4	26.49	105.96	Φ 12	105.96	94.09	94.09	138.35
						Φ 6.5	133	1.28	170.24	Φ 6.5	170.24	44.26	44.26	

（续）

序号	构件名称	图号	件数—代号	形状尺寸/mm		直径	根数	长度/m		分规格				总质量/kg
								每根	共长	直径	长度/m	单件质量/kg	合计质量/kg	
8	现浇钢筋混凝土梁		2—XL—9	225 2890 225	407 197 (155)	$\underline{\Phi}$16	2	3.54	7.08	$\underline{\Phi}$16	7.08	11.19	22.38	83.18
						Φ6.5	31	1.36	42.16	Φ6.5	42.16	10.96	21.92	
				175 2890 175		$\underline{\Phi}$18	3	3.24	9.72	$\underline{\Phi}$18	9.72	19.44	38.88	
			2—XL—10	225 3460	457 207 (155)	$\underline{\Phi}$16	2	3.89	7.78	$\underline{\Phi}$16	7.78	12.29	24.58	260.60
						Φ6.5	37	1.48	54.76	$\underline{\Phi}$22	31.26	93.15	186.30	
				225 5290 300	4295 300	$\underline{\Phi}$22	3	5.82	17.46	Φ12	4.84	4.30	8.60	
						$\underline{\Phi}$22	3	4.60	13.80	Φ6.5	79.08	20.56	41.12	
				357 207 (155)	2265	Φ6.5	19	1.28	24.32					
						Φ12	2	2.42	4.84					
			XL—11	175 3020 175	407 197 (155)	$\underline{\Phi}$20	3	3.37	10.11	$\underline{\Phi}$20	10.11	24.97	24.97	66.95
						Φ6.5	31	1.36	42.16	Φ6.5	42.16	10.96	10.96	
				225 3020 225		$\underline{\Phi}$22	3	3.47	10.41	$\underline{\Phi}$22	10.41	31.02	31.02	
			XL—12	175 4690 175	407 197 (155)	Φ12	2	5.04	10.08	Φ12	10.08	8.95	8.95	66.57
						Φ6.5	33	1.36	44.88	Φ6.5	44.88	11.67	11.67	
				225 4690 225		$\underline{\Phi}$22	3	5.14	15.42	$\underline{\Phi}$22	15.42	45.95	45.95	

（续）

序号	构件名称	图号	件数—代号	形状尺寸/mm	直径	根数	长度/m 每根	长度/m 共长	分规格 直径	分规格 长度/m	分规格 单件质量/kg	分规格 合计质量/kg	总质量/kg
8	现浇钢筋混凝土梁		10—XL—13	357 197 (155)；4870 300	Φ6.5	36	1.26	45.36	Φ6.5	45.36	11.79	117.90	669.30
					Φ22	3	5.17	15.51	Φ22	15.51	46.22	462.20	
				4870	Φ12	2	5.02	10.04	Φ12	10.04	8.92	89.20	
			XL—13 上插筋 XL—10 上插筋	1460	Φ10	4	1.59	6.36	Φ10	6.36	3.92	47.04	47.04
9	排气洞挑梁		5 根	1450；1450	Φ12	3	1.60	4.80	Φ12	4.80	4.26	21.30	37.35
					Φ8	2	1.53	3.06	Φ8	3.06	1.21	6.05	
				77 197 (155)	Φ6.5	11	0.70	7.70	Φ6.5	7.70	2.00	10.00	
10	现浇钢筋混凝土有梁板		2—XB—1	60 3810 60；60 2010 60	Φ6.5	15	3.93	58.95	Φ6.5	231.24	60.12	120.24	120.24
					Φ6.5	27	2.13	57.51					
				2010；3810	Φ6.5	27	2.09	56.43					
					Φ6.5	15	3.89	58.35					
11	现浇钢筋混凝土构造柱		标高：（9 根） -0.90～4.20m	200 5100；210 210 (155)	Φ12	4	5.30	21.20	Φ12	21.20	18.83×1.064*	180.32	584.97
					Φ6.5	27	1.00	27.00	Φ6.5	27.00	7.02	63.18	
			标高：（11 根） 4.20～10.08m	200 5880；210 210 (155)	Φ12	4	6.08	24.32	Φ12	24.32	21.60×1.064*	252.81	
					Φ6.5	31	1.00	31.00	Φ6.5	31.00	8.06	88.66	

（续）

序号	构件名称	图号	件数—代号	形状尺寸/mm		直径	根数	长度/m		分规格				总质量/kg
								每根	共长	直径	长度/m	单件质量/kg	合计质量/kg	
12	现浇钢筋混凝土整体楼梯		XTB—1	2900	317 167 (155)	Φ12	9	3.05	27.45	Φ16	8.7	13.75	13.75	84.81
						Φ6.5	32	1.12	35.84	Φ12	27.45	24.38	24.38	
				2900	80 930 80	Φ16	3	2.90	8.7	Φ10	45.81	28.26	28.26	
						Φ10	9	1.09	9.81	Φ6.5	70.84	18.42	18.42	
				80 1050 80	2655	Φ10	9	1.21	10.89					
						Φ10	9	2.79	25.11					
				1170		Φ6.5	28	1.25	35.00					
			XTB—2 ⑨号筋已包括 XTB—3	1170	120 1020 1410 120	Φ6.5	32	1.25	40	Φ6.5	78.50	20.41	20.41	120.31
						Φ12	11	2.75	30.25	Φ12	112.50	99.90	99.90	
				1290	400 4010	Φ12	14	1.44	20.16					
						Φ12	11	4.56	50.16					
				120 1240 120	2670	Φ12	11	1.48	16.25					
						Φ6.5	14	2.75	38.50					
			XTB—3 ⑰号筋已包括 XTB—4	1170	120 1770 500	Φ6.5	28	1.25	71.25	Φ6.5	100.20	26.06	26.06	166.28
						Φ12	13	2.54	33.02	Φ12	157.91	140.22	140.22	
				1605 3680 400 1	120 1720 590 120	Φ12	13	5.88	76.44					
						Φ12	13	2.55	33.15					
				870	2670	Φ12	15	1.02	15.30					
						Φ6.5	9	2.75	24.75					

（续）

序号	构件名称	图号	件数—代号	形状尺寸/mm		直径	根数	长度/m		分规格				总质量/kg
								每根	共长	直径	长度/m	单件质量/kg	合计质量/kg	
12	现浇钢筋混凝土整体楼梯		XTB—3 ⑰号筋已包括 XTB—4	1320		Φ6.5	3	1.40	4.20					166.28
			XTB—4 ⑰号筋已算	1170	2890	Φ6.5	24	1.25	30	Φ6.5	50.48	13.12	13.12	117.06
						Φ12	3	3.04	9.12	Φ12	92.94	82.53	82.53	
				2890	407 157 (155)	Φ20	3	2.89	8.67	Φ20	8.67	21.41	21.41	
						Φ6.5	16	1.28	20.48					
				120 1236 120	2875 995	Φ12	11	1.63	17.93					
						Φ12	11	4.02	44.22					
				500 1270 120		Φ12	11	1.97	21.67					
			XTB—5	1170	120 1204 120	Φ6.5	35	1.25	43.75	Φ6.5	62.31	16.20	16.20	146.43
						Φ12	11	1.52	16.72	Φ10	30.80	19.00	19.00	
				3534 400	120 1380 695 120	Φ12	11	4.08	44.88	Φ12	125.26	111.23	111.23	
						Φ12	11	2.39	26.29					
				2670	980	Φ10	11	2.80	30.80					
						Φ12	25	1.13	28.25					
				2890	307 197 (155)	Φ12	3	3.04	9.12					
						Φ6.5	16	1.16	18.56					

（续）

序号	构件名称	图号	件数—代号	形状尺寸/mm	形状尺寸/mm	直径	根数	长度/m 每根	长度/m 共长	分规格 直径	分规格 长度/m	分规格 单件质量/kg	分规格 合计质量/kg	总质量/kg
13	现浇钢筋混凝土框架		2—KJ1	5035 100	357 357 (155)	Φ̲16	16	5.14	82.24	Φ6.5	195.72	50.89	101.78	92.54
						Φ6.5	42	1.58	66.36	Φ8	148.82	58.78	117.56	
				252 252 (155)	358 458 (190)	Φ6.5	42	1.16	48.72	Φ̲14	3.32	4.02	8.04	
						Φ8	42	1.82	76.44	Φ̲18	19.61	39.22	78.44	
				290 290 (190)	570 5500 470	Φ8	42	1.35	56.7	Φ̲20	6.86	16.94	33.88	
						Φ̲25	2	6.54	13.08	Φ̲25	25.06	96.48	192.96	
				500 770 3450 770 500	557 207 (155)	Φ̲25	2	5.99	11.98	Φ̲16	82.24	129.94	259.88	
						Φ6.5	48	1.68	80.64					
				250 6800 1225	250 3175	Φ̲18	2	8.28	16.56					
						Φ̲20	2	3.43	6.86					
				1825 1225	1660	Φ̲18	1	3.05	3.05					
						Φ̲14	2	1.66	3.32					
				258 208 (190)		Φ8	14	1.12	15.68					
			KJ2	5035 100	351 357 (155)	Φ̲16	24	5.14	123.36	Φ6.5	426.72	110.95		634.23
						Φ6.5	84	1.58	132.72	Φ8	148.82	58.78		
				252 252 (150)	358 458 (190)	Φ6.5	84	1.16	97.44	Φ̲14	3.32	4.02		
						Φ8	42	1.82	76.44	Φ̲16	126.56	199.96		

（续）

序号	构件名称	图号	件数—代号	形状尺寸/mm		直径	根数	长度/m		分规格				总质量/kg
								每根	共长	直径	长度/m	单件质量/kg	合计质量/kg	
13	现浇钢筋混凝土框架		KJ2	290 290 (190)	570 5925	Φ8	42	1.35	56.70	Φ18	30.86	61.72		634.23
						Φ25	2	6.50	13.0	Φ20	20.76	51.28		
				500 770 3450 770 500	250 3175	Φ25	1	5.99	5.99	Φ22	24.97	74.41		
						Φ20	2	3.43	6.86	Φ25	18.99	73.11		
				250 13950 1225	7925 470	Φ18	2	15.43	30.86					
						Φ22	2	8.40	16.80					
				400 770 5750 770 400	3650	Φ22	1	8.17	8.17					
						Φ20	2	3.65	7.30					
				3300	1975 1220	Φ20	2	3.30	6.60					
						Φ16	1	3.20	3.20					
				557 207 (155)	1660	Φ6.5	117	1.68	196.56					
						Φ14	2	1.66	3.32					
				258 208 (190)		Φ8	14	1.12	15.68					
			KJ3	5035 100	357 357 (155)	Φ16	24	5.14	123.36	Φ6.5	426.72	110.95		634.24
						Φ6.5	84	1.58	132.72	Φ8	148.82	58.78		
				252 252 (155)	358 458 (190)	Φ6.5	84	1.16	97.44	Φ18	20.96	41.92		
						Φ8	42	1.82	76.44	Φ20	30.96	76.47		

（续）

序号	构件名称	图号	件数—代号	形状尺寸/mm	直径	根数	长度/m 每根	长度/m 共长	分规格 直径	分规格 长度/m	分规格 单件质量/kg	分规格 合计质量/kg	总质量/kg
13	现浇钢筋混凝土框架		KJ3	(190) 290 290	Φ8	42	1.35	56.70	Φ̲22	16.46	49.05		634.24
				320 5675	Φ̲18	2	6.00	12.0	Φ̲14	3.32	4.02		
				360 770 3450 770 360	Φ̲18	1	5.71	5.71	Φ̲25	25.49	98.14		
				250 13950 1275	Φ̲20	2	15.48	30.96	Φ̲16	123.36	194.91		
				250 2875	Φ̲22	2	3.13	6.26					
				8025 507	Φ̲25	2	8.60	17.20					
				500 770 5750 770 500	Φ̲25	1	8.29	8.29					
				3400	Φ̲22	3	3.40	10.20					
				1975 1275	Φ̲18	1	3.25	3.25					
				557 207 (155)	Φ6.5	117	1.68	196.56					
				1660	Φ̲14	2	1.66	3.32					
				258 208 (190)	Φ8	14	1.12	15.68					
14	框架在柱基中钢筋		4—J1 2—J2 2—J3 2—J4	1370 100	Φ̲16	8	1.47	11.76	Φ̲16	11.76	18.58	185.80	250.82
				357 357 (155)	Φ6.5	7	1.58	11.06	Φ8	22.19	8.77	35.08	
				(155) 252 252	Φ6.5	7	1.16	8.12	Φ6.5	19.18	4.99	29.94	
				358 458 (190)	Φ8	7	1.82	12.74					
				(190) 290 290	Φ8	7	1.35	9.45					

（续）

序号	构件名称	图号	件数—代号	形状尺寸/mm	直径	根数	长度/m		分规格				总质量/kg
							每根	共长	直径	长度/m	单件质量/kg	合计质量/kg	
15	现浇混凝土走廊扶手		二层楼	24060	Φ8	2	24.06	48.12	Φ8	48.12	19.01	38.02	40.44
				15 170 15	Φ4	122	0.20	24.40	Φ4	24.40	2.42	2.42	
16	现浇混凝土女儿墙压顶			103200	Φ4	3	103.20	309.60	Φ4	397.32	39.33	39.33	39.33
				170	Φ4	516	0.17	87.72					
17	现浇钢筋混凝土平板		1—XB1	60 3810 60	Φ6.5	15	3.93	58.95	Φ6.5	231.24	60.12	60.12	60.12
				60 2010 60	Φ6.5	27	2.13	57.51					
				2010	Φ6.5	27	2.09	56.43					
				3810	Φ6.5	15	3.89	58.35					
18	现浇钢筋混凝土过梁		10—XGL4181	2280	$\underline{\Phi}$14	2	2.28	4.56	Φ6.5	16.20	4.21	42.10	97.30
				137 197 (155)	Φ6.5	14	0.82	11.48	$\underline{\Phi}$14	4.56	5.52	55.20	
				2280	Φ6.5	2	2.36	4.72					
			4—XGL4103	1480	$\underline{\Phi}$14	2	1.66	3.32	Φ4	6.30	0.62	2.48	13.76
				1480	Φ6.5	2	1.56	3.12	Φ6.5	3.12	0.81	3.24	
				74 194 (95)	Φ4	10	0.63	6.30	$\underline{\Phi}$14	3.32	4.02	8.04	
			12—XGL410	1480	Φ12	2	1.63	3.26	Φ4	6.30	0.62	7.44	51.84
				1480	Φ6.5	2	1.56	3.12	Φ6.5	3.12	0.81	9.72	
				74 194 (95)	Φ4	10	0.63	6.30	Φ12	3.26	2.89	34.68	

（续）

序号	构件名称	图号	件数—代号	形状尺寸/mm		直径	根数	长度/m		分规格				总质量/kg
								每根	共长	直径	长度/m	单件质量/kg	合计质量/kg	
19	现浇钢筋混凝土过梁		6—XGL4241	2880	2880	$\underline{\Phi}$16	2	3.08	6.16	Φ6.5	15.98	4.15	24.90	97.38
						Φ8	2	2.98	5.96	Φ8	5.96	2.35	14.10	
				197 197 (155)		Φ6.5	17	0.94	15.98	$\underline{\Phi}$16	6.16	9.73	58.38	
	现浇构件钢筋小计													10339.72
1	预制钢筋混凝土梁垫		4—LD	340	460	Φ10	12	0.47	5.64	Φ10	11.54	7.12	28.48	28.48
						$\underline{\Phi}$18	10	0.59	5.90					
2	预制钢筋混凝土槽形板		WJB36A1	120 3540 120	3540	$\underline{\Phi}$18	2	3.77	7.54	Φ4	47.42	4.69	4.69	21.77
						Φ4	2	3.59	7.18	Φ10	3.24	2.00	2.00	
				320 1400 120	120 850 120	Φ4	8	1.89	15.12	$\underline{\Phi}$18	7.54	15.08	15.08	
						Φ4	16	1.14	18.24					
				320 850 320	850	Φ10	2	1.62	3.24					
						Φ4	6	0.90	5.40					
				320		Φ4	4	0.37	1.48					
3	预制架空隔热板		474 块	575		Φ4	8	0.58	4.64	Φ4	4.64	0.46	100.16	100.16
4	预制构件钢小计													150.41
5	预应力空心板			按标准图计算，见工程量计算式						Φ_b4				2831.62
	先张法预应力构件钢筋小计													2831.62

表 7-47 工日、机械台班、材料用量计算表

工程名称：××食堂

序号	定额编号	项目名称	单位	工程数量	综合工日	机械台班						材料用量									
						电动打夯机															
		建筑面积																			
		一、土石方																			
1	1—8	人工挖地槽	m^3	132.09	0.537[①]/70.93	0.0018/0.24															
2	1—17	人工挖地坑	m^3	138.48	0.633/87.66	0.0052/0.72															
3	1—46	人工地槽、坑回填土	m^3	190.16	0.294/55.91	0.0798/15.17															
4	1—46	室内回填土	m^3	61.38	0.294/18.05	0.0798/4.90															
5	1—48	人工平整场地	m^2	428.40	0.0315/13.49																
6	1—49 1—50	人工运土(50m)	m^3	18.51	0.295/5.46																
		分部小计			251.50	21.03															
		二、脚手架				载货汽车6t		钢管 φ48mm×3.5/kg	直角扣件/个	对接扣件/个	回转扣件/个	底座/个	木脚手板/m^3	垫木60mm×60mm×60mm/块	8号钢丝/kg	铁钉/kg	防锈漆/kg	溶剂油/kg	钢丝绳/kg	缆风桩木/m^3	
7	3—6	外墙双排脚手架	m^2	763.63	0.072/54.98	0.0017/1.30		0.649/495.6	0.129/98.5	0.018/13.7	0.005/3.8	0.004/3.1	0.001/0.764	0.021/16.0	0.048/36.7	0.006/4.6	0.056/42.7	0.006/4.6	0.003/2.30	0.00003/0.023	
8	3—6	现浇钢筋混凝土框架柱脚手架	m^2	269.26	0.072/19.39	0.0017/0.46		0.649/174.7	0.129/34.7	0.018/4.8	0.005/1.3	0.004/1.1	0.001/0.269	0.021/5.7	0.048/12.9	0.006/12.9	0.056/15.1	0.006/1.6	0.003/0.81	0.00003/0.008	
9	3—6	现浇钢筋混凝土框架梁脚手架	m^2	162.62	0.072/11.71	0.0017/0.28		0.649/105.5	0.129/21	0.018/2.9	0.005/0.8	0.004/0.7	0.001/0.163	0.021/3.4	0.048/7.8	0.006/1.0	0.056/9.1	0.006/1.0	0.003/0.5	0.00003/0.005	

① 分数中，分子为定额用量，分母为工程量乘以分子后的结果。

（续）

序号	定额编号	项目名称	单位	工程数量	综合工日	机械台班		材料用量													
						载货汽车6t		钢管ϕ48mm×3.5/kg	直角扣件/个	对接扣件/个	回转扣件/个	底座/个	木脚手板/m³	垫木60mm×60mm×60mm/块	8号钢丝/kg	铁钉/kg	防锈漆/kg	溶剂油/kg	钢丝绳/kg	缆风桩木/m³	挡脚板/m³
10	3—15	内墙里脚手架	m²	303.31	0.035/10.62			0.012/3.6	0.0024/0.7	0.0001/0.03			0.0001/0.030		0.006/1.8	0.0204/6.2	0.001/0.3	0.0001/0.03			
11	3—20	底层顶棚抹灰满堂脚手架	m²	325.83	0.094/30.63			0.1006/32.78	0.0146/4.8	0.0028/0.9	0.0046/1.50	0.002/0.7	0.0006/0.195		0.224/73.0	0.0194/6.3	0.0087/2.8	0.001/0.3			0.00005/0.016
		分部小计			127.33	2.04		812.18	159.70	22.33	7.40	5.60	1.421	25.10	132.20	31.00	70.00	7.53	3.61	0.036	0.016
		三、砌筑				200L灰浆机		M5水泥砂浆/m³	标准砖/千块	水/m³	M5混合砂浆/m³	M2.5混合砂浆/m³									
12	4—1	M5水泥砂浆砌砖基础	m³	20.89	1.218/25.44	0.039/0.81		0.236/4.93	0.524/10.946	0.105/2.19											
13	4—8换	M5混合砂浆砌1/2砖墙	m³	1.05	2.014/2.11	0.033/0.03			0.564/0.592	0.113/0.12	0.195/0.205										
14	4—8换	M2.5混合砂浆砌栏板墙	m³	5.87	2.014/11.82	0.033/0.19			0.564/3.311	0.113/0.66		0.195/1.145									
15	4—10换	M5混合砂浆砌砖墙	m³	204.82	1.608/329.35	0.038/7.78			0.531/108.759	0.106/21.71	0.225/46.08										
16	4—60换	M2.5混合砂浆砌屋面隔热板砖墩	m³	2.64	2.30/6.07	0.35/0.92			0.551/1.455	0.11/0.29	0.211/0.557										
17	4—60换	M2.5混合砂浆砌雨篷止水带	m³	1.00	2.30/2.30	0.35/0.35			0.551/0.551	0.11/0.11	0.211/0.211										
		分部小计			377.09	10.08		4.93	125.61	25.08	47.053	1.145									

（续）

序号	定额编号	项目名称	单位	工程数量	综合工日	机械台班				材料用量											
						载货汽车6t	汽车起重机5t	500mm内圆锯		组合钢模板/kg	模板枋板材/m^3	支撑方木/m^3	零星卡具/kg	铁钉/kg	8号钢丝/kg	80号草板纸（张）	隔离剂/kg	1:2水泥砂浆/m^3	22号钢丝/kg	支撑钢管及扣件/kg	梁卡具/kg
		四、混凝土及钢筋混凝土																			
18	5—17	现浇独立基础模板（含垫层）	m^2	48.02	0.265/12.73	0.0028/0.13	0.0008/0.04	0.0007/0.03		0.70/33.61	0.001/0.048	0.0065/0.312	0.259/12.44	0.123/5.91	0.52/24.97	0.30/14.41	0.10/4.80	0.00012/0.006	0.0018/0.09		
19	5—33	现浇砖基础垫层模板	m^2	57.90	0.128/7.41	0.0011/0.06		0.0016/0.09			0.0145/0.840			0.197/11.41			0.10/5.79	0.00012/0.007	0.0018/0.10		
20	5—58	现浇框架柱模板	m^2	83.55	0.41/34.26	0.0028/0.10	0.0018/0.15	0.0006/0.05		0.781/65.25	0.00064/0.053	0.00182/0.152	0.6674/55.76	0.018/1.50		0.30/25.07	0.10/8.36			0.459/38.35	
21	5—58	现浇构造柱模板	m^2	74.35	0.41/30.48	0.0028/0.21	0.0018/0.13	0.0006/0.04		0.781/58.07	0.00064/0.048	0.00182/0.135	0.6674/49.62	0.018/1.34		0.30/22.31	0.10/7.44			0.459/34.13	
22	5—69	现浇基础梁模板	m^2	35.75	0.339/12.12	0.0023/0.08	0.0011/0.04	0.0004/0.01		0.767/27.42	0.00043/0.015	0.0028/0.100	0.3182/11.38	0.219/7.83	0.172/6.15	0.30/10.73	0.10/3.58	0.00012/0.004	0.0018/0.06		0.1715/6.13
23	5—73	现浇矩形梁模板	m^2	278.52	0.496/138.15	0.0033/0.92	0.002/0.56	0.0004/0.11		0.773/215.30	0.00017/0.047									0.695/193.57	
24	5—77	现浇过梁模板	m^2	34.02	0.586/19.94	0.0031/0.11	0.0008/0.03	0.0063/0.21		0.738/25.11	0.00193/0.066	0.00835/0.284	0.1202/4.09	0.632/21.50	0.120/4.08	0.30/10.21	0.10/3.40	0.00012/0.004	0.0018/0.061		
25	5—82	现浇地圈梁模板	m^2	50.66	0.361/18.29	0.0015/0.08	0.0008/0.04	0.0001/0.01		0.765/38.75	0.00014/0.007	0.00109/0.055		0.33/16.72	0.645/32.68	0.30/15.20	0.10/5.07	0.00003/0.002	0.0018/0.09		
26	5—82	现浇圈梁模板	m^2	63.85	0.361/23.05	0.0015/0.10	0.0008/0.05	0.0001/0.01		0.765/48.85	0.00014/0.009	0.00109/0.070		0.33/21.07	0.645/41.18	0.30/19.16	0.10/6.39	0.00003/0.002	0.0018/0.11		
27	5—100	现浇有梁板模板	m^2	22.07	0.429/9.47	0.0042/0.09	0.0024/0.05	0.0004/0.01		0.721/15.91	0.0007/0.015	0.00193/0.043	0.3525/7.78	0.017/0.38	0.2214/4.89	0.30/6.62	0.10/2.21	0.00007/0.002	0.0018/0.04	0.580/12.8	0.0546/1.21
28	5—108	现浇平板模板	m^2	6.48	0.362/2.35	0.0034/0.02	0.002/0.01	0.0009/0.006		0.6828/4.42	0.00051/0.003	0.00231/0.015	0.2766/1.79	0.018/0.12		0.30/1.94	0.10/0.65	0.00003/0.001	0.0018/0.01	0.480/3.11	
29	5—119	现浇整体楼梯模板	m^2	24.36	1.063/25.89	0.005/0.12		0.05/1.22			0.0178/0.434	0.0168/0.409		1.068/26.02			0.204/4.97				
30	5—131	现浇栏板扶手模板	m	48.12	0.239/11.50	0.0011/0.05		0.0092/0.44			0.00324/0.156	0.00423/0.204		0.2073/9.98			0.033/1.59				

（续）

序号	定额编号	项目名称	单位	工程数量	综合工日	机械台班								材料用量							
						载货汽车6t	500mm内圆锯	10t内龙门吊	3t内卷扬机	600mm内木工单面压刨床				钢拉模/kg	定型钢模/kg	22号钢丝/kg	1:2水泥砂浆/m³	隔离剂/kg	铁钉/kg	支撑方木/m³	模板枋板材/m³
31	5—130	现浇女儿墙压顶模板	m²	17.55	0.455/7.99	0.0032/0.06	0.0098/0.17											0.10/1.76	0.761/13.4	0.005/0.088	0.01733/0.304
32	5—174	预制槽形板模板	m³	0.21	1.579/0.33			0.023/0.005							3.354/0.70	0.051/0.01	0.003/0.001	2.50/0.53			
33	5—169	预应力空心板模板	m³	48.96	1.733/84.85				0.041/2.01					3.709/181.59		0.042/2.06	0.003/0.147	4.92/240.88			
34	5—185	预制架空隔热板模板	m³	4.26	1.195/5.09		0.004/0.002			0.004/0.02						0.082/0.35	0.005/0.021	4.0/1.70	0.34/1.45		0.024/0.102
						5t内卷扬机	φ40mm内钢筋切断机	φ40mm内钢筋弯曲机	30kW内电焊机	75kV·A对焊机	φ14mm内钢筋调直机	75kV·A长臂点焊机	65t内钢筋拉伸机		φ10mm内钢筋/t	φ10mm外钢筋/t	22号钢丝/kg	电焊条/kg	水/m³	螺纹钢筋/t	
35	5—294	现浇构件圆钢筋制安Φ6.5	t	0.307	22.63/6.95	0.37/0.11	0.12/0.04								1.02/0.313		15.67/4.81				
36	5—295	现浇构件圆钢筋制安Φ8	t	0.058	14.75/0.86	0.32/0.02	0.12/0.01	0.36/0.02							1.02/0.059		8.80/0.51				
37	5—296	现浇构件圆钢筋制安Φ10	t	0.094	10.90/1.02	0.30/0.05	0.10/0.02	0.31/0.03							1.02/0.096		5.64/0.53				
38	5—297	现浇构件圆钢筋制安Φ12	t	3.567	9.54/34.03	0.28/1.00	0.09/0.32	0.26/0.93								1.045/3.728	4.62/16.48	7.20/25.68	0.15/0.54		
39	5—299	现浇构件圆钢筋制安Φ16	t	0.715	7.32/5.23	0.17/0.12	0.10/0.07	0.23/0.16	0.45/0.32	0.09/0.06						1.045/0.747	2.60/1.86	7.20/5.15	0.15/0.11		
40	5—300	现浇构件圆钢筋制安Φ18	t	0.042	6.45/0.27	0.16/0.01	0.09/0.004	0.20/0.01	0.42/0.02	0.07/0.003						1.045/0.044	2.05/0.09	9.60/0.40	0.12/0.01		
41	5—309	现浇构件螺纹钢筋制安Φ14	t	0.079	9.03/0.71	0.22/0.02	0.10/0.01	0.21/0.02	0.53/0.04	0.11/0.01							3.39/0.27	7.20/0.57	0.15/0.01	1.045/0.083	
42	5—310	现浇构件螺纹钢筋制安Φ16	t	0.913	8.16/7.45	0.19/0.17	0.11/0.10	0.23/0.21	0.53/0.48	0.11/0.10							2.60/2.37	7.20/6.57	0.15/0.14	1.045/0.954	
43	5—311	现浇构件螺纹钢筋制安Φ18	t	0.221	7.06/1.56	0.17/0.04	0.10/0.02	0.20/0.04	0.50/0.11	0.09/0.02							3.02/0.67	9.60/2.12	0.12/0.03	1.045/0.231	
44	5—294	现浇构件圆钢筋制安Φ4	t	0.042	22.63/0.95	0.37/0.02	0.12/0.01									1.02/0.043		15.67/0.66			

（续）

序号	定额编号	项目名称	单位	工程数量	综合工日	机械台班								材料用量							
						5t内卷扬机	ϕ40mm内钢筋切断机	ϕ40mm内钢筋弯曲机	30kW电焊机	75kV·A对焊机	75kV·A长臂点焊机	ϕ14mm内钢筋调直机		螺纹钢筋/t	22号钢丝/kg	电焊条/kg	水/m^3	ϕ5mm以下冷拔钢丝/t	ϕ10mm内钢筋/t	ϕ10mm外钢筋/t	张拉机具/kg
45	5—312	现浇构件螺纹钢筋制安Φ20	t	0.208	6.49/1.35	0.16/0.03	0.09/0.02	0.17/0.04	0.50/0.10	0.10/0.02				1.045/0.217	2.05/0.43	9.60/2.00	0.12/0.02				
46	5—313	现浇构件螺纹钢筋制安Φ22	t	1.851	5.80/10.74	0.14/0.26	0.09/0.17	0.20/0.37	0.46/0.85	0.06/0.11				1.045/1.934	1.67/3.09	9.60/17.77	0.08/0.15				
47	5—314	现浇构件螺纹钢筋制安Φ25	t	0.364	5.19/1.89		0.09/0.03	0.18/0.07	0.46/0.17	0.06/0.02				1.045/0.380	1.07/0.39	12.00/4.37	0.08/0.03				
48	5—321	预制构件圆钢筋制安Φ4	t	0.105	32.14/3.37		0.44/0.05				2.18/0.23	0.73/0.08			2.14/0.22		5.27/0.55	1.090/0.114			
49	5—326	预制构件圆钢筋制安Φ10	t	0.030	10.33/0.31	0.27/0.01	0.09/0.003	0.27/0.01							5.64/0.17				1.015/0.030		
50	5—334	预制构件圆钢筋制安Φ18	t	0.015	6.09/0.09	0.14/0.002	0.08/0.001	0.18/0.002	0.42/0.01	0.07/0.001					2.05/0.03	9.60/0.14	0.12/0.001			1.035/0.016	
51	5—359	先张法预应力钢筋制安Φ_b4	t	2.832	18.62/52.73													1.09/3.09			39.61/112.18
52	5—354	箍筋制安Φ4	t	0.010	40.87/0.41		0.44/0.004					0.73/0.007			15.67/0.16			1.02/0.010			
53	5—355	箍筋制安Φ6.5	t	1.598	28.88/46.15	0.37/0.59	0.19/0.304								15.67/25.04				1.02/1.630		
54	5—356	箍筋制安Φ8	t	0.270	18.67/5.04	0.32/0.09	0.18/0.049	1.23/0.332							8.80/2.38				1.02/0.275		
55	5—384	现浇构件成型钢筋汽车运输(1km)	t	10.340	1.96/20.27	6t汽车 0.49/5.07							铁件/t								
56	5—382	梯踏步预埋件	t	0.056	24.50/1.37				4.39/0.25				1.01/0.057			36.0/2.02					
						400L搅拌机	插入式振捣器	机动翻斗车	200L灰浆机			C15混凝土/m^3	草袋子/m^2	水/m^3	C20混凝土/m^3	1:2水泥砂浆/m^3					
57	5—403换	现浇C20钢筋混凝土构造柱	m^3	8.41	2.562/21.55	0.062/0.52	0.124/1.04		0.004/0.03				0.084/0.71	0.899/7.56	0.986/8.292	0.031/0.261					
58	5—396换	现浇C15钢筋混凝土独立基础	m^3	24.55	1.058/25.97	0.039/0.96	0.077/1.89	0.078/1.91				1.015/24.918	0.326/8.00	0.931/22.86							

（续）

序号	定额编号	项目名称	单位	工程数量	综合工日	机械台班						材料用量									
						400L搅拌机	插入式振捣器	200L灰浆机	平板式振捣器	6t内塔式起重机		C25混凝土/m^3	草袋子/m^2	水/m^3	1:2水泥砂浆/m^3	C20混凝土/m^3	二等板枋材/m^3		15m带式运输机	机动翻斗车	10t内龙门起重机
59	5—405换	现浇C20钢筋混凝土基础梁	m^3	3.15	1.334/4.20	0.063/0.20	0.125/0.39						0.603/1.90	1.014/3.19		1.015/3.197					
60	5—409换	现浇C20钢筋混凝土过梁	m^3	2.68	2.61/6.99	0.063/0.17	0.125/0.34						1.857/4.98	1.317/3.53		1.015/2.720					
61	5—417	现浇C20钢筋混凝土有梁板	m^3	1.99	1.307/2.60	0.063/0.13	0.063/0.13		0.063/0.13				1.099/2.19	1.204/2.40		1.015/2.020					
62	5—406换	现浇C20钢筋混凝土梁	m^3	21.56	1.551/33.81	0.063/1.37	0.125/2.73						0.595/12.97	1.019/22.21		1.015/22.13					
63	5—408换	现浇C20钢筋混凝土地圈梁	m^3	6.09	2.410/14.68	0.039/0.24	0.077/0.47						0.826/5.03	0.984/5.99		1.015/6.181					
64	5—408换	现浇C20钢筋混凝土圈梁	m^3	9.81	2.410/23.64	0.039/0.38	0.077/0.76						0.826/8.10	0.984/9.65		1.015/9.96					
65	5—401	现浇C25钢筋混凝土框架柱	m^3	8.97	2.164/19.41	0.062/0.56	0.124/1.11	0.004/0.04				0.986/8.844	0.10/0.90	0.909/8.15	0.031/0.278						
66	5—406	现浇C25钢筋混凝土框架梁	m^3	5.21	1.551/8.08	0.063/0.33	0.125/0.65					1.015/5.288	0.595/3.10	1.019/5.31							
67	5—419	现浇C20钢筋混凝土平板	m^3	0.52	1.351/0.70	0.063/0.03	0.063/0.03		0.063/0.03				1.422/0.74	1.289/0.67		1.015/0.528					
68	5—421	现浇C20钢筋混凝土整体楼梯	m^2	24.36	0.575/14.01	0.026/0.63	0.052/1.27						0.218/5.31	0.29/7.06		0.260/6.334					
69	5—426	现浇C20钢筋混凝土栏板扶手	m^3	0.58	5.327/3.09	0.10/0.06							1.840/1.07	1.587/0.92		1.015/0.589					
70	5—432	现浇女儿墙压顶	m^3	1.703	2.648/4.51	0.10/0.17							3.834/6.53	2.052/3.49		1.015/1.729					
71	5—453	C25钢筋混凝土预应力空心板	m^3	48.96	1.533/75.06	0.025/1.22	0.050/2.45			0.013/0.64		1.015/49.694	1.345/65.85	2.178/106.63			0.0034/0.166		0.025/1.22	0.063/3.08	0.013/0.64
72	5—454换	预制C20钢筋混凝土槽形板	m^3	0.21	1.440/0.30	0.025/0.005	0.050/0.01			0.013/0.003			1.163/0.24	2.570/0.54		1.015/0.213	0.0014/0.001		0.025/0.005	0.063/0.01	0.013/0.003

（续）

序号	定额编号	项目名称	单位	工程数量	综合工日	机械台班								材料用量							
						6t内塔式起重机	440L搅拌机	平板式振捣器	15m带式运输机	机动翻斗车	10t内龙门起重机			C20混凝土/m³	二等板枋材/m³	草袋子/m²	水/m³				
73	5—467	预制C20混凝土隔热板	m³	4.26	1.668/7.11	0.013/0.06	0.025/0.11	0.05/0.21	0.05/0.21	0.063/0.27	0.013/0.06			1.015/4.324	0.0107/0.046	3.68/15.68	3.08/13.12				
		分部小计			912.36																
		五、构件运输及安装				6t汽车	5t内汽车起重机	8t汽车	30kV·A电焊机					二等板枋材/m³	钢丝绳/kg	8号钢丝/kg	电焊条/kg	垫铁/kg	方垫木/m³	麻绳/kg	
74	6—8	空心板、槽板汽车运输（25km）	m³	49.08	0.986/48.39	0.371/18.21	0.247/12.12							0.001/0.049	0.031/1.52	0.15/7.36					
75	6—37	架空隔热板运输	m³	4.25	0.364/1.55		0.091/0.39	0.137/0.58						0.005/0.021	0.053/0.23	0.525/2.23					
76	6—93	木门汽车运输（5km）	m²	36.92	0.0124/0.46	0.0062/0.23															
77	6—305	槽形板安装	m³	0.21	1.101/0.23				0.097/0.02								0.261/0.05	0.184/0.25	0.0008/0.0002	0.005/0.001	
78	6—330	空心板安装	m³	48.48	1.473/71.41				0.161/7.81								1.174/56.92	4.038/195.76	0.0034/0.165	0.005/0.24	
79	6—371	架空隔热板安装	m³	4.22	0.474/2.0														0.001/0.004	0.005/0.02	
		分部小计			124.04	18.44	12.51	0.58	7.83					0.07	1.75	9.59	56.97	196.01	0.169	0.26	

（续）

序号	定额编号	项目名称	单位	工程数量	综合工日	机械台班						材料用量						
						500mm内圆锯	450mm木工平刨床	400mm木工三面压刨床	50mm木工打眼机	160mm木工开榫机	400mm木工多面裁口机		一等木枋/m^3	三层胶合板/m^2	3mm玻璃/m^2	油灰/kg	铁钉/kg	乳白胶/kg	麻刀石灰浆/m^3
		六、门窗																	
80	7—59	胶合板门扇制作(带亮)	m^3	9.72	0.237/2.30	0.0051/0.05	0.0153/0.15	0.0153/0.15	0.0225/0.22	0.0225/0.22	0.006/0.06		0.0188/0.183	1.587/15.43			0.0397/0.39	0.1189/1.16	
81	7—60	胶合板门扇安装(带亮)	m^3	9.72	0.153/1.49										0.1496/1.45	0.1679/1.63	0.0006/0.01		
82	7—65	胶合板门框制作(无亮)	m^3	27.20	0.084/2.28	0.0021/0.06	0.0056/0.15	0.0044/0.12	0.0044/0.12	0.002/0.05	0.0025/0.07		0.02114/0.575				0.014/0.38	0.006/0.16	
83	7—66	胶合板门框安装(无亮)	m^3	27.20	0.171/4.65	0.0006/0.02							0.00369/0.100				0.1018/2.77		0.0028/0.076
84	7—67	胶合板门扇制作(无亮)	m^3	27.20	0.276/7.51	0.0059/0.16	0.0176/0.48	0.0176/0.48	0.0282/0.77	0.0282/0.77	0.007/0.19		0.0194/0.528	2.0136/54.77			0.0502/1.37	0.1189/3.23	
85	7—68	胶合板门扇安装(无亮)	m^3	27.20	0.097/2.64		6mm玻璃/m^2	玻璃胶/支	密封毛条/m	地脚/个	膨胀螺栓/套	密封油膏/kg		软填料/kg	铝合金推拉窗/m^2	4mm玻璃/m^2			
86	7—289	铝合金推拉窗安装	m^3	61.16	0.757/46.30		1.00/61.16	0.502/30.70	4.133/252.77	4.98/304.6	9.96/609.2	0.367/22.45		0.398/24.34	0.946/57.86				
87	7—290	铝合金固定圆形窗安装	m^3	2.26	0.421/0.95			0.727/1.64		7.78/17.6	15.56/35.2	0.534/1.21		0.6671/1.51		1.01/2.28			
88	7—306	钢门带窗安装	m^3	13.02	0.276/3.59														
89	7—308	钢平开窗安装	m^3	15.12	0.281/4.25														
90	7—57	胶合板门框制作(带亮)	m^3	9.72	0.086/0.84								0.0204/0.198				0.0097/0.09	0.006/0.06	
91	7—58	胶合板门框安装(带亮)	m^3	9.72	0.147/1.43	0.0006/0.006							0.00383/0.037				0.104/1.01		0.0024/0.023
		分部小计			78.23	0.30							1.621				6.02	4.61	0.099

（续）

序号	定额编号	项目名称	单位	工程数量	综合工日	材料用量													
						防腐油/kg	木楔/m^3	垫木/m^3	清油/kg	油漆溶剂油/kg	1000mm×30mm×8mm板条/根	螺钉/百个	铝合金固定窗/m^2	普通钢门/m^2	电焊条/kg	现浇混凝土/m^3	1:2水泥砂浆/m^3	预埋件	40kV·A电焊机
		六、门窗																	
80	7—59	胶合板门扇制作（带亮）	m^3	9.72	0.237/2.30		0.00009/0.001	0.00001/0.0001	0.0129/0.13	0.0074/0.07									
81	7—60	胶合板门扇安装（带亮）	m^3	9.72	0.153/1.49														
82	7—65	胶合板门框制作（无亮）	m^3	27.20	0.084/2.28		0.00003/0.001	0.00001/0.0003	0.0046/0.13	0.0027/0.07									
83	7—66	胶合板门框安装（无亮）	m^3	27.20	0.171/4.65	0.3083/8.39				0.0357/0.97									
84	7—67	胶合板门扇制作（无亮）	m^3	27.20	0.276/7.51		0.00009/0.002	0.00001/0.0003	0.0129/0.35	0.0074/0.20									
85	7—68	胶合板门扇安装（无亮）	m^3	27.20	0.097/2.64														
86	7—289	铝合金推拉窗安装	m^3	61.16	0.757/46.30														
87	7—290	铝合金固定圆形窗安装	m^3	2.26	0.421/0.95							0.133/0.30	0.926/2.09						
88	7—306	钢门带窗安装	m^3	13.02	0.276/3.59									0.962/12.53	0.0294/0.38	0.002/0.03	0.0015/0.020	0.297/3.87	0.0095/0.12
89	7—308	钢平开窗安装	m^3	15.12	0.281/4.25									0.948/14.33	0.0284/0.43	0.002/0.03	0.0024/0.036	0.292/4.41	0.0109/0.16
90	7—57	胶合板门框制作（带亮）	m^3	9.72	0.086/0.84		0.00003/0.0003	0.00001/0.0001	0.0046/0.04	0.0027/0.03									
91	7—58	胶合板门框安装（带亮）	m^3	9.72	0.147/1.43	0.2829/2.75					0.0247/0.24								
		分部小计			78.23	11.14	0.004	0.001	0.65	0.37	1.21	0.30	2.09	26.86	0.81	0.06	0.056	8.28	0.28

（续）

序号	定额编号	项目名称	单位	工程数量	综合工日	机械台班									材料用量								
						400L搅拌机	平板式振动器	200L灰浆机	平面磨面机	石料切割机	1:1.25水泥豆石浆/m^3	C10混凝土/m^3	炉渣/m^3	水/m^3	1:3水泥砂浆/m^3	素水泥浆/m^3	C15混凝土/m^3	1:2水泥砂浆/m^3	草袋子/m^2	1:2.5水泥白石子浆/m^3	水泥/kg	三角金刚石/块	200mm×75mm×50mm金刚石/块
		七、楼地面																					
92	8—13	卫生间炉渣垫层	m^3	1.52	0.383 0.58								1.218 1.85	0.20 0.30									
93	8—16	C10混凝土基础垫层	m^3	5.86	1.225 7.18	1.101 0.59	0.079 0.46					1.01 5.919		0.50 2.93									
94	8—16	现浇C10混凝土地面垫层	m^3	26.54	1.225 32.51	0.101 2.68	0.079 2.10					1.01 26.805		0.50 13.27									
95	8—18	1:3水泥砂浆屋面找平层(25mm厚)	m^2	415.89	0.078 32.44			0.0034 1.41						0.006 2.50	0.0202 8.401	0.001 0.416							
96	8—16换	C15混凝土砖基础垫层	m^3	28.95	1.225 35.46	0.101 2.92	0.079 2.29							0.50 14.48			1.01 29.240						
97	8—24换	1:2水泥砂浆楼梯间地面	m^2	29.42	0.396 11.65			0.0045 0.13						0.0505 1.49		0.0013 0.038		0.0269 0.791	0.2926 8.61				
98	8—27换	1:2水泥砂浆踢脚板	m	354.54	0.05 17.73													0.003 1.064					
99	8—29	普通水磨石地面	m^2	331.77	0.565 187.45				0.1078 35.76					0.056 18.58		0.001 0.332			0.22 72.99	0.0173 5.740	0.26 86.26	0.30 99.53	0.03 9.95
100	8—37	水泥豆石楼面	m^2	301.82	0.179 54.03			0.0025 0.75			0.0152 4.59			0.038 11.47		0.001 0.302			0.22 66.40				
101	8—43	C15混凝土散水(700mm宽)	m^2	27.85	0.165 4.60	0.0071 0.20		0.0009 0.03						0.038 1.06			0.0711 1.980		0.22 6.13				
102	8—72	卫生间防滑地砖地面	m^2	10.11	0.372 3.76	30kV·A电焊机	φ60mm切管机	0.0017 0.02		0.0126 0.13				0.026 0.26		0.001 0.010		0.0101 0.102				φ50mm钢管/m	扁钢/kg
103	8—152	塑料扶手楼梯型钢栏杆	m	18.01	0.246 4.43	0.153 2.76																1.06 19.09	3.472 62.53
		分部小计			391.82			2.38	35.76	0.13	4.59	32.724	1.85	66.34	8.401	1.098	31.22	1.957	154.13	5.74	86.36		

（续）

序号	定额编号	项目名称	单位	工程数量	综合工日	材料用量																
						3mm玻璃/m^2	草酸/kg	硬白蜡/kg	煤油/kg	溶剂油/kg	清油/kg	棉纱头/kg	水泥砂浆/m^3	粗砂/m^3	30号石油沥青/kg	木柴/kg	横板枋板材/m^3	锯木屑/m^3	彩釉砖/m^2	白水泥/kg	石料切割锯片/片	
		七、楼地面																				
92	8—13	卫生间炉渣垫层	m^3	1.52	0.383 0.58																	
93	8—16	C10混凝土基础垫层	m^3	5.86	1.225 7.18																	
94	8—16	现浇C10混凝土地面垫层	m^3	26.54	1.225 32.51																	
95	8—18	1:3水泥砂浆屋面找平层(25mm厚)	m^2	415.89	0.078 32.44																	
96	8—16换	C15混凝土砖基础垫层	m^3	28.95	1.225 35.46																	
97	8—24换	1:2水泥砂浆梯间地面	m^2	29.42	0.396 11.65																	
98	8—27换	1:2水泥砂浆踢脚板	m	354.54	0.05 17.73																	
99	8—29	普通水磨石地面	m^2	331.77	0.565 187.45	0.0538 17.85	0.01 3.32	0.0265 8.79	0.04 13.27	0.0053 1.76	0.0053 1.76	0.011 3.65										
100	8—37	水泥豆石楼面	m^2	301.82	0.179 54.03																	
101	8—43	C15混凝土散水(700mm宽)	m^2	27.85	0.165 4.60								0.0051 0.142	0.0001 0.003	0.0111 0.31	0.004 0.11	0.0004 0.011	0.006 0.17				
102	8—72	卫生间防滑地砖地面	m^2	10.11	0.372 3.76	ϕ18mm圆钢/kg	电焊条/kg	乙炔气/m^3				0.01 0.101						0.006 0.06	1.02 10.31	0.10 1.01	0.0032 0.03	
103	8—152	塑料扶手楼梯型钢栏杆	m	18.01	0.246 4.43	5.504 99.13	0.25 4.50	0.246 4.43														
		分部小计							13.27	1.76	1.76	3.75	0.142	0.003	0.31	0.11	0.011	0.23	10.31	1.01	0.03	

（续）

序号	定额编号	项目名称	单位	工程数量	综合工日	机械台班			材料用量												
						200L灰浆机			塑料排水管 φ110mm/m	卡箍及螺栓/套	1.8mm玻纤布/m^2	塑料油膏/kg	木柴/kg	排水检查口/个	伸缩节/个	密封胶/kg	塑料水斗/个	C20细石混凝土/m^3	沥青砂浆/m^3	水泥珍珠岩/m^3	水/m^3
		八、屋面及防水																			
104	9—45	卫生间一布二油塑料油膏防水层	m^2	14.63	0.035/0.51						1.205/17.63	8.73/127.72	2.72/39.79								
105	9—45 9—46	屋面二布三油塑料油膏防水层	m^2	536.90	0.056/30.07						2.326/1248.8	11.97/6426.7	3.73/2002.6								
106	9—66换	φ110mm塑料水落管	m	37.20	0.289/10.75				1.054/39.21	0.714/26.56				0.111/4.13	0.101/3.76	0.012/0.45					
107	9—70换	φ110mm塑料水斗	个	6	0.301/1.81											0.031/0.186	1.01/6.06	0.003/0.018			
108	9—143	沥青砂浆散水伸缩缝	m	43.28	0.066/2.86														0.0048/0.208		
		分部小计			46.00				39.21	26.56	1266.43	6554.42	2042.39	4.13	3.76	0.636	6.06	0.018	0.208		
		九、保温、隔热																			
109	10—201	现浇水泥珍珠岩屋面找坡	m^3	34.52	0.719/24.82															1.04/35.90	0.70/24.16
		十、装饰						1:3水泥砂浆 m^3	1:2.5水泥砂浆/m^3	水 m^3	松厚板/m^3										
110	11—25	水泥砂浆抹女儿墙内侧	m^2	49.56	0.145/7.19	0.0039/0.19		0.0162/0.80	0.0069/0.34	0.007/0.35	0.00005/0.002										

（续）

序号	定额编号	项目名称	单位	工程数量	综合工日	机械台班			材料用量							
						200L灰浆机	石料切割机		1:3水泥砂浆/m^3	1:2.5水泥砂浆/m^3	水/m^3	松厚板/m^3	素水泥浆/m^3	801胶/kg	1:1:6混合砂浆/m^3	1:1:4混合砂浆/m^3
111	11—30	水泥砂浆抹走道扶手	m^2	22.13	0.656/14.52	0.0037/0.08			0.0155/0.343	0.0067/0.148	0.0079/0.17		0.001/0.22	0.0221/0.49		
112	11—30	水泥砂浆抹女儿墙压顶	m^2	42.34	0.656/27.78	0.0037/0.16			0.0155/0.656	0.0067/0.284	0.0079/0.33		0.001/0.042	0.0221/0.94		
113	11—30	水泥砂浆抹雨篷边内侧	m^2	16.27	0.656/10.67	0.0037/0.06			0.0155/0.252	0.0067/0.109	0.0079/0.13		0.001/0.016	0.0221/0.36		
114	11—30	1:2水泥砂浆抹楼梯挡水线（50mm宽）	m^2	1.13	0.656/0.74	0.0037/0.004			0.0155/0.018	0.0067/0.008	0.0079/0.01		0.001/0.001	0.0221/0.02		
115	11—35	水泥砂浆抹混凝土柱面	m^2	47.91	0.215/10.30	0.0037/0.18			0.0133/0.637	0.0089/0.426	0.0079/0.378	0.00005/0.002	0.001/0.048	0.00221/1.06		
116	11—36	排气洞墙混合砂浆抹面	m^2	53.47	0.137/7.33	0.0039/0.21					0.0069/0.37	0.00005/0.003			0.0162/0.866	0.0069/0.369
117	11—36	混合砂浆走道抹栏板墙内侧	m^2	49.55	0.137/6.79	0.0039/0.19					0.0069/0.34	0.00005/0.002			0.0162/0.803	0.0069/0.342
118	11—36	混合砂浆抹内墙面	m^2	1109.01	0.137/151.93	0.0039/4.33					0.0069/7.65	0.00005/0.055			0.0162/17.966	0.0069/7.652
119	11—75	排气洞挑檐口彩色水刷石面（外墙上）	m^2	13.25	0.892/11.82	0.0041/0.05			0.0133/0.176		0.0282/0.37		0.001/0.013	0.0221/0.29		
120	11—72	彩色水刷石外墙面	m^2	107.55	0.379/40.76	0.0042/0.45			0.0139/1.495		0.0284/3.05		0.0011/0.118	0.0248/2.67		
121	11—168	瓷砖墙裙	m^2	184.91	0.643/118.90	0.0032/0.59	0.0148/2.74		0.0111/2.053		0.0081/1.50	0.00005/0.009	0.001/0.185	0.0221/4.09		
122	11—175	外墙面贴面砖	m^2	467.16	0.622/290.57	0.0038/1.78			0.0089/4.158		0.0091/4.25		0.001/0.467	0.0221/10.32		
123	11—286	混合砂浆楼梯间底面（顶棚面）	m^2	32.36	0.139/4.50	0.0029/0.09					0.0019/0.06	0.00016/0.005	0.001/0.032	0.0276/0.89		
124	11—286	混合砂浆抹顶棚面	m^2	760.04	0.139/105.65	0.0029/2.20					0.0019/1.44	0.00016/0.122	0.001/0.760	0.0276/20.98		

（续）

序号	定额编号	项目名称	单位	工程数量	综合工日	材料用量											
						1:1.5白石子浆/m^3	1:0.2:2混合砂浆/m^3	瓷板152mm×152mm/块	白水泥/kg	阴阳角瓷片/块	压顶瓷片/块	石料切割锯片/片	棉纱头/kg	1:1水泥砂浆/m^3	150mm×75mm面砖/块	YJ—302胶粘剂/kg	
111	11—30	水泥砂浆抹走道扶手	m^2	22.13	0.656/14.52												
112	11—30	水泥砂浆抹女儿墙压顶	m^2	42.34	0.656/27.78												
113	11—30	水泥砂浆抹雨篷边内侧	m^2	16.27	0.656/10.67												
114	11—30	1:2水泥砂浆抹楼梯挡水线(50mm宽)	m^2	1.13	0.656/0.74												
115	11—35	水泥砂浆抹混凝土柱面	m^2	47.91	0.215/10.30												
116	11—36	排气洞墙混合砂浆抹面	m^2	53.47	0.137/7.33												
117	11—36	混合砂浆走道抹栏板墙内侧	m^2	49.55	0.137/6.79												
118	11—36	混合砂浆抹内墙面	m^2	1109.01	0.137/151.93												
119	11—75	排气洞口挑檐口彩色水刷石面(外墙上)	m^2	13.25	0.892/11.82	0.0111/0.147											
120	11—72	彩色水刷石外墙面	m^2	107.55	0.379/40.76	0.0115/1.237											
121	11—168	瓷砖墙裙	m^2	184.91	0.643/118.90		0.0082/1.516	44.80/8284	0.15/27.7	3.80/703	4.70/869	0.0096/1.78	0.01/1.85				
122	11—175	外墙面贴面砖	m^2	467.16	0.622/290.57		0.0122/5.699	纸筋石灰浆/m^3	1:3:9混合砂浆/m^3	1:0.5:1混合砂浆/m^3			0.01/4.67	0.0016/0.747	75.40/35224	0.1303/60.87	
123	11—286	混合砂浆楼梯间底面(顶棚面)	m^2	32.36	0.139/4.50			0.002/0.065	0.0062/0.20	0.009/0.291							
124	11—286	混合砂浆抹顶棚面	m^2	760.04	0.139/105.65			0.002/1.520	0.0062/4.712	0.009/6.840							

（续）

序号	定额编号	项目名称	单位	工程数量	综合工日	机械台班		材料用量													
								红丹防锈漆/kg	熟桐油/kg	溶剂油/kg	石膏粉/kg	无光调和漆/kg	调和漆/kg	清油/kg	漆片/kg	酒精/kg	催干剂/kg	砂纸/张	白布/m^2	双飞粉/kg	117胶/kg
125	11—409	木门调和漆两遍	m^2	38.32	0.177/6.78				0.0425/1.63	0.1114/4.27	0.0504/1.93	0.25/9.58	0.22/8.43	0.0175/0.67	0.0007/0.03	0.0043/0.16	0.0103/0.39	0.42/16.09	0.0025/0.10		
126	11—574	钢门窗调和漆两遍	m^2	28.14	0.097/2.73					0.024/0.68			0.225/6.33				0.0041/0.12	0.11/3.10	0.0014/0.04		
127	11—594	钢门窗防锈漆一遍	m^2	28.14	0.039/1.10			0.1652/4.65		0.0172/0.48								0.27/7.60			
128	11—627	墙面、顶棚、楼梯底面仿瓷涂料两遍	m^2	1954.88	0.112/218.95															2.0/3910	0.80/1563.90
		分部小计			1039.01																
		十一、建筑工程垂直运输				2t内卷扬机															
129	13—1	建筑物垂直运输（混合）	m^2	389.96		0.117/45.63															
130	13—2	建筑物垂直运输（框架）	m^2	366.65		0.156/57.20															
		分部小计				102.83															
		合计			3372.44																

表 7-48　工日、材料、机械台班汇总表

工程名称：××食堂

序　号	名　称	单　位	数　量	其　中
一、	工日	工日	3372.20	土石方:251.50,脚手架:127.33,砌筑:377.09,混凝土及钢筋混凝土:912.36,构件运安:124.04,门窗:78.23,楼地面:391.82,屋面:46.00,保温:24.82,装饰:1039.01
二、	机械			
1	6t 载货汽车	台班	22.61	脚手架:2.04,混凝土及钢筋混凝土:2.13,构件运安:18.44
2	8t 汽车	台班	0.58	构件运安:0.58
3	机动翻斗车	台班	5.27	混凝土及钢筋混凝土:5.27
4	电动打夯机	台班	21.03	土石方:21.03
5	6t 内塔式起重机	台班	0.70	混凝土及钢筋混凝土:0.70
6	10t 内龙门起重机	台班	0.71	混凝土及钢筋混凝土:0.71
7	3t 内卷扬机	台班	2.01	混凝土及钢筋混凝土:2.01
8	5t 内卷扬机	台班	2.54	混凝土及钢筋混凝土:2.54
9	2t 内卷扬机	台班	102.83	垂直运输:102.83
10	15m 带式运输机	台班	1.44	混凝土及钢筋混凝土:1.44
11	5t 内起重机	台班	13.61	混凝土及钢筋混凝土:1.10,构件运安:12.51
12	200L 灰浆机	台班	20.71	砌筑:10.08,混凝土及钢筋混凝土:0.07
13	400L 混凝土搅拌机	台班	13.48	混凝土及钢筋混凝土:7.09,楼地面:6.39
14	插入式振动器	台班	13.27	混凝土及钢筋混凝土:13.27
15	平板式振动器	台班	2.71	混凝土及钢筋混凝土:0.37,楼地面:2.34
16	平面磨面机	台班	35.76	楼地面:35.76
17	石料切割机	台班	2.87	楼地面:0.13,装饰:2.74
18	500mm 内圆锯	台班	2.73	混凝土及钢筋混凝土:2.43,门窗:0.30
19	600mm 内木工单面压刨	台班	0.02	混凝土及钢筋混凝土:0.02
20	450mm 木工平刨床	台班	0.78	门窗:0.78
21	400mm 木工三面压刨床	台班	0.75	门窗:0.75
22	50mm 木工打眼机	台班	1.11	门窗:1.11
23	160mm 木工开榫机	台班	1.04	门窗:1.04

（续）

序　号	名　　称	单　位	数　量	其　　中
24	400mm 木工多面裁口机	台班	35.76	楼地面:35.76
25	40kV·A 电焊机	台班	0.28	门窗:0.28
26	30kW 内电焊机	台班	2.35	混凝土及钢筋混凝土:2.35
27	75kV·A 对焊机	台班	8.53	混凝土及钢筋混凝土:0.70,构件运安:7.83
28	75kV·A 长臂点焊机	台班	0.23	混凝土及钢筋混凝土:0.23
29	ϕ14mm 钢筋调直机	台班	0.09	混凝土及钢筋混凝土:0.09
30	ϕ40mm 内钢筋切断机	台班	1.23	混凝土及钢筋混凝土:1.23
31	ϕ40mm 内钢筋弯曲机	台班	2.24	混凝土及钢筋混凝土:2.24
三、	材料			
1	水	m^3	360.85	砌筑:25.08,混凝土及钢筋混凝土:224.87,楼地面:66.34,保温:24.16,装饰:20.40
2	M5 混合砂浆	m^3	47.053	砌筑:47.053
3	M2.5 混合砂浆	m^3	1.145	砌筑:1.145
4	1:2 水泥砂浆	m^3	3.947	混凝土及钢筋混凝土:1.194,门窗:0.056,楼地面:1.957
5	1:1 水泥砂浆	m^3	0.889	楼地面:0.142,装饰:0.747
6	M5 水泥砂浆	m^3	4.93	砌筑:4.93
7	1:1.25 水泥豆石浆	m^3	4.59	楼地面:4.59
8	1:3 水泥砂浆	m^3	18.989	楼地面:8.401,装饰:10.588
9	素水泥浆	m^3	2.802	楼地面:1.098,装饰:1.704
10	1:2.5 水泥白石子浆	m^3	5.74	楼地面:5.74
11	水泥	kg	86.36	楼地面:86.36
12	1:2.5 水泥砂浆	m^3	1.315	装饰:1.315
13	1:1:6 混合砂浆	m^3	19.635	装饰:19.635
14	1:1:4 混合砂浆	m^3	8.363	装饰:8.363
15	1:1.5 白石子浆	m^3	1.384	装饰:1.384
16	1:0.2:2 混合砂浆	m^3	7.215	装饰:7.215
17	1:3:9 混合砂浆	m^3	4.912	装饰:4.912
18	1:0.5:1 混合砂浆	m^3	7.131	装饰:7.131
19	C10 混凝土	m^3	32.724	楼地面:32.724
20	C15 混凝土	m^3	56.198	混凝土及钢筋混凝土:24.918,门窗:0.06,楼地面:31.22
21	C20 混凝土	m^3	68.217	混凝土及钢筋混凝土:68.217
22	C25 混凝土	m^3	63.826	混凝土及钢筋混凝土:63.826

（续）

序号	名称	单位	数量	其中
23	C20细石混凝土	m^3	0.018	屋面:0.018
24	沥青砂浆	m^3	0.208	屋面:0.208
25	水泥珍珠岩	m^3	35.90	保温:35.90
26	纸筋灰浆	m^3	1.585	装饰:1.585
27	麻刀石灰浆	m^3	0.099	门窗:0.099
28	钢管	kg	1113.23	脚手架:812.18,混凝土及钢筋混凝土:281.96,楼地面:19.09
29	直角扣件	个	159.70	脚手架:159.70
30	对接扣件	个	22.33	脚手架:22.33
31	回转扣件	个	7.40	脚手架:7.40
32	底座	个	5.60	脚手架:5.60
33	预埋件	kg	8.28	门窗:8.28
34	扁钢	kg	62.53	楼地面:62.53
35	ϕ18mm圆钢筋	kg	99.13	楼地面:99.13
36	ϕ10mm内钢筋	t	2.446	混凝土及钢筋混凝土:2.446
37	ϕ10mm外钢筋	t	4.535	混凝土及钢筋混凝土:4.535
38	螺纹钢筋	t	3.799	混凝土及钢筋混凝土:3.799
39	冷拔钢丝	t	3.214	混凝土及钢筋混凝土:3.214
40	8号钢丝	kg	255.74	脚手架:132.20,混凝土及钢筋混凝土:113.95,构件运安:9.59
41	22号钢丝	kg	62.58	混凝土及钢筋混凝土:62.58
42	铁钉	kg	162.25	脚手架:31.00,混凝土及钢筋混凝土:125.23
43	钢丝绳	kg	5.36	脚手架:3.61,构件运安:1.75
44	零星卡具	kg	142.82	混凝土及钢筋混凝土:142.82
45	梁卡具	kg	7.34	混凝土及钢筋混凝土:7.34
46	钢拉模	kg	181.59	混凝土及钢筋混凝土:181.59
47	定型钢模	kg	0.70	混凝土及钢筋混凝土:0.70
48	组合钢模板	kg	532.69	混凝土及钢筋混凝土:532.69
49	螺钉	百个	0.30	门窗:0.30
50	石料切割锯片	片	1.81	楼地面:0.03,装饰:1.78
51	卡箍及螺栓	套	25.56	屋面:25.56
52	电焊条	kg	129.07	混凝土及钢筋混凝土:66.79,构件运安:56.97,门窗:0.81,楼地面:4.50
53	张拉机具	kg	2.18	混凝土及钢筋混凝土:112.18

（续）

序　号	名　称	单　位	数　量	其　中
54	垫铁	kg	196.01	构件运安:196.01
55	地脚	个	322.2	门窗:322.2
56	松厚板	m^3	0.20	装饰:0.20
57	一等枋材	m^3	1.621	门窗:1.621
58	二等枋材	m^3	0.283	混凝土及钢筋混凝土:0.213，构件运安:0.07
59	木脚手板	m^3	1.421	脚手架:1.421
60	60mm×60mm×60mm 垫木	块	25.10	脚手架:25.10
61	缆风桩木	m^3	0.036	脚手架:0.036
62	方垫木	m^3	0.17	构件运安:0.169，门窗:0.001
63	模板枋板材	m^3	2.158	混凝土及钢筋混凝土:2.147，楼地面:0.011
64	枋木	m^3	1.867	混凝土及钢筋混凝土:1.867
65	三层胶合板	m^2	70.20	门窗:70.20
66	木楔	m^3	0.004	门窗:0.004
67	1000mm×30mm×8mm 板条	根	1.21	门窗:1.21
68	锯木屑	m^3	0.23	楼地面:0.23
69	木柴	kg	2042.5	楼地面:0.11，屋面:2042.39
70	6mm 玻璃	m^2	61.16	门窗:61.16
71	3mm 玻璃	m^2	19.30	门窗:1.45，楼地面:17.85
72	4mm 玻璃	m^2	2.28	门窗:2.28
73	铝合金推拉窗	m^2	57.86	门窗:57.86
74	粗砂	m^3	0.003	楼地面:0.003
75	白水泥	kg	28.71	楼地面:1.01，装饰:27.70
76	铝合金固定窗	m^2	2.09	门窗:2.09
77	乙炔气	m^3	4.43	楼地面:4.43
78	棉纱头	kg	10.27	楼地面:3.75，装饰:6.52
79	30号石油沥青	kg	0.31	楼地面:0.31
80	彩釉砖	m^2	10.31	楼地面:10.31
81	150mm×75mm 面砖	块	35224	装饰:35224
82	152mm×152mm 瓷板	块	8284	装饰:8284
83	阴阳角瓷片	块	703	装饰:703
84	压顶瓷片	块	869	装饰:869
85	ϕ110mm 塑料排水管	m	39.21	屋面:39.21
86	1.8mm 玻纤布	m^2	1266.43	屋面:1266.43
87	塑料油膏	kg	6554.42	屋面:6554.42

（续）

序号	名称	单位	数量	其中
88	排水检查口	个	4.13	屋面:4.13
89	膨胀螺栓	套	644.4	门窗:644.4
90	密封油膏	kg	23.66	门窗:23.66
91	伸缩节	个	3.76	屋面:3.76
92	密封胶	kg	0.64	屋面:0.64
93	塑料水斗	个	6.06	屋面:6.06
94	麻绳	kg	0.26	构件运安:0.26
95	玻璃胶	支	32.34	门窗:32.34
96	密封毛条	m	252.77	门窗:252.77
97	YJ—302 胶粘剂	kg	60.87	装饰:60.87
98	红丹防锈漆	kg	4.65	装饰:4.65
99	熟桐油	kg	1.63	装饰:1.63
100	石膏粉	kg	1.93	装饰:1.93
101	无光调和漆	kg	9.58	装饰:9.58
102	调和漆	kg	14.76	装饰:14.76
103	漆片	kg	0.03	装饰:0.03
104	酒精	kg	0.16	装饰:0.16
105	催干剂	kg	0.51	装饰:0.51
106	砂纸	张	26.79	装饰:26.79
107	白布	m^2	0.14	装饰:0.14
108	双飞粉	kg	3910	装饰:3910
109	软填料	kg	25.85	门窗:25.85
110	油灰	kg	1.63	门窗:1.63
111	乳白胶	kg	4.61	门窗:4.61
112	防腐油	kg	11.14	门窗:11.14
113	清油	kg	3.08	门窗:0.65,楼地面:1.76,装饰:0.67
114	80号草板纸	张	125.65	混凝土及钢筋混凝土:125.65
115	隔离剂	kg	299.12	混凝土及钢筋混凝土:299.12
116	炉渣	m^3	1.85	楼地面:1.85
117	三角金刚石	块	99.53	楼地面:99.53
118	200mm×75mm×50mm 金刚石	块	9.95	楼地面:9.95
119	草酸	kg	3.32	楼地面:3.32
120	硬白蜡	kg	8.79	楼地面:8.79
121	煤油	kg	13.27	楼地面:13.27

（续）

序　号	名　称	单　位	数　量	其　中
122	草袋子	m^2	297.43	混凝土及钢筋混凝土:143.30,楼地面:154.13
123	801 胶	kg	42.11	装饰:42.11
124	117 胶	kg	1563.90	装饰:1563.90
125	防锈漆	kg	70.0	脚手架:70.0
126	溶剂油	kg	15.09	脚手架:7.53，门窗:0.37，楼地面:1.76
127	挡脚板	m^3	0.16	脚手架:0.16
128	标准砖	千块	125.61	砌筑:125.61

表 7-49　直接费计算表（实物金额法）

工程名称：××食堂

序　号	名　称	单　位	数　量	单价/元	金额/元
一、	工日	工日	3372.20	25.00	84305.00
二、	机械				22694.02
1	6t 载货汽车	台班	22.61	242.62	5485.64
2	8t 汽车	台班	0.58	333.87	193.64
3	机动翻斗车	台班	5.27	92.03	485.00
4	电动打夯机	台班	21.03	20.24	425.65
5	6t 内塔式起重机	台班	0.70	447.70	313.39
6	10t 内龙门起重机	台班	0.71	227.14	161.27
7	3t 内卷扬机	台班	2.01	63.03	126.69
8	5t 内卷扬机	台班	2.54	77.28	196.29
9	2t 内卷扬机	台班	102.83	52.00	5347.16
10	15m 带式运输机	台班	1.44	67.64	97.40
11	5t 内起重机	台班	13.61	385.53	5247.06
12	200L 灰浆机	台班	20.71	15.92	329.70
13	400L 混凝土搅拌机	台班	13.48	94.59	1275.07
14	插入式振动器	台班	13.27	10.62	140.93
15	平板式振动器	台班	2.71	12.77	34.61
16	平面磨面机	台班	35.76	19.04	680.87
17	石料切割机	台班	2.87	18.41	52.84
18	500mm 内圆锯	台班	2.73	22.29	60.85
19	600mm 内木工单面压刨	台班	0.02	24.17	0.48
20	450mm 木工平刨床	台班	0.78	16.14	12.59
21	400mm 木工三面压刨床	台班	0.75	48.15	36.11

（续）

序　号	名　称	单　位	数　量	单价/元	金额/元
22	50mm 木工打眼机	台班	1.11	10.01	11.11
23	160mm 木工开榫机	台班	1.04	49.28	51.25
24	400mm 木工多面裁口机	台班	35.76	30.16	1078.52
25	40kV·A 电焊机	台班	0.28	65.64	18.38
26	30kW 内电焊机	台班	2.35	47.42	111.44
27	75kV·A 对焊机	台班	8.53	69.89	596.16
28	75kV·A 长臂点焊机	台班	0.23	85.62	19.69
29	ϕ14mm 钢筋调直机	台班	0.09	41.56	3.74
30	ϕ40mm 内钢筋切断机	台班	1.23	36.73	45.18
31	ϕ40mm 内钢筋弯曲机	台班	2.24	24.69	55.31
三、	材料				209764.85
1	水	m^3	360.85	0.80	288.68
2	M5 混合砂浆	m^3	47.053	120.00	5646.36
3	M2.5 混合砂浆	m^3	1.145	102.30	117.13
4	1:2 水泥砂浆	m^3	3.947	230.02	907.89
5	1:1 水泥砂浆	m^3	0.889	288.98	256.90
6	M5 水泥砂浆	m^3	4.93	124.32	612.90
7	1:1.25 水泥豆石浆	m^3	4.59	268.20	1231.04
8	1:3 水泥砂浆	m^3	18.989	182.82	3471.57
9	素水泥浆	m^3	2.802	461.70	1293.68
10	1:2.5 水泥白石子浆	m^3	5.74	407.74	2340.43
11	水泥	kg	86.36	0.30	25.91
12	1:2.5 水泥砂浆	m^3	1.315	210.72	277.10
13	1:1:6 混合砂浆	m^3	19.635	128.22	2517.60
14	1:1:4 混合砂浆	m^3	8.363	155.32	1298.94
15	1:1.5 白石子浆	m^3	1.384	464.90	643.42
16	1:0.2:2 混合砂浆	m^3	7.215	216.70	1563.49
17	1:3:9 混合砂浆	m^3	4.912	115.00	564.88
18	1:0.5:1 混合砂浆	m^3	7.131	243.20	1734.26
19	C10 混凝土	m^3	32.724	133.39	4365.05
20	C15 混凝土	m^3	56.198	144.40	8114.99
21	C20 混凝土	m^3	68.217	155.93	10637.08
22	C25 混凝土	m^3	63.826	165.80	10582.35
23	C20 细石混凝土	m^3	0.018	170.64	3.07
24	沥青砂浆	m^3	0.208	378.92	78.82

（续）

序　号	名　称	单　位	数　量	单价/元	金额/元
25	水泥珍珠岩	m^3	35.90	113.65	4080.04
26	纸筋灰浆	m^3	1.585	110.90	175.78
27	麻刀石灰浆	m^3	0.099	140.18	13.88
28	钢管	kg	1113.23	3.50	3896.31
29	直角扣件	个	159.70	4.80	766.56
30	对接扣件	个	22.33	4.30	96.02
31	回转扣件	个	7.40	4.80	35.52
32	底座	个	5.60	4.20	23.52
33	预埋件	kg	8.28	3.80	31.46
34	扁钢	kg	62.53	3.10	193.84
35	ϕ18mm 钢筋	kg	99.13	2.90	287.48
36	ϕ10mm 内钢筋	t	2.446	2950	7215.70
37	ϕ10mm 外钢筋	t	4.535	2900	13151.50
38	螺纹钢筋	t	3.799	2900	11017.10
39	冷拔钢丝	t	3.214	3100	9963.40
40	8 号钢丝	kg	255.74	3.50	895.09
41	22 号钢丝	kg	62.58	4.00	250.32
42	铁钉	kg	162.25	6.00	973.50
43	钢丝绳	kg	5.36	4.50	24.12
44	零星卡具	kg	142.82	4.60	656.97
45	梁卡具	kg	7.34	4.50	33.03
46	钢拉模	kg	181.59	4.50	817.16
47	定型钢模	kg	0.70	4.50	3.15
48	组合钢模	kg	532.69	4.30	2290.57
49	螺钉	百个	0.30	2.80	0.84
50	石料切割锯片	片	1.81	80.00	144.80
51	卡箍及螺栓	套	26.56	2.00	53.12
52	电焊条	kg	129.07	6.00	774.42
53	张拉机具	kg	2.18	8.00	17.44
54	垫铁	kg	196.01	2.80	548.83
55	地脚	个	322.20	0.18	58.00
56	松厚板	m^3	0.20	1200.00	240
57	一等枋材	m^3	1.621	1200.00	1945.20
58	二等枋材	m^3	0.283	1100.00	311.30
59	木脚手板	m^3	1.421	1000.00	1421

（续）

序 号	名 称	单 位	数 量	单价/元	金额/元
60	60mm×60mm×60mm 垫木	块	25.10	0.30	7.53
61	缆风桩木	m^3	0.036	1000.00	36
62	方垫木	m^3	0.17	1000.00	170
63	模板枋板材	m^3	2.158	1100.00	2373.80
64	枋木	m^3	1.867	1200.00	2240.4
65	三层胶合板	m^2	70.20	14.00	982.80
66	木楔	m^3	0.004	800.00	3.20
67	1000mm×30mm×8mm 板条	根	1.21	0.30	0.36
68	锯木屑	m^3	0.23	7.00	1.61
69	木柴	kg	2042.5	0.20	408.50
70	6mm 玻璃	m^2	61.16	27.00	1651.32
71	3mm 玻璃	m^2	19.30	13.16	253.99
72	4mm 玻璃	m^2	2.28	18.66	42.54
73	铝合金推拉窗	m^2	57.86	236.00	13654.96
74	粗砂	m^3	0.003	35.00	0.11
75	白水泥	kg	28.71	0.50	14.36
76	铝合金固定窗	m^2	2.09	193.00	403.37
77	乙炔气	m^3	4.43	12.00	53.16
78	棉纱头	kg	10.27	5.00	51.35
79	30 号石油沥青	kg	0.31	0.88	0.27
80	彩釉砖	m^2	10.31	55.00	567.05
81	150mm×75mm 面砖	块	35224	0.50	17612
82	152mm×152mm 瓷板	块	8284	0.55	4556.20
83	阴阳角瓷片	块	703	0.30	210.90
84	压顶瓷片	块	869	0.30	260.70
85	ϕ110mm 塑料排水管	m	39.21	22.00	862.62
86	1.8mm 玻纤布	m^2	1266.43	1.20	1519.72
87	塑料油膏	kg	6554.42	1.85	12125.68
88	排水检查口	个	4.13	18.00	74.34
89	膨胀螺栓	套	644.4	2.20	1417.68
90	密封油膏	kg	23.66	16.00	378.56
91	伸缩节	个	3.76	9.50	35.72
92	密封胶	kg	0.64	14.00	8.96
93	塑料水斗	个	6.06	19.00	115.14

（续）

序　号	名　称	单　位	数　量	单价/元	金额/元
94	麻绳	kg	0.26	4.50	1.17
95	玻璃胶	支	32.34	5.10	164.93
96	密封毛条	m	252.77	0.20	50.55
97	YJ—302 胶粘剂	kg	60.87	15.80	961.75
98	红丹防锈漆	kg	4.65	12.00	55.8
99	熟桐油	kg	1.63	18.20	29.67
100	石膏粉	kg	1.93	0.50	0.97
101	无光调和漆	kg	9.58	16.00	153.28
102	调和漆	kg	14.76	14.50	214.02
103	漆片	kg	0.03	24.00	0.72
104	酒精	kg	0.16	13.00	2.08
105	催干剂	kg	0.51	15.00	7.65
106	砂纸	张	26.79	0.18	4.82
107	白布	m^2	0.14	5.60	0.78
108	双飞粉	kg	3910	0.50	1955
109	软填料	kg	25.85	3.80	98.23
110	油灰	kg	1.63	2.60	4.24
111	乳白胶	kg	4.61	7.00	32.27
112	防腐油	kg	11.14	1.50	16.71
113	清油	kg	3.08	11.80	36.34
114	80 号草板纸	张	125.65	1.10	138.22
115	隔离剂	kg	299.12	1.20	358.94
116	炉渣	m^3	1.85	15.00	27.75
117	三角金刚石	块	99.53	3.70	368.26
118	200mm×75mm×50mm 金刚石	块	9.95	10.00	99.50
119	草酸	kg	3.32	7.00	23.24
120	硬白蜡	kg	8.79	6.00	52.74
121	煤油	kg	13.27	1.60	21.23
122	草袋子	m^2	297.43	0.55	163.59
123	801 胶	kg	42.11	1.10	46.32
124	117 胶	kg	1563.90	1.15	1798.49
125	防锈漆	kg	70.0	10.00	700
126	溶剂油	kg	15.09	7.60	114.68
127	挡脚板	m^3	0.16	900.00	144
128	标准砖	千块	125.61	150.00	18841.50
	合计：				316763.87

表 7-50 脚手架费、模板费分析表

工程名称：××食堂

费用名称		工料机名称	单位	数量	单价/元	合价/元	小计/元	
脚手架费	人工费	人工	工日	127.33	25.00	3183.25	3183.25	9808.20
	机械费	6t 载货汽车	台班	2.04	242.62	494.94	494.94	
	材料费	钢管	kg	812.18	3.50	2842.63	6130.01	
		直角扣件	个	159.70	4.80	766.56		
		对接扣件	个	22.33	4.30	96.02		
		回转扣件	个	7.40	4.80	35.52		
		底座	个	5.60	4.20	23.52		
		木脚手板	m^3	1.421	1000.00	1421.00		
		垫木(60mm×60mm×60mm)	块	25.10	0.30	7.53		
		缆风桩木	m^3	0.036	1000.00	36.00		
		防锈漆	kg	70.0	10.00	700.00		
		溶剂油	kg	7.53	7.60	57.23		
		挡脚板	m^3	0.16	900.00	144.00		
模板及支架费	人工费	人工	工日	443.90	25.00	11097.50	11097.50	23431.75
	机械费	6t 载重汽车	台班	2.13	242.62	516.78	1124.02	
		5t 起重机	台班	1.10	385.53	424.08		
		500mm 内圆锯	台班	2.41	22.29	53.72		
		10t 内龙门起重机	台班	0.01	227.14	2.27		
		3t 内卷扬机	台班	2.01	63.03	126.69		
		600mm 内木工单面刨床	台班	0.02	24.17	0.48		
	材料费	组合钢模板	kg	532.69	4.30	2290.57	11210.23	
		枋板材	m^3	2.179	1100.00	2396.90		
		支撑方木	m^3	1.867	1200.00	2240.40		
		零星卡具	kg	142.86	4.60	657.16		
		铁钉	kg	138.63	6.00	831.78		
		8 号钢丝	kg	113.95	3.50	398.83		
		80 号草板纸	张	125.65	1.10	138.22		
		隔离剂	kg	299.12	1.20	358.94		
		1:2 水泥砂浆	m^3	0.197	230.02	45.31		
		22 号钢丝	kg	2.98	4.00	11.92		
		支撑钢管及扣件	kg	281.96	3.50	986.86		
		梁卡具	kg	7.34	4.50	33.03		
		钢拉模	kg	181.59	4.50	817.16		
		定型钢模	kg	0.70	4.50	3.15		

表 7-51 建筑工程造价计算表（按 2013 年以前的取费规定）

工程名称：××食堂

序号	费用名称		计算式	金额/元
（一）	直接工程费		202396.17（见表 7-41）	202396.17
（二）	单项材料价差调整		本工程不用调整	—
（三）	综合系数调整材料价差		本工程不用调整	—
（四）	措施费	环境保护费	本工程不计取	46544.03
		文明施工费	316763.87×0.9%=2850.87	
		安全施工费	316763.87×1.0%=3167.64	
		临时设施费	316763.87×2.0%=6335.28	
		夜间施工增加费	不计取	
		二次搬运费	316763.87×0.3%=950.29	
		大型机械进出场及安拆费	不计取	
		混凝土、钢筋混凝土模板及支架费	23431.75（见表 7-50）	
		脚手架费	9808.20（见表 7-50）	
		已完工程及设备保护费	不计取	
		施工排水、降水费	不计取	
（五）	规费	工程排污费	不计取	18547.10
		社会保险费	84305（表 7-49）×16%=13488.80	
		住房公积金	84305×6.0%=5058.30	
		危险作业意外伤害保险	不计取	
（六）	企业管理费		316763.87×5.1%=16154.96	16154.96
（七）	利润		316763.87×6.0%=19005.83	19005.83
（八）	营业税		302648.09×3.093%=9360.91	9360.91
（九）	城市维护建设税		9360.91×7%=655.26	655.26
（十）	教育费附加		9360.91×3%=280.83	280.83
	工程造价		（一）~（十）之和	312945.09

表 7-52 工程所在地规定计取的各项费用的费率（按建标［2013］44 号文件）

序号	费用名称	计算基数	费率
1	企业管理费和利润	分部分项工程与单价措施项目定额人工费	30%
2	夜间施工增加费		2.5%
3	二次搬运费		1.5%
4	冬雨期施工增加费		2.0%
5	安全文明施工费		26.0%
6	社会保险费		10.6%
7	住房公积金		2.0%
8	总承包服务费	工程估价	1.5%
9	综合税率	分部分项工程费+措施项目费+其他项目费+规费+税金	3.48%

表 7-53 建筑安装工程施工图预算造价费用计算表（按建标［2013］44 号文件）

工程名称：××食堂工程　　　　　　　　　　　　　　　　　　　　第 1 页　共 1 页

序号	费用名称			计算式	费率（%）	金额/元	合计/元
1	分部分项工程费	人工费		202396.17(表 7-41) 其中人工费(表 7-49、表 7-50)： 84305.00 - 3183.25 - 11097.50 = 70024.25		202396.17	223403.45
		材料费					
		机械费					
		管理费 利润		Σ(分部分项工程定额人工费)×费率(表7-52) =70024.25×30% =21007.28	30	21007.28	
2	措施项目费	单价措施费		(表 7-50) 9808.20 +23431.75 =33239.95		33239.95	64501.79
				管理费、利润： (3183.25 +11097.50) ×30% =4284.23	30	4284.23	
		总价措施费	安全文明施工费	分部分项工程定额人工费 + 单价措施项目定额人工费 70024.25 + 3183.25 + 11097.50 = 84305.00	26	21919.30	
			夜间施工增加费		2.5	2107.63	
			二次搬运费		1.5	1264.58	
			冬雨期施工增加费		2.0	1686.10	
3	其他项目费	总承包服务费		招标人分包工程造价(本工程无此项)			(本工程无此项)
4	规费	社会保险费		分部分项工程定额人工费 + 单价措施项目定额人工费 84305.00	10.6	8936.33	10622.43
		住房公积金			2.0	1686.10	
		工程排污费		按工程所在地规定计算(本工程无此项)			
5	人工价差调整			定额人工费×调整系数			(本工程无此项)
6	材料价差调整			见材料价差计算表			(本工程无此项)
7	税金			(序 1 + 序 2 + 序 3 + 序 4 + 序 5 + 序 6) 223403.45 +64501.79 +10622.43 =298527.67	3.48		10388.76
	施工图预算造价			(序 1 + 序 2 + 序 3 + 序 4 + 序 5 + 序 6 + 序 7)			308916.43

思　考　题

1. 什么是建筑面积？建筑面积包括哪几部分内容？
2. 建筑面积有何用？
3. 建筑面积的计算规则有哪些？

4. 如何计算单层建筑物的建筑面积？
5. 如何计算阳台建筑面积？
6. 哪些内容不计入建筑面积？
7. 什么是工程量？
8. 如何计算人工挖地槽土方工程量？
9. 如何计算人工挖地坑土方工程量？
10. 如何计算砖基础工程量？
11. 如何计算构造柱工程量？
12. 如何计算柱间钢支撑工程量？
13. 如何计算楼地面工程量？
14. 如何计算屋面防水工程量？
15. 如何计算墙面装饰工程量？
16. 如何计算钢筋工程量？

第8章　水电安装工程施工图预算编制

8.1　概述

8.1.1　水电安装工程预算的概念

水电安装工程预算亦称水电安装工程施工图预算，是确定室内给水排水、电气照明安装工程全部费用的文件。它包括给水排水管道、管件，卫生器具，导线、预埋管、灯具、开关、插座等材料和器具的购置费及安装费。

8.1.2　水电安装工程预算编制程序

水电安装工程预算与土建施工图预算的编制程序基本相同。与之相比，主要有两个方面的差别：一是在计算定额直接费后，要单独计算未计价材料费；二是在计算工程造价时，一般以定额人工费为基础计算措施费、规费、企业管理费、利润等费用。

水电安装工程预算编制程序示意图如图8-1所示。

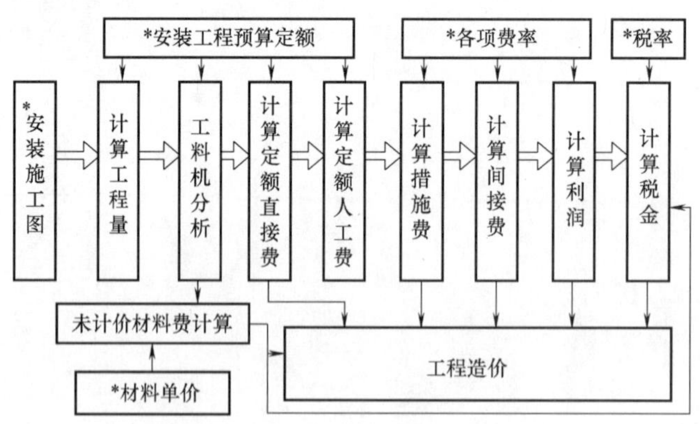

图8-1　水电安装工程预算编制程序示意图

注："＊"号处表示编制依据。

8.1.3　水电安装工程预算编制依据

水电安装工程预算的主要编制依据可以从上述编制程序示意图中带"＊"号的内容看

到，主要包括：

1）安装工程施工图及有关标准图。

2）安装工程预算定额。

3）材料单价。

4）各项费率及税率。

8.2　给水排水安装工程预算编制

8.2.1　给水排水安装工程基础知识

1. 公称直径

公称直径也称公称通径，是管材和管件规格的主要参数。

公称直径是为了设计、制造、安装和维修的需要而人为规定管材、管件规格的标准直径。一般情况下，公称直径既不等于管子或管件的实际外径，也不等于实际内径，所以公称直径又叫名义直径，是一种称呼直径。但是，无论怎样规定，凡是公称直径相同的管材、管件和阀门等都能相连接。公称直径的符号是“*DN*”，以毫米（mm）为单位。例如，公称直径为20mm的镀锌焊接钢管，可以写成“*DN*20镀锌焊接钢管”，该钢管的外径为26.75mm，壁厚为2.75mm，内径是21.25mm。

一般来说，低压流体输送用的镀锌焊接钢管、非镀锌焊接钢管、铸铁管、硬聚氯乙烯管、聚丙烯管等管径均用公称直径*DN*表示。

2. 管子内外径及壁厚的表示

管子的外径用字母*D*表示，其后附加直径的尺寸。例如，外径为108mm的管子用*D*108表示。

管子的内径用字母*d*表示，其后附加内直径的尺寸。例如，内径为100mm的管子用*d*100表示。

焊接直缝或螺旋缝钢管、无缝钢管以管子的外径×壁厚表示。例如，外径为108mm，壁厚为4mm的无缝钢管用*D*108×4表示；外径为377mm，壁厚为9mm的直缝（或螺旋缝）卷制电焊钢管用*D*377×9表示。

3. 管材的种类和用途

（1）无缝钢管　无缝钢管是工业管道中最常用的管材。在民用安装工程中，一般用于采暖和燃气等主干管道。

（2）水、煤气钢管　水、煤气钢管一般用普通碳素钢焊接加工制作，所以又称焊接钢管，分为镀锌管（白铁管）、非镀锌管（黑铁管）两种。

（3）卷焊钢管　卷焊钢管用普通碳素钢板卷制焊接而成，一般用于工业管道中的物料管道或输送介质要求不高的工艺管道，以及民用室外给水主干管道。

（4）铸铁管　铸铁管是用灰口生铁浇制而成、耐腐蚀性较好的管材，包括给水承插式铸铁管、排水承插式铸铁管等。

（5）有色金属管　铝管常用于输送强腐蚀性介质，如输送苯等。铜管常用于压缩机的输油管和自动仪表的连接管等。

（6）混凝土管　混凝土管用高强度混凝土采用离心管机高速旋转成形而成。具有一定的耐碱性，可承受一定的压力，常用于工业与民用建筑的室外排水管道。

（7）塑料管　塑料管具有较强的耐腐蚀性，常用于化工和石油工程中输送腐蚀性较强的介质。硬聚氯乙烯塑料管常用作室内外排水管道。

4. 常用管件

管件又称管子配件或管子接头零件。

管道系统是由若干根直径不同的管子组合而成的，管件在管路中起到了连接、分支、转弯和变径等作用。

（1）钢管管件　钢管管件一般指水、煤气钢管的管件，其规格以公称直径表示。无缝钢管与卷焊钢管无统一的通用管件，多为自行加工制作。

钢管管件主要包括以下几种：

1）管箍——又称外接头，用于连接同径钢管。

2）异径接头——又称大小头，用于连接不同直径的钢管。

3）弯头——用于管道的转弯处，分为同径与异径弯头两种。

4）三通、四通——用于管道的分支，分为同径与异径两种。

5）油接头——又称油任，用于连接常检修的管道部位。

6）补心——用于连接管径差别较大的管子。

7）管堵——用于堵塞管子端头。

（2）铸铁管件　给水铸铁管件包括：异径管、三通、四通、弯头、乙字管、斜三通、短管等。铸铁管件按连接方式不同分为单承、双承、单盘、双盘等形式。

排水铸铁管件有：45°、90°弯头，45°、90°TY 形三通、斜三通、正三通、TY 形异径三通、T 形异径三通、检查口、S 形存水弯、P 形存水弯、地漏和扫除口等。

（3）紧固件　紧固件是指用于紧固法兰的螺栓、螺母和垫片。螺栓、螺母是指六角头的，分为精制、半精制和粗制等品种。

5. 管道接口填料

各种管道采用承插连接时，常采用以下几种填料。

（1）青铅接口　青铅接口是用热熔的铅填封承插管道的接口。这种接口严密性好，有较好的弹性、抗震性和刚性，但价格较高。

（2）石棉水泥接口　石棉水泥接口选用石棉绒与水泥的混合物作为填料，有较好的抗震性和抗弯强度，价格较便宜。

（3）水泥接口　铸铁管常用水泥拌水打入接口，起到密封的作用。

6. 常用阀门

（1）截止阀　截止阀是室内冷水系统最常用的阀门。

（2）闸阀　闸阀又称闸板阀，开启时闸板提升，流体直线通过。

（3）旋塞阀　旋塞阀又称转心门，用插在阀体内带孔的塞子（即关闭件）来达到启闭或分配、换向的目的。

（4）止回阀　止回阀也称逆止阀，是利用介质压力自行开启，能阻止介质逆向流动的阀门。当介质倒流时，阀瓣能自动关闭。

（5）球阀　球阀用于开启或关闭设备及管道用。

(6) 疏水阀　疏水阀属于自动调节阀门，能自动排放蒸气管道系统中的凝结水并阻止蒸气逸漏。

7. 卫生器具

(1) 洗面器　洗面器亦称洗脸盆，常装在盥洗室、浴室、卫生间供洗漱用。

(2) 浴盆　浴盆设在住宅、宾馆、旅馆等建筑物的卫生间内。

(3) 盥洗槽　盥洗槽一般设在集体宿舍和工厂生活间内，其中以长条形、水磨石料的最为常见。

(4) 污水池、洗涤盆、化验盆　污水池供洗涤拖布及倾倒污水用；洗涤盆设置在厨房或食堂内，用以洗涤餐具、蔬菜、食物等；化验盆设置在化验室或实验室内。

(5) 淋浴器　淋浴器供淋浴用，具有占地面积小、耗水量低、洁净等优点。

(6) 大便器　大便器分为蹲式和坐式两类。蹲式大便器按冲洗方式分为高水箱、普通冲洗阀、自动冲洗阀等形式。坐式大便器一般采用低水箱冲洗。

(7) 大便槽　大便槽适用于公共厕所，多采用自动冲洗水箱。

(8) 小便器　小便器有立式、挂式和小便槽等几种形式。

(9) 地漏　地漏是专供排除地面积水或小便槽污水的器具。

(10) 清扫口　清扫口一般安装在水平排污管的端头，用于清通水平管。

(11) 存水弯　存水弯是装于卫生器具下面的一个弯管，里面存有一定深度的水，形成水封。存水弯一般有S形和P形两种。

(12) 水嘴　水嘴也称水龙头，装在各类盆上，专供放水之用。

8. 给水排水管道施工图常用图例

给水排水管道施工图常用图例见表8-1。

表8-1　给水排水管道施工图常用图例

名　称	图　例	名　称	图　例
生活给水管	—— J ——	自闭冲洗阀	
生活污水管	—— W ——	雨水口	（ ）
通气管	—— T ——	存水弯	
雨水管	—— Y ——	消火栓	（ ）
水表		检查口	
截止阀		清扫口	（ ）
闸阀		地漏	（ ）
止回阀		浴盆	
蝶阀		洗脸盆	

（续）

名　称	图　例	名　称	图　例
蹲式大便器		室外水表井	
坐式大便器		矩形化粪池	
洗涤盆、池		圆形化粪池	
立式小便器		阀门井（检查井）	

9. 室内给水排水系统的组成

（1）室内给水系统　室内给水系统一般由引入管、水平干管、主管干管、支管和用水设备组成。在给水系统中还需配置阀门、水表、水嘴等配件。有时还需附设各种设备，如水池、水箱、水泵、气压装置及消火栓等。

（2）室内排水系统　室内排水系统一般由污废水收集器（如卫生器具、雨水斗、地漏等）、排水管道（如器具排水管、排水支管、排水主管和排出管等）、透气装置（如排气管、透气帽等）、清通设备（包括检查口、清扫口和室内检查井等）组成。

8.2.2　室内给水排水安装工程量计算规则

1. 管道界线划分

管道界线是指室内给水排水与室外给水排水管道的分界线。通常该界线以设计图样规定的界限为准。当图样无明确规定时，可按下列规定划分：

（1）给水管道　室内外界线以建筑物外墙皮 1.5m 为界，入口处设阀门者以阀门为界。

（2）排水管道　室内外排水管道的分界线以建筑物外第一个排水检查井为界。

2. 工程量计算规则

（1）管道安装

1）各种管道，均以施工图所示中心长度，以“m”为计量单位，不扣除阀门、管件（包括减压器、疏水器、水表、伸缩器等组件安装）所占的长度。

2）镀锌钢套管制作以“个”为计量单位，其安装已包括在管道安装定额内，不得另行计算。

3）管道支架制作安装，室内管道公称直径 32mm 以下的安装工程已包括在内，不得另行计算；公称直径 32mm 以上的，可另行计算。

4）各种伸缩器制作安装，均以“个”为计量单位。方形伸缩器的两臂，按臂长的两倍合并在管道长度内计算。

5）管道消毒、冲洗、压力试验，均按管道长度以“m”为计量单位，不扣除阀门、管件所占的长度。

（2）阀门安装

1）各种阀门安装均以“个”为计量单位。法兰阀门安装，如仅为一侧法兰连接时，定额所列法兰、带帽螺栓及垫圈数量减半，其余不变。

2）各种法兰连接用垫片，均按石棉橡胶板计算，如用其他材料，不得调整。

3）法兰阀（带短管甲乙）安装，均以“套”为计量单位，如接口材料不同时，可做调整。

（3）卫生器具制作安装

1）卫生器具安装以“组”为计量单位，已按标准图综合了卫生器具与给水管、排水管连接的人工与材料用量，不得另行计算。

2）浴盆安装不包括支座和四周侧面的砌砖及瓷砖粘贴。

3）蹲式大便器安装，已包括了固定大便器的垫砖，但不包括大便器蹲台砌筑。

4）大便槽、小便槽、自动冲洗水箱安装以“套”为计量单位，已包括了水箱托架的制作安装，不得另行计算。

5）小便槽冲洗管制作与安装以“m”为计量单位，不包括阀门安装，其工程量可按相应定额另行计算。

（4）管道刷油　按刷油种类和刷油遍数不同，按外表刷油面积以“m^2”计算。计算公式为

$$S=\pi DL$$

式中　S——管道刷油面积（m^2）；

D——刷油面的外径（m）；

L——刷油管道的长度（m），不扣除阀门和配件所占长度。

8.2.3　室内给水排水安装工程量计算实例

【例 8-1】　根据某退休职工活动室给水排水施工图（图 8-2）计算工程量（表 8-2）。

1. 活动室工程概况

（1）结构类型：砖混结构。

（2）墙体：标准砖墙 240mm 厚（其中内隔墙为 120mm 标准砖墙），抹灰厚 30mm。

（3）地面：混凝土垫层、地砖面层。

（4）屋面：现浇钢筋混凝土 120mm 厚。

（5）层高：3.60m。

（6）室外地坪标高：−0.30m。

（7）室内地面标高：±0.00m。

2. 活动室给水排水施工图设计说明

（1）给水采用 *DN*32、*DN*25、*DN*20、*DN*15 镀锌钢管螺纹连接明敷。

（2）排水采用 *DN*75、*DN*50 PVC 塑料管承插粘接。

（3）*DN*15 盥洗槽铁水嘴，*DN*40 塑料排水栓。（预制水磨石盥洗槽）。

（4）成品陶瓷洗脸盆、洗涤盆。

（5）*DN*32 普通截止阀，螺纹连接。

【解】　该活动室给水排水工程量计算见表 8-2。

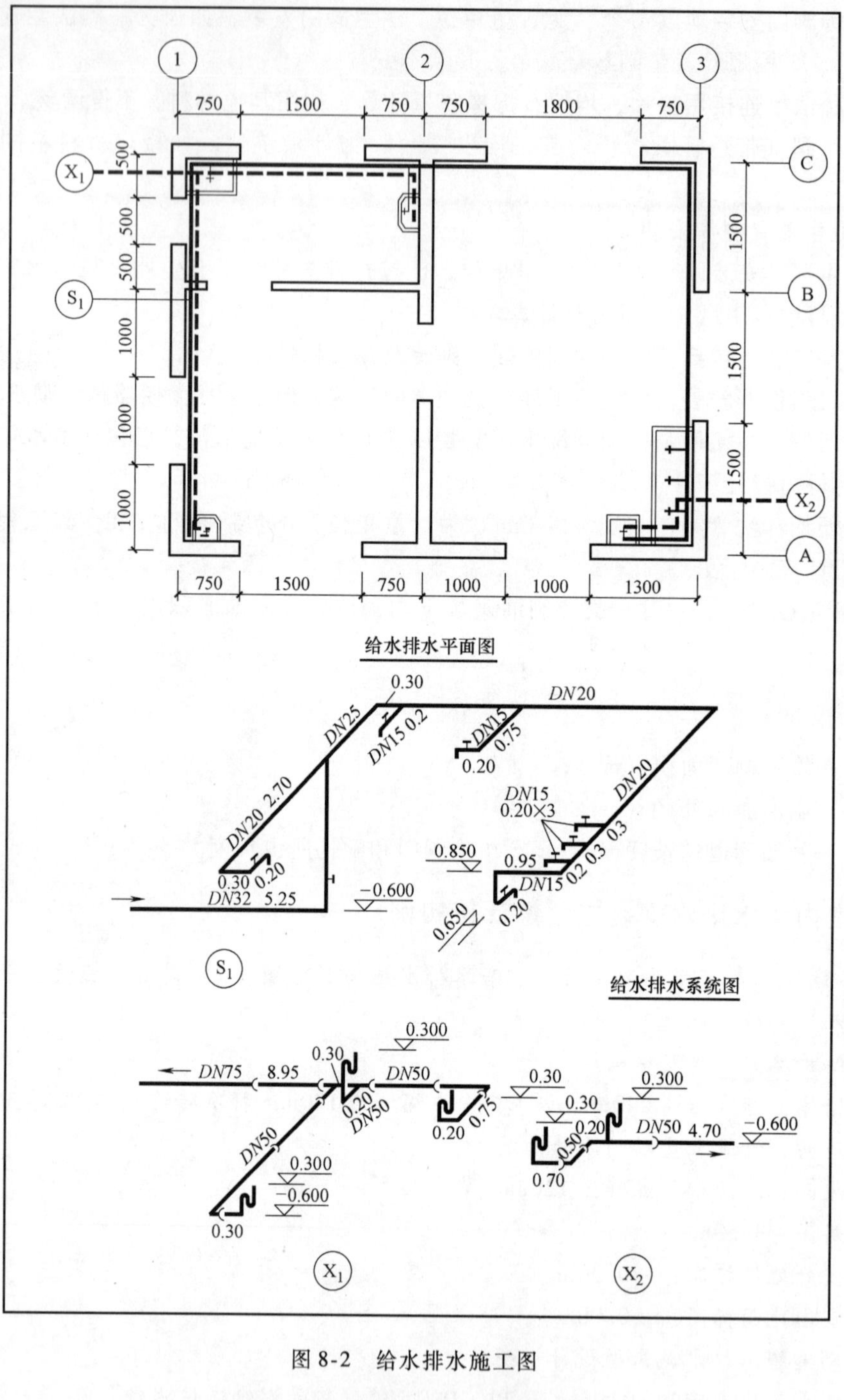

给水排水平面图

给水排水系统图

图 8-2　给水排水施工图

表 8-2　活动室给水排水工程量计算表

序号	定额编号	项目名称	单位	工程量	计算过程
1	8—90	*DN*32 给水镀锌钢管螺纹连接	m	5.50	水平引入管：5.25 立管：0.85(标高) - 0.60(标高) = 0.25 小计：5.50

（续）

序号	定额编号	项目名称	单位	工程量	计算过程
2	8—89	*DN*25 给水镀锌钢管螺纹连接	m	1.80	①轴：1.0×3+0.5×3−(0.24+0.06)(墙厚及抹灰厚)−2.70(*DN*20 管)=1.50 Ⓒ轴：0.30 小计：1.80
3	8—88	*DN*20 给水镀锌钢管螺纹连接	m	12.70	①轴：2.70 Ⓐ轴：0.30 Ⓒ轴：0.75×4+1.50+1.80−(0.24+0.06)(墙厚及抹灰)−0.30(*DN*25 管)=5.70 ③轴：1.5×3−0.30(墙厚及抹灰)−0.20(水嘴转弯处)=4.0 小计：12.70
4	8—87	*DN*15 给水镀锌钢管螺纹连接	m	3.50	②轴：0.75 ③轴：0.20 Ⓐ轴 { 水平 0.95；立管 0.85−0.65=0.20 } 水嘴处：0.20×7(处)=1.40 小计：3.50
5	8—156	*DN*75 塑料排水管安装(粘接)	m	8.95	Ⓒ轴：8.95(图示)
6	8—155	*DN*50 塑料排水管安装(粘接)	m	18.95	(X_1) 水平管 { Ⓒ轴：0.75×2+1.50−0.30(墙厚及抹灰)+0.20(洗涤盆处)=2.90；②轴：0.75+0.20=0.95；①轴：1.0×3+0.5×3−0.30(墙厚及抹灰)=4.20；Ⓐ轴：0.30(洗脸盆) } 立管：[0.30−(−0.60)]×3 处=2.70 (X_2) 排出管:4.70(图示) 水平管(图示)：0.20+0.50+0.70=1.40 立管：[0.30−(−0.60)]×2(处)=1.80 小计：18.95
7	8—438	盥洗槽 *DN*15 水嘴安装	个	3	3 个(图示)

（续）

序号	定额编号	项目名称	单位	工程量	计算过程
8	8—244	DN32 截止阀安装	个	1	1个(图示)
9	8—383	陶瓷洗脸盆安装	组	2	2组(图示)
10	8—391	陶瓷洗涤盆安装	组	2	2组(图示)
11	8—442	盥洗槽DN40 排水栓	组	1	1组(图示)

8.2.4 定额直接费及未计价材料费计算

1. 未计价材料费的概念

未计价材料费也称主材费，是根据安装工程量乘以预算定额中未计价材料用量再乘以材料单价得出的费用。

由于安装材料的品种多、价格变化大，不宜计入预算定额基价，为了方便计算，所以只将安装材料的辅材费计入了定额基价。而主材费需要单独计算。在计算定额直接费时，需要根据工程量、定额主材的消耗量和现行的材料单价单独计算未计价材料费。

2. 给水排水安装工程预算定额（表8-3～表8-9）

给水排水安装工程预算定额子目基价由人工费、计价材料费、机械费构成，其数学模型为

$$基价 = 综合工日 \times 人工单价 + \sum_{i=1}^{n}(计价材料量 \times 材料单价)_i + \sum_{j=1}^{n}(机械台班量 \times 台班单价)_j$$

3. 未计价材料计算方法

$$未计价材料量 = 工程量 \times 定额消耗量$$

【例8-2】 某工程室内给水DN25螺纹连接镀锌钢管的工程量为17.65m，根据表8-3的8—89号预算定额项目的数据计算DN25镀锌钢管的未计价材料消耗量。

【解】 DN25钢管用量 = 17.65m × 1.02m/m = 18.00m

4. 直接费及未计价材料计算实例

【例8-3】 根据【例8-1】活动室给水排水安装工程施工图、安装预算定额（表8-3～表8-9）和材料单价（表8-10），计算该工程的定额直接费和未计价材料费。

表 8-3　给水排水安装工程预算定额摘录

镀锌钢管（螺纹连接）

工作内容：打堵洞眼、切管、套螺纹、上零件、调直、栽钩卡及管件安装、水压试验。　　　　（单位：10m）

定额编号				8—87	8—88	8—89	8—90	8—91	8—92
项目				公称直径(mm 以内)					
				15	20	25	32	40	50
名称		单位	单价/元	数量					
人工	综合工日	工日	23.22	1.830	1.830	2.200	2.200	2.620	2.680
材料	镀锌钢管 DN15	m	—	(10.200)	—	—	—	—	—
	镀锌钢管 DN20	m	—	—	(10.200)	—	—	—	—
	镀锌钢管 DN25	m	—	—	—	(10.200)	—	—	—
	镀锌钢管 DN32	m	—	—	—	—	(10.200)	—	—
	镀锌钢管 DN40	m	—	—	—	—	—	(10.200)	—
	镀锌钢管 DN50	m	—	—	—	—	—	—	(10.200)
	室内镀锌钢管接头零件 DN15	个	0.800	16.370	—	—	—	—	—
	室内镀锌钢管接头零件 DN20	个	1.140	—	11.520	—	—	—	—
	室内镀锌钢管接头零件 DN25	个	1.850	—	—	9.780	—	—	—
	室内镀锌钢管接头零件 DN32	个	2.740	—	—	—	8.030	—	—
	室内镀锌钢管接头零件 DN40	个	3.530	—	—	—	—	7.160	—
	室内镀锌钢管接头零件 DN50	个	5.870	—	—	—	—	—	6.510
	钢锯条	根	0.620	3.790	3.410	2.550	2.410	2.670	1.330
	砂轮片 ϕ400mm	片	23.800	—	—	0.050	0.050	0.050	0.150
	机油	kg	3.550	0.230	0.170	0.170	0.160	0.170	0.200
	铅油	kg	8.770	0.140	0.120	0.130	0.120	0.140	0.140
	线麻	kg	10.400	0.014	0.012	0.013	0.012	0.014	0.014
	管子托钩 DN15	个	0.480	1.460	—	—	—	—	—
	管子托钩 DN20	个	0.480	—	1.440	—	—	—	—
	管子托钩 DN25	个	0.530	—	—	1.160	1.160	—	—
	管卡子(单立管)DN25	个	1.340	1.640	1.290	2.060	—	—	—
	管卡子(单立管)DN50	个	1.640	—	—	—	2.060	—	—
	普通硅酸盐水泥(强度等级 42.5)	kg	0.340	1.340	3.710	4.200	4.500	0.690	0.390
	砂子	m^3	44.230	0.010	0.010	0.010	0.010	0.002	0.001
	镀锌钢丝 8 号～12 号	kg	6.140	0.140	0.390	0.440	0.150	0.010	0.040
	破布	kg	5.830	0.100	0.100	0.100	0.100	0.220	0.250
	水	t	1.650	0.050	0.060	0.080	0.090	0.130	0.160
机械	管子切断机 ϕ60～ϕ150mm	台班	18.290	—	—	0.020	0.020	0.020	0.060
	管子切断套螺纹机 ϕ159mm	台班	22.030	—	—	0.030	0.030	0.030	0.080
基价/元				65.45	66.72	83.51	86.16	93.85	111.93
其中	人工费/元			42.49	42.49	51.08	51.08	60.84	62.23
	材料费/元			22.96	24.23	31.40	34.05	31.98	46.84
	机械费/元			—	—	1.03	1.03	1.03	2.86

表 8-4 承插塑料排水管（零件粘接）

工作内容：切管、调直、对口、熔化接口材料、粘接、管道、管件及管卡安装、灌水试验。 （单位：10m）

定额编号				8—155	8—156	8—157	8—158
项目				公称直径(mm 以内)			
				50	75	100	150
名称		单位	单价/元	数量			
人工	综合工日	工日	23.22	1.530	2.080	2.320	3.270
材料	承插塑料排水管 DN50	m	—	(9.670)	—	—	—
	承插塑料排水管 DN75	m	—	—	(9.630)	—	—
	承插塑料排水管 DN100	m	—	—	—	(8.520)	—
	承插塑料排水管 DN150	m	—	—	—	—	(9.470)
	承插塑料排水管件 DN50	个	—	(9.020)	—	—	—
	承插塑料排水管件 DN75	个	—	—	(10.760)	—	—
	承插塑料排水管件 DN100	个	—	—	—	(11.380)	—
	承插塑料排水管件 DN150	个	—	—	—	—	(6.980)
	聚氯乙烯热熔密封胶	kg	14.990	0.110	0.190	0.220	0.250
	丙酮	kg	13.390	0.170	0.280	0.330	0.370
	钢锯条	根	0.620	0.510	1.870	4.380	3.520
	透气帽(铅丝球)DN50	个	2.520	0.260	—	—	—
	透气帽(铅丝球)DN75	个	3.570	—	0.500	—	—
	透气帽(铅丝球)DN100	个	4.620	—	—	0.500	—
	透气帽(铅丝球)DN150	个	6.490	—	—	—	0.300
	铁砂布 0 号 ~2 号	张	1.060	0.700	0.700	0.900	0.900
	棉纱头	kg	5.830	0.210	0.290	0.300	0.290
	膨胀螺栓 M12×200	套	2.080	2.740	3.160	—	—
	膨胀螺栓 M16×200	套	3.600	—	—	4.320	—
	膨胀螺栓 M18×200	套	4.600	—	—	—	3.000
	精制六角带帽螺栓 M6~12×12~50	套	0.110	5.200	5.400	7.000	5.800
	扁钢 <—59	kg	3.170	0.600	0.760	1.600	1.130
	水	t	1.650	0.160	0.220	0.310	0.470
	电焊条结 422φ3.2	kg	5.410	0.020	0.020	0.030	0.020
	镀锌钢丝 8 号 ~12 号	kg	6.140	0.050	0.080	0.080	0.080
	电	kW·h	0.360	1.500	1.760	2.240	2.860
机械	立式钻床 φ25mm	台班	24.960	0.010	0.010	0.010	0.010
基价/元				52.04	71.70	92.93	112.08
其中	人工费/元			35.53	48.30	53.87	75.93
	材料费/元			16.26	23.15	38.81	35.90
	机械费/元			0.25	0.25	0.25	0.25

表 8-5　螺　纹　阀

工作内容：切管、套螺纹、制垫、加垫、上阀门、水压试验。　　　　（单位：个）

定额编号				8—241	8—242	8—243	8—244	8—245
项　目				公称直径（mm 以内）				
				15	20	25	32	40
名　称		单位	单价/元	数　量				
人工	综合工日	工日	23.22	0.100	0.100	0.120	0.150	0.250
材料	螺纹阀门 DN15	个	—	(1.010)	—	—	—	—
	螺纹阀门 DN20	个	—	—	(1.010)	—	—	—
	螺纹阀门 DN25	个	—	—	—	(1.010)	—	—
	螺纹阀门 DN32	个	—	—	—	—	(1.010)	—
	螺纹阀门 DN40	个	—	—	—	—	—	(1.010)
	黑玛钢活接头 DN15	个	1.590	1.010	—	—	—	—
	黑玛钢活接头 DN20	个	2.050	—	1.010	—	—	—
	黑玛钢活接头 DN25	个	2.670	—	—	1.010	—	—
	黑玛钢活接头 DN32	个	4.100	—	—	—	1.010	—
	黑玛钢活接头 DN40	个	6.150	—	—	—	—	1.010
	铅油	kg	8.770	0.008	0.010	0.012	0.014	0.017
	机油	kg	3.550	0.012	0.012	0.012	0.012	0.016
	线麻	kg	10.400	0.001	0.001	0.001	0.002	0.002
	橡胶板 $\delta=1\sim3$mm	kg	7.490	0.002	0.003	0.004	0.006	0.008
	棉丝	kg	29.130	0.010	0.012	0.015	0.019	0.024
	砂纸	张	0.330	0.100	0.120	0.150	0.190	0.240
	钢锯条	根	0.620	0.070	0.100	0.120	0.160	0.230
基价/元				4.43	5.00	6.24	8.57	13.22
其中	人工费/元			2.32	2.32	2.79	3.48	5.80
	材料费/元			2.11	2.68	3.45	5.09	7.42
	机械费/元			—	—	—	—	—

表 8-6 洗脸盆、洗手盆安装

工作内容：栽木砖、切管、套螺纹、上附件、盆及托架安装、上下水管连接、试水。 (单位：10 组)

定额编号				8—382	8—383	8—384	8—385
项目				洗脸盆			
				钢管组成			铜管冷热水
				普通冷水嘴	冷水	冷热水	
名称		单位	单价/元	数量			
人工	综合工日	工日	23.22	4.720	5.280	6.510	5.280
材料	洗脸盆	个	—	(10.100)	(10.100)	(10.100)	(10.100)
	水嘴(全铜磨光)DN15	个	13.870	10.100	—	—	—
	立式水嘴 DN15	个	23.380	—	10.100	20.200	20.200
	角型阀(带铜活)DN15	个	19.130	—	—	—	20.200
	铜截止阀 DN15	个	19.670	—	10.100	20.200	—
	存水弯塑料 DN32	个	4.700	10.050	10.050	10.050	10.050
	洗脸盆下水口(铜)DN32	个	12.640	10.100	10.100	10.100	10.100
	洗脸盆托架	副	10.100	10.100	10.100	10.100	10.100
	镀锌钢管 DN15	m	6.310	1.000	4.000	8.000	2.000
	镀锌管箍 DN15	个	0.640	10.100	—	—	—
	镀锌弯头 DN15	个	0.760	—	10.100	20.200	20.200
	镀锌活接头 DN15	个	2.240	—	10.100	20.200	—
	橡胶板 $\delta=1\sim3$mm	kg	7.490	0.150	0.150	0.150	0.150
	铅油	kg	8.770	0.360	0.360	0.640	0.320
	机油	kg	3.550	0.200	0.200	0.400	0.200
	油灰	kg	1.600	1.000	1.000	1.000	1.000
	木材(一级红松)	m^3	2281.000	0.010	0.010	0.010	0.010
	木螺钉 M6×50	个	0.060	62.400	62.400	62.400	62.400
	普通硅酸盐水泥(强度等级 42.5)	kg	0.340	3.000	3.000	3.000	3.000
	砂子	m^3	44.230	0.020	0.020	0.020	0.020
	线麻	kg	10.400	0.100	0.100	0.150	0.150
	防腐油	kg	1.090	0.500	0.500	0.500	0.500
	钢锯条	根	0.620	2.000	2.000	3.000	3.000
基价/元				576.23	926.72	1449.93	1323.84
其中	人工费/元			109.60	122.60	151.16	122.60
	材料费/元			466.63	804.12	1298.77	1201.24
	机械费/元			—	—	—	—

表 8-7　洗涤盆安装

工作内容： 栽螺栓、切管、套螺纹、上零件、器具安装、托架安装、上下水管连接、试水。　　(单位：10 组)

定额编号				8—391	8—392	8—393	8—394	8—395
项目				洗涤盆				
				单嘴	双嘴	肘式开关		脚踏开关
						单把	双把	
名称		单位	单价/元	数量				
人工	综合工日	工日	23.22	4.330	4.610	5.010	5.790	5.790
材料	洗涤盆	个	—	(10.100)	(10.100)	(10.100)	(10.100)	(10.100)
	肘式开关(带弯管)	套	—	—	—	(10.100)	(10.100)	—
	脚踏开关(带弯管)	套	—	—	—	—	—	(10.100)
	洗手喷头(带弯管)	套	—	—	—	—	—	(10.100)
	水嘴(全铜磨光)*DN*15	个	13.870	10.100	20.200	—	—	—
	排水栓(带链堵)*DN*50 铝合金	套	6.280	10.100	10.100	10.100	10.100	10.100
	存水弯塑料 S 形 *DN*50	个	7.130	10.050	10.050	10.050	10.050	10.050
	洗涤盆托架— 40 × 5	副	10.000	10.100	10.100	10.100	10.100	10.100
	精制六角带帽螺栓 M6 × 100	套	0.150	41.200	41.200	41.200	41.200	41.200
	镀锌钢管 *DN*15	m	6.310	0.600	2.400	0.600	2.000	13.000
	镀锌管箍 *DN*15	个	0.640	10.100	20.200	10.100	—	—
	镀锌弯头 *DN*15	个	0.760	—	20.200	—	20.200	40.400
	镀锌活接头 *DN*15	个	2.240	—	—	—	—	10.100
	焊接钢管 *DN*50	m	15.810	4.000	4.000	4.000	4.000	4.000
	黑玛钢管箍 *DN*50	个	2.690	10.100	10.100	10.100	10.100	10.100
	橡胶板 $\delta = 1 \sim 3$mm	kg	7.490	0.200	0.200	0.200	0.200	0.200
	油灰	kg	1.600	1.500	1.500	1.500	1.500	1.500
	铅油	kg	8.770	0.280	0.400	0.280	0.400	0.450
	机油	kg	3.550	0.200	0.300	0.200	0.300	0.300
	普通硅酸盐水泥(强度等级 42.5)	kg	0.340	10.000	10.000	10.000	10.000	10.000
	砂子	m^3	44.230	0.020	0.020	0.020	0.020	0.020
	线麻	kg	10.400	0.100	0.150	0.100	0.150	0.200
	钢锯条	根	0.620	1.000	1.500	2.000	3.000	4.000
基价/元				596.56	778.56	472.88	511.26	620.23
其中	人工费/元			100.54	107.04	116.33	134.44	134.44
	材料费/元			496.02	671.52	356.55	376.82	485.79
	机械费/元			—	—	—	—	—

表 8-8　水龙头安装

工作内容：上水嘴、试水。　　（单位：10个）

定额编号				8—438	8—439	8—440
项　目				公称直径(mm 以内)		
				15	20	25
名　称		单位	单价/元	数　量		
人工	综合工日	工日	23.22	0.280	0.280	0.370
材料	铜水嘴	个	—	(10.100)	(10.100)	(10.100)
	铅油	kg	8.770	0.100	0.100	0.100
	线麻	kg	10.400	0.010	0.010	0.010
基价/元				7.48	7.48	9.57
其中	人工费/元			6.50	6.50	8.59
	材料费/元			0.98	0.98	0.98
	机械费/元			—	—	—

表 8-9　排水栓安装

工作内容：切管、套螺纹、上零件、安装、与下水管连接、试水。　　（单位：10组）

定额编号				8—441	8—442	8—443	8—444	8—445	8—446
项　目				带存水弯			不带存水弯		
				32	40	50	32	40	50
名　称		单位	单价/元	数　量					
人工	综合工日	工日	23.22	1.900	1.900	1.900	1.330	1.330	1.330
材料	排水栓带链堵	套	—	(10.000)	(10.000)	(10.000)	(10.000)	(10.000)	(10.000)
	存水弯塑料 *DN*32	个	4.700	10.050	—	—	—	—	—
	存水弯塑料 S 形 *DN*40	个	5.640	—	10.050	—	—	—	—
	存水弯塑料 S 形 *DN*50	个	7.130	—	—	10.050	—	—	—
	焊接钢管 *DN*32	m	10.320	—	—	—	5.000	—	—
	焊接钢管 *DN*40	m	12.580	—	—	—	—	5.000	—
	焊接钢管 *DN*50	m	15.810	—	—	—	—	—	5.000
	黑玛钢管箍 *DN*32	个	1.370	—	—	—	10.100	—	—
	黑玛钢管箍 *DN*40	个	2.010	—	—	—	—	10.100	—
	黑玛钢管箍 *DN*50	个	2.690	—	—	—	—	—	10.100
	橡胶板 $\delta=1\sim3$mm	kg	7.490	0.350	0.400	0.400	0.350	0.400	0.400
	普通硅酸盐水泥(强度等级 42.5)	kg	0.340	4.000	4.000	4.000	4.000	4.000	4.000
	铅油	kg	8.770	—	—	—	0.100	0.100	0.100
	油灰	kg	1.600	0.650	0.700	0.800	—	—	—
	钢锯条	根	0.620	—	—	—	1.000	1.000	1.500
基价/元				96.38	106.28	121.41	101.80	119.93	143.26
其中	人工费/元			44.12	44.12	44.12	30.88	30.88	30.88
	材料费/元			52.26	62.16	77.29	70.92	89.05	112.38
	机械费/元			—	—	—	—	—	—

表 8-10 活动室给水排水安装材料单价

序号	材料名称	单位	单价/元	序号	材料名称	单位	单价/元
1	DN15 镀锌钢管	m	3.15	8	陶瓷洗脸盆	个	88.00
2	DN20 镀锌钢管	m	4.28	9	陶瓷洗涤盆	个	75.00
3	DN25 镀锌钢管	m	6.98	10	铁水嘴	个	2.50
4	DN32 镀锌钢管	m	8.22	11	DN40 塑料排水栓	组	5.12
5	DN50 塑料排水管	m	5.16	12	DN50 塑料排水管件	个	4.85
6	DN75 塑料排水管	m	9.08	13	DN75 塑料排水管件	个	7.66
7	DN32 截止阀	个	24.00				

【解】 该活动室的给水排水安装工程直接费计算见表 8-11。

表 8-11 活动室给水排水安装工程直接费计算表

序号	定额编号	项目及主材名称	单位	数量	单价/元			合价/元		
					基价	人工费	未计价材料单价	小计	人工费	未计价材料费
1	8—87	DN15 给水镀锌钢管螺纹连接 DN15 镀锌钢管	m m	3.50 3.57	6.55	4.25	 3.15	22.93	14.88	 11.25
2	8—88	DN20 给水镀锌钢管螺纹连接 DN20 镀锌钢管	m m	12.70 12.95	6.67	4.25	 4.28	84.71	53.98	 55.43
3	8—89	DN25 给水镀锌钢管螺纹连接 DN25 镀锌钢管	m m	1.80 1.84	8.35	5.11	 6.98	15.03	9.20	 12.84
4	8—90	DN32 给水镀锌钢管螺纹连接 DN32 镀锌钢管	m m	5.50 5.61	8.62	5.11	 8.22	47.41	28.11	 46.11
5	8—155	DN50 塑料排水管粘接 DN50 塑料排水管件 DN50 塑料排水管	m 个 m	18.95 17.09 18.32	5.20	3.55	 4.85 5.16	98.54	67.27	 82.89 94.53
6	8—156	DN75 塑料排水管粘接 DN75 塑料排水管件 DN75 塑料排水管	m 个 m	8.95 9.63 8.62	7.17	4.83	 7.66 9.08	64.17	43.23	 73.77 78.27
7	8—244	DN32 截止阀安装 DN32 截止阀	个 个	3 3.03	8.57	3.48	 24.00	25.71	10.44	 72.72
8	8—383	洗脸盆安装 陶瓷洗脸盆	组 个	2 2.02	92.67	12.26	 88.00	185.34	24.52	 177.76
9	8—391	洗涤盆安装 陶瓷洗涤盆	组 个	2 2.02	59.66	10.05	 75.00	119.32	20.10	 151.50
10	8—438	水嘴安装 DN15 铁水嘴	个 个	3 3.03	0.75	0.65	 2.50	2.25	1.95	 7.58

（续）

序号	定额编号	项目及主材名称	单位	数量	单价/元			合价/元		
					基价	人工费	未计价材料单价	小计	人工费	未计价材料费
11	8—442	排水栓安装 *DN*40 塑料排水栓	组 个	1 1	10.63	4.41	 5.12	10.63	4.41	 5.12
		合　计						676.04	278.09	869.77

8.2.5 工程造价计算

安装工程预算造价的计算内容与土建工程造价的计算内容基本相同，包括措施费、规费、企业管理费、利润和税金。其不同点是，安装工程预算造价的各项费用计取以定额人工费为基础。

一般情况下，在工程造价计算之前，要确定工程类别、施工企业资质等级和各项费用的费率（实例见表8-12）。

【例8-4】 根据【例8-3】的计算结果和表8-12中查得的资料计算活动室给水排水安装工程造价。

【解】 活动室给水排水安装工程造价计算见表8-13。

表8-12 活动室给水排水安装工程造价计算条件

序　号	项目名称	有关条件及费率
1	工程类别	四类工程
2	施工企业资质等级	三级企业
3	工程所在地	在市区
4	文明施工费	定额人工费×4.5%
5	安全施工费	定额人工费×5.0%
6	临时设施费	定额人工费×8.1%
7	夜间施工费	定额人工费×2.3%
8	二次搬运费	定额人工费×1.6%
9	社会保险费	定额人工费×16%
10	住房公积金	定额人工费×6.0%
11	危险作业意外伤害保险	定额人工费×0.6%
12	企业管理费	定额人工费×27.6%
13	利润	定额人工费×33%
14	营业税	（直接费+间接费+利润）×3.093%
15	城市维护建设税	营业税×7%
16	教育费附加	营业税×3%
17	工程定额测定费	定额人工费×0.4%

表 8-13 活动室给水排水安装工程造价计算表

费用名称	序号	费用项目		计算式	金额/元
直接费	(一)	直接工程费		见表 8-11	676.04
	(二)	其中：定额人工费		见表 8-11	278.09
	(三)	未计价材料费		见表 8-11	869.77
	(四)	措施费	环境保护费	—	—
			文明施工费	278.09 元 ×4.5%	12.51
			安全施工费	278.09 元 ×5.0%	13.90
			临时设施费	278.09 元 ×8.1%	22.53
			夜间施工费	278.09 元 ×2.3%	6.40
			二次搬运费	278.09 元 ×1.6%	4.45
			大型机械进出场及安拆费	—	—
			混凝土及钢筋混凝土模板及支架费	—	—
			脚手架费	—	—
			已完工程及设备保护费	—	—
			施工排水、降水费	—	—
间接费	(五)	规费	工程排污费	—	—
			工程定额测定费	278.09 元 ×0.4%	1.11
			社会保险费	278.09 元 ×16%	44.49
			住房公积金	278.09 元 ×6.0%	16.69
			危险作业意外伤害保险	278.09 元 ×0.60%	1.67
		企业管理费		278.09 元 ×27.6%	76.75
利润	(六)	利润		278.09 元 ×33%	91.77
税金	(七)	营业税		[(一)+(三)+(四)+(五)+(六)] 1838.08 元 ×3.093%	56.85
	(八)	城市维护建设税		56.85 元 ×7%	3.98
	(九)	教育费附加		56.85 元 ×3%	1.71
工程造价		工程造价		(一)+(三)+(四)+(五)+(六)+ (七)+(八)+(九)	1900.62

8.3 电气照明安装工程预算编制

8.3.1 电气照明安装工程基础知识

1. 电气照明施工图的种类

(1) 平面图 电气照明平面图是实际安装方式的镜像图，该图详细、准确地标注了工程所有电气线路和电气设备的位置和线路的走向，并通过图例、符号将设计内容清楚地表达出来。

(2) 系统图 系统图较完整地概括了整个供电工程的配电方式，并用简练的线条和符号表示出供电、配电设备的型号、数量和计算负荷。该图还清楚地标注了供电线路的型号、截面面积及敷设方式。

(3) 详图　详图表示了各种线路的具体敷设位置、配电箱中各种电器的配置型号及数量、进户线支架的类型等具体做法的大样图。

2. 室内电气照明安装工程的组成

室内电气照明安装工程一般由进户线装置、配电箱、配管配线、灯具、插座和开关等部分组成。

3. 常用导线与电器符号

常用导线与电器符号见表8-14、表8-15。

表8-14　常用导线符号

序　号	名　　称	符　号	序　号	名　　称	符　号
1	铝芯聚氯乙烯绝缘导线	BLV	6	铜芯聚氯乙烯绝缘导线	BV
2	铝芯氯丁橡胶绝缘导线	BLXF	7	铜芯氯丁橡胶绝缘导线	BXF
3	铝芯橡皮绝缘玻璃丝编织导线	BBLX	8	铜芯橡皮绝缘玻璃丝编织导线	BBX
4	铝芯聚氯乙烯绝缘护套线	BLVV	9	铜芯橡皮绝缘导线	BX
5	铝芯橡皮绝缘导线	BLX			

表8-15　常用灯具及电器符号

序　号	名　　称	符　号	序　号	名　　称	符　号
1	大口橄榄罩吸顶灯	DDG	6	开启吸顶荧光灯	YQD
2	圆球吸顶灯	DYQ	7	空气自动开关	DZ
3	玉兰罩壁灯	BYL	8	开启式负荷开关	HK
4	圆球壁灯	BYQ	9	瓷插式熔断器	RC
5	简易开启荧光灯	YJQ	10	电度表	KWH

4. 照明灯具标注形式

照明灯具按以下形式标注：

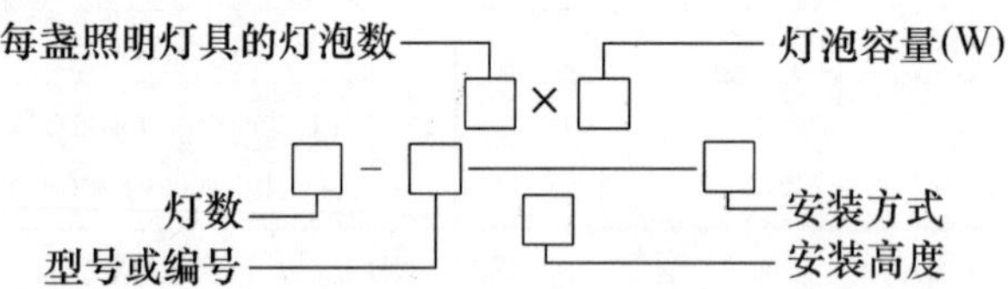

其中，型号常用拼音字母来表示；灯数表明有 n 组这样的灯具；安装方式符号按表8-16确定；安装高度是指从地面到灯具的高度，单位为m，若为吸顶形式安装，安装高度及安装方式可简化为“—”。

表8-16　灯具安装方式

符　　号	说　　明	符　　号	说　　明
X	线吊式	B	壁灯
L	链吊式	D或—	吸顶灯
G	杆吊式	R	嵌入式

例如，在电气照明平面图中标为“2—Y $\frac{2\times 30}{2.5}$L”，表明有 2 组荧光灯（Y），每组由 2 根 30W 的灯管组成，采用链条吊装形式（L），安装高度为 2.5m。

又如，标注为“3—S $\frac{1\times 100}{—}$D”，表明有 3 盏搪瓷伞形罩灯（S），每盏灯具中有 1 只 100W 的灯泡，采用吸顶形式安装（D，安装高度—）。

5. 配电线路标注形式

配电线路的标注形式为

$$a(b\times c)d-e$$

其中，a 为导线型号；b 为导线根数；c 为导线截面；d 为敷设方式及穿管管径；e 为敷设部位。

需标注引入线的规格时，其标注形式如下

$$a\frac{b-c}{d(e\times f)-g}$$

其中，a 为设备编号；b 为型号；c 为容量；d 为导线型号；e 为导线根数；f 为导线截面；g 为敷设方式。

导线敷设的符号及含义见表 8-17。

表 8-17　导线敷设的符号及含义

名　　称	符　号	说　　明	名　　称	符　号	说　　明
线路敷设方式	M	明敷	线路敷设方式	DG	穿电线管敷设
	A	暗敷		VG	穿硬塑料管敷设
	S	用钢索敷设	线路敷设部位	L	沿梁下或屋架下
	CP	用瓷瓶或瓷柱敷设		Z	沿柱
	CJ	用瓷夹板或瓷卡敷设		Q	沿墙
	VJ	塑料夹配线		P	沿顶棚
	QD	用塑料护套线敷设		D	沿地板
	CB	用木槽板或金属槽板敷设		GD	沿电缆沟敷设
	G	穿钢管敷设		DL	沿起重机梁敷设

6. 电气照明工程施工图常用图例

电气照明工程施工图常用图例见表 8-18。

8.3.2　电气照明安装工程量计算规则

1. 控制设备及低压电器

1）控制设备及低压电器安装均以“台”为计量单位。以上设备安装均未包括基础槽钢、角钢的制作安装，其工程量应按相应定额另行计算。

2）盘柜配线分不同规格，以“m”为计量单位。

3）盘、箱、柜的外部进出线预留长度按表 8-19 取用。

4）配电板制作安装及包铁皮，按配电板图示外形尺寸，以“m^2”为计量单位。

5）焊（压）接线端子定额只适用于导线。电缆终端头制作安装定额中已包括压接线端子，不得重复计算。

表 8-18　电气照明工程施工图常用图例

图　例	名　称	图　例	名　称	图　例	名　称
	多极开关一般符号(单线表示)		双极开关明装		三管荧光灯
	多极开关一般符号(多线表示)		双极开关暗装	5	五管荧光灯
	熔断器式开关		三极开关明装		球形灯
	熔断器的一般符号		三极开关暗装		顶棚灯
	接地装置(有接地极)		单极拉线开关		花灯
	单相插座明装		双极双控拉线开关		壁灯
	单相插座暗装		多拉开关(用于不同照度等)		动力配电箱
	单相三孔插座明装		双控开关(单极三线)		照明配电箱
	单相三孔插座暗装		双控开关暗装(单极三线)		事故照明配电箱
	带接地孔三相插座明装		电度表		导线(三根)
	带接地孔三相插座暗装		电铃		屏蔽导线
	单极开关明装		灯一般符号		避雷线
	单极开关暗装		荧光灯一般符号		进户线
	向上配线		向下配线		垂直通过配线

表 8-19　盘、箱、柜的外部进出线预留长度　（单位：m/个）

序号	项　目	预留长度	说　明
1	各种箱、柜、盘、板、盒	高 + 宽	盘面尺寸
2	单独安装的铁壳开关、自动开关、刀开关、启动器、箱式电阻器、变阻器	0.5	从安装对象中心算起
3	继电器、控制开关、信号灯、按钮、熔断器等小电器	0.3	从安装对象中心算起
4	分支接头	0.2	分支线预留

6）端子板外部接线按设备盘、箱、柜、台的外部接线图计算，以“10个”为计量单位。

7）盘、柜配线定额只适用于盘上小设备元件的少量现场配线，不适用于工厂的设备修、配、改工程。

2. 防雷及接地装置

1）接地极制作安装以“根”为计量单位，其长度按设计长度计算。设计无规定时，每把长度按2.5m计算。当设计有管帽时，管帽另按加工件计算。

2）接地母线敷设，按设计长度以“m”为计量单位计算工程量。接地母线、避雷线敷设，均按延长米计算，其长度按施工图设计水平和垂直规定长度另加3.9%的附加长度（包括转弯、上下波动、避绕障碍物、搭接头所占长度）计算。计算主材费时应另增加规定的损耗率。

3）接地跨接线以“处”为计量单位，按规程规定凡需做接地跨接线的工程内容，每跨接一次按一处计算。户外配电装置构架均需接地，每副构架按“1处”计算。

4）避雷针的加工制作、安装，以“根”为计量单位，独立避雷针安装以“基”为计量单位。

5）利用建筑物内主筋做接地引线安装以“10m”为计量单位，每一柱子内按焊接两根主筋考虑，超过两根时，可按比例调整。

6）断接卡子制作安装以“套”为计量单位，按设计规定装设的断接卡子数量计算，接地检查井内的断接卡子安装按每井一套计算。

3. 配管配线

1）各种配管应区别不同敷设方式、敷设位置、管材材质、规格，以“延长米”为计量单位，不扣除管路中间的接线箱（盒）、灯头盒、开关盒所占长度。

2）管内穿线的工程量，应区别线路性质、导线材质、导线截面，以单线“延长米”为计量单位计算。线路分支接头线的长度已综合考虑在定额中，不得另行计算。

3）槽板配线工程量，应区别槽板材质（木质、塑料）、配线位置（木结构、砖、混凝土）、导线截面、线式（二线、三线），以线路“延长米”为计量单位计算。

4）塑料护套线明敷工程量，应区别导线截面、导线芯数（二芯、三芯）、敷设位置（木结构、砖混结构、沿钢索），以单根线每束“延长米”为计量单位计算。

5）线槽配线工程量，应区别导线截面，以单根线路每束“延长米”为计量单位计算。

6）接线箱安装工程量，应区别安装形式（明装、暗装）、按线箱半周长，以“个”为计量单位计算。

7）接线盒安装工程量，应区别安装形式（明装、暗装、钢索上）以及接线盒类型，以“个”为计量单位计算。

8）灯具，明、暗装开关，插座，按钮等的预留线，已分别综合在相应的定额内，不另行计算。

配线进入开关箱、柜、板的预留线，按表8-20规定的长度，分别计入相应的工程量。

4. 照明灯具安装

1）普通灯具安装的工程量，应区别灯具的种类、型号、规格以“套”为计量单位计算。普通灯具安装定额适用范围见表8-21。

表 8-20 配线进入箱、柜、板的预留长度（每一根线）

序号	项目名称	预留长度/m	说明
1	各种开关箱、柜、板	宽+高	按盘面尺寸算
2	单独安装(无箱、盘)的铁壳开关启动器,线槽进出线盒等	0.3	从安装对象中心算起
3	由地面管子出口引至动力接线箱	1.0	从管口计算
4	电源与管内导线连接(管内穿线与软、硬母线接点)	1.5	从管口计算
5	出户线	1.5	从管口计算

表 8-21 普通灯具安装定额适用范围

定额名称	灯具种类	定额名称	灯具种类
圆球吸顶灯	材质为玻璃的螺口、卡口圆球独立吸顶灯	吊链灯	利用吊链作为辅助悬吊材料,独立的,材质为玻璃、塑料罩的各式吊链灯
半圆球吸顶灯	材质为玻璃的独立的半圆球吸顶灯、扁圆罩吸顶灯、平圆形吸顶灯	防水吊灯	一般防水吊灯
		一般弯脖灯	圆球弯脖灯、风雨壁灯
方形吸顶灯	材质为玻璃的独立的矩形罩吸顶灯、方形罩吸顶灯、大口方罩顶灯	一般墙壁灯	各种材质的一般壁灯、镜前灯
		软线吊灯头	一般吊灯头
软线吊灯	利用软线为垂吊材料,独立的,材质为玻璃、塑料、搪瓷,形状如碗伞、平盘灯罩组成的各式软线吊灯	声光控座灯头	一般声控、光控座灯头
		座灯头	一般塑胶、瓷质座灯头

2）开关、按钮安装的工程量，应区别开关、按钮安装形式，开关、按钮种类，开关极数以及单控与双控，以“套”为计量单位计算。

3）插座安装的工程量，应区别电源相数、额定电流、插座安装形式、插座插孔个数，以“套”为计量单位计算。

4）门铃安装工程量计算，应区别门铃安装形式，以“个”为计量单位计算。

5）风扇安装工程量，应区别风扇种类，以“台”为计量单位计算。

6）盘管风机三速开关、请勿打扰灯，须刨去插座安装的工程量，以“套”为计量单位计算。

8.3.3 电气照明安装工程量计算实例

【例 8-5】 根据某退休职工活动室电气照明施工图（图 8-3）计算工程量。

1. 活动室工程概况

工程概况见给水排水工程量计算实例【例 8-1】。

2. 活动室电气照明施工图设计说明

(1) 电源 本工程采用单相两线制供电（220V），进户线支架采用一端埋入式角钢支

架，安装高度为标高 3.2m 处，进配电箱导线 BLX—4mm² 暂不计算。

（2）配管配线　墙内、顶棚内均暗敷 PVC *DN*15 硬塑料管，管内穿 BV—2.5mm² 导线。

（3）配电箱　选用 XMR—12 成套型配电箱。半周长 0.7m（400mm × 300mm）安装高度距箱底边 1.80m。

（4）开关　单极跷板开关暗装，安装高度为 1.4m。

（5）灯具　单管或双管吸顶式成套型日光灯，圆球壁灯，半圆球吸顶灯（ϕ300mm）。壁灯安装高度为 2.0m。

（6）插座　二、三孔双联暗插座，插座接地线采用 BV—1.5mm² 导线。插座安装高度为 1.40m，距窗边 0.20m。

【解】　活动室电气照明工程量计算见表 8-22。

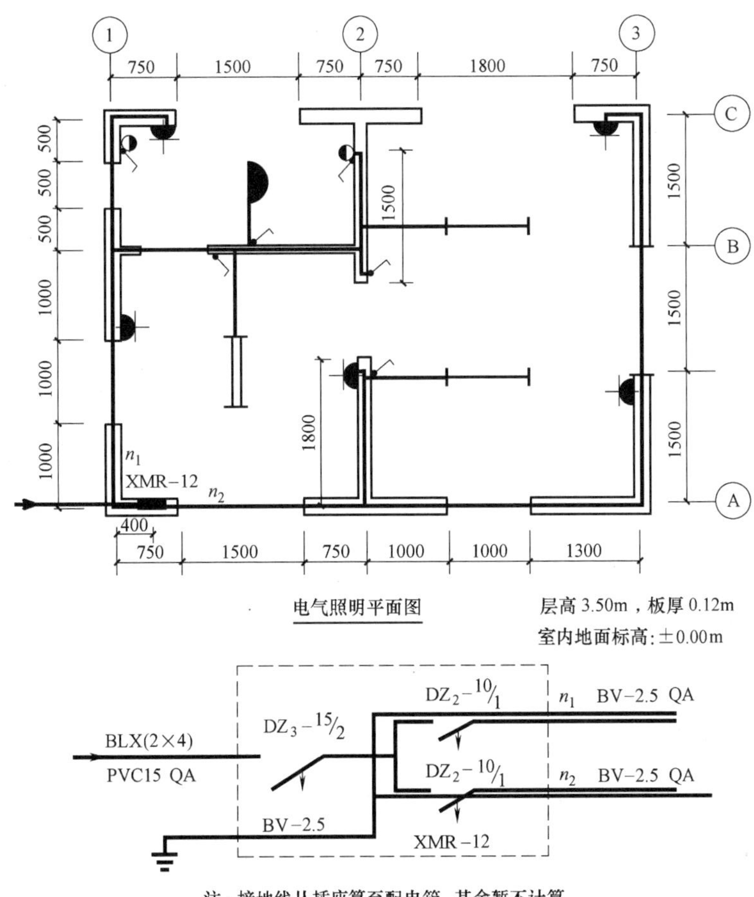

图 8-3　电气照明施工图

表 8-22　活动室电气照明工程量计算表

序号	定额编号	项 目 名 称	单位	工程量	计 算 式
1	2—798	进户线横担安装	根	1	见设计说明
2	2—264	成套配电箱安装	台	1	见设计说明及施工图
3	2—1097	PVC *DN*15 硬塑料管暗敷	m	49.08	(1) 进户至配电箱 水平：0.40 立管：$\overset{\text{支架标高}}{3.20}-\overset{\text{箱底标高}}{1.80}-\overset{\text{配电箱体高}}{0.40}=1.0$ (2) n_1 回路 立管： Ⓐ轴配电箱处： $3.50-\overset{\text{板厚}}{0.12}-\overset{\text{配电箱上边标高}}{2.20}-\overset{\text{顶棚下降}}{0.20}=0.98$ Ⓑ轴灯具处： $\left(\overset{\text{顶棚下降}}{0.20}+\overset{\text{板厚}}{\frac{0.12}{2}}\right)\times2$(处)(日光灯、吸顶灯)$=0.52$ 插座： $\left(3.50-\overset{\text{板厚}}{\frac{0.12}{2}}-\overset{\text{插座底标高}}{1.40}\right)\times2$(处)$=4.08$ 开关： $\left(3.50-\overset{\text{板厚}}{\frac{0.12}{2}}-\overset{\text{短底标高}}{1.40}\right)\times5$(处) $=10.20$(壁灯处已按开关算完) 水平： $\overset{\text{Ⓐ轴}}{0.40}+\overset{\text{①轴}}{(1.0\times3+0.5\times3)}+\overset{\text{Ⓒ轴　距窗边}}{(0.75-0.20)}$ $+\overset{\text{Ⓑ轴}}{(0.75\times2+1.50)}+\overset{\text{②轴}}{1.50}=9.95$ n_1 回路小计：25.73 (3) n_2 回路 立管： Ⓐ轴配电箱处同 n_1 回路 0.98 ②轴灯具处： $0.20+\frac{0.12}{2}=0.26$ 插座处： $\left(3.50-\frac{0.12}{2}-1.40\right)\times3$(处)$=6.12$ 开关处： $\left(3.50-\frac{0.12}{2}-1.40\right)\times1$(处)$=2.04$ 水平： Ⓐ轴： $0.75-0.40+1.50+0.75+1.0\times2+1.30=5.90$ ②轴： $1.80-\overset{\text{距门边}}{0.20}=1.60$ ③轴： $1.50\times3=4.50$ Ⓒ轴： $0.75-\overset{\text{距窗边}}{0.20}=0.55$ n_2 回路小计：21.95 合计：49.08

（续）

序号	定额编号	项目名称	单位	工程量	计算式
4	2—1172	管内穿 BV—2.5mm² 铜芯线	m	102.36	按暗敷塑料管计算： (49.08 − 1.40（扣除进户进配电箱管长）) ×2(根) =95.36
5	2—1171	管内穿 BV—1.5mm² 铜芯线	m	30.16	插座接地线 立管：配电箱处： 0.98 ×2(处)(见序 3 计算式) =1.96 ①、②、③、Ⓒ轴： $\left(3.50-\frac{0.12}{2}-1.40\right)\times 5$(处) =10.20 水平：Ⓐ轴：0.75 ×2 +1.50 +1.0 ×2 +1.30 =6.30 ②轴：1.80 −0.20 =1.60 ③轴：1.50 ×3 =4.50 Ⓒ轴：(0.75 −0.20) ×2(处) =1.10 ①轴：1.0 ×3 +0.5 ×3 =4.50 小计：30.16
6	2—1377	接线盒暗装	个	4	按Ⓑ轴与①、②轴相交和②轴与Ⓐ轴相交及Ⓑ轴吸顶灯处四个分线处计算
7	2—1378	开关盒、插座盒暗装	个	13	开关盒：6 个；插座盒 5 个；壁灯盒 2 个
8	2—1594	吸顶式单管荧光灯安装	套	2	(图示)
9	2—1595	吸顶式双管荧光灯安装	套	1	(图示)
10	2—1385	半圆球吸顶灯安装	套	1	(图示)
11	2—1393	圆球壁灯安装	套	2	(图示)
12	2—1637	单联跷板开关暗装	套	6	(图示)
13	2—1655	二、三孔插座暗装	套	5	(图示)

8.3.4　定额直接费及未计价材料费计算

1. 电气照明安装工程预算定额摘录

电气照明安装工程预算定额摘录见表 8-23 ~ 表 8-32。

表 8-23　成套配电箱安装

工作内容：开箱、检查、安装、查校线、接地。（单位：台）

定额编号				2—262	2—263	2—264	2—265	2—266
项目				落地式	悬挂嵌入式(半周长 m)			
					0.5	1.0	1.5	2.5
名称		单位	单价/元	数量				
人工	综合工日	工日	23.22	3.630	1.500	1.800	2.300	2.800
材料	破布	kg	5.830	0.100	0.080	0.100	0.100	0.120
	铁砂布 0 号 ~2 号	张	1.060	1.000	0.500	0.800	1.000	1.200
	电焊条结 422ϕ3.2	kg	5.410	0.150	—	—	—	0.150
	调和漆	kg	16.720	0.050	0.030	0.030	0.030	0.050
	钢板垫板	kg	4.120	0.300	0.150	0.150	0.150	0.200

（续）

定额编号				2—262	2—263	2—264	2—265	2—266
项目				落地式	悬挂嵌入式(半周长 m)			
					0.5	1.0	1.5	2.5
	名称	单位	单价/元	数量				
人工	综合工日	工日	23.22	3.630	1.500	1.800	2.300	2.800
材料	铜接线端子 DT—6mm^2	个	4.660	—	2.030	—	—	—
	铜接线端子 DT—10mm^2	个	4.660	—	—	2.030	2.030	—
	酚醛磁漆(各种颜色)	kg	17.440	0.020	0.010	—	0.010	0.020
	裸铜线 6mm^2	kg	29.590	—	0.170	—	—	—
	裸铜线 10mm^2	kg	29.590	—	—	0.200	0.230	—
	塑料软管	kg	16.650	0.300	0.130	0.150	0.180	0.250
	焊锡丝	kg	54.100	0.150	0.050	0.070	0.080	0.100
	电力复合酯一级	kg	20.000	0.050	0.410	0.410	0.410	0.410
	自粘性橡胶带 20mm×5m	卷	2.590	0.200	0.100	0.100	0.150	0.200
	镀锌扁钢—25×4	kg	4.300	1.500	—	—	—	1.500
	镀锌精制带帽螺栓 M10×100 以内 2 平 1 弹垫	10 套	8.190	0.610	0.210	0.210	0.210	0.210
机械	汽车式起重机 5t	台班	307.620	0.100	—	—	—	—
	载重汽车 4t	台班	198.640	0.060	—	—	—	—
	交流电焊机 21kV·A	台班	35.670	0.100	—	—	—	0.100
基价/元				161.49	66.66	76.19	90.25	99.84
其中	人工费/元			84.29	34.83	41.80	53.41	65.02
	材料费/元			30.95	31.83	34.39	36.84	31.25
	机械费/元			46.25	—	—	—	3.57

注：未包括支架制作、安装。

表 8-24　进户线横担

工作内容：测位、划线、打眼、钻孔、横担安装、装瓷瓶及防水弯头。（单位：根）

定额编号				2—798	2—799	2—800	2—801	2—802	2—803
项目				一端埋设式			两端埋设式		
				二线	四线	六线	二线	四线	六线
	名称	单位	单价/元	数量					
人工	综合工日	工日	23.22	0.240	0.370	0.500	0.330	0.370	0.410
材料	棉纱头	kg	5.830	0.030	0.050	0.050	0.050	0.050	0.050
	调和漆	kg	16.720	0.020	0.030	0.030	0.020	0.030	0.030
	地脚螺栓 M12×160	10 套	11.800	—	0.102	0.102	—	—	—
	镀锌铁拉板 40mm×4mm×200～350mm	块	2.640	—	—	—	—	8.400	12.600
	镀锌精制带帽螺栓 M12×100 以内 2 平 1 弹垫	10 套	13.360	—	0.100	0.100	—	0.408	0.612
	镀锌精制带帽螺栓 M12×150 以内 2 平 1 弹垫	10 套	17.550	—	—	—	—	0.410	0.610
	合金钢钻头 ϕ16mm	个	17.000	0.010	0.010	0.010	0.020	0.020	0.020
	镀锌圆钢 ϕ16×1000	根	13.430	—	1.050	1.050	—	—	—
	其他材料费	元	1.000	0.020	0.176	0.176	0.029	0.850	1.269
基价/元				6.27	26.37	29.39	8.65	45.40	64.07
其中	人工费/元			5.57	8.59	11.61	7.66	8.59	9.52
	材料费/元			0.70	17.78	17.78	0.99	36.81	54.55
	机械费/元			—	—	—	—	—	—

注：主要材料为横担、绝缘子、防水弯头、支撑铁件及螺栓。

表 8-25 砖、混凝土结构暗配

工作内容： 测位、划线、打眼、埋螺栓、锯管、煨弯、接管、配管。（单位：100m）

定额编号				2—1097	2—1098	2—1099	2—1100	2—1101	2—1102
项目				砖、混凝土结构暗配					
				硬质聚氯乙烯管公称口径(mm 以内)					
				15	20	25	32	40	50
	名称	单位	单价/元	数量					
人工	综合工日	工日	23.22	4.490	4.770	6.730	7.150	8.780	9.320
材料	塑料管	m	—	(106.070)	(106.070)	(106.420)	(106.420)	(107.360)	(107.360)
	塑料焊条 ϕ2.5mm	kg	8.320	0.200	0.220	0.230	0.240	0.450	0.480
	镀锌钢丝 13 号 ~17 号	kg	6.550	0.250	0.250	0.250	0.250	0.250	0.250
	锯条(各种规格)	根	0.620	1.000	1.000	1.000	1.000	1.000	1.000
	其他材料费	元	1.000	0.118	0.123	0.125	0.128	0.180	0.188
机械	空气压缩机 0.6m^3/min	台班	58.850	0.500	0.500	0.750	0.750	0.750	0.750
基价/元				137.73	144.40	204.71	214.54	254.19	266.99
其中	人工费/元			104.26	110.76	156.27	166.02	203.87	216.41
	材料费/元			4.04	4.21	4.30	4.38	6.18	6.44
	机械费/元			29.43	29.43	44.14	44.14	44.14	44.14

表 8-26 管内穿线

工作内容： 穿引线、扫管、涂滑石粉、穿线、编号、接焊包头。（单位：100m 单线）

定额编号				2—1169	2—1170	2—1171	2—1172	2—1173
项目				照明线路				
				导线截面(mm^2 以内)				
				铝芯 2.5	铝芯 4	铜芯 1.5	铜芯 2.5	铜芯 4
	名称	单位	单价/元	数量				
人工	综合工日	工日	23.22	1.000	0.700	0.980	1.000	0.700
材料	绝缘导线	m	—	(116.000)	(110.000)	(116.000)	(116.000)	(110.000)
	钢丝 ϕ1.6mm	kg	7.670	0.090	0.090	0.090	0.090	0.130
	棉纱头	kg	5.830	0.200	0.200	0.200	0.200	0.200
	铝压接管 ϕ4mm	个	0.140	16.240	—	—	—	—
	铝压接管 ϕ6mm	个	0.210	—	7.110	—	—	—
	焊锡	kg	54.100	—	—	0.150	0.200	0.200
	焊锡膏瓶装 50g	kg	66.600	—	—	0.010	0.010	0.010
	汽油 70 号	kg	2.900	—	—	0.500	0.500	0.500
	塑料胶布带 25mm×10m	卷	10.000	0.250	0.200	0.250	0.250	0.200
	其他材料费	元	1.000	0.199	0.160	0.438	0.519	0.513
基价/元				30.05	21.76	37.79	41.03	33.86
其中	人工费/元			23.22	16.25	22.76	23.22	16.25
	材料费/元			6.83	5.51	15.03	17.81	17.61
	机械费/元			—	—	—	—	—

表 8-27 接线盒安装

工作内容：测定、固定、修孔。（单位：10 个）

定额编号				2—1377	2—1378	2—1379	2—1380	2—1381
项目				暗装		明装		钢索上接线盒
				接线盒	开关盒	普通接线盒	防爆接线盒	
名称		单位	单价/元	数量				
人工	综合工日	工日	23.22	0.450	0.480	0.800	1.230	0.250
材料	接线盒	个	—	(10.200)	(10.200)	(10.200)	(10.200)	(10.200)
	塑料护口(钢管用)15～20mm	个	0.120	22.250	10.300	—	—	—
	镀锌锁紧螺母 3×15～20	个	0.820	22.250	10.300	—	—	—
	半圆头镀锌螺栓 M2～5×15～50	套	0.250	—	—	20.600	20.600	—
	塑料胀管 ϕ6～ϕ8mm	个	0.080	—	—	20.600	20.600	—
	其他材料费	元	1.000	0.627	0.290	0.204	0.204	—
基价/元				31.99	21.12	25.58	35.56	5.80
其中	人工费/元			10.45	11.15	18.58	28.56	5.80
	材料费/元			21.54	9.97	7.00	7.00	—
	机械费/元			—	—	—	—	—

表 8-28 吸顶灯具

工作内容：测定、划线、打眼、埋螺栓、上木台、灯具安装、接线、接焊包头。（单位：10 套）

定额编号				2—1382	2—1383	2—1384	2—1385	2—1386	2—1387	2—1388
项目				圆球吸顶灯		半圆球吸顶灯			方形吸顶灯	
				灯罩直径(mm 以内)					矩形罩	大口方罩
				250	300	250	300	350		
名称		单位	单价/元	数量						
人工	综合工日	工日	23.22	2.160	2.160	2.160	2.160	2.160	2.160	2.510
材料	成套灯具	套	—	(10.100)	(10.100)	(10.100)	(10.100)	(10.100)	(10.100)	(10.100)
	圆木台 150～250mm	块	9.130	10.500	—	10.500	—	—	—	—
	圆木台 275～350mm	块	12.110	—	10.500	—	10.500	—	—	—
	圆木台 375～425mm	块	14.000	—	—	—	—	10.500	—	—
	方木台 200×350mm	个	1.020	—	—	—	—	—	10.500	—
	方木台 400×400mm	个	1.190	—	—	—	—	—	—	10.500
	塑料绝缘线 BLV—2.5mm^2	m	1.080	3.050	3.050	7.130	7.130	7.130	7.130	7.130
	伞形螺栓 M6～8×150	套	0.600	20.400	20.400	20.400	20.400	20.400	—	—
	膨胀螺栓 M6	套	0.780	—	—	—	—	—	20.400	20.400
	木螺钉 ϕ2～4×6～65	10 个	0.130	5.200	5.200	4.160	4.160	4.160	4.160	4.160
	冲击钻头 ϕ6～ϕ12mm	个	3.660	—	—	—	—	—	0.140	0.140
	瓷接头(双)	个	0.460	—	—	—	—	—	10.300	10.300
	其他材料费	元	1.000	3.362	4.301	3.490	4.429	5.024	1.203	1.257
基价/元				165.60	197.83	170.00	202.23	222.67	91.48	101.44
其中	人工费/元			50.16	50.16	50.16	50.16	50.16	50.16	58.28
	材料费/元			115.44	147.67	119.84	152.07	172.51	41.32	43.16
	机械费/元			—	—	—	—	—	—	—

表 8-29 其他普通灯具

工作内容： 测定、划线、打眼、埋螺栓、上木台、支架安装、灯具组装、上绝缘子、保险器、吊链加工、接线、焊接包头。

（单位：10 套）

定额编号				2—1389	2—1390	2—1391	2—1392	2—1393
项目				软线吊灯	吊链灯	防水吊灯	一般弯脖灯	一般壁灯
名称		单位	单价/元	数量				
人工	综合工日	工日	23.22	0.940	2.020	0.940	2.020	2.020
材料	成套灯具	套	—	(10.100)	(10.100)	(10.100)	(10.100)	(10.100)
	塑料圆台	块	0.620	10.500	10.500	10.500	—	—
	圆木台 150～250mm	块	9.130	—	—	—	10.500	10.500
	塑料绝缘线 BLV—2.5mm^2	m	1.080	3.050	3.050	23.410	13.230	3.050
	花线 2×23/0.15	m	2.010	20.360	15.270	—	—	—
	伞形螺栓 M6～8×150	套	0.600	10.200	10.200	10.200	—	—
	木螺钉 ϕ2～4×6～65	10 个	0.130	2.080	3.120	2.080	12.320	8.320
	塑料胀管 ϕ6～ϕ8mm	个	0.080	—	—	—	82.600	42.100
	冲击钻头 ϕ6～ϕ12mm	个	3.660	—	—	—	0.550	0.280
	其他材料费	元	1.000	1.714	1.411	1.146	3.611	3.139
基价/元				80.66	95.33	61.16	170.89	154.67
其中	人工费/元			21.83	46.90	21.83	46.90	46.90
	材料费/元			58.83	48.43	39.33	123.99	107.77
	机械费/元			—	—	—	—	—

表 8-30 成套型荧光灯安装

（单位：10 套）

定额编号				2—1594	2—1595	2—1596
项目				吸顶式		
				单管	双管	三管
名称		单位	单价/元	数量		
人工	综合工日	工日	23.22	2.170	2.730	3.050
材料	成套灯具	套	—	(10.100)	(10.100)	(10.100)
	塑料绝缘线 BLV—2.5mm^2	m	1.080	7.130	7.130	7.130
	伞形螺栓 M6～8×150	套	0.600	20.400	20.400	20.400
	其他材料费	元	1.000	1.367	1.367	1.367
基价/元				71.70	84.70	92.13
其中	人工费/元			50.39	63.39	70.82
	材料费/元			21.31	21.31	21.31
	机械费/元			—	—	—

表 8-31 开关及按钮

工作内容：测位、划线、打眼、缠埋螺栓、清扫盒子、上木台、缠钢丝弹簧垫、装开关和按钮、接线、装盖。

（单位：10 套）

定额编号				2—1635	2—1636	2—1637	2—1638	2—1639	2—1640
项目				拉线开关	扳把开关明装	扳式暗开关(单控)			
						单联	双联	三联	四联
	名称	单位	单价/元	数量					
人工	综合工日	工日	23.22	0.830	0.830	0.850	0.890	0.930	0.980
材料	照明开关	只	—	(10.200)	(10.200)	(10.200)	(10.200)	(10.200)	(10.200)
	圆木台 63～138×22	块	1.220	10.500	10.500	—	—	—	—
	塑料绝缘线 BLV—2.5mm^2	m	1.080	3.050	3.050	3.050	4.580	6.110	7.640
	木螺钉 ϕ2～4×6～65	10 个	0.130	4.160	4.160	2.080	2.080	2.080	2.080
	镀锌钢丝 18 号～22 号	kg	7.800	0.100	0.100	0.100	0.100	0.100	0.100
	其他材料费	元	1.000	0.523	0.523	0.130	0.180	0.229	0.279
基价/元				37.22	37.22	24.21	26.85	29.47	32.34
其中	人工费/元			19.27	19.27	19.74	20.67	21.59	22.76
	材料费/元			17.95	17.95	4.47	6.18	7.88	9.58
	机械费/元			—	—	—	—	—	—

表 8-32 插座

工作内容：测位、划线、打眼、缠埋螺栓、清扫盒子、上木台、缠钢丝弹簧垫、装插座、接线、装盖。

（单位：10 套）

定额编号				2—1652	2—1653	2—1654	2—1655	2—1656	2—1657
项目				单相明插座 15A					
				2 孔	3 孔	4 孔	5 孔	6 孔	7 孔
	名称	单位	单价/元	数量					
人工	综合工日	工日	23.22	0.830	0.910	1.000	1.100	1.210	1.330
材料	成套插座	套	—	(10.200)	(10.200)	(10.200)	(10.200)	(10.200)	(10.200)
	圆木台 63～138×22	块	1.220	10.500	10.500	10.500	10.500	10.500	10.500
	塑料绝缘线 BLV—2.5mm^2	m	1.080	3.050	4.580	6.100	7.630	9.150	10.680
	木螺钉 ϕ2～4×6～65	10 个	0.130	2.080	2.080	2.080	2.080	2.080	2.080
	木螺钉 ϕ4.5～6×15～100	10 个	0.130	2.080	2.080	2.080	2.080	2.080	2.080
	镀锌钢丝 18 号～22 号	kg	7.800	0.100	0.100	0.100	0.100	0.100	0.100
	其他材料费	元	1.000	0.523	0.572	0.622	0.671	0.720	0.770
基价/元				37.22	40.78	44.56	48.58	52.83	57.32
其中	人工费/元			19.27	21.13	23.22	25.54	28.10	30.88
	材料费/元			17.95	19.65	21.34	23.04	24.73	26.44
	机械费/元			—	—	—	—	—	—

2. 计算实例

【例 8-6】 根据活动室电气照明施工图（图 8-3）、安装预算定额和材料单价（表 8-33），计算该工程的定额直接费和未计价材料费（表 8-34）。

表 8-33 活动室电气照明安装材料单价

序号	材料名称	单位	单价/元	序号	材料名称	单位	单价/元
1	配电箱 XMR—12	台	125.00	9	开关盒、插座盒	个	1.50
2	角钢横担 0.5m 长	根	6.55	10	ϕ300 半圆球吸顶灯	套	35.00
3	绝缘子	付	3.34	11	圆球壁灯	套	75.00
4	防水弯头	个	0.95	12	单管荧光灯(成套)	套	80.00
5	*DN*15 PVC 管	m	0.86	13	双管荧光灯(成套)	套	138.00
6	BV—1.5mm^2 导线	m	0.78	14	单联跷板开关	只	7.40
7	BV—2.5mm^2 导线	m	1.13	15	二、三孔插座	套	8.12
8	接线盒	个	1.80				

表 8-34 活动室电气照明安装工程直接费计算表

序号	定额编号	项目及材料名称	单位	数量	单价/元			合价/元		
					基价	人工费	未计价材料单价	小计	人工费	未计价材料费
1	2—264	成套配电箱安装	台	1	76.19	41.80		76.19	41.80	
		配电箱 XMR—2	台	1			125.00			125.00
2	2—798	进户线横担安装	根	1	6.27	5.57		6.27	5.57	
		角钢横担 0.5m 长	根	1			6.55			6.55
		绝缘子	付	1			3.34			3.34
		防水弯头	个	1			0.95			0.95
3	2—1097	*DN*15 塑料管暗敷	m	49.08	1.38	1.04		67.73	51.04	
		*DN*15 PVC 管	m	52.02			0.86			44.74
4	2—1171	管内穿 BV—1.5mm^2 铜芯线	m	30.16	0.38	0.23		11.46	6.94	
		BV—1.5mm^2 导线	m	34.99			0.78			27.29
5	2—1172	管内穿 BV—2.5mm^2 铜芯线	m	95.36	0.41	0.23		39.10	21.93	
		BV—2.5mm^2 导线	m	110.62			1.13			125.00
6	2—1377	接线盒暗装	个	4	3.20	0.10		12.80	0.40	
		接线盒	个	4.08			1.80			7.34
7	2—1378	开关盒、插座盒暗装	个	13	2.11	0.11		27.43	1.43	
		开关盒、插座盒	个	13.26			1.50			19.89
8	2—1385	半圆球吸顶灯安装	套	1	20.22	5.02		20.22	5.02	
		ϕ300mm 半圆球吸顶灯	套	1.01			35.00			35.35
9	2—1393	圆球壁灯安装	套	2	15.47	4.69		30.94	9.38	
		圆球壁灯	套	2.02			75.00			151.50

（续）

序号	定额编号	项目及材料名称	单位	数量	单价/元			合价/元		
					基价	人工费	未计价材料单价	小计	人工费	未计价材料费
10	2—1594	吸顶式单管荧光灯安装 成套单管荧光灯	套 套	2 2.02	7.17	5.04	80.00	14.34	10.08	161.60
11	2—1595	吸顶式双管荧光灯安装 成套双管荧光灯	套 套	1 1.01	8.47	6.34	138.00	8.47	6.34	138.00
12	2—1637	单联跷板开关暗装 单联开关	套 只	6 6.12	2.42	1.97	7.40	14.52	11.82	45.29
13	2—1655	二、三孔插座暗装 二、三孔双联插座	套 套	5 5.10	4.86	2.55	8.12	24.30	12.75	41.41
		合　计						353.77	184.50	933.25

8.3.5 工程造价计算

【例 8-7】 活动室电气照明安装工程造价计算条件同表 8-12，造价计算见表 8-35。

表 8-35 活动室电气照明安装工程造价计算表

费用名称	序号	费用项目		计算式	金额/元
直接费	（一）	直接工程费		见表 8-34	353.77
	（二）	其中：定额人工费		见表 8-34	184.50
	（三）	未计价材料费		见表 8-34	933.25
	（四）	措施费	环境保护费	—	—
			文明施工费	184.50 元 ×4.5%	8.30
			安全施工费	184.50 元 ×5.0%	9.23
			临时设施费	184.50 元 ×8.1%	14.94
			夜间施工费	184.50 元 ×2.3%	4.24
			二次搬运费	184.50 元 ×1.6%	2.95
			已完工程及设备保护费	—	—
间接费	（五）	规费	社会保险费	184.50 元 ×16%	29.52
			住房公积金	184.50 元 ×6.0%	11.07
			危险作业意外伤害保险	184.50 元 ×0.6%	1.11
		企业管理费		184.50 元 ×27.6%	50.92
利润	（六）	利润		184.50 元 ×33%	60.89
税金	（七）	营业税		（一）+（三）+（四）+（五）+（六） 1480.19 元 ×3.093%	45.78
	（八）	城市维护建设税		45.78 元 ×7%	3.20
	（九）	教育费附加		45.78 元 ×3%	1.37
工程造价		工程造价		（一）+（三）+（四）+（五）+（六）+ （七）+（八）+（九）	1530.54

【例 8-8】 按照建标［2013］44 号文件规定的费用项目和某地区费用计算费率（表 8-36）以及表 8-35 的有关数据，计算活动室电气照明安装工程造价（表 8-37）。

表 8-36　某地区费用计算费率（按建标［2013］44 号文件）

<table>
<tr><th>序号</th><th>费用名称</th><th>计算基数</th><th>费率</th></tr>
<tr><td>1</td><td>企业管理费和利润</td><td rowspan="7">分部分项工程与单价措施项目定额人工费</td><td>30%</td></tr>
<tr><td>2</td><td>夜间施工增加费</td><td>2.5%</td></tr>
<tr><td>3</td><td>二次搬运费</td><td>1.5%</td></tr>
<tr><td>4</td><td>冬雨期施工增加费</td><td>2.0%</td></tr>
<tr><td>5</td><td>安全文明施工费</td><td>26.0%</td></tr>
<tr><td>6</td><td>社会保险费</td><td>10.6%</td></tr>
<tr><td>7</td><td>住房公积金</td><td>2.0%</td></tr>
<tr><td>8</td><td>总承包服务费</td><td>工程估价</td><td>1.5%</td></tr>
<tr><td>9</td><td>综合税率</td><td>分部分项工程费＋措施项目费＋其他项目费＋规费＋税金</td><td>3.48%</td></tr>
</table>

表 8-37　建筑安装工程施工图预算造价费用计算表（按建标［2013］44 号文件）

工程名称：活动室电气照明安装工程　　　　第 1 页　共 1 页

<table>
<tr><th>序号</th><th colspan="3">费用名称</th><th>计算式</th><th>费率(%)</th><th>金额/元</th><th>合计/元</th></tr>
<tr><td rowspan="4">1</td><td rowspan="4">分部分项工程费</td><td colspan="2">人工费</td><td rowspan="3">353.77(表 8-35)
其中人工费:184.50 元
未计价材料费:933.25 元(表 8-35)</td><td rowspan="3"></td><td rowspan="3">1287.02</td><td rowspan="4">1342.37</td></tr>
<tr><td colspan="2">材料费</td></tr>
<tr><td colspan="2">机械费</td></tr>
<tr><td colspan="2">管理费
利润</td><td>∑(分部分项工程定额人工费)×费率
=184.50×30% =55.35 元</td><td>30</td><td>55.35</td></tr>
<tr><td rowspan="5">2</td><td rowspan="5">措施项目费</td><td colspan="2">单价措施费</td><td></td><td></td><td></td><td>(本工程无此项)</td></tr>
<tr><td rowspan="4">总价措施费</td><td>安全文明施工费</td><td rowspan="4">分部分项工程定额人工费＋单价措施项目定额人工费 184.50 元</td><td>26</td><td>47.97</td><td rowspan="4">59.04</td></tr>
<tr><td>夜间施工增加费</td><td>2.5</td><td>4.61</td></tr>
<tr><td>二次搬运费</td><td>1.5</td><td>2.77</td></tr>
<tr><td>冬雨期施工增加费</td><td>2.0</td><td>3.69</td></tr>
<tr><td rowspan="4">3</td><td rowspan="4">其他项目费</td><td colspan="2">总承包服务费</td><td>招标人分包工程造价(本工程无此项)</td><td></td><td></td><td rowspan="4">(本工程无此项)</td></tr>
<tr><td colspan="2"></td><td></td><td></td><td></td></tr>
<tr><td colspan="2"></td><td></td><td></td><td></td></tr>
<tr><td colspan="2"></td><td></td><td></td><td></td></tr>
<tr><td rowspan="3">4</td><td rowspan="3">规费</td><td colspan="2">社会保险费</td><td rowspan="2">分部分项工程定额人工费＋单价措施项目定额人工费
184.50 元</td><td>10.6</td><td>19.56</td><td rowspan="3">23.25</td></tr>
<tr><td colspan="2">住房公积金</td><td>2.0</td><td>3.69</td></tr>
<tr><td colspan="2">工程排污费</td><td>按工程所在地规定计算
(本工程无此项)</td><td></td><td></td></tr>
</table>

（续）

序号	费用名称	计算式	费率(%)	金额/元	合计/元
5	人工价差调整	定额人工费×调整系数			(本工程无此项)
6	材料价差调整	见材料价差计算表			(本工程无此项)
7	税金	(序1+序2+序3+序4+序5+序6) 1342.37+59.04+23.25=1424.66元	3.48		49.58
	施工图预算造价	(序1+序2+序3+序4+序5+序6+序7)			1474.24

思考题

1. 什么是水电安装工程预算？
2. 简述水电安装工程预算的编制程序。
3. 什么是公称直径？
4. 什么是球阀？
5. 室内给水、排水系统分别由哪些部分组成？
6. 如何计算给水、排水管道工程量？
7. 如何计算管内穿线工程量？
8. 如何计算安装工程造价？

工程量清单及报价编制实例篇

第9章　工程量清单编制实例

9.1　车库施工图

车库施工图包括建施图2张、结施图5张、水施图1张，如图9-1～图9-8所示。

9.2　清单工程量计算

车库工程的建筑工程、装饰装修工程、给水排水安装工程的清单工程量计算见表9-1，表中1～18栏为建筑工程部分，19～32栏为装饰装修工程部分，33～36栏为给水排水安装工程部分。

9.3　工程量清单编制

根据招标文件、《建设工程工程量清单计价规范》(GB 50500—2013)、车库工程施工图编制的车库工程工程量清单见表9-2～表9-9。

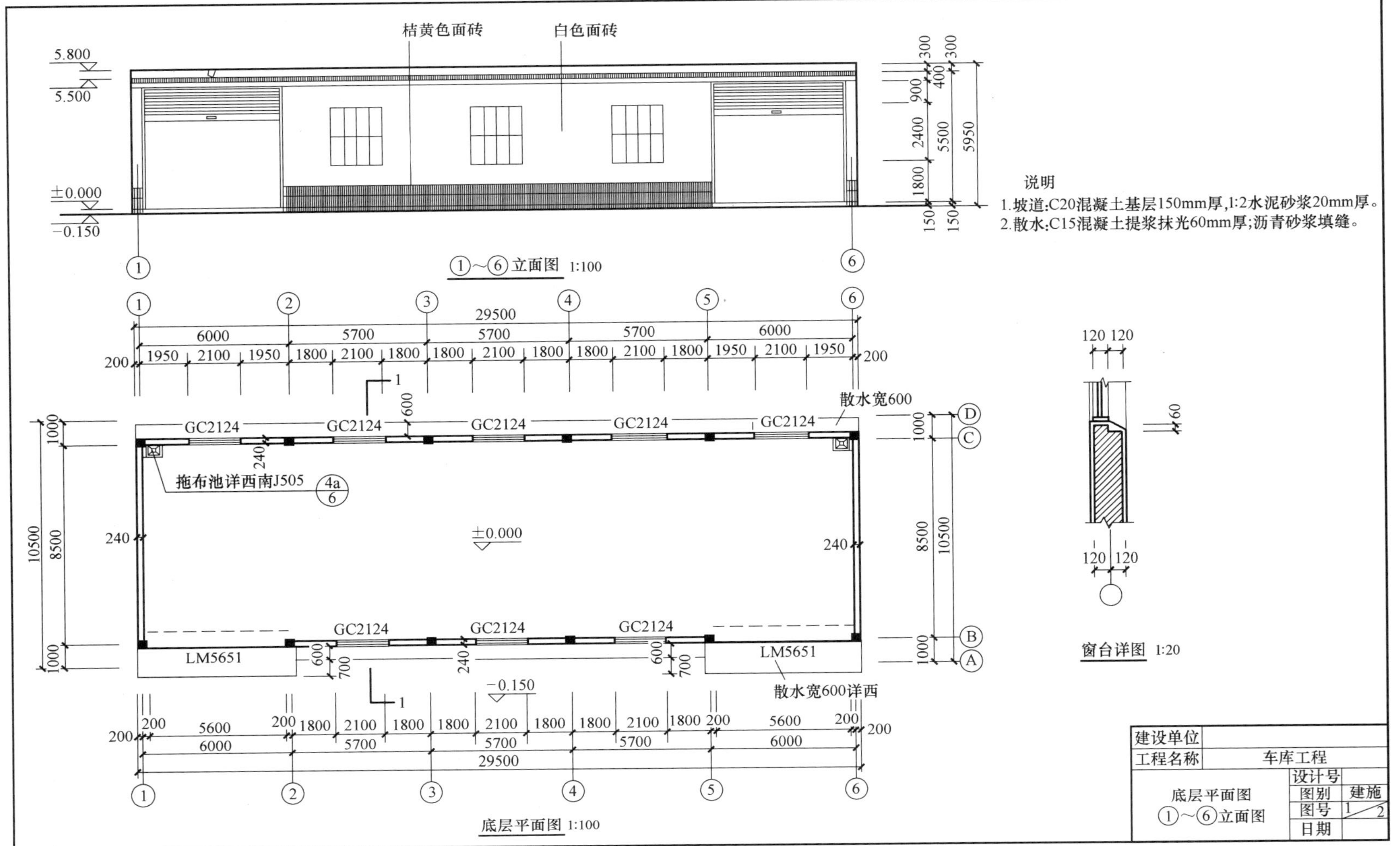
桔黄色面砖
白色面砖
5.800
5.500
±0.000
-0.150
①~⑥立面图 1:100
说明
1.坡道:C20混凝土基层150mm厚,1:2水泥砂浆20mm厚。
2.散水:C15混凝土提浆抹光60mm厚;沥青砂浆填缝。
29500
GC2124
散水宽600
拖布池详西南J505
LM5651
散水宽600详西
底层平面图 1:100
窗台详图 1:20
建设单位
工程名称
车库工程
底层平面图
①~⑥立面图
设计号
图别
建施
图号
日期

图 9-1 1 号建施图

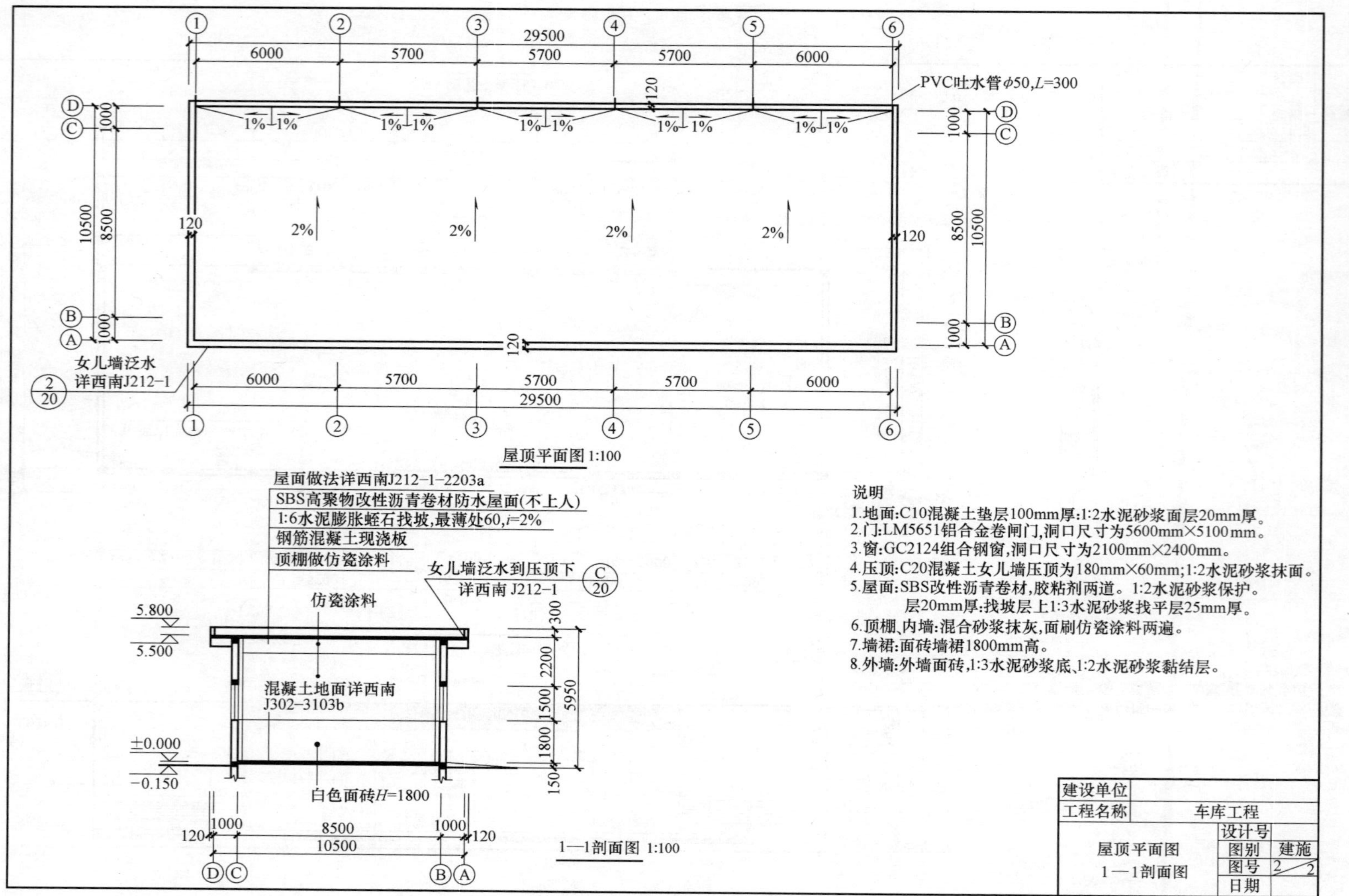

PVC吐水管ϕ50,L=300
女儿墙泛水
详西南J212-1
屋顶平面图 1:100
屋面做法详西南J212-1-2203a
SBS高聚物改性沥青卷材防水屋面(不上人)
1:6水泥膨胀蛭石找坡,最薄处60,i=2%
钢筋混凝土现浇板
顶棚做仿瓷涂料
女儿墙泛水到压顶下
详西南 J212-1
仿瓷涂料
混凝土地面详西南
J302-3103b
白色面砖H=1800
1—1剖面图 1:100
说明
1.地面:C10混凝土垫层100mm厚;1:2水泥砂浆面层20mm厚。
2.门:LM5651铝合金卷闸门,洞口尺寸为5600mm×5100mm。
3.窗:GC2124组合钢窗,洞口尺寸为2100mm×2400mm。
4.压顶:C20混凝土女儿墙压顶为180mm×60mm;1:2水泥砂浆抹面。
5.屋面:SBS改性沥青卷材,胶粘剂两道。1:2水泥砂浆保护。
层20mm厚;找坡层上1:3水泥砂浆找平层25mm厚。
6.顶棚、内墙:混合砂浆抹灰,面刷仿瓷涂料两遍。
7.墙裙:面砖墙裙1800mm高。
8.外墙:外墙面砖,1:3水泥砂浆底、1:2水泥砂浆黏结层。
建设单位
工程名称
车库工程
设计号
图别
建施
图号
日期
屋顶平面图
1—1剖面图

图 9-2　2 号建施图

结构设计总说明

一、自然条件

1. 结构设计的±0.000 的绝对标高详见建筑施工图。
2. 基本风压为 0.25kN/m²。
3. 地面粗糙度为 B 类。
4. 抗震设防烈度为 6 度，场地土类别为Ⅱ类。
5. 图中标高以 m 为单位，其余尺寸以 mm 为单位。

二、结构总体概述

1. 该工程为一层框架结构，框架抗震等级为四级，各层层高为 5.5m，总层高为 5.5m。
2. 基础采用柱下独立基础。

三、使用和施工荷载限值

本工程使用和施工荷载标准值(kN/m²)不得大于下表规定值：

序号	部位	荷载标准值		序号	部位	荷载标准值	
		恒载	活载			恒载	活载
1	屋面	6.600	0.700	4			
2				5			
3				6			

四、材料和保护层

1. 混凝土强度等级

序号	部件或构件	混凝土强度	序号	部件或构件	混凝土强度
1	基础垫层	C10	4	其余现浇构件	C20
2	柱下独立基础	C20	5		
3	框架梁板柱、拉梁	C20	6		

2. 砖的强度等级

3. 砌筑砂浆的强度等级及种类

序号	砌体的部位	砂浆强度及种类	序号	砌体的部位	砂浆强度及种类
1	基础部分	M5 水泥砂浆	3		
2	墙体	M5 混合砂浆	4		

4. 填充墙砌块种类和强度等级：采用 240 厚 MU7.5 标砖。

5. 钢筋：ф为Ⅰ级钢筋，Φ为Ⅱ级钢筋，ф6 的钢筋按ф6.5 计。

6. 钢筋的保护层厚度

序号	部件或构件	保护层厚度	序号	部件或构件	保护层厚度
1	基础	35	3	现浇板	15
2	梁和柱	25	4		

7. 钢筋的锚固长度和搭接长度

序号	混凝土强度	锚固长度	搭接长度	序号	混凝土强度	锚固长度	搭接长度
1	C20	40d	48d	2			

注：在任何情况下，纵向钢筋的锚固长度不应小于 250mm，搭接长度不应小于 300mm。

五、基础

1. 基础设计根据建设单位提供的地勘报告进行，基础设计为柱下独立基础，以粉质黏土层作为地基持力层，地基持力层承载力标准值取 f_k=150kPa。
2. 独立基础埋深为−1.500m，基础插筋同柱筋。
3. 建筑物周围的水池要有可靠措施保证池中水不会渗漏，以保证建筑物的安全。
4. 基槽开挖完成后通知设计人员及相关人员验槽。

六、框架

1. 框架梁柱核心区的混凝土要有可靠的措施来保证振捣密实。
2. 梁柱箍筋末端均做成 135°弯钩，弯钩平直段长度为 10d。
3. 梁柱纵筋接头宜采用对焊接头，当现场采用搭接接头时，按现行规范执行。
4. 柱纵筋配筋率大于 3%的柱箍筋均焊接成封闭箍筋。
5. 本工程中凡跨度大于 4.2m 的梁的跨中均按 2%起拱，挑梁按 5%起拱。
6. 本工程不宜以屈服强度更高的钢筋代替原设计中的主要钢筋，当要代换时宜按实际强度设计值换算（并且应通过设计单位同意方可）。
7. 本工程所有墙体每隔 3m 处、墙体转角处、内外墙交接处、墙体端部处均应设置钢筋混凝土构造柱，其断面为 240mm×240mm，纵筋 4Φ10，箍筋ф6.5@250。所有的构造柱均待主体完工后再施工。构造柱纵筋的上端与梁连接时采用与预埋铁件相焊接的方式。
8. 预应力空心板采用西南 04G232 图集。
9. 钢窗上口设过梁，采用西南 03G301 图集。

七、楼屋面

1. 楼板顶面结构标高比同层建筑标高低 30mm，卫生间现浇板结构标高比楼板顶面结构标高低 40mm。
2. 图中未注明板厚的现浇板，其厚度为 80mm。
3. 现浇板负弯矩筋的分布筋为ф6.5@300，现浇板标高不同处将钢筋断开施工。
4. 本工程所有卫生间的现浇板均在楼面标高处沿墙四周部位用 C20 素混凝土向上做 120mm 高、宽度为墙宽的反边。
5. 施工中要求所有的预制构件均应按所选标准图集进行制作、运输、安装。

八、砌体

1. 本工程构造柱从基础拉梁开始浇筑，纵筋在拉梁底弯折 200mm。构造柱与现浇框架梁连接处的上下端 1/6 的层高及竖筋搭接 35d 范围内，构造柱箍筋间距为 100mm。
2. 凡低于圈梁的门窗洞口处均设预制过梁，由施工单位自行选用，图集号为川 91G310，荷载等级为 0 级。
3. 所有的外墙在窗台处和所有的内墙在离楼地面 1.8m 或 1.5m 处均设墙体拉接带，拉接带做法详见右图，拉接带钢筋必须与柱采用预埋件相焊接。

4. 本工程所有的墙与柱（包括构造柱）相接处、墙体交接处均设墙体拉接筋，做法为沿高度方向设 2ф6.5@500 的钢筋，伸入墙体内长度为 1000mm 或与窗间墙同宽。
5. 栏板墙和女儿墙每隔 2m 设一根 240(120)mm×240mm 的钢筋混凝土小柱，配筋：纵筋为 4Φ10，箍筋为ф6.5@250。

九、其他

1. 本图协同建筑、水、电施工图施工。
2. 未详事项依照国家现行的规范和规程执行。
3. 本工程采用 PKPM 系列软件（Windows98 支持版本）进行结构计算和绘图。

图纸目录

图号	图纸内容
结施 1	结构设计总说明，图纸目录，墙体拉接带配筋图
结施 2	基础平面布置图 J—1
结施 3	屋面层结构平面图，L—1
结施 4	KJ—1，LL—1，LL—1a，LL—2
结施 5	KJ—2，非承重墙基础图，主材汇总表

ф4@200
120
2ф6
240

墙体拉接带配筋图

建设单位			
工程名称	车库工程		
结构设计总说明 图纸目录 墙体拉接带配筋图	设计号		
	图别	结施	
	图号	1/5	
	日期		

图 9-3　1 号结施图

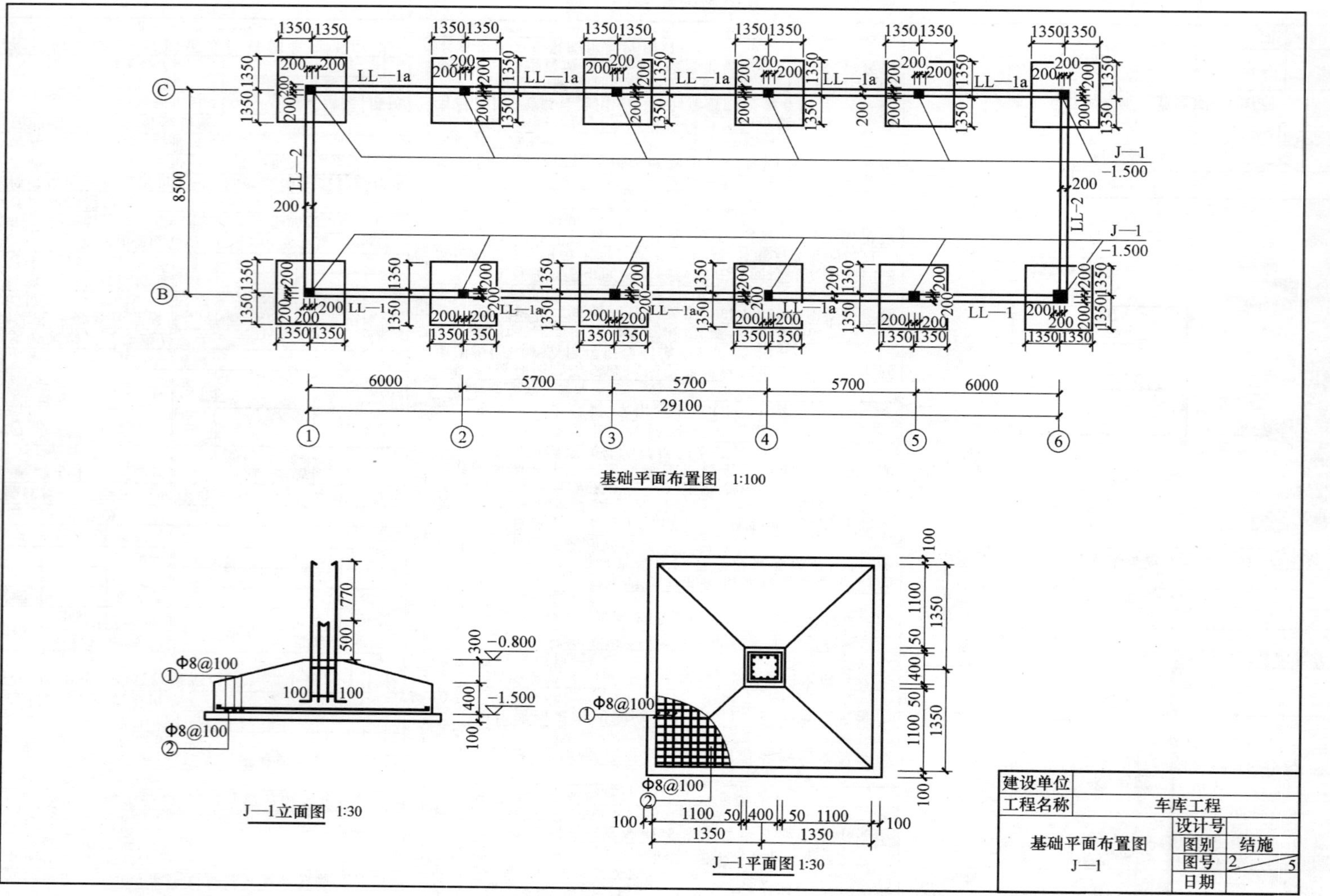
基础平面布置图 1:100
J—1
−1.500
LL—1a
LL—1
LL—2
8500
6000
5700
5700
5700
6000
29100
J—1立面图 1:30
Φ8@100
−0.800
−1.500
J—1平面图 1:30
建设单位
工程名称
车库工程
基础平面布置图
J—1
设计号
图别
结施
图号
2
5
日期

图 9-4 2号结施图

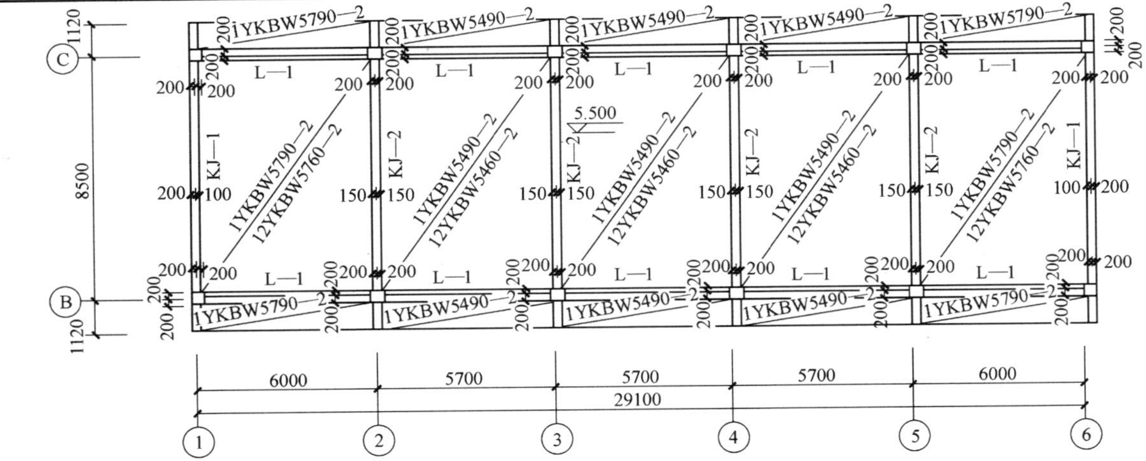

屋面层结构平面图 1:100

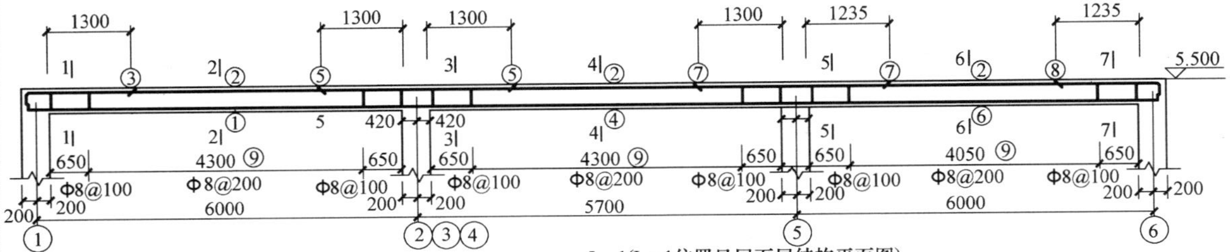

L—1(L—1位置见屋面层结构平面图)

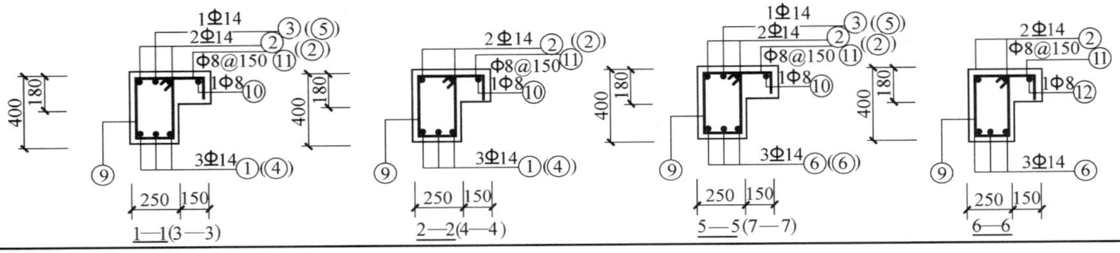

1—1(3—3)　2—2(4—4)　5—5(7—7)　6—6

说明(西南04G232)

空心板代号	每块体积/m³	每块钢筋质量/kg
bWB5460—3	0.229	15.82
bWB5490—3	0.424	23.37
bWB5760—3	0.315	17.43
bWB5790—3	0.447	26.26

L—1　梁钢筋表

编号	钢筋简图	规格	长度/mm	根数	质量/kg
①	140 6340	Φ14	6480	3	23
②	210 30090 210	Φ14	30510	2	74
③	210 1670	Φ14	1880	1	2
④	6340	Φ14	6430	9	70
⑤	3000	Φ14	3000	3	11
⑥	140 6090	Φ14	6230	3	23
⑦	2930	Φ14	2930	1	4
⑧	210 1600	Φ14	1810	1	2
⑨	200 350	Φ8	1340	169	89
⑩	6000	Φ8	6000	4	9
⑪	350 155	Φ8	555	188	41
⑫	5750	Φ8	5750	1	2
总质量					351

建设单位			
工程名称	车库工程		
屋面层结构平面图 L—1		设计号	
		图别	结施
		图号	3 / 5
		日期	

图 9-5　3 号结施图

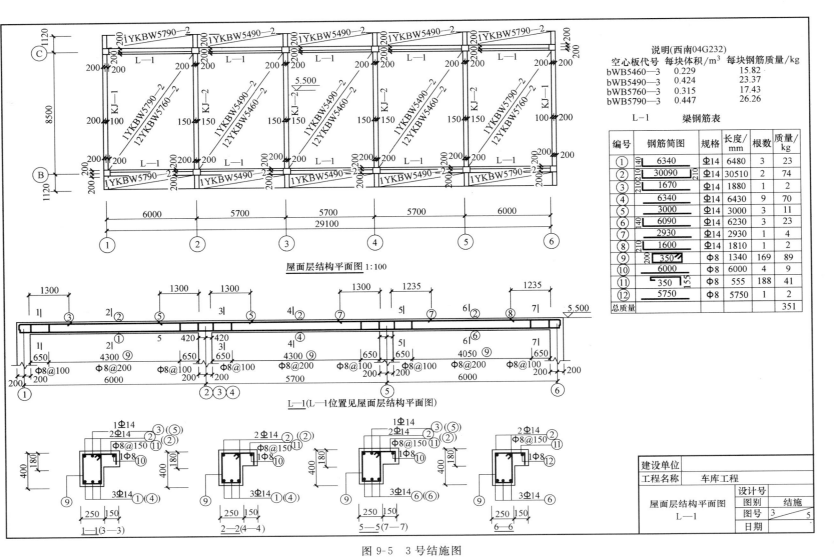

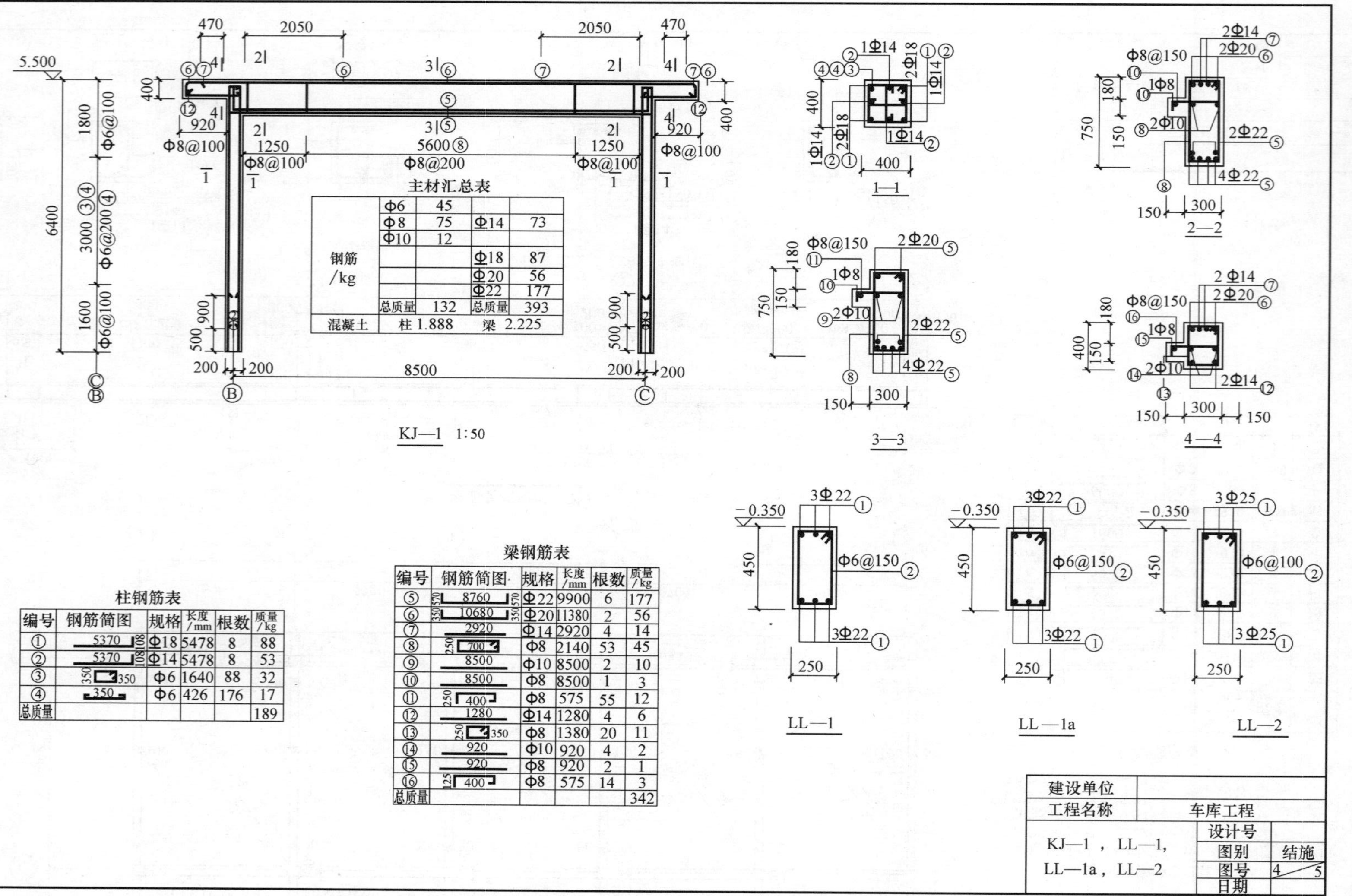

主材汇总表

钢筋/kg	Φ6	45		
	Φ8	75	Φ14	73
	Φ10	12		
			Φ18	87
			Φ20	56
			Φ22	177
	总质量	132	总质量	393
混凝土	柱 1.888		梁 2.225	

柱钢筋表

编号	钢筋简图	规格	长度/mm	根数	质量/kg
①	5370 108	Φ18	5478	8	88
②	5370 108	Φ14	5478	8	53
③	350 350	Φ6	1640	88	32
④	350	Φ6	426	176	17
总质量					189

梁钢筋表

编号	钢筋简图	规格	长度/mm	根数	质量/kg
⑤	8760	Φ22	9900	6	177
⑥	10680	Φ20	11380	2	56
⑦	2920	Φ14	2920	4	14
⑧	700 250	Φ8	2140	53	45
⑨	8500	Φ10	8500	2	10
⑩	8500	Φ8	8500	1	3
⑪	400 250	Φ8	575	55	12
⑫	1280	Φ14	1280	4	6
⑬	350 250	Φ8	1380	20	11
⑭	920	Φ10	920	4	2
⑮	920	Φ8	920	2	1
⑯	400 125	Φ8	575	14	3
总质量					342

图 9-6 4号结施图

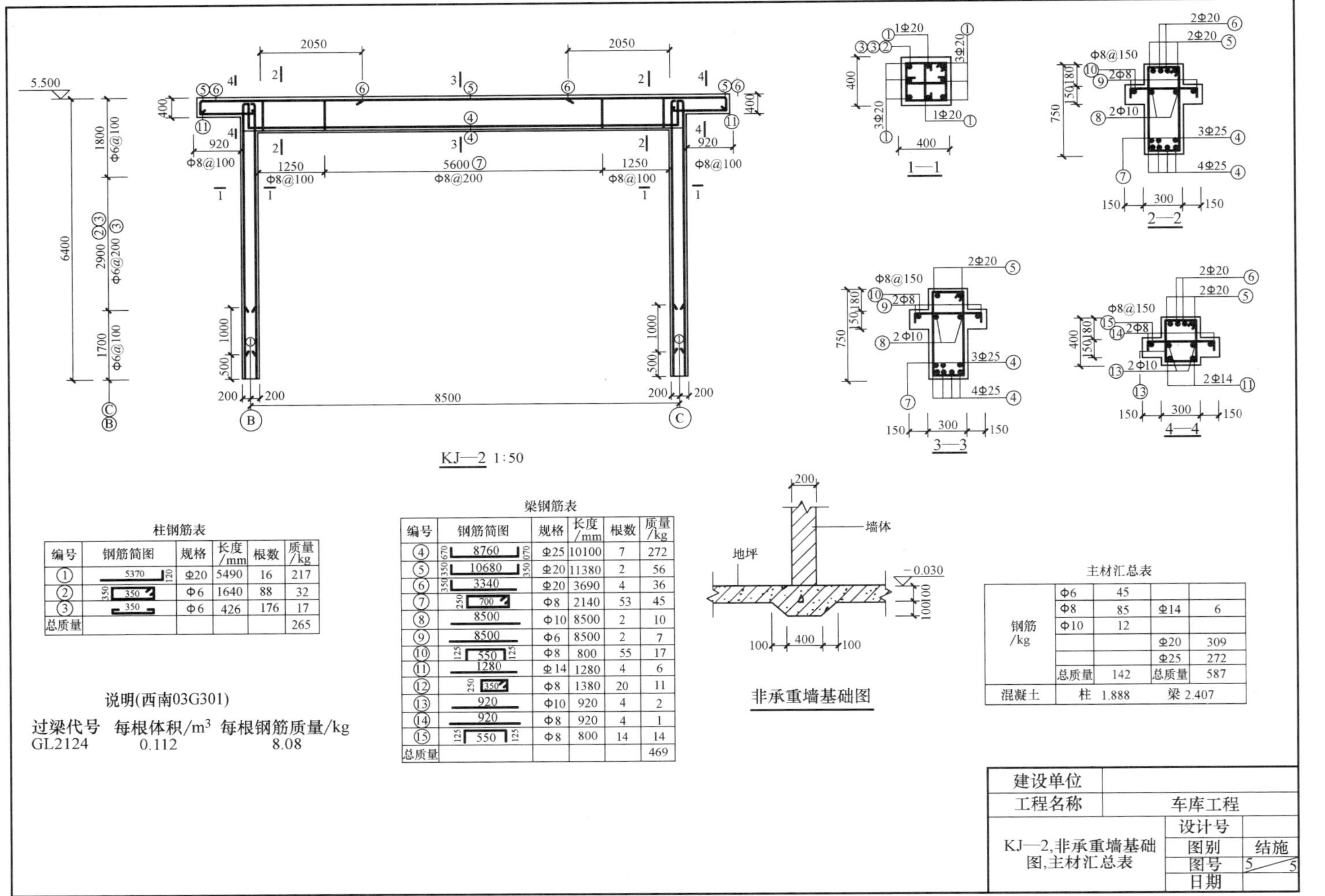

柱钢筋表

编号	钢筋简图	规格	长度/mm	根数	质量/kg
①	5370	Φ20	5490	16	217
②	350	Φ6	1640	88	32
③	350	Φ6	426	176	17
总质量					265

梁钢筋表

编号	钢筋简图	规格	长度/mm	根数	质量/kg
④	8760	Φ25	10100	7	272
⑤	10680	Φ20	11380	2	56
⑥	3340	Φ20	3690	4	36
⑦	700	Φ8	2140	53	45
⑧	8500	Φ10	8500	2	10
⑨	8500	Φ6	8500	2	7
⑩	550	Φ8	800	55	17
⑪	1280	Φ14	1280	4	6
⑫	350	Φ8	1380	20	11
⑬	920	Φ10	920	4	2
⑭	920	Φ8	920	4	1
⑮	550	Φ8	800	14	14
总质量					469

说明(西南03G301)

过梁代号	每根体积/m^3	每根钢筋质量/kg
GL2124	0.112	8.08

主材汇总表

钢筋/kg	Φ6	45		
	Φ8	85	Φ14	6
	Φ10	12		
			Φ20	309
			Φ25	272
	总质量	142	总质量	587
混凝土	柱	1.888	梁	2.407

建设单位			
工程名称	车库工程		
KJ—2,非承重墙基础图,主材汇总表	设计号		
	图别	结施	
	图号	5	5
	日期		

图 9-7 5 号结施图

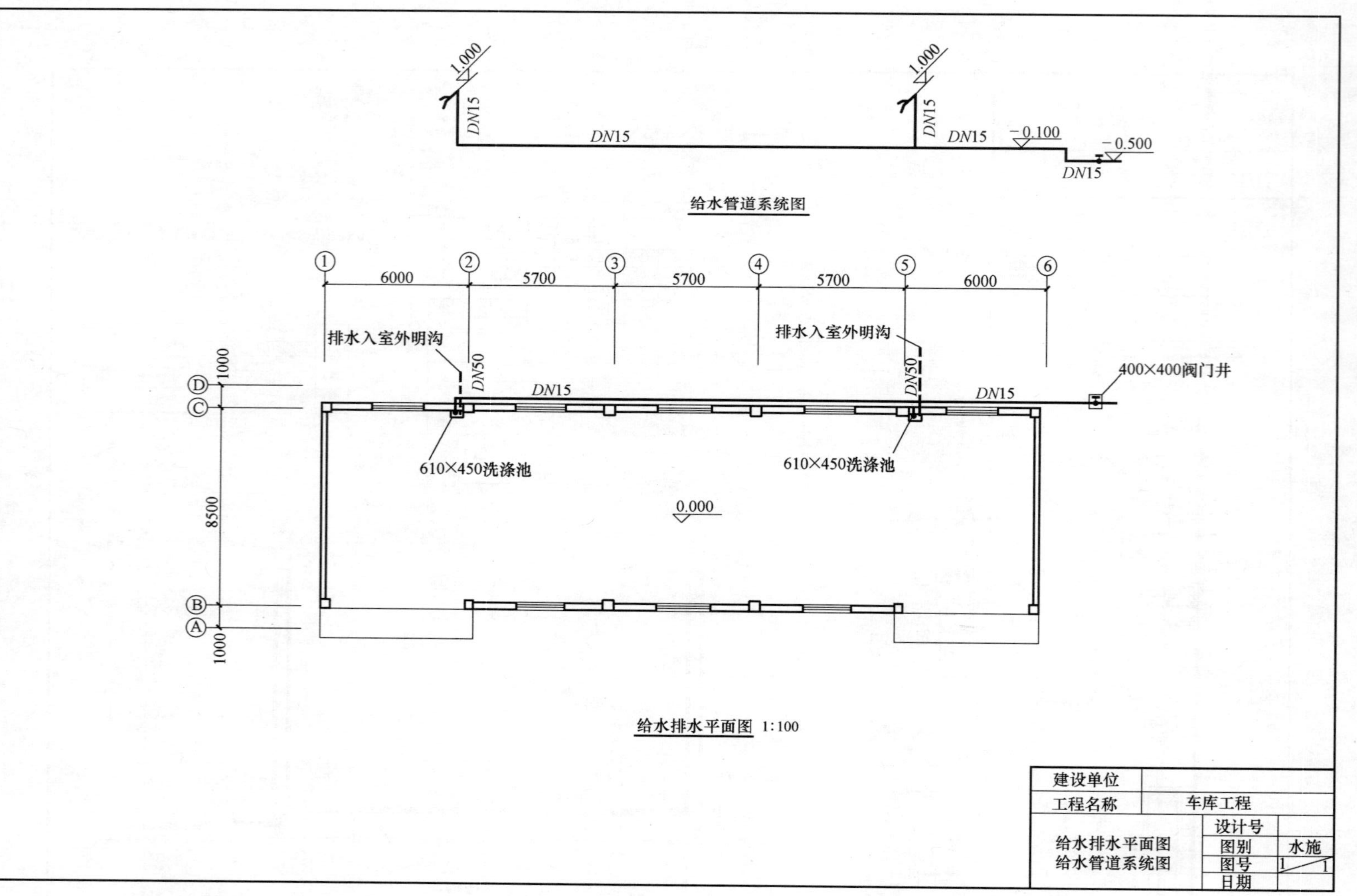
1.000
1.000
DN15
DN15
DN15
DN15
-0.100
-0.500
DN15
给水管道系统图
① ② ③ ④ ⑤ ⑥
6000
5700
5700
5700
6000
排水入室外明沟
排水入室外明沟
DN50
DN50
DN15
DN15
400×400阀门井
1000
8500
1000
Ⓓ Ⓒ Ⓑ Ⓐ
610×450洗涤池
610×450洗涤池
0.000
给水排水平面图 1:100
建设单位
工程名称
车库工程
设计号
给水排水平面图
给水管道系统图
图别
水施
图号
1
1
日期

图 9-8 水施图

表 9-1　清单工程量计算表

工程名称＿车库工程＿

序号	定额编号	分项工程名称	单位	工程量	计　算　式
1	010101001001	平整场地 1. 土壤类别：Ⅱ类土 2. 弃土运距：无 3. 取土运距：无	m^2	262.55	$S=29.50\times(8.50+0.20\times2)=262.55$
2	010101004001	挖基础土方（地坑） 1. 土壤类别：Ⅱ类土 2. 基础类型：独立基础 3. 垫层底宽：2900mm×2900mm 4. 挖土深度：1.45m 5. 弃土运距：1km	m^3	146.33	$V=2.90\times2.90\times1.45\times12$（个） $=146.33$
3	010101003001	挖基础土方（地槽） 1. 土壤类别：Ⅱ类土 2. 基础类型：基础梁 3. 垫层底宽：0.25m 4. 挖土深度：0.95m、1.15m 5. 弃土运距：1km	m^3	10.15	V=槽长×垫层宽×挖土深 LL—1 2@$[6.00-(1.35+0.10)\times2]\times0.25\times0.95$ $=2@3.10\times0.25\times0.95=2@0.736=1.47$ LL—1a $2@3.10\times0.25\times0.95=1.47$ $6@[5.70-(1.35+0.10)\times2]\times0.25\times0.95$ $=6@(5.70-2.90)\times0.25\times0.95$ $=6@2.80\times0.25\times0.95=6@0.665=3.99$ LL—2 $2@(8.50-2.90)\times0.25\times1.15$ $=2@5.60\times0.25\times1.15$ $=2@1.61=3.22$ 小计：$1.47+1.47+3.99+3.22=10.15$
4	010501001001	基础垫层 1. 混凝土强度等级：C10 2. 混凝土拌合料要求：按规范	m^3	10.09	$V=12@[(1.35+0.10)\times2]^2\times0.10$ $=12@0.841$ $=10.09$
5	010501003001	独立基础 1. 混凝土强度等级：C20 2. 拌合料要求：按规范	m^3	44.71	$V=12@\left\{(1.35\times2)^2\times0.40+[(1.35\times2)^2+(0.40+0.05\times2)^2]\times\frac{1}{2}\times0.30\right\}$ $=12@(2.916+0.810)$ $=12@3.726=44.71$

工程名称 车库工程 （续）

序号	定额编号	分项工程名称	单位	工程量	计算式
6	010503001001	基础梁 1. 梁底标高：-0.80m；-1.00m 2. 梁截面：250mm×450mm；250mm×650mm 3. 混凝土强度等级：C20 4. 拌合料要求：按规范	m^3	8.73	LL—1 V=2@0.25×0.45×(6.0-0.4)=2@0.63 =1.26 LL—1a V=2@0.63（同 LL—1）=1.26 V=6@0.25×0.45×(5.70-0.40)=6@0.596 =3.58 LL—2 2@0.25×0.65×(8.50-0.40)=2@1.316 =2.63 小计：8.73
7	010401001001	砖基础 1. 砖品种、规格、强度等级：MU7.5 页岩标准砖 2. 基础类型：带形 3. 基础深度：0.35m 4. 砂浆：M2.5 水泥砂浆	m^3	5.91	①、⑥轴 V=2@(8.50-0.40)×0.35×0.24 =2@0.68=1.36 Ⓑ、Ⓓ轴 V=2@(29.50-0.40×6)×0.35×0.24 =2@2.276=4.55 小计：5.91
8	010103001001	基础土方回填 1. 土质要求：粉质黏土 2. 密实度要求：密实 3. 夯填：分层夯填 4. 运土距离：1km	m^3	88.36	V=挖方体积-垫层、基础、基础梁、柱等体积 =(146.33+10.15)-{10.09+44.71+8.73+0.4×0.4×(0.80-0.15)（柱）×12（根）+[8.50+29.50-0.40×8（根）]×2×0.20×0.24（砖基础）} =156.48-68.12 =88.36
9	010502001001	矩形柱 1. 柱高度：6.30m 2. 柱截面尺寸：400mm×400mm 3. 混凝土强度等级：C20 4. 拌合料要求：按规范	m^3	6.05	KJ—1、KJ—2 V=6@0.4×0.4×6.30 =6@1.008 =6.05
10	010503003001	异形梁 1. 梁底标高：4.75m、5.10m 2. 梁截面：300mm×750mm 300mm×400mm 3. 混凝土强度等级：C20 4. 拌合料要求：按规范	m^3	14.50	KJ—1 V=2@(0.30×0.40+0.15×0.15)×0.92×2+(0.30×0.75+0.15×0.15)×(8.50-0.40) =2@2.272=4.54 KJ—2 V=4@(0.30×0.40+0.15×0.15×2)×0.92×2+(0.30×0.75+0.15×0.15×2)×8.10 =4@2.491=9.96 小计：4.54+9.96=14.50

工程名称 车库工程 （续）

序号	定额编号	分项工程名称	单位	工程量	计 算 式
11	010503002001	矩形梁 1. 梁底标高:5.10m 2. 梁截面:250mm×400mm 3. 混凝土强度等级:C20 4. 拌合料要求:按规范	m^3	6.88	L—1 V =2@(29.10-0.40×5)×(0.25×0.40+0.15×0.18) =2@27.10×0.127 =2@3.442 =6.88
12	010507007001	女儿墙压顶 1. 构件类型:现浇 2. 构件规格:断面180mm×60mm 3. 混凝土强度等级:C20 4. 拌合料要求:按规范	m^3	0.86	V =长×宽×厚 =(29.50+10.50)×2×0.18×0.06 =80.0×0.18×0.06 =0.86
13	010503004001	过梁 1. 单件体积:0.112m^3 2. 安装高度:4.20m 标高 3. 混凝土强度等级:C20	m^3	0.90	V=8@0.112=0.90 GL4211(西南 03G301)
14	010401008001	填充墙 1. 砖品种、规格、强度等级:MU7.5 页岩标准砖 2. 墙体厚度:0.24m 3. 砂浆:M2.5 混合砂浆	m^3	60.53	①、⑥轴 V =2@8.10×(5.50-0.75)×0.24 =18.47 Ⓑ、Ⓒ轴 V =[(29.50-0.40×6)×(5.50-0.40)×2(道)-97.44(门窗)]×0.24-0.90(过梁) =42.96-0.90=42.06 小计:60.53
15	010401003001	实心砖墙(女儿墙) 1. 砖品种、规格、强度等级:MU7.5 页岩标准砖 2. 墙体类型:女儿墙 3. 墙体厚度:0.115m 4. 墙体高度:0.24m 5. 砂浆:M2.5 混合砂浆	m^3	2.21	V =(29.50+10.50)×2×(0.30-0.06)×0.115 =80.0×0.24×0.115 =2.21
16	010512002001	空心板 1. 构件尺寸:长×宽×厚 5400mm×600mm×180mm 5400mm×900mm×180mm 5700mm×600mm×180mm 5700mm×900mm×180mm 2. 安装高度:5.50m 标高 3. 混凝土强度等级:C30	m^3	24.822	西南 04G232 图集 bWB5460—3 36@0.299=10.764 bWB5490—3 9@0.424=3.816 bWB5760—3 24@0.315=7.560 bWB5790—3 6@0.447=2.682 小计:24.822

工程名称 车库工程 （续）

序号	定额编号	分项工程名称	单位	工程量	计 算 式
17	010515004001	先张法预应力钢筋 钢筋种类、规格： 冷轧带肋 CRB650 级Φ^R5	t	1.356	西南 04G232 图集 bWB5460-3(kg) 36@15.82 = 569.52 bWB5490-3(kg) 9@23.37 = 210.33 bWB5760-3(kg) 24@17.43 = 418.32 bWB5790-3(kg) 6@26.26 = 157.56 小计(kg)：1355.73
18	010902006001	屋面排水管 排水管品种、规格： ϕ50mm PVC 管 0.30m/个	m	1.80	$l = 6@0.30 = 1.80$
19	010902001001	屋面卷材防水 1. 卷材品种：SBS 改性沥青卷材 2. 防水层做法：卷材一层，胶粘剂两道，1∶3 水泥砂浆找平 25mm 厚 3. 防护材料种类：1∶2.5 水泥砂浆 20mm 厚	m^2	326.31	S = 屋面面积 + 女儿墙弯起面积 $= 10.50 \times (29.50 - 0.12 \times 2) + (10.50 + 29.26) \times 2 \times (0.30 - 0.06)$ $= 307.23 + 79.52 \times 0.24$ $= 326.31$
20	011001001001	保温隔热屋面 1. 保温隔热材料：1∶6 水泥蛭石 2. 厚度：i = 2%，最薄处 60mm	m^2	307.23	平均厚(m)：$10.50 \times 2\% \times \frac{1}{2} + 0.06 = 0.165$ $S = 10.50 \times (29.50 - 0.12 \times 2)$ $= 307.23$
21	010507001001	散水 1. 面层材料、厚度：C15 混凝土 60mm 厚 2. 填塞材料：沥青砂浆	m^2	27.72	$S = [29.50 \times 2 - (6.0 + 0.20 \times 2) \times 2] \times 0.60$ $= (59.0 - 6.40 \times 2) \times 0.60$ $= 27.72$
22	010507001002	坡道 1. 垫层材料、厚度：C20 混凝土 150mm 厚 2. 面层材料、厚度：1∶2 水泥砂浆 20mm 厚 3. 填塞材料：沥青砂浆	m^2	8.32	$S = (6.0 + 0.20 \times 2) \times (0.60 + 0.70)$ $= 6.40 \times 1.30$ $= 8.32$
23	010103001002	室内回填土 1. 土质要求：粉质黏土 2. 密实度要求：密实 3. 夯填：分层夯填 4. 运土距离：1km	m^3	7.33	V = 地面净面积 ×（室内外地坪高差 - 面层、垫层厚） $= (8.50 + 0.40 - 0.24 \times 2) \times (29.50 - 0.24 \times 2) \times (0.15 - 0.02 - 0.10)$ $= 8.42 \times 29.02 \times 0.03$ $= 7.33$

工程名称 车库工程 （续）

序号	定额编号	分项工程名称	单位	工程量	计 算 式
24	010803001001	金属卷闸门 1. 门材质、框外围尺寸：铝合金 5600mm×5100mm 2. 起动装置：电动	m^2	57.12	S =2@5.60×5.10 =2@28.56 =57.12
25	010807001001	金属组合窗 1. 窗类型：组合式 2. 窗材质、外围尺寸 钢窗 2100mm×2400mm 3. 油漆品种、遍数： 防锈漆一遍，调和漆两遍	m^2	40.32	S =8@2.10×2.40 =8@5.04 =40.32
26	011101001001	水泥砂浆地面 1. 垫层材料、厚度：C10 混凝土 100mm 厚 2. 面层厚度、配合比：20mm 厚、1∶2 水泥砂浆	m^2	244.35	S =(8.50+0.40−0.24×2)×(29.50−0.24×2) =8.42×29.02 =244.35
27	011204003001	块料墙面（墙裙） 1. 墙体类型：标准墙 2. 底层厚度、砂浆配合比：20mm 厚、1∶2.5 水泥砂浆 3. 黏结层厚度、材料种类：10mm 厚，1∶2 水泥砂浆 4. 面层材料品种、规格、品牌、颜色：浅色面砖 300mm×450mm，丰收牌	m^2	128.52	S =[(10.50+29.50−0.24×2)×2−5.60×2(门)+0.16×20(柱侧面)]×1.80 =(79.04−11.20+3.20)×1.80 =71.40×1.80 =128.52
28	011204003002	块料墙面（外墙面） 1. 墙体类型：标砖墙 2. 底层厚、砂浆配合比：20mm 厚 1∶2.5 水泥砂浆 3. 黏结层厚、材料种类：10mm 厚 1∶2 水泥砂浆 4. 面层材料品种、规格、品牌、颜色：橘黄色，白色面砖 145mm×45mm，丰收牌	m^2	371.95	S =$L_{外}$×高−门窗面积+门窗侧壁 =76.80×(5.50+0.15+0.30)−97.44+(5.60+5.10×2)×0.12×2+(2.10+2.40)×2×0.12×8 =76.80×5.95−97.44+3.79+8.64 =371.95
29	011301001001	顶棚抹灰 1. 基层类型：预制混凝土板 2. 抹灰厚、材料种类：17mm 厚 1∶0.5∶2.5 混合砂浆	m^2	342.17	室内顶棚面：244.35（同地面） 室内梁侧面：S =(8.50+0.40−0.24)×(0.75−0.18)×2(面)×4(根) =8.66×0.57×2×4=39.49 室外顶棚：S =29.50×(1.0−0.20+0.12)×2(边)+0.22×0.92×2(梁侧) =54.28+4.05=58.33 小计：342.17

工程名称 车库工程 （续）

序号	定额编号	分项工程名称	单位	工程量	计 算 式
30	011201001001	内墙面抹灰 1. 墙体种类：标砖墙 2. 厚度、砂浆配合比：20mm 厚 1:0.5:2.5 混合砂浆	m^2	222.84	S = 长 × 高 − 门窗面积 + 柱侧面 − 墙裙 = (10.50 + 29.50 − 0.24 × 2) × 2 × 5.50 − 97.44 + (0.40 − 0.24) × 2 × 5.50 × 8(根) − 128.52(墙裙) = 79.04 × 5.50 − 97.44 + 0.16 × 2 × 5.50 × 8 − 128.52 = 222.84
31	011407002001	顶棚、墙面刷涂料 1. 基层类型：混合砂浆 2. 腻子种类：石膏腻子 3. 刮腻子要求：两遍 4. 涂料品种、遍数：仿瓷涂料两遍	m^2	565.01	S = 顶棚抹灰面积 + 内墙面抹灰面积 = 342.17 + 222.84 = 565.01
32	011203001001	女儿墙压顶抹灰 1. 部位：女儿墙压顶 2. 厚度、配合比：20mm 厚 1:2 水泥砂浆	m^2	24.00	S = 长 × 展开宽 = (10.50 + 29.50) × 2 × (0.18 + 0.06 + 0.06) = 80.0 × 0.30 = 24.00
33	031001006001	塑料给水管 1. 安装部位：室内 2. 输送介质：给水 3. 材质：PE 管 4. 型号、规格：*DN*15 5. 连接方式：热熔	m	28.70	水平：6.0 + 5.7 × 3 + 0.5 × 3 + 1.5(室外) = 26.10 立管：0.50 − 0.10 + (1.0 + 0.10) × 2 = 2.60 合计 28.70
34	0301001006002	塑料排水管 1. 安装部位：室外 2. 输送介质：排水 3. 材质：PVC 管 4. 型号、规格：*DN*50 5. 连接方式：粘接	m	2.0	1.0 × 2 = 2.0
35	031003001001	螺纹阀门 1. 类型：截止阀 2. 材质：铁 3. 型号、规格：*DN*15	个	1	
36	031004003001	洗涤盆 1. 材质：瓷 2. 组装形式：冷水、铁支架 3. 型号：610mm × 450mm 4. 开关：塑料 *DN*15	组	2	

表 9-2 工程量清单之封面

车库 工程

招标工程量清单

招标人：××医院（单位盖章）

工程造价咨询人：××造价咨询公司（单位资质专用章）

法定代表人或其授权人：×××（签字或盖章）

法定代表人或其授权人：×××（签字或盖章）

编 制 人：×××（造价人员签字盖专用章）

复 核 人：×××（造价工程师签字盖专用章）

编制时间：××××年××月××日

复核时间：××××年××月××日

表 9-3 工程量清单之总说明

总 说 明

工程名称：车库工程　　　　第1页 共1页

1. 工程概况：

本工程为钢筋混凝土框架结构，单层建筑，建筑面积 262.55m^2，计划工期 100 天。

2. 工程招标范围：

本次招标范围为施工图范围内的建筑工程、装饰装修工程和给水排水工程。

3. 工程量清单编制依据：

（1）车库工程施工图。

（2）《建设工程工程量清单计价规范》。

（3）招标文件。

表 9-4 工程量清单之分部分项工程量清单与计价表

分部分项工程量清单与计价表

工程名称:车库工程(选录)　　标段:　　第 1 页　共 4 页

序号	项目编码	项目名称	项目特征描述	计量单位	工程量	金额/元		
						综合单价	合价	其中:暂估价
		A 土(石)方工程						
	010101001001	平整场地	Ⅱ类土,土方就地挖填找平	m^2	262.55			
	010101004001	挖基础土方	1. 土壤类别:Ⅱ类土 2. 基础类型:独立基础 3. 垫层底宽:2900mm × 2900mm 4. 挖土深度:1.45m 5. 弃土运距:1km	m^3	146.33			
		(其他略)						
		分部小计						
		D 砌筑工程						
	010401001001	砖基础	1. 砖品种、规格、强度等级:MU 7.5 页岩砖 240mm × 115mm × 53mm 2. 基础类型:条形 3. 基础深度:0.35m 4. 砂浆:M5 水泥砂浆	m^3	5.91			
	010401003001	实心砖墙	1. 砖品种、规格、强度等级:MU 7.5 页岩砖 240mm × 115mm × 53mm 2. 墙体类型:女儿墙 3. 墙厚:0.115m 4. 墙高:0.24m 5. 砂浆:M5 混合砂浆	m^3	2.21			
		分部小计						
本页小计								
合　计								

（续）

分部分项工程量清单与计价表

工程名称：车库工程（选录）　　　　标段：　　　　第2页　共4页

序号	项目编码	项目名称	项目特征描述	计量单位	工程量	金额/元		
						综合单价	合价	其中：暂估价
		E　混凝土及钢筋混凝土工程						
	010503001001	基础梁	1. 梁底标高：-0.80m；-1.00m 2. 梁截面：250mm×450mm；250mm×650mm 3. 混凝土强度等级：C20 4. 拌合料要求：按规范	m^3	8.73			
	010515004001	先张法预应力钢筋	Φ^R5 CRB650 级冷轧带肋钢筋	t	1.356			
		（其他略）						
		分部小计						
		J　屋面及防水工程						
	010902001001	屋面卷材防水	1. 卷材品种：SBS 改性沥青卷材 2. 做法：1∶3 水泥砂浆找平层 25mm 厚，卷材一道，胶粘剂两道 3. 防护材料：1∶2.5 水泥砂浆 20mm 厚	m^2	326.31			
		（其他略）						
		分部小计						
		L　楼地面工程						
	011101001001	水泥砂浆地面	1. 垫层材料及厚度：C10 混凝土 100mm 厚 2. 面层配合比及厚度：1∶2 水泥砂浆 20mm 厚	m^2	244.35			
		（其他略）						
		分部小计						
		本页小计						
		合　计						

（续）

分部分项工程量清单与计价表

工程名称：车库工程（选录）　　　　标段：　　　　第 3 页　共 4 页

序号	项目编码	项目名称	项目特征描述	计量单位	工程量	金额/元		
						综合单价	合价	其中：暂估价
		M　墙柱面工程						
	011201001001	内墙面抹灰	1. 墙体种类:砖墙 2. 砂浆配合比:1:0.5:2.5 混合砂浆 3. 厚度:20mm 厚	m^2	222.84			
		（其他略）						
		分部小计						
		N　天棚工程						
	011301001001	顶棚抹灰	1. 基层类型:预制板 2. 抹灰厚度、砂浆配合比:基层刷 801 胶水泥浆一道,1:0.5:2.5 混合砂浆底 12mm 厚,1:0.3:3 混合砂浆 4mm 厚	m^2	342.17			
		（其他略）						
		分部小计						
		H　门窗工程						
	010807001001	组合钢窗	1. 窗类型:组合式 2. 窗材质、外围尺寸:钢窗、2100mm×2400mm 3. 油漆品种、遍数:防锈漆一遍,调和漆两遍	m^2	40.32			
		（其他略）						
		分部小计						
本页小计								
合　计								

（续）

分部分项工程量清单与计价表

工程名称：车库工程（选录）　　　标段：　　　第4页　共4页

序号	项目编码	项目名称	项目特征描述	计量单位	工程量	金额/元		
						综合单价	合价	其中：暂估价
	K　给水排水工程							
	031001006001	塑料给水管	1. 安装部位:室内 2. 输送介质:给水 3. 材质:PE 管 4. 型号、规格:*DN*15 5. 连接方式:热熔	m	28.70			
	031001006002	塑料排水管	1. 安装部位:室外 2. 输送介质:排水 3. 材质:PVC 管 4. 规格:*DN*50 5. 连接方式:粘接	m	2.0			
	031003001001	螺纹阀门	1. 类型:截止阀 2. 材质:铁 3. 规格:*DN*15	个	1			
	031004003001	洗涤盆	1. 材质:瓷 2. 组装形式:铁支架 3. 开关:塑料 *DN*15 4. 规格:610mm×450mm	组	2			
		分部小计						
本页小计								
合　计								

表 9-5 工程量清单之总价措施项目清单与计价表

总价措施项目清单与计价表

工程名称：车库工程　　　　标段：　　　　第 1 页　共 1 页

序号	项 目 名 称	计 算 基 础	费率(%)	金额/元
1	安全文明施工费			
2	夜间施工费			
3	二次搬运费			
4	冬雨期施工			
5	大型机械设备进出场及安拆费			
6	施工排水			
7	施工降水			
8	地上、地下设施、建筑物的临时保护设施			
9	已完工程及设备保护			
10	各专业工程的措施项目			
11				
12				
合　计				

表 9-6 工程量清单之单价措施项目清单与计价表

单价措施项目清单与计价表

工程名称：车库工程　　　　标段：　　　　第 1 页　共 1 页

序号	项目编码	项目名称	项目特征描述	计量单位	工程量	金额/元	
						综合单价	合价
	011702005001	现浇基础梁模板	矩形 450mm×250mm	m^2	87.45		
	011701001001	综合脚手架		m^2	262.55		
	011701003001	墙面、顶棚装饰脚手架		m^2	342.17		
本页小计							
合　计							

注：本表适用于以综合单价形式计价的措施项目。

表 9-7　工程量清单之其他项目清单与计价汇总表

其他项目清单与计价汇总表

工程名称：车库工程　　标段：　　第 1 页　共 1 页

序号	项目名称	计量单位	金额/元	备注
1	暂列金额		7000	明细详见表 9-8
2	暂估价			
2.1	材料暂估价		—	
2.2	专业工程暂估价			
3	计日工			
4	总承包服务费			
5				
合计			7000	

注：材料暂估单价计入清单项目综合单价，此处不汇总。

表 9-8　工程量清单之暂列金额明细表

暂列金额明细表

工程名称：车库工程　　标段：　　第 1 页　共 1 页

序号	项目名称	计量单位	暂定金额/元	备注
1	工程量清单中土建工程量偏差和设计变更	项	5000	
2	工程量清单中装饰装修工程量偏差和设计变更	项	2000	
3				
4				
5				
6				
7				
8				
9				
10				
11				
合计			7000	—

注：此表由招标人填写，也可只列暂定金额总额，投标人应将上述暂列金额计入投标总价中。

表 9-9　工程量清单之规费、税金项目清单与计价表

规费、税金项目清单与计价表

工程名称：车库工程　　　　标段：　　　　第 1 页　共 1 页

序号	项 目 名 称	计算基础	费率(%)	金额/元
1	规费			
1.1	工程排污费			
1.2	社会保险费			
(1)	养老保险费			
(2)	失业保险费			
(3)	医疗保险费			
1.3	住房公积金			
1.4	危险作业意外伤害保险			
1.5	工程定额测定费			
2	税金	分部分项工程费＋措施项目费＋其他项目费＋规费		
合　计				

思　考　题

1. 简述本章工程量清单的主要组成内容。
2. 根据本章内容，简述清单的编制过程。

第 10 章　工程量清单报价编制实例

10.1　建筑工程工程量清单报价实例

根据车库工程施工图（图 9-1 ~ 图 9-8）和某地区清单计价定额及招标人发布的工程量清单，计算的计价工程量和编制的工程量清单报价见表 10-1 ~ 表 10-12。

表 10-1　计价工程量计算表

工程名称：车库建筑工程（选录）（采用某地区清单计价定额）

序号	项目编码	项目名称	单位	工程数量	计算式
		A　土(石)方工程			
1	010101001001	平整场地	m^2	262.55	$S=29.50\times(8.50+0.20\times2)=262.55$
2	010101004001	挖基础土方(地坑)	m^3	213.15	V =（长 + 工作面）×（宽 + 工作面）× 深 × 个数 $=(2.90+0.30\times2)\times(2.90+0.30\times2)\times 1.45\times12$(个) $=213.15$
		D　砌筑工程			
3	010401001001	砖基础	m^3	5.912	$V=[(8.50-0.40)\times0.35\times0.24+(29.50-0.40\times6)\times0.35\times0.24]\times2$(边) $=(0.68+2.276)\times2=5.912$
4	010401003001	实心砖墙(女儿墙)	m^3	2.21	$V=(29.50+10.50)\times2\times(0.30-0.06)\times0.115$ $=80.0\times0.24\times0.115=2.21$
		E　混凝土及钢筋混凝土工程			
5	010503001001	基础梁	m^3	8.73	LL—1：$V=2@0.25\times0.45\times(6.0-0.4)=1.26$ LL—1a：$V=2@0.63$(同上)$+6@0.25\times0.45\times(5.70-0.40)=4.84$ LL－2：$V=2@0.25\times0.65\times(8.50-0.40)=2.63$ 小计：8.73
6	010515004001	先张法预应力钢筋	t	1.356	西南 04G232 图集 bWB5460—3(kg)　2@15.82 = 569.52 bWB5490—3(kg)　9@23.37 = 210.33 bWB5760—3(kg)　24@17.43 = 418.32 bWB5790—3(kg)　6@26.26 = 157.56 (以上合计) 1355.73

（续）

序号	项目编码	项 目 名 称	单位	工程数量	计 算 式
		J 屋面及防水工程			
7	010902001001	屋面卷材防水	m^2	326.31	主项：SBS 改性沥青卷材 S = 屋面面积 + 女儿墙处弯起面积 $= 10.50 \times (29.50 - 0.12 \times 2) + (10.50 + 29.26) \times 2 \times (0.30 - 0.06)$ $= 307.23 + 79.52 \times 0.24$ $= 326.31$ 附项：（1）1:3 水泥砂浆找平层 25mm 厚 326.31m^2 （2）1:2.5 水泥砂浆防护层 326.31m^2

表 10-2 工程量清单报价之封面

投 标 总 价

招　标　人：××医院

工 程 名 称：车库建筑工程

投标总价（小写）：43405.87 元

（大写）：肆万叁仟肆佰零伍元捌角柒分

投　标　人：××公司
（单位盖章）

法定代表人
或其授权人：×××
（签字或盖章）

编　制　人：×××
（造价人员签字盖专用章）

编制时间：××××年××月××日

表 10-3 工程量清单报价之总说明

总 说 明

工程名称：车库建筑工程　　　　第 1 页　共 1 页

1. 工程概况

本工程为钢筋混凝土框架结构，单层建筑，建筑面积 262.55m^2，投标工期 100 天。

2. 工程量清单报价编制依据

（1）车库工程施工图。

（2）《建设工程工程量清单计价规范》。

（3）某地区清单计价定额、费用定额。

（4）选录了部分清单项目编制了建筑工程投标报价。

（5）车库工程量清单。

表 10-4　工程量清单报价之单位工程投标报价汇总表

单位工程投标报价汇总表

工程名称：车库建筑工程　　　　标段：　　　　第 1 页　共 1 页

序号	汇总内容	金额/元	其中:暂估价/元
1	分部分项工程		
1.1	A　土(石)方工程	1903.21	
1.2	D　砌筑工程	1639.75	
1.3	E　混凝土及钢筋混凝土工程	9172.48	
1.4	J　屋面及防水工程	17699.05	
1.5			
2	措施项目	4671.41	
2.1	安全文明施工费	869.04	
3	其他项目	5000.00	
3.1	暂列金额	5000.00	
3.2	专业工程暂估价	—	
3.3	计日工	—	
3.4	总承包服务费	—	
4	规费	1880.52	
5	税金	1439.45	
投标报价合计 = 序 1 + 序 2 + 序 3 + 序 4 + 序 5		43405.87	

注：本表适用于单位工程招标控制价或投标报价的汇总，如无单位工程划分，单项工程也使用本表汇总。

表 10-5 工程量清单报价之分部分项工程量清单与计价表

分部分项工程量清单与计价表

工程名称：车库建筑工程 标段： 第 1 页 共 2 页

序号	项目编码	项目名称	项目特征描述	计量单位	工程量	金额/元		
						综合单价	合价	其中：暂估价
		A 土(石)方工程						
	010101001001	平整场地	Ⅱ类土，土方就地挖填找平	m^2	262.55	0.99	259.92	
	010101004001	挖基础土方	1. 土壤类别：Ⅱ类土 2. 基础类型：独立基础 3. 垫层底宽：2900mm × 2900mm 4. 挖土深度：1.45m 5. 弃土运距：1km	m^3	146.33	11.23	1643.29	
		（其他略）						
		分部小计					1903.21	
		D 砌筑工程						
	010401001001	砖基础	1. 砖品种、规格、强度等级：MU 7.5 页岩砖 240mm × 115mm × 53mm 2. 基础类型：条形 3. 基础深度：0.35m 4. 砂浆：M2.5 水泥砂浆	m^3	5.91	198.76	1174.67	
	010401003001	实心砖墙	1. 砖品种、规格、强度等级：MU 7.5 页岩砖 240mm × 115mm × 53mm 2. 墙体类型：女儿墙 3. 墙厚：0.115m 4. 墙高：0.24m 5. 砂浆：M2.5 混合砂浆	m^3	2.21	206.37	465.08	
		分部小计					1639.75	
本页小计							3542.96	
合 计							3542.96	

（续）

分部分项工程量清单与计价表

工程名称：车库建筑工程　　　　标段：　　　　第2页　共2页

序号	项目编码	项目名称	项目特征描述	计量单位	工程量	金额/元		
						综合单价	合价	其中：暂估价
		E　混凝土及钢筋混凝土工程						
	010503001001	基础梁	1. 梁底标高：-0.80m；-1.00m 2. 梁截面：250mm×450mm；250mm×650mm 3. 混凝土强度等级：C20 4. 拌合料要求：按规范	m^3	8.73	231.94	2024.84	
	010515004001	先张法预应力钢筋	Φ^R5 CRB650级冷轧带肋钢筋	t	1.356	5271.12	7147.64	
		（其他略）						
		分部小计					9172.48	
		J　屋面及防水工程						
	010902001001	屋面卷材防水	1. 卷材品种：SBS改性沥青卷材 2. 做法：1∶3水泥砂浆找平层25mm厚，卷材一道，胶粘剂两道 3. 防护材料：1∶2.5水泥砂浆20mm厚	m^2	326.31	54.24	17699.05	
		（其他略）						
		分部小计					17699.05	
		本页小计					26871.53	
		合　计					30414.49	

表 10-6 分部分项、措施项目人工费计算表

工程名称：车库建筑工程　　　　　　　　　　　标段：

序号	项目编码	项目名称	计量单位	工程量	金额/元	
					人工费单价	合价
1	010101001001	平整场地	m^2	262.55	0.38	99.77
2	010401001001	砖基础	m^3	5.91	45.25	267.43
3	010401003001	实心砖墙	m^3	2.21	51.32	113.42
4	010503001001	基础梁	m^3	8.73	37.24	325.11
5	010515004001	预应力钢筋	t	1.356	600.25	813.94
6	010902001001	屋面卷材防水	m^2	326.31	11.87	3872.30
7	010101004001	挖基础土方	m^3	146.33	9.98	1460.37
8	011702005001	基础梁模板	m^2	87.45	10.50	918.23
9	011701001001	综合脚手架	m^2	262.55	1.30	341.32
		分部分项工程人工费	元			6952.34
		措施项目人工费	元			1259.55
		小计				8211.89

表 10-7 工程量清单报价之总价措施项目清单与计价表

总价措施项目清单与计价表

工程名称：车库建筑工程　　　　　　　标段：　　　　　　　第 1 页　共 1 页

序号	项目名称	计算基础	费率(%)	金额/元
1	安全文明施工费	分部分项清单定额人工费	12.5	869.04
2	夜间施工费		2.5	173.81
3	二次搬运费		1.5	104.29
4	冬雨期施工		2.0	139.05
5	大型机械设备进出场及安拆费			
6	施工排水			
7	施工降水			
8	地上、地下设施、建筑物的临时保护设施			
9	已完工程及设备保护			
10	各专业工程的措施项目			
11				
12				
合计				1286.19

表 10-8 工程量清单报价之单价措施项目清单与计价表

单价措施项目清单与计价表

工程名称：车库建筑工程　　　　标段：　　　　第 1 页　共 1 页

序号	项目编码	项目名称	项目特征描述	计量单位	工程量	金额/元	
						综合单价	合　价
1	011702005001	基础梁模板	矩形 450mm × 250mm	m^2	87.45	25.20	2203.74
2	011701001001	综合脚手架		m^2	262.55	4.50	1181.48
本页小计							3385.22
合　计							3385.22

注：本表适用于以综合单价形式计价的措施项目。

表 10-9 工程量清单报价之其他项目清单与计价汇总表

其他项目清单与计价汇总表

工程名称：车库建筑工程　　　　标段：　　　　第 1 页　共 1 页

序号	项 目 名 称	计量单位	金额/元	备　注
1	暂列金额	项	5000.00	明细详见表 10—10
2	暂估价			
2.1	材料暂估价		—	
2.2	专业工程暂估价			
3	计日工			
4	总承包服务费			
5				
合　计			5000.00	

注：材料暂估单价计入清单项目综合单价，此处不汇总。

表 10-10 工程量清单报价之暂列金额明细表

暂列金额明细表

工程名称：车库建筑工程　　标段：　　第 1 页　共 1 页

序号	项 目 名 称	计量单位	暂定金额/元	备　注
1	工程量清单中土建工程量偏差和设计变更	项	5000.00	
2				
3				
4				
5				
6				
7				
8				
9				
10				
11				
合　计			5000.00	—

注：此表由招标人填写，也可只列暂定金额总额，投标人应将上述暂列金额计入投标总价中。

表 10-11 工程量清单报价之规费、税金项目清单与计价表

规费、税金项目清单与计价表

工程名称：车库建筑工程　　标段：　　第 1 页　共 1 页

序号	项 目 名 称	计算基础	费率(%)	金额/元
1	规费			1880.52
1.1	工程排污费	—		—
1.2	社会保险费			1363.18
(1)	养老保险费	分部分项清单定额人工费＋措施项目清单定额人工费	11.0	903.31
(2)	失业保险费		1.10	90.33
(3)	医疗保险费		4.50	369.54
1.3	住房公积金		5.0	410.59
1.4	危险作业意外伤害保险		1.30	106.75
2	税金	分部分项工程费＋措施项目费＋其他项目费＋规费(41966.42)	3.43	1439.45
合　计				3319.97

表 10-12　工程量清单报价之综合单价分析表

工程量清单综合单价分析表

工程名称：车库建筑工程　　　　标段：　　　　第 1 页　共 9 页

项目编码		010101001001		项目名称		平整场地		计量单位		m²	
清单综合单价组成明细											
定额编号	定额名称	定额单位	数量	单价/元				合价/元			
				人工费	材料费	机械费	管理费和利润	人工费	材料费	机械费	管理费和利润
AA0001	平整场地	100m²	0.01	37.75	—	49.96	10.96	0.38	—	0.50	0.11
人工单价		小　计						0.38	—	0.50	0.11
35 元/工日		未计价材料费									
清单项目综合单价								0.99			

材料费明细	主要材料名称、规格、型号	单位	数量	单价/元	合价/元	暂估单价/元	暂估合价/元
	其他材料费			—		—	
	材料费小计			—		—	

（续）

工程量清单综合单价分析表

工程名称：车库建筑工程　　　　标段：　　　　第2页　共9页

项目编码		010101004001		项目名称		挖基础土方（地坑）		计量单位		m^3	
清单综合单价组成明细											
定额编号	定额名称	定额单位	数量	单价/元				合价/元			
				人工费	材料费	机械费	管理费和利润	人工费	材料费	机械费	管理费和利润
AA0004	挖基础土方	10m^3	0.10	99.75	—	—	12.47	9.98	—	—	1.25
人工单价		小　　计						9.98	—	—	1.25
35元/工日		未计价材料费									
清单项目综合单价								11.23			
材料费明细	主要材料名称、规格、型号			单位		数量		单价/元	合价/元	暂估单价/元	暂估合价/元
	其他材料费							—		—	
	材料费小计							—		—	

（续）

工程量清单综合单价分析表

工程名称：车库建筑工程　　标段：　　第 3 页　共 9 页

项目编码		010401001001		项目名称		砖基础		计量单位		m³	
清单综合单价组成明细											
定额编号	定额名称	定额单位	数量	单价/元				合价/元			
				人工费	材料费	机械费	管理费和利润	人工费	材料费	机械费	管理费和利润
AC0003	砖基础	10m³	0.10	452.50	1389.10	7.86	138.11	45.25	138.91	0.79	13.81
人工单价		小　计						45.25	138.91	0.79	13.81
50 元/工日		未计价材料费									
清单项目综合单价								198.76			
材料费明细	主要材料名称、规格、型号			单位		数量		单价/元	合价/元	暂估单价/元	暂估合价/元
	M5 水泥砂浆			m³		0.238		142.60	33.94		
	标准砖			块		524		0.20	104.80		
	水			m³		0.114		1.50	0.17		
	其他材料费							—		—	
	材料费小计							—	138.91	—	

（续）

工程量清单综合单价分析表

工程名称：车库建筑工程　　　　标段：　　　　第 4 页　共 9 页

项目编码	010401003001	项目名称	实心砖墙（女儿墙）	计量单位	m^3

清单综合单价组成明细											
定额编号	定额名称	定额单位	数量	单价/元				合价/元			
				人工费	材料费	机械费	管理费和利润	人工费	材料费	机械费	管理费和利润
AC0011	砌砖墙	$10m^3$	0.10	513.15	1387.11	7.27	156.13	51.32	138.71	0.73	15.61
人工单价	小　计							51.32	138.71	0.73	15.61
50 元/工日	未计价材料费										
清单项目综合单价								206.37			

	主要材料名称、规格、型号	单位	数量	单价/元	合价/元	暂估单价/元	暂估合价/元
材料费明细	M5 混合砂浆	m^3	0.224	142.00	31.81		
	标准砖	块	531	0.20	106.20		
	水	m^3	0.121	1.50	0.18		
	其他材料费			—	0.52	—	
	材料费小计			—	138.71	—	

（续）

工程量清单综合单价分析表

工程名称：车库建筑工程　　标段：　　第5页　共9页

项目编码	010503001001			项目名称		基础梁		计量单位		m³	
清单综合单价组成明细											
定额编号	定额名称	定额单位	数量	单价/元				合价/元			
				人工费	材料费	机械费	管理费和利润	人工费	材料费	机械费	管理费和利润
AD0092	基础梁	$10m^3$	0.10	372.35	1741.05	56.04	149.94	37.24	174.11	5.60	14.99
人工单价		小计						37.24	174.11	5.60	14.99
50元/工日		未计价材料费									
清单项目综合单价								231.94			

	主要材料名称、规格、型号	单位	数量	单价/元	合价/元	暂估单价/元	暂估合价/元
材料费明细	C20混凝土	m³	1.015	168.72	171.25		
	水	m³	1.073	1.50	1.61		
	其他材料费			—	1.24	—	
	材料费小计			—	174.10	—	

（续）

工程量清单综合单价分析表

工程名称：车库建筑工程　　标段：　　第 6 页　共 9 页

项目编码	010515004001	项目名称	先张法预应力钢筋	计量单位	t

清单综合单价组成明细											
定额编号	定额名称	定额单位	数量	单价/元				合价/元			
				人工费	材料费	机械费	管理费和利润	人工费	材料费	机械费	管理费和利润
AD0897	预制构件钢丝	t	1	600.25	4369.54	93.27	208.06	600.25	4369.54	93.27	208.06
人工单价	小　计							600.25	4369.54	93.27	208.06
50 元/工日	未计价材料费										
清单项目综合单价								5271.12			

	主要材料名称、规格、型号	单位	数量	单价/元	合价/元	暂估单价/元	暂估合价/元
材料费明细	ϕ5mm 高强钢丝	t	1.11	3800.00	4218.00		
	机具及锚具摊销费	元	1	138.64	138.64		
	其他材料费			—	12.90	—	
	材料费小计			—	4369.54	—	

（续）

工程量清单综合单价分析表

工程名称：车库建筑工程　　　　标段：　　　　第 7 页　共 9 页

项目编码	010902001001			项目名称		屋面卷材防水		计量单位		m^2	
清单综合单价组成明细											
定额编号	定额名称	定额单位	数量	单价/元				合价/元			
				人工费	材料费	机械费	管理费和利润	人工费	材料费	机械费	管理费和利润
AG0378	SBS 改性沥青卷材屋面	100m^2	0.01	367.20	2637.21	—	110.16	3.67	26.37	—	1.10
BA0006	1:3 水泥砂浆找平层	100m^2	0.01	346.85	469.49	6.68	86.71	3.47	4.69	0.07	0.87
BA0024	1:2 水泥浆面层	100m^2	0.01	473.20	801.10	8.25	118.30	4.73	8.01	0.08	1.18
人工单价	小　计							11.87	39.07	0.15	3.15
50 元/工日	未计价材料费										
清单项目综合单价								54.24			

材料费明细	主要材料名称、规格、型号	单位	数量	单价/元	合价/元	暂估单价/元	暂估合价/元
	SBS 改性沥青防水卷材	m^2	1.13	20.00	22.60		
	改性沥青嵌缝油膏	kg	0.11	1.30	0.14		
	30:70 冷底子油	kg	0.57	5.52	3.15		
	1:2 水泥砂浆	m^3	0.0253	289.92	7.33		
	水泥浆	m^3	0.001	606.80	0.61		
	水	m^3	0.058	1.50	0.09		
	1:3 水泥砂浆	m^3	0.0202	231.52	4.68		
	其他材料费			—	0.48	—	
	材料费小计			—	39.08	—	

（续）

工程量清单综合单价分析表

工程名称：车库建筑工程　　　　标段：　　　　第 8 页　共 9 页

项目编码	011702005001	项目名称	基础梁模板	计量单位	m^2

清单综合单价组成明细

定额编号	定额名称	定额单位	数量	单价/元				合价/元			
				人工费	材料费	机械费	管理费和利润	人工费	材料费	机械费	管理费和利润
TB0013	基础梁模板	$100m^2$	0.01	1050.25	1104.04	130.00	236.05	10.50	11.04	1.30	2.36
人工单价		小计						10.50	11.04	1.30	2.36
元/工日		未计价材料费									
清单项目综合单价								25.20			

	主要材料名称、规格、型号	单位	数量	单价/元	合价/元	暂估单价/元	暂估合价/元
材料费明细	组合钢模	kg	0.7667	4.50	3.45		
	卡具和支撑钢材	kg	0.4897	5.00	2.45		
	二等锯材	m^3	0.00184	1400.00	2.58		
	其他材料费			—	2.57	—	
	材料费小计			—	11.05	—	

（续）

工程量清单综合单价分析表

工程名称：车库建筑工程　　　　标段：　　　　第9页　共9页

项目编码	011701001001	项目名称	综合脚手架	计量单位	m^2

清单综合单价组成明细

定额编号	定额名称	定额单位	数量	单价/元				合价/元			
				人工费	材料费	机械费	管理费和利润	人工费	材料费	机械费	管理费和利润
TB0140	脚手架	$100m^2$	0.01	129.85	262.23	27.12	31.39	1.30	2.62	0.27	0.31
人工单价	小　计							1.30	2.62	0.27	0.31
元/工日	未计价材料费										
清单项目综合单价								4.50			

材料费明细	主要材料名称、规格、型号	单位	数量	单价/元	合价/元	暂估单价/元	暂估合价/元
	脚手架钢材	kg	0.2474	5.00	1.24		
	锯材	m^3	0.00043	1500.00	0.65		
	其他材料费			—	0.74	—	
	材料费小计			—	2.63	—	

10.2 装饰装修工程工程量清单报价实例

根据车库工程施工图（图9-1～图9-8）和某地区清单计价定额及招标人发布的工程量清单，计算的装饰装修工程计价工程量和编制的工程量清单报价见表10-13～表10-24。

表10-13 计价工程量计算表

工程名称：车库装饰装修工程（选录） 第1页 共1页

序号	项目编码	项目名称	单位	工程数量	计算式
		L楼地面工程			
1	011101001001	水泥砂浆地面	m^2	244.35	主项:1:2水泥砂浆20mm厚 $S=(8.50+0.40-0.24\times2)\times(29.50-0.24\times2)$ $=244.35$ 附项:C10混凝土垫层100mm厚 $V=244.35\times0.10$ $=24.44$
		M墙柱面			
2	011201001001	内墙面抹灰	m^2	222.84	S = 长×高 - 门窗面积 + 柱侧面 - 墙裙 $=(10.50+29.50-0.24\times2)\times2\times5.50-97.44+$ $(0.40-0.24)\times2\times5.50\times8$(根)$-128.52$(墙裙) $=79.04\times5.50-97.44+0.16\times2\times5.50\times8-128.52$ $=222.84$
		N顶棚工程			
3	011301001001	顶棚抹灰	m^2	342.17	室内:244.35(同地面) 室内梁侧面:$S=(8.50+0.40-0.24)\times(0.75-0.18)\times$ 2(面)×4(根)$=39.49$ 室外顶棚:$S=29.50\times(1.0-0.20+0.12)\times2$(边)$+$ $0.22\times0.92\times2$(梁侧) $=58.33$ 小计:342.17
		H门窗工程			
4	010807001001	组合钢窗	m^2	40.32	主项:组合钢窗 $S=8@2.10\times2.40$ $=40.32$ 附项:(1)组合钢窗防锈漆40.32 (2)组合钢窗调和漆40.32

表 10-14 工程量清单报价之封面

投 标 总 价

招 标 人：××医院

工 程 名 称：车库装饰装修工程

投标总价(小写)：28185.56 元

(大写)：贰万捌仟壹佰捌拾伍元伍角陆分

投 标 人：××公司
(单位盖章)

法定代表人
或其授权人：×××
(签字或盖章)

编 制 人：×××
(造价人员签字盖专用章)

编制时间：××××年××月××日

表 10-15 工程量清单报价之总说明

总 说 明

工程名称：车库装饰装修工程 第 1 页 共 1 页

编制依据：

1. 车库工程施工图。
2. 车库工程量清单。
3.《建设工程工程量清单计价规范》。
4. 某地区清单计价定额、费用定额。
5. 选录了部分工程量清单项目编制了装饰装修工程投标报价。

表 10-16 工程量清单报价之单位工程投标报价汇总表

单位工程投标报价汇总表

工程名称：车库装饰装修工程　　标段：　　　　　　　　　　第 1 页　共 1 页

序　号	汇 总 内 容	金额/元	其中:暂估价/元
1	分部分项工程		
1.1	L 楼地面工程	8004.91	
1.2	M 墙柱面工程	2391.07	
1.3	N 顶棚工程	4342.14	
1.4	H 门窗工程	5510.94	
1.5			
2	措施项目	3372.77	
2.1	安全文明施工费	239.11	
3	其他项目	2000.00	
3.1	暂列金额	2000.00	
3.2	专业工程暂估价	—	
3.3	计日工	—	
3.4	总承包服务费	—	
4	规费	1629.03	
5	税金	934.70	
投标报价合计 = 序 1 + 序 2 + 序 3 + 序 4 + 序 5		28185.56	

注：本表适用于单位工程招标控制价或投标报价的汇总，如无单位工程划分，单项工程也使用本表汇总。

表 10-17　工程量清单报价之分部分项工程清单计价表

分部分项工程量清单与计价表

工程名称：车库装饰装修工程　　　　标段：　　　　第 1 页　共 1 页

序号	项目编码	项目名称	项目特征描述	计量单位	工程量	金额/元		
						综合单价	合价	其中：暂估价
		L 楼地面工程						
	011101001001	水泥砂浆地面	1. 垫层材料、厚度：C10 混凝土 100mm 厚 2. 面层配合比、厚度：1:2水泥砂浆 20mm 厚	m^2	244.35	32.76	8004.91	
		（其他略）						
		分部小计					8004.91	
		本页小计					8004.91	
		合计					8004.91	
		M 墙柱面工程						
	011201001001	内墙面抹灰	1. 墙体种类：砖墙 2. 砂浆配合比：1:0.5:2.5 混合砂浆 3. 厚度：20mm	m^2	222.84	10.73	2391.07	
		（其他略）						
		分部小计					2391.07	
		N 顶棚工程						
	011301001001	顶棚抹灰	1. 基层类型：预制板 2. 抹灰厚度、砂浆配合比：基层刷 801 胶水泥浆一道，1:0.5:2.5 混合砂浆底 12mm 厚，1:0.3:3 混合砂浆 4mm 厚	m^2	342.17	12.69	4342.14	
		（其他略）						
		分部小计					4342.14	
		H 门窗工程						
	010807001001	组合钢窗	1. 窗类型：组合式 2. 窗材质、外围尺寸：钢窗、2100mm×2400mm 3. 油漆品种、遍数：防锈漆一遍，调和漆两遍	m^2	40.32	136.68	5510.94	
		（其他略）						
		分部小计					5510.94	
		本页小计					12244.15	
		合计					20249.06	

表 10-18 分部分项、措施项目人工费计算表

工程名称：车库装饰装修工程　　　　　　标段：

序号	项 目 编 码	项 目 名 称	计量单位	工程量	金额/元	
					人工费单价	合价
1	011101001001	水泥砂浆地面	m^2	244.35	8.05	1967.02
2	011201001001	内墙面抹灰	m^2	222.84	5.23	1165.45
3	011301001001	顶棚抹灰	m^2	342.17	6.18	2114.61
4	010807001001	组合钢窗	m^2	40.32	18.12	730.60
5	011701003001	墙面、顶棚装饰脚手架	m^2	342.17	3.32	1136.00
		分部分项工程人工费	元			5977.68
		措施项目人工费	元			1136.00
		小计				7113.68

表 10-19　工程量清单报价之总价措施项目清单与计价表

总价措施项目清单与计价表

工程名称：车库装饰装修工程　　　　标段：　　　　第 1 页　共 1 页

序号	项 目 名 称	计 算 基 础	费率(%)	金额/元
1	安全文明施工费	分部分项清单 定额人工费	4.0	239.11
2	夜间施工费		2.5	149.44
3	二次搬运费		1.5	89.67
4	冬雨期施工		2.0	119.55
5	大型机械设备进出场及安拆费			
6	施工排水			
7	施工降水			
8	地上、地下设施、建筑物的临时保护设施			
9	已完工程及设备保护			
10	各专业工程的措施项目			
11				
12				
合　计				597.77

表 10-20　工程量清单报价之单价措施项目清单与计价表

单价措施项目清单与计价表

工程名称：车库装饰装修工程　　　　标段：　　　　第1页　共1页

序号	项目编码	项目名称	项目特征描述	计量单位	工程量	金额/元	
						综合单价	合价
1	011701003001	墙面顶棚抹灰脚手架	高 5.50m	m^2	342.17	8.11	2775.00
本页小计							2775.00
合　计							2775.00

注：本表适用于以综合单价形式计价的措施项目。

表 10-21　工程量清单报价之其他项目清单与计价汇总表

其他项目清单与计价汇总表

工程名称：车库装饰装修工程　　　　标段：　　　　第 1 页　共 1 页

序号	项目名称	计量单位	金额/元	备　注
1	暂列金额	项	2000.00	明细详见表 10-22
2	暂估价			
2.1	材料暂估价		—	
2.2	专业工程暂估价			
3	计日工			
4	总承包服务费			
5				
合　计				

注：材料暂估单价计入清单项目综合单价，此处不汇总。

表 10-22 工程量清单报价之暂列金额明细表

暂列金额明细表

工程名称：车库装饰装修工程　　　　标段：　　　　第 1 页　共 1 页

序号	项 目 名 称	计 量 单 位	暂定金额/元	备　注
1	工程量清单中装饰装修工程量偏差和设计变更	项	2000.00	
2				
3				
4				
5				
6				
7				
8				
9				
10				
11				
合　计			2000.00	—

注：此表由招标人填写，也可只列暂定金额总额，投标人应将上述暂列金额计入投标总价中。

表 10-23 工程量清单报价之规费、税金项目清单与计价表

规费、税金项目清单与计价表

工程名称：车库装饰装修工程　　　　标段：　　　　第 1 页 共 1 页

序号	项目名称	计算基础	费率(%)	金额/元
1	规费			1629.03
1.1	工程排污费	—		—
1.2	社会保险费			1180.87
(1)	养老保险费	分部分项清单定额人工费＋措施项目清单定额人工费	11.0	782.50
(2)	失业保险费		1.10	78.25
(3)	医疗保险费		4.50	320.12
1.3	住房公积金		5.0	355.68
1.4	危险作业意外伤害保险		1.30	92.48
2	税金	分部分项工程费＋措施项目费＋其他项目费＋规费(27250.86)	3.43	934.70
合计				2563.73

表 10-24　工程量清单报价之综合单价分析表

工程量清单综合单价分析表

工程名称：车库装饰装修工程　　　　标段：　　　　第 1 页　共 5 页

项目编码		011101001001		项目名称		水泥砂浆地面		计量单位		m²	
清单综合单价组成明细											
定额编号	定额名称	定额单位	数量	单价/元				合价/元			
				人工费	材料费	机械费	管理费和利润	人工费	材料费	机械费	管理费和利润
BA0024	水泥砂浆地面	100m²	0.01	473.20	801.10	8.25	118.30	4.73	8.01	0.08	1.18
AD0425	C10 混凝土地面垫层	10m³	0.01	331.65	1381.25	35.34	128.45	3.32	13.81	0.35	1.28
人工单价		小　计						8.05	21.82	0.43	2.46
50 元/工日		未计价材料费									
清单项目综合单价								32.76			
材料费明细	主要材料名称、规格、型号			单位		数量		单价/元	合价/元	暂估单价/元	暂估合价/元
	1:2 水泥砂浆			m³		0.0253		289.92	7.33		
	水泥浆			m³		0.001		606.80	0.61		
	水			m³		0.771		1.50	1.16		
	C10 混凝土			m³		0.101		135.68	13.70		
	其他材料费							—		—	
	材料费小计							—	22.80	—	

（续）

工程量清单综合单价分析表

工程名称：车库装饰装修工程　　　　标段：　　　　第 2 页　共 5 页

项目编码	011201001001			项目名称		内墙面抹灰		计量单位		m^2	
清单综合单价组成明细											
定额编号	定额名称	定额单位	数量	单价/元				合价/元			
				人工费	材料费	机械费	管理费和利润	人工费	材料费	机械费	管理费和利润
BB0007	混合砂浆抹内墙面	$100m^2$	0.01	523.25	411.29	7.66	130.81	5.23	4.11	0.08	1.31
								5.23	4.11	0.08	1.31
人工单价	小　计										
50 元/工日	未计价材料费										
清单项目综合单价								10.73			

	主要材料名称、规格、型号	单位	数量	单价/元	合价/元	暂估单价/元	暂估合价/元
材料费明细	1∶1∶6 混合砂浆	m^3	0.017	160.70	2.73		
	1∶0.3∶2.5 混合砂浆	m^3	0.0055	235.90	1.30		
	水	m^3	0.0223	1.50	0.03		
	其他材料费			—	0.05	—	
	材料费小计			—	4.11	—	

（续）

工程量清单综合单价分析表

工程名称：车库装饰装修工程　　　　标段：　　　　第3页　共5页

项目编码	011301001001		项目名称	顶棚抹灰		计量单位		m²			
清单综合单价组成明细											
定额编号	定额名称	定额单位	数量	单价/元				合价/元			
				人工费	材料费	机械费	管理费和利润	人工费	材料费	机械费	管理费和利润
BC0005	混合砂浆抹顶棚	$100m^2$	0.01	618.47	490.34	6.48	154.62	6.18	4.90	0.06	1.55
人工单价		小　计						6.18	4.90	0.06	1.55
50元/工日		未计价材料费									
清单项目综合单价								12.69			
材料费明细	主要材料名称、规格、型号			单位		数量		单价/元	合价/元	暂估单价/元	暂估合价/元
	1:0.3:3 混合砂浆			m^3		0.0041		231.00	0.95		
	1:0.5:2.5 混合砂浆			m^3		0.0135		238.55	3.22		
	1:0.1:0.2 水泥801胶浆			m^3		0.001		642.60	0.64		
	水			m^3		0.0182		1.50	0.03		
	其他材料费							—	0.07	—	
	材料费小计							—	4.91	—	

（续）

工程量清单综合单价分析表

工程名称：车库装饰装配工程　　　　标段：　　　　第 4 页　共 5 页

项目编码		010807001001		项目名称		组合钢窗		计量单位		m²	
清单综合单价组成明细											
定额编号	定额名称	定额单位	数量	单价/元				合价/元			
				人工费	材料费	机械费	管理费和利润	人工费	材料费	机械费	管理费和利润
BD0156	组合钢窗	100m²	0.01	1268.65	10548.77	76.25	634.33	12.69	105.49	0.76	6.34
BE0097	调和漆两遍	100m²	0.01	359.50	193.69	—	179.75	3.60	1.94	—	1.80
BE0105	红丹防锈漆一遍	100m²	0.01	182.50	132.46	—	91.25	1.83	1.32	—	0.91
人工单价		小　计						18.12	108.75	0.76	9.05
50 元/工日		未计价材料费									
清单项目综合单价								136.68			

	主要材料名称、规格、型号	单位	数量	单价/元	合价/元	暂估单价/元	暂估合价/元
材料费明细	组合钢窗	m²	0.96	80.00	76.80		
	3mm 平板玻璃	m²	1.008	14.00	14.11		
	预埋件	kg	0.3352	5.00	1.68		
	镀锌上撑挡	支	0.35	5.00	1.75		
	镀锌下撑挡	支	0.26	5.00	1.30		
	镀锌直拉手	支	0.26	3.00	0.78		
	200 号油漆溶剂油	kg	0.041	3.50	0.14		
	调和漆	kg	0.2246	8.00	1.80		
	红丹防锈漆	kg	0.1652	7.00	1.16		
	其他材料费			—	9.24	—	
	材料费小计			—	108.76	—	

（续）

工程量清单综合单价分析表

工程名称：车库装饰装修工程　　标段：　　第5页　共5页

项目编码	011701003001	项目名称	墙面顶棚装饰脚手架	计量单位	m^2

清单综合单价组成明细											
定额编号	定额名称	定额单位	数量	单价/元				合价/元			
				人工费	材料费	机械费	管理费和利润	人工费	材料费	机械费	管理费和利润
TB0161	墙面顶棚抹灰脚手架	$100m^2$	0.01	331.55	292.54	99.92	86.29	3.32	2.93	1.00	0.86
人工单价		小　计						3.32	2.93	1.00	0.86
50元/工日		未计价材料费									
清单项目综合单价								8.11			

	主要材料名称、规格、型号	单位	数量	单价/元	合价/元	暂估单价/元	暂估合价/元
材料费明细	脚手架钢材	kg	0.1231	5.00	0.62		
	锯材	m^3	0.0006	1500.00	0.90		
	8号钢丝	kg	0.2241	5.50	1.23		
	螺钉	kg	0.0194	6.00	0.12		
	防锈漆	kg	0.0087	7.00	0.06		
	其他材料费			—		—	
	材料费小计			—	2.93	—	

10.3 给水排水安装工程工程量清单报价实例

车库给水排水安装清单工程量计算见表10-25（对应于图9-8）。车库给水排水安装工程投标报价见表10-26～表10-33。

表10-25 计价工程量计算表

工程名称：车库给水排水安装工程 （采用某地区清单计价定额） 第1页 共1页

序号	项目编码	项目名称	单位	工程数量	计 算 式
		K给排水工程			
1	031001006001	塑料给水管 *DN*15	m	28.70	水平：6.0+5.70×3+0.5+0.5×2+1.5(室外)=26.10 立管：0.50−0.10+(1.0+0.10)×2=2.60 合计 28.70
2	031001006002	塑料排水管 *DN*50	m	2.0	1.0×2(处)=2.0
3	031003001001	螺纹阀门 *DN*15	个	1	1个
4	031004003001	洗涤盆	组	2	2组

表 10-26 工程量清单报价之封面

投 标 总 价

招 标 人：××医院

工 程 名 称：车库给水排水安装工程

投标总价(小写)：1094.93 元

(大写)：壹仟零玖拾肆元玖角叁分

投 标 人：××公司
(单位盖章)

法定代表人
或其授权人：×××
(签字或盖章)

编 制 人：×××
(造价人员签字盖专用章)

编制时间：××××年××月××日

表 10-27 工程量清单报价之总说明

总 说 明

工程名称：车库给水排水安装工程　　　　第 1 页 共 1 页

编制依据：

1. 车库给水排水安装施工图。
2. 车库工程量清单。
3.《建设工程工程量清单计价规范》。
4. 某地区清单计价定额、费用定额。

表 10-28 工程量清单报价之单位工程投标报价汇总表

单位工程投标报价汇总表

工程名称：车库给水排水安装工程　　　　标段：　　　　　　　　第 1 页　共 1 页

序　号	汇 总 内 容	金额/元	其中:暂估价/元
1	分部分项工程		
1.1	K 给水排水工程	991.64	
1.2			
1.3			
1.4			
1.5			
2	措施项目	20.35	
2.1	安全文明施工费	8.14	
3	其他项目	—	
3.1	暂列金额	—	
3.2	专业工程暂估价	—	
3.3	计日工	—	
3.4	总承包服务费	—	
4	规费	46.63	
5	税金	36.31	
招标控制价合计 = 序 1 + 序 2 + 序 3 + 序 4 + 序 5		1094.93	

注：本表适用于单位工程招标控制价或投标报价的汇总，如无单位工程划分，单项工程也使用本表汇总。

表 10-29 工程量清单报价之分部分项工程量清单与计价表

分部分项工程量清单与计价表

工程名称：车库给水排水安装工程　　　标段：　　　第 1 页　共 1 页

序号	项目编码	项目名称	项目特征描述	计量单位	工程量	金额/元		
						综合单价	合价	其中：暂估价
		K 给水排水工程						
1	031001006001	塑料给水管	1. 安装部位:室内 2. 输送介质:给水 3. 材质:PE 管 4. 规格:*DN*15 5. 连接方式:热熔	m	28.70	19.94	572.28	
2	031001006002	塑料排水管	1. 安装部位:室外 2. 输送介质:排水 3. 材质:PVC 管 4. 规格:*DN*50 5. 连接方式:粘接	m	2.0	16.01	32.02	
3	031003001001	螺纹阀门	1. 类型:截止阀 2. 材质:铸铁 3. 规格:*DN*15	个	1	13.00	13.00	
4	031004003001	洗涤盆	1. 材质:瓷 2. 组装:铁支架 3. 开关:肘式 4. 规格:610mm × 450mm	组	2	187.17	374.34	
		分部小计					991.64	
本页小计							991.64	
合计							991.64	

表 10-30　分部分项、措施项目人工费计算表

工程名称：车库给水排水安装工程　　　　　　　　　　标段：

序号	项目编码	项目名称	计量单位	工程量	金额/元	
					人工费单价	合价
1	031001006001	塑料给水管	m	28.70	5.25	150.68
2	031001006002	塑料排水管	m	2.0	5.58	11.16
3	031003001001	螺纹阀门	个	1	3.63	3.63
4	031004003001	洗涤盆	组	2	19.07	38.14
		小计				203.61

表 10-31 工程量清单报价之总价措施项目清单与计价表

总价措施项目清单与计价表

工程名称：车库给水排水安装工程　　标段：　　第1页　共1页

序号	项目名称	计算基础	费率(%)	金额/元
1	安全文明施工费	分部分项清单定额人工费	4.0	8.14
2	夜间施工费		2.5	5.09
3	二次搬运费		1.5	3.05
4	冬雨期施工		2.0	4.07
5	大型机械设备进出场及安拆费			
6	施工排水			
7	施工降水			
8	地上、地下设施、建筑物的临时保护设施			
9	已完工程及设备保护			
10	各专业工程的措施项目			
11				
12				
合计				20.35

表 10-32　工程量清单报价之规费、税金项目清单与计价表

规费、税金项目清单与计价表

工程名称：车库给排水安装工程　　　　标段：　　　　第 1 页　共 1 页

序号	项目名称	计算基础	费率(%)	金额/元
1	规费			46.63
1.1	工程排污费			
1.2	社会保险费			33.80
(1)	养老保险费	分部分项清单定额人工费 + 措施项目清单定额人工费	11.0	22.40
(2)	失业保险费		1.10	2.24
(3)	医疗保险费		4.50	9.16
1.3	住房公积金		5.0	10.18
1.4	危险作业意外伤害保险		1.30	2.65
2	税金	分部分项工程费 + 措施项目费 + 其他项目费 + 规费 (1058.62)	3.43	36.31
合计				82.94

表 10-33　工程量清单报价之综合单价分析表

工程量清单综合单价分析表

工程名称：车库给水排水安装工程　　标段：　　第 1 页　共 4 页

项目编码	031001006001	项目名称	塑料给水管	计量单位	m

清单综合单价组成明细

定额编号	定额名称	定额单位	数量	单价/元				合价/元			
				人工费	材料费	机械费	管理费和利润	人工费	材料费	机械费	管理费和利润
CH0302	室内给水管	10m	0.10	52.45	4.95	0.51	20.98	5.25	0.50	0.05	2.10
人工单价	小　计							5.25	0.50	0.05	2.10
50 元/工日	未计价材料费							12.04			
清单项目综合单价								19.94			

	主要材料名称、规格、型号	单位	数量	单价/元	合价/元	暂估单价/元	暂估合价/元
材料费明细	塑料给水管 PE 管 *DN*15	m	1.02	5.05	5.15		
	塑料给水管件	个	1.637	4.21	6.89		
	其他材料费			—		—	
	未计价材料费小计			—	12.04	—	

（续）

工程量清单综合单价分析表

工程名称：车库给水排水安装工程　　标段：　　第 2 页　共 4 页

项目编码	031001006002			项目名称	塑料排水管			计量单位		m	
清单综合单价组成明细											
定额编号	定额名称	定额单位	数量	单价/元				合价/元			
				人工费	材料费	机械费	管理费和利润	人工费	材料费	机械费	管理费和利润
CH0343	室内排水管	10m	0.10	55.83	20.17	0.08	22.33	5.58	2.02	0.01	2.23
人工单价		小　计						5.58	2.02	0.01	2.23
50 元/工日		未计价材料费						6.17			
清单项目综合单价								16.01			
材料费明细	主要材料名称、规格、型号				单位	数量		单价/元	合价/元	暂估单价/元	暂估合价/元
	PVC 排水管 *DN*50				m	0.967		3.69	3.57		
	排水管件				个	0.902		2.88	2.60		
	其他材料费							—		—	
	未计价材料费小计							—	6.17	—	

（续）

工程量清单综合单价分析表

工程名称：车库给水排水安装工程　　　　标段：　　　　第3页　共4页

<table>
<tr><td colspan="2">项目编码</td><td colspan="2">031003001001</td><td colspan="2">项目名称</td><td colspan="2">螺纹阀门</td><td colspan="2">计量单位</td><td colspan="2">个</td></tr>
<tr><td colspan="12">清单综合单价组成明细</td></tr>
<tr><td rowspan="2">定额编号</td><td rowspan="2">定额名称</td><td rowspan="2">定额单位</td><td rowspan="2">数量</td><td colspan="4">单价/元</td><td colspan="4">合价/元</td></tr>
<tr><td>人工费</td><td>材料费</td><td>机械费</td><td>管理费和利润</td><td>人工费</td><td>材料费</td><td>机械费</td><td>管理费和利润</td></tr>
<tr><td>CH0421</td><td>螺纹阀门</td><td>个</td><td>1.0</td><td>3.63</td><td>2.77</td><td>—</td><td>1.45</td><td>3.63</td><td>2.77</td><td>—</td><td>1.45</td></tr>
<tr><td></td><td></td><td></td><td></td><td></td><td></td><td></td><td></td><td></td><td></td><td></td><td></td></tr>
<tr><td></td><td></td><td></td><td></td><td></td><td></td><td></td><td></td><td></td><td></td><td></td><td></td></tr>
<tr><td></td><td></td><td></td><td></td><td></td><td></td><td></td><td></td><td></td><td></td><td></td><td></td></tr>
<tr><td colspan="2">人工单价</td><td colspan="6">小　计</td><td>3.63</td><td>2.77</td><td>—</td><td>1.45</td></tr>
<tr><td colspan="2">50元/工日</td><td colspan="6">未计价材料费</td><td colspan="4">5.15</td></tr>
<tr><td colspan="8">清单项目综合单价</td><td colspan="4">13.00</td></tr>
<tr><td rowspan="10">材料费明细</td><td colspan="4">主要材料名称、规格、型号</td><td colspan="2">单位</td><td>数量</td><td>单价/元</td><td>合价/元</td><td>暂估单价/元</td><td>暂估合价/元</td></tr>
<tr><td colspan="4">螺纹截止阀 DN15</td><td colspan="2">个</td><td>1.01</td><td>5.10</td><td>5.15</td><td></td><td></td></tr>
<tr><td colspan="4"></td><td colspan="2"></td><td></td><td></td><td></td><td></td><td></td></tr>
<tr><td colspan="4"></td><td colspan="2"></td><td></td><td></td><td></td><td></td><td></td></tr>
<tr><td colspan="4"></td><td colspan="2"></td><td></td><td></td><td></td><td></td><td></td></tr>
<tr><td colspan="4"></td><td colspan="2"></td><td></td><td></td><td></td><td></td><td></td></tr>
<tr><td colspan="4"></td><td colspan="2"></td><td></td><td></td><td></td><td></td><td></td></tr>
<tr><td colspan="4"></td><td colspan="2"></td><td></td><td></td><td></td><td></td><td></td></tr>
<tr><td colspan="7">其他材料费</td><td>—</td><td></td><td>—</td><td></td></tr>
<tr><td colspan="7">未计价材料费小计</td><td>—</td><td>5.15</td><td>—</td><td></td></tr>
</table>

（续）

工程量清单综合单价分析表

工程名称：车库给水排水安装工程　　　标段：　　　第 4 页　共 4 页

<table>
<tr><td>项目编码</td><td colspan="2">031004003001</td><td colspan="2">项目名称</td><td colspan="2">洗涤盆安装</td><td colspan="2">计量单位</td><td colspan="3">组</td></tr>
<tr><td colspan="12">清单综合单价组成明细</td></tr>
<tr><td rowspan="2">定额编号</td><td rowspan="2">定额名称</td><td rowspan="2">定额单位</td><td rowspan="2">数量</td><td colspan="4">单价/元</td><td colspan="4">合价/元</td></tr>
<tr><td>人工费</td><td>材料费</td><td>机械费</td><td>管理费和利润</td><td>人工费</td><td>材料费</td><td>机械费</td><td>管理费和利润</td></tr>
<tr><td>CH0717</td><td>洗涤盆安装</td><td>10 组</td><td>0.10</td><td>190.74</td><td>572.38</td><td>—</td><td>76.30</td><td>19.07</td><td>57.24</td><td>—</td><td>7.63</td></tr>
<tr><td></td><td></td><td></td><td></td><td></td><td></td><td></td><td></td><td></td><td></td><td></td><td></td></tr>
<tr><td></td><td></td><td></td><td></td><td></td><td></td><td></td><td></td><td></td><td></td><td></td><td></td></tr>
<tr><td></td><td></td><td></td><td></td><td></td><td></td><td></td><td></td><td></td><td></td><td></td><td></td></tr>
<tr><td colspan="2">人工单价</td><td colspan="6">小　计</td><td>19.07</td><td>57.24</td><td>—</td><td>7.63</td></tr>
<tr><td colspan="2">50 元/工日</td><td colspan="6">未计价材料费</td><td colspan="4">103.23</td></tr>
<tr><td colspan="8">清单项目综合单价</td><td colspan="4">187.17</td></tr>
<tr><td rowspan="10">材料费明细</td><td colspan="4">主要材料名称、规格、型号</td><td>单位</td><td colspan="2">数量</td><td>单价/元</td><td>合价/元</td><td>暂估单价/元</td><td>暂估合价/元</td></tr>
<tr><td colspan="4">610mm×450mm 洗涤盆</td><td>个</td><td colspan="2">1.01</td><td>95.00</td><td>95.95</td><td></td><td></td></tr>
<tr><td colspan="4">DN15 肘式开关(串弯管)</td><td>套</td><td colspan="2">1.01</td><td>7.21</td><td>7.28</td><td></td><td></td></tr>
<tr><td colspan="4"></td><td></td><td colspan="2"></td><td></td><td></td><td></td><td></td></tr>
<tr><td colspan="4"></td><td></td><td colspan="2"></td><td></td><td></td><td></td><td></td></tr>
<tr><td colspan="4"></td><td></td><td colspan="2"></td><td></td><td></td><td></td><td></td></tr>
<tr><td colspan="4"></td><td></td><td colspan="2"></td><td></td><td></td><td></td><td></td></tr>
<tr><td colspan="4"></td><td></td><td colspan="2"></td><td></td><td></td><td></td><td></td></tr>
<tr><td colspan="7">其他材料费</td><td>—</td><td></td><td>—</td><td></td></tr>
<tr><td colspan="7">未计价材料费小计</td><td>—</td><td>103.23</td><td>—</td><td></td></tr>
</table>

思 考 题

1. 如何计算计价工程量?
2. 为什么要计算计价工程量?
3. 如何编制综合单价?
4. 如何编制措施项目清单费?
5. 如何编制其他项目清单费?